超材料与自然材料的融合

(第一卷)

非金属基超常电磁介质

周　济等　著

科　学　出　版　社

北　京

内 容 简 介

超材料指的是一大类具有自然材料所不具备的超常物理性质的人工材料。作者提出了超材料与自然材料融合的思想，旨在获得兼具超材料和自然材料优势的新型功能材料系统，同时也提供了一种构造具有超常功能材料的新方法。本书是在这种思想指导下关于一些新型材料的设计与构筑实践的成果。本卷内容总结了作者所在课题组近年来在非金属基超常电磁介质构造方面的工作，即利用非金属自然材料的某些功能与结构，使其融合到超材料当中，以解决常规的金属基超材料的高损耗、复杂结构、各向异性等问题。重点介绍了一些典型非金属基超常介质的构筑原理、设计方法和研究结果。

本书可供从事功能材料与器件，特别是超材料、超常电磁介质、新型电磁器件研究和开发的科学工作者、工程技术人员、研究生参考阅读，也可作为材料科学与工程、电子科学与技术、光学等专业的高年级本科生、硕士研究生和博士研究生的参考书。

图书在版编目(CIP)数据

超材料与自然材料的融合. 第一卷/周济等著. —北京：科学出版社, 2017

ISBN 978-7-03-051598-8

Ⅰ. ①超…　Ⅱ. ①周…　Ⅲ. ①复合材料–研究　Ⅳ. ①TB33

中国版本图书馆 CIP 数据核字(2017) 第 006758 号

责任编辑：鲁永芳　赵彦超／责任校对：彭　涛

责任印制：赵　博／封面设计：铭轩堂

科学出版社出版

北京东黄城根北街 16 号

邮政编码：100717

http://www.sciencep.com

三河市春园印刷有限公司印刷

科学出版社发行　各地新华书店经销

*

2016 年 12 月第　一　版　开本: 720 × 1000 1/16

2025 年 3 月第五次印刷　印张: 19 1/4　插页：8

字数: 374 000

定价: 158.00 元

(如有印装质量问题, 我社负责调换)

前　　言

进入 21 世纪以来，超材料 (metamaterials) 作为一种新的概念进入了人们的视野，引起了科技界、工业界和军工界的广泛关注，并成为跨越物理学、材料科学和信息科学等学科的活跃的研究前沿。

“Metamaterial” 一词是由美国得州大学奥斯汀分校 Rodger M. Walser 教授于 1999 年提出的，用来描述自然界不存在的、人工制造的、三维的、具有周期性结构的复合材料。2000 年以后，这一概念越来越频繁地出现在各类科学文献中，并迅速发展出跨越电磁学、物理学、材料科学等学科的前沿交叉学科和公认的新型功能材料分支。但目前对 “metamaterial” 一词还没有一个严格的、权威的定义，各种不同的文献上给出的定义也各不相同。一般都认为 “metamaterial” 是 “具有自然材料所不具备的超常物理性质的人工材料”，具有 3 个重要特征：通常是具有新奇人工结构的复合材料；具有超常的物理性质；其性质往往不来源于构成该人工结构的材料自身，而仅仅决定于其中的人工结构。迄今已发展出的 “metamaterial” 系统包括：左手材料 (left-handed media)、隐身衣 (invisible cloak)、非正定介质 (indefinite media) 等。

超材料研究的重大科学价值及其在诸多应用领域呈现出的革命性应用前景，使其得到了世界各国的密切关注，并且发达国家政府都投入了大量的财力开展相关的研究。2008 年，超材料被《今日材料》杂志评选为材料科学领域 “50 年中的 10 项重大成果” 之一。2010 年，美国《科学》杂志又将超材料列为 21 世纪前 10 年自然科学领域的 10 项重大突破之一。

超材料研究是一项意义深远的前沿课题。当代科学技术进步和经济发展越来越依赖于材料性能的提高。而常规材料的性能主要取决于材料的自然结构，包括原子结构、电子结构、分子结构、化学键结构、晶体结构、晶粒–晶粒晶界结构等。随着材料科学和技术的进步，对这些结构的操控能力逐渐增强，材料的性能不断提高，越来越趋近于材料的自然极限。因此，探索突破常规功能材料自然极限的新途径已成为材料科学发展中迫在眉睫的问题。

从材料学的角度看，超材料的设计摒弃了基于自然结构的材料基因，而通过人工结构重构材料基因。因此，“超材料” 的重要意义不仅仅体现在几类新奇的人工材料，它更提供了一种全新的思维方法，并为新型功能材料的设计提供了一个广阔的空间：昭示人们可以在不违背基本的物理学基本规律的前提下，获得与自然材料具有迥然不同的超常物理性质的 “新物质”。这为发展新型功能材料提供了一种新的途径。常规材料的性质主要决定于构成材料的基本单元及其结构，如原子、分子、电子、价键、晶格等。这些单元和结构之间相互关联，相互影响。因此，在材料的设计中需要考虑多种复杂的因素，这些因素的相互影响也往往是决定材料性能极限的原因。而将“超材料”作为结构单元，则可望简化影响材料的因素，进而打破制约自然材料功能的极限，发展出自然材料所无法获得的新型功能材料。

众所周知，人类漫长的文明演进过程正是以材料的使用为标志的。按照历史唯物主义的观点，人类从类人猿进化出来的起点是旧石器时代，这个时代人们学会了使用天然材料；此后的新石器时代，人们开始学习掌握天然材料的加工技术；而到了青铜器时代，人们开始掌握从天然材料进一步合成新材料的技术，直到今天。这些合成材料是符合天然材料构造规律的材料，仍属于常规材料。而超材料的出现，则标志着一个新的历史纪元的开始。

如果把材料简单地划分为常规材料和超材料，可以看出这两类材料的界限是非常清晰的，无论是构造方法还是构造形式都完全不同。各自的优势和劣势不同 —— 常规材料来自自然，易于获得而难于设计；超材料正好相反，易于设计，但在很多情况下却难于获得。为此我们提出了超材料与常规 (自然) 材料融合的思想，旨在获得兼具超材料和自然材料优势的新型功能材料系统。这套专著正是在这种思想指导下的一些新型材料的设计与构筑实践。

作为第一部分，我们尝试利用自然材料的某些功能与结构，使其融合到超材料中，以解决常规的金属基超材料的高损耗、复杂结构、各向异性等问题。

超材料的主流技术是基于英国科学家 Pendry 提出的 LC 谐振单元阵列的金属图形结构。其中最为典型的人工结构单元的是 Pendry 提出的金属开口谐振环 (split ring resonators，SRRs)[3] 及其衍生结构 (如 Ω 型结构、U 型结构、双棒结构、渔网结构等)。随着超材料技术的发展，这类技术面临一系列挑战，如加工技术问题、物理学极限、材料学困难、各向异性问题以及可调性问题等。

近年来，我们试图将常规功能材料融合超材料系统突破上述问题。在国家“863”计划和国家自然科学基金重点项目等的支持下，我们在国际上率先开展了非金属基超材料的研究。我们从探索非金属材料和结构中的超常电磁响应的基本原理出发，利用非金属材料中丰富的电磁极化机制，初步建立了非金属基超材料的基本理论和设计原则，先后发展出了基于 Mie 谐振、铁磁共振、晶格谐振、电子电磁偶极跃迁、强各向异性等机制的新型超材料和超常介质，降低了超材料的损耗，简化了材料结构，赋予材料以可调性，实现了与电子元器件技术的兼容，并在一定程度上解决了高频超材料难于设计和难于制备的难题，拓展了通过人工电磁结构与功能材料融合提高超材料性能、简化结构的途径。

本书是清华大学超材料课题组的集体研究成果，全书由周济统稿，其中第 1 章由周济、康雷撰写，第 2 章由赵乾、康雷、杜波和周济撰写，第 3 章由赵宏杰和周济撰写，第 4 章由王睿和周济撰写，第 5 章由傅晓建、周济撰写，第 6 章由孙竞博和周济撰写，第 7 章由周济撰写。

该书所涉及的研究工作得到了一系列国家计划的支持，主要项目包括：国家“863”计划课题“介质基及本征型超材料的机制探索与材料制备”(项目编号：2012AA030403)，“新一代高性能片式元件”(项目编号：2003AA32G030)、“片式无源集成材料与技术”(项目编号：2007AA03Z400)，国家“973”计划课题“集成信息功能陶瓷系统的基础问题研究”(项目编号：2002CB613306)，国家自然科学基金重点项目“本征型光频超常电磁介质研究”(项目编号：51032003)、“陶瓷超材料中谐振模态耦合、调控及相关新功能”(项目编号：51532004)，国家杰出青年基金“功能陶瓷基超材料研究”(项目编号：50425204)，国家自然科学基金面上项目“基于晶体中极化激元的超常电介质材料研究”(项目编号：90922025)、“基于稀土离子电磁偶极跃迁的光频超常介质研究”(项目编号：11274198) 等。在此感谢科学技术部和国家自然科学基金委员会的支持。

借此机会也感谢长期支持该研究工作的专家和同行，包括：清华大学李龙土院士、南策文院士、朱静院士、张孝文教授、岳振星教授、王晓慧教授、张政军教授，北京交通大学徐叙瑢院士、黄世华教授，青岛科技大学雷清泉院士，电子科技大学李言荣院士，香港科技大学温维佳教授、汤子康教授、沈平教授，南京大学陈延峰教授、祝世宁院士，东南大学崔铁军教授，西安交通大学姚熹院士、徐卓教授，西北工业大学赵晓鹏教授、张富利副教授，浙江大学陈湘明教授、何赛灵教授、彭华新教授，钢铁研究总院周少雄教授，哈尔滨工业大学赵连城院士、李垚教授，同济大学张冶文教授，空军工程大学屈绍波教授，深圳光启高等理工研究院刘若鹏院长、赵治亚副院长，中国科学院半导体研究所陈宏达研究员，中国科学院物理研究所陈立泉院士、顾长志研究员、丘祥冈研究员，南京工业大学黄维院士，航空材料研究院陈祥宝院士，复旦大学资剑教授、周磊教授，北京大学杨槐教授、朱生传教授，北京有色金属研究总院屠海令院士，中国科学院金属研究所张劲松教授，北京工业大学李静教授，国家自然科学基金委员会高瑞平副主任、陈克新教授、苗鸿燕教授，美国纽约州立大学布法罗分校 N.Litchinitser 教授，法国里尔大学 D.Lippens 教授，新加坡南洋理工大学孙长庆教授，美国得州大学陈伟教授，美国佐治亚理工大学蔡文杉教授，以及超常电磁介质理论的奠基人、俄罗斯科学院 V.G.Veselago 教授等。还要特别感谢两位故去的良师，一位是国际电磁科学院的创始人、美国麻省理工学院孔金瓯教授，另一位是原 798 厂总工、我的北京大学学长张药西先生，作为非金属基超常电磁介质研究初期最坚定的支持者和引导者，其思想和精神一直伴随我们的探索。

十余年来，清华大学超材料课题组筚路蓝缕、艰难前行，终于在暗夜中找到了一条通向光明的道路，开拓出一片新的天地。研究成果已为国内外同行所接受，产生的一些新概念，如“超材料与自然材料的融合”“非金属基超常介质”“全介质超材料”“自然超构材料”等，逐渐成为相关领域研究文献中的关键词，“非金属基超常电磁介质的原理与构筑”荣获 2016 年度国家自然科学奖二等奖。在这一进程中，我的助手和学生们付出了艰苦的努力。除参与本书撰写的几位同学外，还要感谢李勃副教授、白洋教授、宗瑞隆高级工程师、齐西伟教授、董国艳副教授、刘凌云副教授、郝立峰副教授、富鸣副教授、毕科副教授、杜波博士、吴红亚博士、郭云胜副教授等。

最后感谢科学出版社策划编辑鲁永芳博士及其他编辑人员在本书出版过程中给予的帮助和付出的辛勤努力。

周 济

2016 年 10 月 20 日于清华园

目　　录

第 1 章　构筑超常电磁介质的常规路线

超常电磁介质作为一类新型人工材料，具有与常规材料迥异的奇特电磁特性(如负介电常数、负磁导率、负折射率等)。这类材料颠覆了传统电磁理论描述的若干规则，有望成为新的学科生长点，引发信息技术等领域的重大技术变革。作为超常电磁介质的主流技术，基于金属谐振单元的超材料 (metamaterial) 取得了重大成功，被 "Materials Today" 杂志评选为材料 50 年 10 项重大突破之一。

下面以左手材料为例，介绍基于金属超材料的超常电磁介质的构筑策略。

1.1　左手材料及其特性

我们知道，介电常数 ε 和磁导率 μ 是描述材料电磁特性的两个基本宏观参数，能够表征材料对电场和磁场的响应能力。因此，理论上可得如图 1.1 所示的材料介电常数 ε 和磁导率 μ 象限图 [1]。

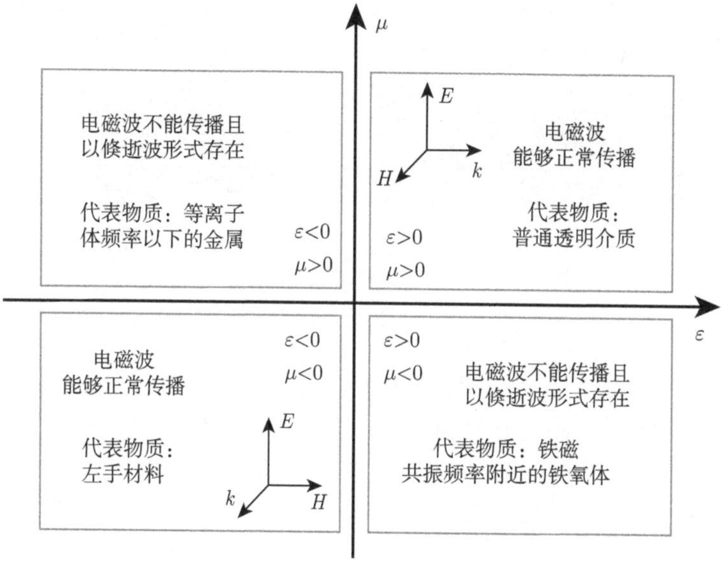

图 1.1　材料的介电常数与磁导率象限图

可以看到，当材料具有同时为负值的 ε 和 μ 时 (对应图 1.1 中第三象限) 其折射率将为实数，因此电磁波可以在其中传播。结合 Maxwell 方程及介质的本构方程，苏联物理学家 Veselago 教授最早系统地讨论了电磁波在 ε 和 μ 同时为负值的材料中传播时的特殊行为 [2]。

通过将平面单色波形式 ($\boldsymbol{E}=\boldsymbol{E}_0\exp[\mathrm{i}(\boldsymbol{k}\cdot\boldsymbol{r}-\omega t)]$ 及 $\boldsymbol{H}=\boldsymbol{H}_0\exp[\mathrm{i}(\boldsymbol{k}\cdot\boldsymbol{r}-\omega t)]$) 代入各向同性无源介质 Maxwell 方程组的旋度方程并结合介质本构方程，可得材料中电磁波电场矢量 $\boldsymbol{E}$、磁场矢量 $\boldsymbol{H}$ 及波矢 $\boldsymbol{k}$ 满足的关系，如式 (1-1)、式 (1-2) 所示。可以看出，不同于普通材料 ($\varepsilon>0$ 且 $\mu>0$) 中的情形，当电磁波在 ε 和 μ 同时小于零的材料中传播时，电磁波的波矢 $\boldsymbol{k}$、电场 $\boldsymbol{E}$ 和磁场 $\boldsymbol{H}$ 三矢量将满足“左手定则”，如图 1.2(b) 所示；左手材料也因此而得名。更为重要的是，ε 和 μ 同时小于零的性质将使左手材料中电磁波波矢 $\boldsymbol{k}$ 与坡印亭矢量 $\boldsymbol{S}=\boldsymbol{E}\times\boldsymbol{H}$ 的方向相反，即相速度 $\boldsymbol{v}_{\mathrm{p}}$ 和群速度 $\boldsymbol{v}_{\mathrm{g}}$ 方向相反 [2]。左手材料又被称为“双负介质”[3]“负折射介质”[4] 和“后向波介质”[5] 等。

$$\boldsymbol{k}\times\boldsymbol{E}=\frac{\omega}{c}\mu\boldsymbol{H} \tag{1-1}$$

$$\boldsymbol{k}\times\boldsymbol{H}=-\frac{\omega}{c}\varepsilon\boldsymbol{E} \tag{1-2}$$

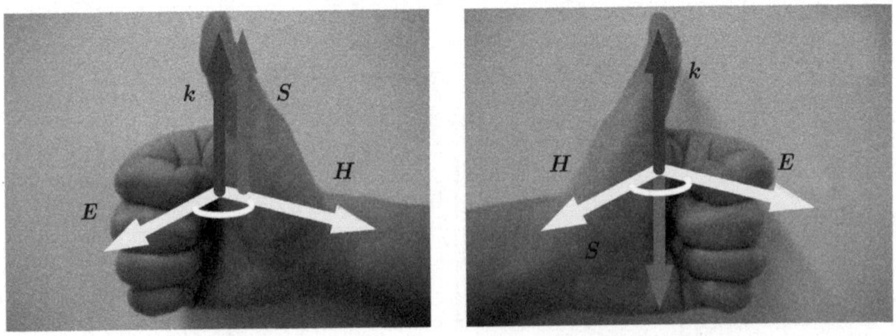

(a)　　(b)

图 1.2　左、右手介质中各矢量方向关系

(a) 右手介质；(b) 左手介质

群速度与相速度方向相反的特性使在左手材料中传播的电磁波表现出许多反常行为，如负折射 (negative refraction) 效应、完美透镜 (superlens) 成像、反常 Cherenkov 辐射、反常 Doppler 效应等，以下分别对其进行介绍。

1. 负折射效应

当电磁波由一种介质入射至另一种介质时，将在两介质界面处发生折射和反射。该过程满足电磁波电场及磁场边界连续条件，并因此可得描述界面处电磁波折射行为的 Snell 定律：

$$n_1\sin\theta_1=n_2\sin\theta_2 \tag{1-3}$$

其中，n_1 和 n_2 分别为界面两侧介质的折射率；θ_1 和 θ_2 分别为入射角和折射角。

如图 1.3(a) 所示，当电磁波由普通材料 ($\varepsilon_1>0$，$\mu_1>0$) 入射另一种普通材料 ($\varepsilon_2>0$，$\mu_2>0$) 时，将发生我们熟悉的反射、折射现象。此时，入射波与折射波分别位于界面法线两侧，我们称其为“正折射”。如图 1.3(b) 所示，当电磁波由普通材料入射至 $\varepsilon_2<0$ 且 $\mu_2<0$ 的左手材料时，由于连续性边界条件的要求，折射波与入射波将位于界面法线同侧，我们称其为“负折射”[6−8]；此时 Snell 定律中对应的材料折射率应取为负值。

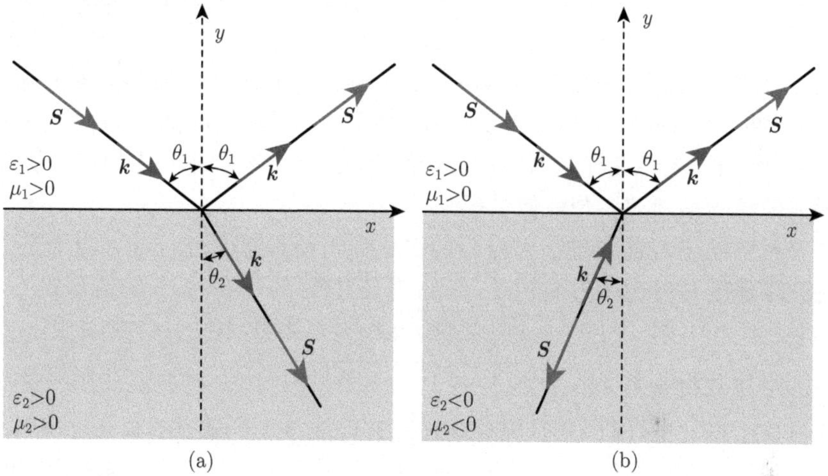

图 1.3 界面折射示意图

(a) 正折射；(b) 负折射

2. 完美透镜成像

对于传统的光学透镜成像，假设光源为以固有频率 ω 振动的电偶极子，透镜的光轴沿 z 方向，则其辐射场的电场分量的傅里叶级数展开式为 [9]

$$E(r,t)=\sum_{\sigma,k_x,k_y}E\sigma(k_x,k_y)\cdot\exp(\mathrm{i}k_zz+\mathrm{i}k_xx+\mathrm{i}k_yy-\mathrm{i}\omega t)\tag{1-4}$$

其中，k_x，k_y 和 k_z 分别为波矢 $\boldsymbol{k}$ 在 x，y 和 z 方向的分量。

将式 (1-4) 代入 Maxwell 方程，可得 k_z 的表达式为

$$k_z=\sqrt{\omega^2c^{-2}-k_x^2-k_y^2}\tag{1-5}$$

由式 (1-5) 可见，当 $\omega^2c^{-2}>k_x^2+k_y^2$ 时，k_z 为实数，对应的电磁波场能够传播；而当 $\omega^2c^{-2}<k_x^2+k_y^2$ 时，式 (1-5) 开根号将得到为虚数的 $k_z=\pm\mathrm{i}\sqrt{k_x^2+k_y^2-\omega^2c^{-2}}$，

考虑到此时 $\boldsymbol{k}_z$ 沿 z 轴正向，因此根号取正值，即 $k_z=\mathrm{i}\sqrt{k_x^2+k_y^2-\omega^2c^{-2}}$，对应电磁波场为沿 z 方向呈指数衰减的倏逝波。倏逝波随传播距离迅速衰减，从而无法到达成像面参与成像。因此，普通光学成像过程仅有 k_z 为实数的电磁波场对成像有贡献，而不包括倏逝波成分所携带的物体信息。而由傅里叶光学可知，这部分空间频率较大的衰减电磁波场所携带的正是物方的细节信息。因此，普通成像过程像面上的信息受到式 (1-6) 限制，这也是普通光学透镜理论最大分辨率约为波长量级的原因。

$$k_x^2+k_y^2<\omega^2c^{-2} \tag{1-6}$$

上述普通成像过程中无法实现物方小于波长细节在像方再现的限制被称为衍射极限问题。可以看到，衍射极限从根本上制约了光学系统的信息传递能力。由上述分析可以看出，要想使光学系统突破衍射极限成像，其根本在于使携带物方小于波长细节信息的倏逝波参与成像过程。

左手材料的出现使突破衍射极限成像成为可能。考虑式 (1-5)，由于左手材料中电磁波相速度与群速度方向相反，因此对于 $\omega^2c^{-2}<k_x^2+k_y^2$ 的情形式 (1-5) 开根号将取 "−" 号，即，$k_z=-\mathrm{i}\sqrt{k_x^2+k_y^2-\omega^2c^{-2}}$。从而，式 (1-4) 中关于 z 方向电磁波场的指数项将具有 $\exp\left(z\sqrt{k_x^2+k_y^2-\omega^2c^{-2}}\right)$ 的形式，即倏逝波在左手材料当中将随传播距离被指数放大，从而使倏逝波有可能参与到像方的成像过程中，使成像系统获得突破衍射极限的分辨能力 [9−14]。需要指出的是，由于倏逝场只在 x、y 方向传播，在 z 方向并不传递能量，因此上述放大过程并不违反能量守恒定律。另外，由于左手材料的负折射特性，由其制成的透镜将不必具有传统透镜类似球面的形状，从而没有固定的光轴、不受傍轴条件的限制，也将不存在球差等由于透镜形状引起的像差。

在左手材料特殊电磁行为的基础上，Pendry 教授提出了 "完美透镜" 的概念 [11]。他指出，处于真空中的物体发出的电磁波入射至相对介电常数及磁导率均为 −1(即 $\varepsilon=-1$，$\mu=-1$) 的平板透镜，物方光场包括倏逝波在内的所有成分都将无反射地参与像方成像，从而实现 "理想成像"。Pendry 教授称这种能实现 "理想成像" 的左手材料透镜为 "完美透镜"。

3. 反常 Cherenkov 辐射

当带电粒子 (通常是电子) 以超过介质中光的相速度的速度 v 在介质中运动时，将会在其周围引起诱导电流并因此辐射出电磁场，即产生 Cherenkov 辐射效应 (图 1.4)。普通介质中 Cherenkov 辐射产生的电磁波等相位面形成锥角向后的锥形。然而，如果带电粒子在左手材料中运动，则产生的 Cherenkov 辐射方向与粒子运动方向相反、形成的电磁波等相位锥面锥角向前，即发生反常 Cherenkov 辐射 [2]。

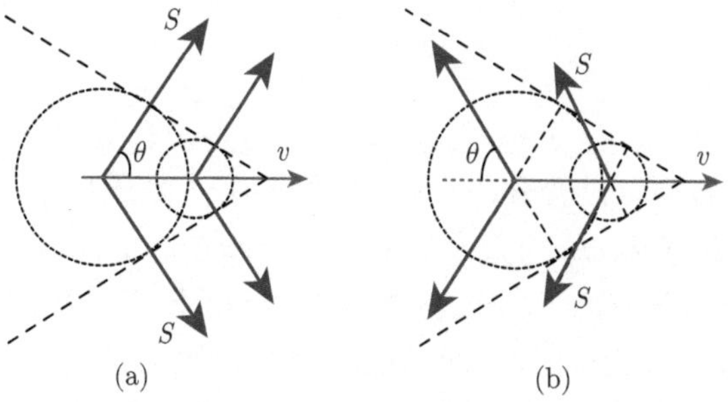

图 1.4 右手材料 (a) 和左手材料 (b) 中的 Cherenkov 辐射 [16]

4. 反常 Doppler 效应

Doppler 效应 [15] 是指，在普通介质中，当波源和探测器互相接近时，观察到的振动频率高于波源实际频率；而当两者互相远离时，观察到的振动频率小于波源实际频率。然而，由于左手材料当中传播的电磁波相速度与群速度方向相反，因此这一现象在左手材料当中将表现为相反的行为，即出现反常 Doppler 效应 [2,13,14,16]。利用该效应实现宽频带 GHz 电磁脉冲发生器的研究已有报道 [17]。

1.2 左手材料的实现

由于自然界中不存在介电常数和磁导率同时小于零的物质，因此在很长的时期内 Veselago 教授所提出的左手材料都仅被视为一种理论假设，其相关研究基本处于停滞状态。然而，科学的发展不会永远止步不前。英国伦敦帝国大学的 Pendry 教授于 1996 年和 1999 年发表理论研究论文，分别提出了实现低频负有效介电常数和负有效磁导率的金属线 (wire)[18] 及开口谐振环 (split ring resonator, SRR)[19] 周期性人工材料模型，使实现左手材料成为可能。随后，美国加州大学圣迭戈分校 Smith 课题组通过金属铜线及 SRR 阵列的复合首次实现了左手材料 [20]，并在不久之后通过棱镜样品成功验证了微波波段左手材料的负折射行为 [21]。以下将分别介绍实现负有效介电常数及负有效磁导率的理论模型及方法。

1. 负有效介电常数

图 1.1 给出的自然界中介电常数小于零的情况并不罕见，等离子体 (plasma) 就是一例 [22]。具体来说，等离子体介电常数随频率 ω 色散的关系可表达为 $\varepsilon(\omega) = 1-(\omega_{\mathrm{p}}^2/\omega^2)$，其中 ω_{p} 为等离子体频率。可以看出，当 $\omega < \omega_{\mathrm{p}}$ 时，其介电常数为负值。

电磁波作用下的金属表现出等离子体行为，且其等离子体频率可表达为 [18]

$$\omega_p^2 = \frac{n_e e^2}{\varepsilon_0 m_{eff}} \tag{1-7}$$

其中，n_e 为电子数密度，e 为电子电量，m_{eff} 为电子有效质量，ε_0 为真空介电常数。通过代入具体数值可以看到，一般金属的等离子体频率 ω_p 在紫外光波段。例如，金属铝的等离子频率 ω_p 约为 3.6×10^{15} Hz，即在低于其该频率的电磁波段，金属铝具有负的介电常数。然而，通过分析可以发现，随着频率的降低，金属的介电常数将迅速减小而呈现绝对值很大的负值，且其损耗也将随频率降低而迅速增大。如何获得可控的负介电常数，是 Pendry 教授所提出的金属线阵列模型的主要意义所在。

由式 (1-7) 可以看出，要控制金属等离子体频率，可通过控制其系统内的电子有效数密度及电子有效质量来实现。半径为 r 的金属线按照一定晶格 a 形成的阵列如图 1.5 所示，可以得到其电子的有效数密度为

$$n_{eff} = \frac{\pi r^2}{a^2} n_e \tag{1-8}$$

另外，由于自感效应的存在，金属线阵列的电子有效质量可表示为

$$m_{eff} = \frac{\mu_0 \pi r^2 e^2 n_e}{2\pi} \ln(a/r) \tag{1-9}$$

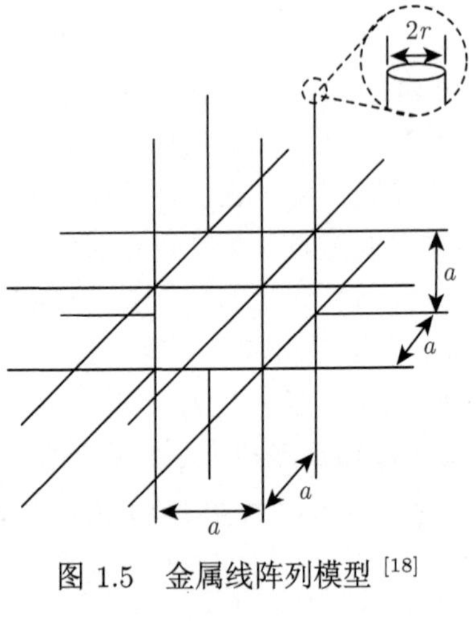

图 1.5　金属线阵列模型 [18]

可以看到，金属线阵列的电子有效数密度及电子有效质量均是结构参数 r 及 a 的函数，因此其等离子体频率也必将受到结构参数的调制。在 1996 年发表的论文当中，Pendry 等预言半径为 1μm、晶格常数为 5mm 的金属铝线阵列等离子体频率将降低至 8.2GHz，从而为微波左手材料负有效介电常数部分的实现提供了理论基础。这一理论预言很快得到了实验的验证 [23]。

计入损耗的金属线阵列有效介电常数可以表示为 [23]

$$\varepsilon_{\mathrm{eff}}(\omega)=1-\frac{\omega_{\mathrm{p}}^2-\omega_0^2}{\omega^2-\omega_0^2+\mathrm{i}\omega\varGamma} \tag{1-10}$$

其中，ω_0 为由几何结构参数决定的电共振频率；$\varGamma$ 为结构的损耗参数。可以看出，对于频率 ω 满足 $\omega_0<\omega<\omega_{\mathrm{p}}$ 的电磁波，金属线阵列的有效介电常数小于零。需要指出的是，由于结构参数 r 和 a 均远远小于等离子体频率 ω_{p} 对应的电磁波波长，因此通过有效介电常数 $\varepsilon_{\mathrm{eff}}$ 描述上述金属线阵列的介电响应是完全合理的。

2. 负有效磁导率

相对于负介电常数，负磁导率特性在自然材料中更加稀有，但仍存在。例如，施加外磁场条件下与电磁波发生铁磁共振的铁氧体可能具有负磁导率 [24]。然而，通过自然材料实现的磁响应通常仅限于较低频率，在太赫兹及以上波段，自然材料则通常不再具有磁性。

量子力学能够从根本上解释物质的磁性问题。然而，唯象地看，物质要实现磁响应必须包含类似环路电流所产生的磁偶极子。例如，自然材料中由原子和分子构成的磁性材料，其磁响应可唯象地看成来源于电子自旋和轨道运动环路电流所产生的磁偶极子。环形电流 j 的磁偶极矩定义为

$$m=\frac{1}{2}\int r\times j\mathrm{d}^3r \tag{1-11}$$

可见，闭合环路中的诱导电流能够产生磁响应。由电磁感应效应出发，Pendry 教授等提出通过人工设计具有开口的金属环结构 (即 SRR) 来实现人工环路电流，并预言了该结构组成的有效介质将具有对电磁波强烈的磁响应且可能具有负有效磁导率 [19]。

Pendry 教授等提出的 SRR 结构如图 1.6 所示。当电磁波磁场垂直于 SRR 面入射时，SRR 中将由于电磁感应效应而产生感应电流；该环形感应电流将形成与电磁波磁场具有一定相位关系的感应磁场，即产生磁响应。开口的存在使环的不同位置形成瞬时电荷堆积，内外环间及开口位置将形成等效电容 C；环的两臂则形成等效电感 L。因此，在电磁波磁场激励下，SRR 可视为电磁响应行为与其几何尺寸和形状相关的 LC 谐振电路。需要强调的是，开口的存在不仅使 SRR 谐振强度增大并且使之谐振频率大大降低，以致其谐振频率对应的电磁波波长远大于其几何尺寸，从而可以利用有效磁导率 μ_{eff} 来描述其阵列形成的复合材料的磁响应特性。

周期排列的 SRR 阵列的有效磁导率可表示为

$$\mu_{\mathrm{eff}}(\omega)=1-\frac{F\omega_0^2}{\omega^2-\omega_0^2+\mathrm{i}\omega\varGamma} \tag{1-12}$$

其中，ω_0 为谐振频率，F 为 SRR 占空比，Γ 为损耗参数。设 $\omega_{\mathrm{mp}} = \omega_0/\sqrt{1-F}$，为磁等离子体频率，则由上式可见，对于频率满足 $\omega_0 < \omega < \omega_{\mathrm{mp}}$ 的电磁波，SRR 阵列形成的复合材料具有负的有效磁导率 μ_{eff}。

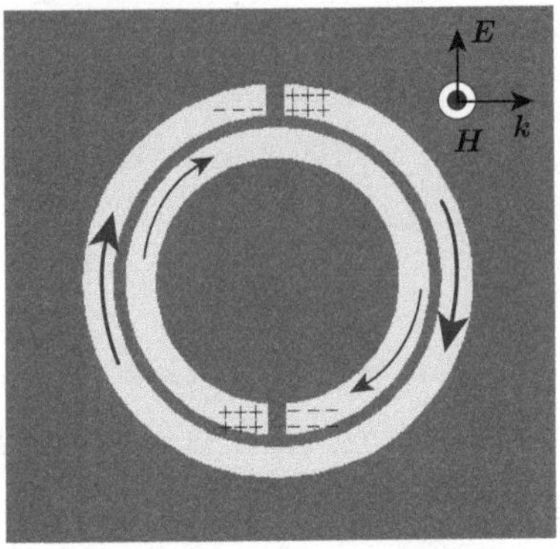

图 1.6　SRR 结构示意图

在 Pendry 教授等提出的金属线及 SRR 模型的基础上，美国加州大学圣迭戈分校 Smith 课题组利用电路板加工方法，制备了金属线与 SRR 结构阵列复合材料并测试了其微波透射行为，在金属线阵列与 SRR 阵列分别单独形成禁带的频段观察到了复合材料形成的电磁波透射通带，从而实验验证了左手材料的存在 [20]。此后，该课题组利用金属线与 SRR 阵列构成的棱镜形样品成功验证了微波波段左手材料的负折射行为 [21]。除此之外，有研究者提出利用电容和电感复合构成传输线的方法实现左手材料，并通过实验观察到了其负折射及平板聚焦特性 [25−30]。这些左手材料研究领域的早期工作当时在科学界引起了广泛关注。

尽管在左手材料出现的初期，一些科学家对其物理本质仍抱以怀疑的态度 [31−37]，但一系列设计精巧而结果清晰的实验逐渐使争论趋于平静 [38−43]。2003 年末左手材料研究被 *Science* 评为当年十大科技进展之一，其相关研究进入了高速发展时期。

1.3　新的结构单元的探索

上述提到的通过设计远小于谐振频率波长的结构单元获得材料特殊电磁响应及有效电磁参数的理念，不但直接推动了超材料概念的产生并且为电磁材料的研究提供了新的思路和方法。基于这种理念设计获得的材料，其电磁响应特性并不直接依赖于其构成材料本身的性质，而是取决于其构成单元的几何形状和尺寸。

有效介质理论要求超材料的结构单元尺寸远远小于工作频率电磁波波长，从而使高频超材料的实现相对较为困难。因此，制备方法相对经济、简单并具有广泛应用前景的微波超材料一直处于被集中研究的状态。然而，人们希望能够实现更宽电磁波段的超材料行为。其中，完美透镜理论所预言的亚波长分辨率等潜在应用是超材料研究不断向高频迈进的重要推动力。在这样的背景之下，超材料的研究在微波至可见光波段全面展开。以下从结构发展和响应频率发展两方面进行介绍。

1. 结构的发展

分析 Smith 等最初实现左手材料所用的结构，可以看出其中仍有值得改进的地方。其中主要包括两点：首先，负有效磁导率与负有效介电常数分别由分立的两种结构产生，这一点将影响左手材料的进一步集成化、体块化。其次，由图 1.6 可以看出，产生负有效磁导率的 SRR 结构较为复杂，从而可以预期高频左手材料的加工和实现将很困难。针对这两方面缺陷，在对 SRR 进行深入研究的基础上 [44–62]，研究者们发展出了一系列不同的改进结构。

Katsarakis 等 [44] 提出内外同心双开口环的设计可进一步简化为单开口谐振环 (single split ring resonator, SSRR) 结构，其中开口与环臂分别提供等效电容和电感。该设计使磁谐振结构大大简化，并为通过微加工方式获得高频负有效磁导率提供了新的可能。除此之外，人们还设计出不同形状的金属结构用来实现负有效磁导率，如六边形环 [63–65]、螺旋形 [66]、金属分形图案 [67–68]、“工” 形结构 [69] 等。如图 1.7(a) 所示，浙江大学孔金瓯课题组设计的 Ω 环 [70–71] 左手材料是磁、电谐振一体化的典型代表。可以看出，相对而置的 Ω 环的圆形部分是开口谐振环的变形，而有着微小间断的直线部分则是金属线模型的演化。这种形状特殊的左手材料在一定程度上实现了开口谐振环与金属线的 “集成”，使左手材料的制备更加便利。另外，实验显示利用热处理手段获得的 Ω 环体块复合材料具有相当高的左手通带透射率 [72]，为其向实际应用发展打下了良好基础。在此基础上该课题组进一步设计并实现了形状更加简单的 S 形左手材料 [72–74]。

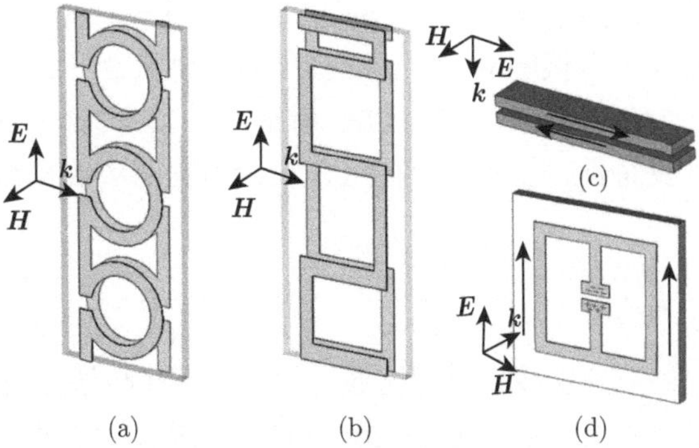

图 1.7 不同超材料结构设计

(a) Ω 环左手材料；(b) S 形左手材料；(c) 双棒结构；(d) ESRR

通过分析可以看到，无论 SRR、SSRR、Ω 或 S 形谐振结构，其磁响应都建立在入射电磁波磁场分量与环状 (或类似) 结构的电磁感应基础之上。也就是说，这些环状结构所在平面必须垂直于电磁波磁场或有相应分量。另一方面，要获得高频 (如红外及可见光频率) 的磁响应一般需要借助微纳米加工技术制备相应尺度的超材料谐振单元，而微纳米加工技术则普遍为平面加工工艺 [75]。因此，通过上述结构实现高频磁响应或左手效应将会受到很大限制。在环状电流及等效 LC 电路的启发下，研究者提出了更为简洁的双棒结构 (rod pair)[76−79] 及其反结构，即渔网 (fishnet) 结构 [80−82]。由图 1.7(c) 可以看出，双棒结构将 SRR 垂直于电磁波磁场的环状结构改进成分立在两平面上的平行棒对。尽管同样可视作 SRR 结构的一种演化，但其特殊设计使双棒结构不仅能够工作在电磁波垂直入射的条件下，并且为通过微纳米加工技术获得高频电磁响应提供了更加易于实现的模型。理论与实验结果均表明双棒结构是替代 SRR 实现磁响应的一种好的选择。由图 1.7(c) 可以看出，除了与电磁波磁场相互作用，垂直入射条件下双棒结构还将受到电磁波电场部分激励发生电谐振。然而，由于结构限制其电谐振频段很难与磁谐振频段重合，从而很难通过双棒结构实现左手效应。而渔网结构的设计不仅延续了双棒结构磁谐振结构平面化的特点，并且通过相互正交的结构分别实现电谐振与磁谐振，从而使获得同时小于零的有效介电常数和磁导率成为可能。渔网结构被认为是现阶段实现光频左手效应最为有效的设计。

我们知道，一般对电磁波的操控主要是通过控制材料的磁导率及介电常数实现的。在实现人工磁响应之外，超材料也为人工介电常数设计提供了新的方法。尽管通过改变结构参数能够实现对金属线等离子体频率的设计，但金属线要求电场振动方向上 “电连续” 以及等离子体频率以下均表现为负有效介电常数的特性，在很大程度上限制了其实际应用价值。在 SRR 基础上，研究者设计出了拥有更高对称性并能够消除谐振耦合的电开口谐振环 (electric split ring resonator，ESRR)。由 ESRR 阵列组成的电谐振超材料 (electrically resonant metamaterials) 与电磁波相互作用过程中仅发生电谐振响应 [84−88]，其有效介电常数形成近似洛伦兹型的色散曲线，并可能拥有负的取值。如图 1.7(d) 所示，EMMs 允许电磁波垂直入射并且具有平板结构的优良特性，使之已经被用来设计和实现从微波到太赫兹频段的电磁波调控器。

2. 响应频率的发展

按照超材料电磁响应的设计原理，通过等比例缩小微波超材料结构单元的尺寸应该可以获得更高频段的电磁响应。另一方面，太赫兹、红外及可见光波段超材料的特殊电磁响应不仅具有重要的理论意义，并且具有巨大的应用前景。因此，高频超材料的实现一直是推动超材料领域发展的重要动力。

在左手材料方面，实现高频负有效介电常数相对比较容易 [89,90]。而另一方面，自然材料磁响应普遍具有高频截止特性，以致传统光学当中涉及可见光与物质相互作用时一般将材料的磁导率假定为 1。因此，实现太赫兹及以上频段磁响应对材料与电磁波作用理论及潜在应用均具有重要意义 [91,92]。在研究者不懈努力之下，现阶段超材料磁响应频率已经拓展至红外波段。

Pendry 及其合作者首先研究了等比例微缩开口谐振环过程中其电磁响应行为的变化情况 [93]。其结果显示，在太赫兹以上频段 SRR 的谐振频率将不再严格与其几何尺寸成比例，并且随着 SRR 尺寸减小其谐振强度将逐渐下降，从而逐渐失去负有效磁导率特性。分析认为，随着谐振频率的不断升高，金属将不能再视为良导体，SRR 结构当中电子有效质量逐渐增大，造成其对应结构电感及谐振阻尼不断上升、谐振趋于弛豫。Pendry 教授等预言通过 SRR 尺寸微缩方法实现的负有效磁导率将止步于约 100THz[93]。在此基础上，Yen 等采用光刻蚀技术加工制备了结构单元尺寸约 30μm 的铜 SRR 阵列，实现了 1.0THz 附近的磁响应 [94]。进而，Linden 等利用 SSRR 结构将磁响应频率提升至 100THz[95]。

在光频左手材料研究方面，研究者并不满足于负有效折射率的获得，负折射现象的直接观测则能更加令人信服。近期，通过制备多层渔网结构组成的棱镜结构，Valentine 等实验观测到了具有双负参数的 1.5μm 附近红外波段负折射现象 [83]，如图 1.8 所示。

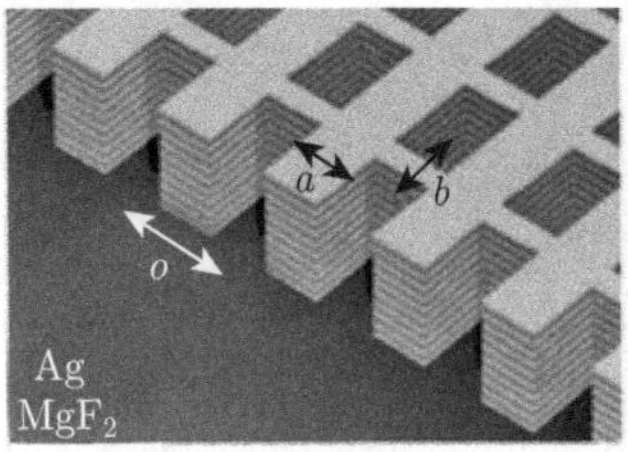

(a)

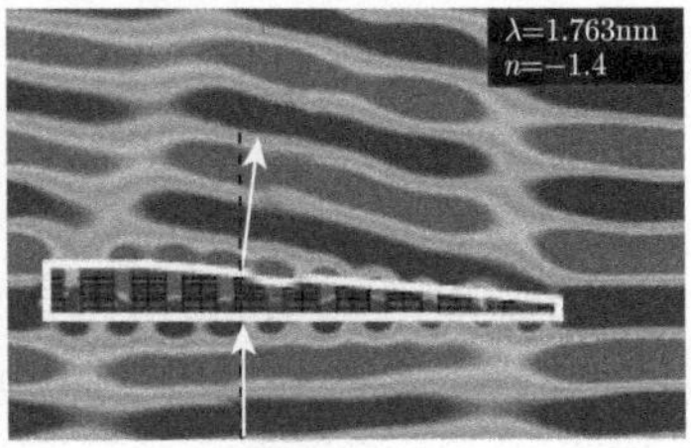

(b)

图 1.8 红外波段负折射效应 [83]

(a) 多层渔网结构示意图；(b) 负折射效应

1.4 基于金属谐振单元超材料的挑战

如前所述，超材料的主流技术是基于英国科学家 Pendry 提出的 LC 谐振单元阵列的金属图形结构。其中最典型的人工结构单元的是 Pendry 提出的金属开口谐振环 (split ring resonators，SRRs)[3] 及其衍生结构 (如 Ω 型结构、U 型结构、双棒结构、渔网结构等)。随着超材料技术的发展，这类技术面临一系列挑战，包括：

(1) 加工技术问题：金属基人工超材料的结构单元尺度要求远小于与其作用的电磁波波长，以满足连续介质近似。光学波段 metamaterials 的结构单元尺度将在纳米–埃量级。对于需要一定宏观尺度和三维结构以获得宏观性质的块体而言，这种人工材料的制备已触及了目前的纳米加工技术的极限；

(2) 物理学极限：当光频电磁波与纳米尺度的复杂金属结构相互作用时，其内部电子受人工结构尺寸的限制，运动方式与宏观尺度情况下 (如在微波、毫米波 metamaterials 中) 很不相同，其中的尺寸效应、表面/界面效应、电阻效应等将更为明显，适用于宏观尺度的材料设计模型将失效，使得光频 metamaterials 的性质无法准确设计；

(3) 材料学困难：金属材料本身属于高电磁损耗材料。而在其高频损耗中占主要部分的涡流损耗与频率的平方成正比。因此，在光学频段其电磁损耗将十分严重，这决定了金属基人工介质在光频很难具有在低频时所呈现的良好的电磁波传输特性；

(4) 各向异性问题：金属图形往往具有各向异性的结构，而实现各向同性的难度较大；

(5) 可调性问题：材料性能的可调性对于器件来说至关重要，而单纯的金属结构则难于实现在外场下性能的可调。

参考文献

[1] Shelby R A. Microwave Experiments with Left-Handed Materials: A Dissertation for the Degree of Doctor of Philosophy]. San Diego: The University of California, 2001.

[2] Veselago V G. The electrodynamics of substance simultaneously negative values of ε and μ. Sov Phys Usp, 1968, 10(4): 509-514.

[3] Ziolkowski R W, Heyman E. Wave propagation in media having negative permittivity and permeability. Phys Rev E, 2001, 64(5): 056625.

[4] Valanju P M, Walser R M, Valanju A P. Wave refraction in negative-index media: Always positive and very inhomogeneous. Phys Rev Lett, 2002, 88(18): 187401.

[5] Lindell I V, Tretyakov S A, Nikoskinen K I, et al. BW media-media with negative parameters, capable of supporting backward waves. Micro Opt Tech Lett, 2001, 31(2): 129-133.

[6] Houck A A, Brock J B, Chuang I L. Experimental observations of a left-handed material that obeys Snell's law. Phys Rev Lett, 2003, 90(13): 137401.

[7] Parazzoli C G, Greegor R B, Li K, et al. Experimental verification and simulation of negative index of refraction using Snell's law. Phys Rev Lett, 2003, 90(10): 107401.

[8] 黄志洵. 微波异常传播中的负折射率问题. 物理, 2001, 30(11): 689-692.

[9] Pendry J B. Negative refraction makes a perfect lens. Phys Rev Lett, 2000, 85(18): 3966-3969.

[10] Fang N, Zhang X. Imaging properties of a metamaterial superlens. Appl Phys Lett, 2003, 82(2): 161-163.

[11] Wiltshire M C, Pendry J B, Young I R, et al. Microstructured magnetic materials for RF flux guides in magnetic resonance imaging. Science, 2001, 291(5505): 849-851.

[12] Gomez-santos G. Universal features of the time evolution of evanescent modes in a left-handed perfect lens. Phys Rev Lett, 2003, 90(7): 077401.

[13] 马中团, 鲁拥华, 王沛, 等. 左手性材料研究进展. 物理, 2004, 33(7): 497-502.

[14] 徐耿钊, 张伟华, 朱星. 奇妙的左手材料. 物理, 2004, 33(11): 801-808.

[15] 刘战存. 多普勒和多普勒效应的起源. 物理, 2003, 32(7): 488-491.

[16] Stancil D D, Henty B E, Cepni A G, et al. Observation of an inverse Doppler shift from left-handed dipolar spin waves. Phys Rev B, 2006, 74(6): 060404.

[17] Seddon N, Bearpark T. Observation of the inverse Doppler effect. Science, 2003, 302(5650): 1537-1540.

[18] Pendry J B, Holden A J, Stewart W J, et al. Extremely low frequency plasmons in metallic mesostructures. Phys Rev Lett, 1996, 76(25): 4773-4776.

[19] Pendry J B, Holden A J, Robbins D J, et al. Magnetism from conductors and enhanced nonlinear phenomena. IEEE Trans Microwave Theory Tech, 1999, 47(11): 2075-2084.

[20] Smith D R, Padilla W J, Vier D C, et al. Composite medium with simultaneously negative permeability and permittivity. Phys Rev Lett, 2000, 84(18): 4184-4187.

[21] Shelby R A, Smith D R, Schultz S. Experimental verification of a negative index of refraction. Science, 2001, 292(5514): 77-79.

[22] 杜世刚. 等离子体物理. 北京: 原子能出版社, 1998.

[23] Gay-balmaz P, Maccio C, Martin O J. Microwire arrays with plasmonic response at microwave frequencies. Appl Phys Lett, 2002, 81(15): 2896-2898.

[24] 李荫远, 李国栋. 铁氧体物理学. 北京: 科学出版社, 1978.

[25] Iyer A K, Eleftheriades G V. Multilayer negative-refractive-index transmission-line (NRI-TL) metamaterial free-space lens at X-band. IEEE Trans Antenn Propag, 2007, 55(10): 2746-2753.

[26] Feng Y J, Teng X H, Chen Y, et al. Electromagnetic wave propagation in anisotropic metamaterials created by a set of periodic inductor-capacitor circuit networks. Phys Rev B, 2005, 72(24): 245107.

[27] Grbic A, Eleftheriades G V. Overcoming the diffraction limit with a planar left-handed transmission-line lens. Phys Rev Lett, 2004, 92(11): 117403.

[28] Grbic A, Eleftheriades G V. Negative refraction, growing evanescent waves, and sub-diffraction imaging in loaded transmission-line metamaterials. IEEE Trans Microwave Theory Tech, 2003, 51(12): 2297-2305.

[29] Iyer A K, Kremer P C, Eleftheriades G V. Experimental and theoretical verification of focusing in a large, periodically loaded transmission line negative refractive index metamaterial. Opt Express, 2003, 11(7): 696-708.

[30] Eleftheriades G V, Iyer A K, Kremer P C. Planar negative refractive index media using periodically L-C loaded transmission lines. IEEE Trans Microwave Theory Tech, 2002, 50(12): 2702-2712.

[31] Pokrovsky A L, Efros A L. Electrodynamics of metallic photonic crystals and the problem of left-handed materials. Phys Rev Lett, 2002, 89(9): 093901.

[32] Williams J M. Some problems with negative refraction. Phys Rev Lett, 2001, 87(24): 249703.

[33] Hooft G W. Comment on "Negative refraction makes a perfect lens". Phys Rev Lett, 2001, 87(24): 249701.

[34] Kakaes K. Theorists doubt claims for perfect lens. Science, 2002, 296(5572): 1380-1381.

[35] Valanju P M, Walser R M, Valanju A P. Wave refraction in negative-index media: Always positive and very inhomogeneous. Phys Rev Lett, 2002, 88(18): 187401.

[36] Garcia N, Nieto-vesperinas M. Is there an experimental verification of a negative index of refraction yet? Opt Lett, 2002, 27(11): 885-887.

[37] Garcia N, Nieto-vesperinas M. Left-handed materials do not make a perfect lens. Phys Rev Lett, 2002, 88(20): 207403.

[38] Parazzoli C G, Greegor R B, Li K, et al. Experimental verification and simulation of negative index of refraction using Snell's law. Phys Rev Lett, 2003, 90(10): 107401.

[39] Houck A A, Brock J B, Chuang I L. Experimental observations of a left-handed material that obeys Snell's law. Phys Rev Lett, 2003, 90(13): 137401.

[40] Ran L X, Huangfu J, Chen H S, et al. Beam shifting experiment for the characterization of left-handed properties. J Appl Phys, 2004, 95(5): 2238-2241.

[41] Parazzoli C G, Greegor R B, Nielsen J A, et al. Performance of a negative index of refraction lens. Appl Phys Lett, 2004, 84(17): 3232-3234.

[42] Lagarkov A N, Kissel V N. Near-perfect imaging in a focusing system based on a left-handed-material plate. Phys Rev Lett, 2004, 92(7): 077401.

[43] Baena J D, Jelinek L, Marques R, et al. Near-perfect tunneling and amplification of evanescent electromagnetic waves in a waveguide filled by a metamaterial: Theory and experiments. Phys Rev B, 2005, 72(7): 075116.

[44] Katsarakis N, Koschny T, Kafesaki M, et al. Electric coupling to the magnetic resonance of split ring resonators. Appl Phys Lett, 2004, 84(15): 2943-2945.

[45] Gay-balmaz P, Martin O J. Electromagnetic resonances in individual and coupled split-ring resonators. J Appl Phys, 2002, 92(5): 2929-2936.

[46] Smith D R, Gollub J, Mock J J, et al. Calculation and measurement of bianisotropy in a split ring resonator metamaterial. J Appl Phys, 2006, 100(2): 024507.

[47] Economou E N, Koschny T H, Soukoulis C M. Strong diamagnetic response in split-ring-resonator metamaterials: Numerical study and two-loop model. Phys Rev B, 2008, 77: 092401.

[48] Ricci M C, Anlage S M. Single superconducting split-ring resonator electrodynamics. Appl Phys Lett, 2006, 88(26): 264102.

[49] Gollub J N, Smith D R, Vier D C, et al. Experimental characterization of magnetic surface plasmons on metamaterials with negative permeability. Phys Rev B, 2005, 71(19): 195402.

[50] Hesmer F, Tatartschuk E, Zhuromskyy O, et al. Coupling mechanisms for split ring resonators: Theory and experiment. Phys Stat Sol B, 2007, 244(4): 1170-1175.

[51] Weiland T, Schuhmann R, Greegor R B, et al. Ab initio numerical simulation of left-handed metamaterials: Comparison of calculations and experiments. J Appl Phys, 2001, 90(10): 5419-5424.

[52] Martin F, Bonache J, Falcone F, et al. Split ring resonator-based left-handed coplanar waveguide. Appl Phys Lett, 2003, 83(22): 4652-4654.

[53] Sauviac B, Simovski C R, Tretyakov S A. Double split-ring resonators: Analytical modeling and numerical simulations. Electromagnetics, 2004, 24(5): 317-338.

[54] Hsu Y J, Huang Y C, Lih J S, et al. Electromagnetic resonance in deformed split ring resonators of left-handed meta-materials. J Appl Phys, 2004, 96(4): 1979-1982.

[55] Movchan A B, Guenneau S. Split-ring resonators and localized modes. Phys Rev B, 2004, 70(12): 125116.

[56] Baena J D, Bonache J, Martin F, et al. Equivalent-circuit models for split-ring resonators and complementary split-ring resonators coupled to planar transmission lines. IEEE Trans Microwave Theory Tech, 2005, 53(4): 1451-1461.

[57] Garcia-garcia J, Martin F, Baena J D, et al. On the resonances and polarizabilities of split ring resonators. J Appl Phys, 2005, 98(3): 033103.

[58] Varadana V V, Tellakula A R. Effective properties of split-ring resonator metamaterials using measured scattering parameters: Effect of gap orientation. J Appl Phys, 2006, 100(3): 034910.

[59] Aydin K, Ozbay E. Identifying magnetic response of split-ring resonators at microwave frequencies. Opto-Electron Rev, 2006, 14(3): 193-199.

[60] Zhou L, Chui S T. Magnetic resonances in metallic double split rings: Lower frequency limit and bianisotropy. Appl Phys Lett, 2007, 90(4): 041903

[61] Lam V D, Kim J B, Lee S J, et al. Experimental observation of the electric coupling effect in split ring resonators and the prevention. Phys Stat Sol A, 2007, 204(12): 3975-3978.

[62] Dong Z, Xu M, Lei S, et al. Negative refraction with magnetic resonance in a metallic double-ring metamaterial. Appl Phys Lett, 2008, 92(6): 064101.

[63] 罗春荣, 康雷, 赵乾, 等. 非均匀缺陷环对微波左手材料的影响. 物理学报, 2005, 54(04): 1607-1612.

[64] Zhao X, Zhao Q, Kang L, et al. Defect effect of split ring resonators in left-handed metamaterials. Phys Lett A, 2005, 346(13): 87-91.

[65] Zhu W, Zhao X, Ji N. Double bands of negative refractive index in the left-handed metamaterials with asymmetric defects. Appl Phys Lett, 2007, 90(1): 011911.

[66] Lagarkov A N, Kissel V N. Near-perfect imaging in a focusing system based on a left-handed-material plate. Phys Rev Lett, 2004, 92(7): 077401.

[67] Liu H, Zhao X, Yang Y, et al. Fabrication of infrared left-handed metamaterials via double template-assisted electrochemical deposition. Advanced material, 2008, 20: 2050-2054.

[68] Zhou X, Fu Q H, Zhao J, et al. Negative permeability and subwavelength focusing of quasi-periodic dendritic cell metamaterials. Opt Express, 2006, 14(16): 7188-7197.

[69] Hao J, Yuan Y, Ran L, et al. Manipulating electromagnetic wave polarizations by anisotropic metamaterials. Phys Rev Lett, 2007, 99(6): 063908.

[70] Ran L, Huangfu J, Chen H, et al. Microwave solid-state left-handed material with a broad bandwidth and an ultralow loss. Phys Rev B, 2004, 70(7): 073102.

[71] Huangfu J, Ran L, Chen H, et al. Experimental confirmation of negative refractive index of a metamaterial composed of Omega-like metallic patterns. Appl Phys Lett, 2004, 84(9): 1537-1539.

[72] Chen H, Ran L, Huangfu J, et al. Magnetic properties of S-shaped split-ring resonators. Progress in electromagnetics research-PIER, 2005, 51: 231-247.

[73] Chen H, Ran L, Huangfu J, et al. Negative refraction of a combined double S-shaped metamaterial. Appl Phys Lett, 2005, 86(15): 151909.

[74] Cheng X, Chen H, Ran L, et al. Negative refraction and cross polarization effects in metamaterial realized with bianisotropic S-ring resonator. Phys Rev B, 2007, 76(2): 024402.

[75] 崔铮. 微纳米加工技术及其应用. 北京: 高等教育出版社, 2006.

[76] Podolskiy V A, Sarychev A K, Shalaev V M. Plasmon modes and negative refraction in metal nanowires composites. Opt Express, 2003, 11(7): 735-745.

[77] Shalaev V M, Cai W S, Chettiar U K, et al. Negative index of refraction in optical metamaterials. Opt Lett, 2005, 30(24): 3356-3358.

[78] Zhou J F, Zhang L, Tuttle G, et al. Negative index materials using simple short wire pairs. Phys Rev B, 2006, 73(4): 041101.

[79] Yuan H, Chettiar U K, Cai W, et al. A negative permeability material at red light. Opt Express, 2007, 15(3): 1076-1083.

[80] Zhang S, Fan W J, Malloy K J, et al. Near-infrared double negative metamaterials. Opt Express, 2005, 13(13): 4922-4930.

[81] Dolling G, Enkrich C, Wegener M, et al. Low-loss negative-index metamaterial at telecommunication wavelengths. Opt Lett, 2006, 31(12): 1800-1802.

[82] Dolling G, Wegener M, Soukoulis C M, et al. Negative-index metamaterial at 780 nm wavelength. Opt Lett, 2007, 32(1): 53-55.

[83] Valentine J, Zhang S, Zentgraf T, et al. Three-dimensional optical metamaterial with a negative refractive index. Nature, 2008, 455(07247): 376-379.

[84] Schurig D, Mock J J, Smith D R. Electric-field-coupled resonators for negative permittivity metamaterials. Appl Phys Lett, 2006, 88(4): 041109.

[85] Chen H, Padilla W J, Zide J M O, et al. Active terahertz metamaterial devices. Nature, 2006, 444(05343): 597-600.

[86] Padilla W J, Aronsson M T, Highstrete C, et al. Electrically resonant terahertz metamaterials: Theoretical and experimental investigations. Phys Rev B, 2007, 75(4): 041102.

[87] Chen H, O'Hara J F, Azad A K, et al. Experimental demonstration of frequency-agile terahertz metamaterials. Nature Photonics, 2008, 2(52): 295-298.

[88] Chen H, Padilla W J, Cich M J, et al. A metamaterial solid-state terahertz phase modulator. Nature Photonics, 2009, 3(3): 148-151.

[89] Biswas A, Kunz R, Aktas O C, et al. Arrays of wirelike microstructures of Ag with visible wavelength transparent plasmonic response at near-ultraviolet and midinfrared regions. Appl Phys Lett, 2004, 85(11): 1952-1954.

[90] Mertens H, Verhoeven J, Polman A, et al. Infrared surface plasmons in two-dimensional silver nanoparticle arrays in silicon. Appl Phys Lett, 2004, 85(8): 1317-1319.

[91] Sirtori C. Bridge for the terahertz gap. Nature, 2002, 417(6885): 132-133.

[92] Shalaev V M. Optical negative-index metamaterials. Nature Photonics, 2007, 1(1): 41-48.

[93] O'Brien S, Pendry J B. Magnetic activity at infrared frequencies in structured metallic photonic crystals. J Phys-Condens Mat, 2002, 14(25): 6383-6394.

[94] Yen T J, Padilla W J, Fang N, et al. Terahertz magnetic response from artificial materials. Science, 2004, 303(5663): 1494-1496.

[95] Linden S, Enkrich C, Wegener M, et al. Magnetic response of metamaterials at 100 terahertz. Science, 2004, 306(5700): 1351-1353.

第 2 章　基于陶瓷颗粒电磁谐振单元的介质基超材料

本章重点探讨了以 Mie 谐振的高介电常数陶瓷颗粒为人工原子的三维各向同性超材料的基本原理，并以负磁导率超材料的研制为例进行了较深入的分析，最后对由两个介质颗粒构成的人工分子中颗粒间的相互作用进行了分析。

亚波长介质颗粒与电磁波相互作用时，介电极化导致的位移电流在一些特定频率下形成电偶极子、磁偶极子以及更高次的多级谐振模态，其谐振特征取决于介质的复介电常数、复磁导率以及单元的几何参数。如果介质材料本身满足一定要求(如低介电损耗)，则能够在谐振频率附近产生超常电或磁响应，作为实现超常电磁介质的一种新的物理机制。

2.1　基于 Mie 谐振的有效电磁参数理论分析与模拟

2.1.1　Lewin 模型

Lewin 利用有效介质理论和电磁散射理论研究了由无损耗的介电/磁性颗粒球分散在另一种连续介质中而形成的复合材料的电磁响应行为，得出有效介电常数和有效磁导率满足如下的理论表达式 [1]：

$$\varepsilon_{\mathrm{eff}} = \varepsilon_{\mathrm{h}}\left[1+\frac{3\nu}{\dfrac{F(\theta)+2K_{\mathrm{e}}}{F(\theta)-K_{\mathrm{e}}}-\nu}\right] \tag{2-1}$$

$$\mu_{\mathrm{eff}} = \mu_{\mathrm{h}}\left[1+\frac{3\nu}{\dfrac{F(\theta)+2K_{\mathrm{m}}}{F(\theta)-K_{\mathrm{m}}}-\nu}\right] \tag{2-2}$$

$$K_{\mathrm{e}} = \frac{\varepsilon_{\mathrm{h}}}{\varepsilon_{\mathrm{p}}} \tag{2-3}$$

$$K_{\mathrm{m}} = \frac{\mu_{\mathrm{h}}}{\mu_{\mathrm{p}}} \tag{2-4}$$

$$\nu = \frac{4}{3}\pi\left(\frac{r}{l}\right)^3 \tag{2-5}$$

$$F(\theta) = \frac{2(\sin\theta-\theta\cos\theta)}{(\theta^2-1)\sin\theta+\theta\cos\theta} \tag{2-6}$$

$$\theta = k_0 r\sqrt{\varepsilon_\mathrm{p}\mu_\mathrm{p}} \tag{2-7}$$

其中，ε_p 和 μ_p 分别为颗粒球的相对介电常数和磁导率，ε_h 和 μ_h 分别为连续介质的相对介电常数和磁导率，r 为球半径，l 为晶格常数，k_0 为自由空间的波矢。

分析可知，当 ε_h、μ_h、r 及 k_0 满足一定条件时，式 (2-6) 的分母可能趋近于零，从而 $F(\theta)$ 趋近于无穷大，即 $F(\theta)$ 是一个取值具有谐振行为的函数。当 θ 取某些特殊值时 $F(\theta)$ 可能为负值，从而导致式 (2-1) 和式 (2-2) 也可能小于零，即有效介电常数 ε_eff 和磁导率 μ_eff 小于零 [2]。因而，通过适当选择复合材料参数，如球的尺寸、介电常数和磁导率等，就能够得到在一定频段内为负值的 μ_eff 或 ε_eff。理论指出，在磁谐振模态下，电磁波在介电颗粒内诱导产生环形位移电流；颗粒因此可等效于一个磁偶极子、产生磁响应；等效磁偶极子与电磁波磁场发生谐振效应，使得以介质颗粒为人工原子构造的超材料具有可能为负值的 μ_eff。

对于一定条件下，用介质颗粒为人工原子构造的超材料中，式 (2-1) 和式 (2-2) 将可能在一系列电磁波频率取得负值。然而，需要指出的是，以上各式必须在满足长波长近似条件下才有意义。也就是说，只有满足 ε_h 和 μ_h 以及颗粒晶格常数 l 所确定的长波长条件 $\lambda_\mathrm{h} \gg l$(λ_h 为连续介质内的电磁波波长)，超材料才能被视为有效介质，其 μ_eff 和 ε_eff 的描述方式才有意义。我们设定长波长近似条件为 $\lambda_\mathrm{h} \geqslant 6l$，即对于自由空间波长 λ_0 满足

$$\lambda_0 \geqslant (\varepsilon_\mathrm{h}\mu_\mathrm{h})^{1/2} \cdot \lambda_\mathrm{h} = 6(\varepsilon_\mathrm{h}\mu_\mathrm{h})^{1/2} \cdot l \tag{2-8}$$

的电磁波，式 (2-1) 和式 (2-2) 才有效。对于连续介质为非磁性材料的情况，上式可简化为

$$\lambda_0 \geqslant \sqrt{\varepsilon_\mathrm{h}} \cdot \lambda_\mathrm{h} = 6\sqrt{\varepsilon_\mathrm{h}} \cdot l \tag{2-9}$$

2.1.2 理论计算

当颗粒和连续介质均为非磁性材料时，即 $\mu_\mathrm{p} = \mu_\mathrm{h} = 1$，有效磁导率的表达式 (2-1) 可写为

$$\mu_\mathrm{eff} = 1 + \frac{3v}{\dfrac{F(\theta)+2}{F(\theta)+1} - v} \tag{2-10}$$

利用式 (2-1)~ 式 (2-7) 及式 (2-10)，我们首先研究了超材料 μ_eff 和 ε_eff 随球半径 r 的变化关系。设超材料满足条件：$\varepsilon_\mathrm{p} = 1000$，$\varepsilon_\mathrm{h} = 2$ 而 $l = 3r$。此时，根据式 (2-9) 可以得到此时的长波长近似条件为 $\lambda_0 \geqslant 25r$，亦即电磁波频率 f_0 小于 λ_0 对应频率。图 2.1 给出了不同球半径 r 时超材料的 μ_eff 和 ε_eff 色散曲线，其计算波段的上限约等于 f_0。由图 2.1 可见，μ_eff 和 ε_eff 在不同频率具有谐振色散行为；对于不同 r 值，最低频率的谐振峰均对应磁谐振且该谐振最强，即该谐振对应于第 1 级 Mie

谐振模态；$\mu_{\rm eff}$ 的谐振频率随球半径 r 的增加而减小。另外，在上述材料参数条件下，$r=0.4$mm 颗粒形成的超材料将能够实现 10GHz 附近的负有效磁导率。

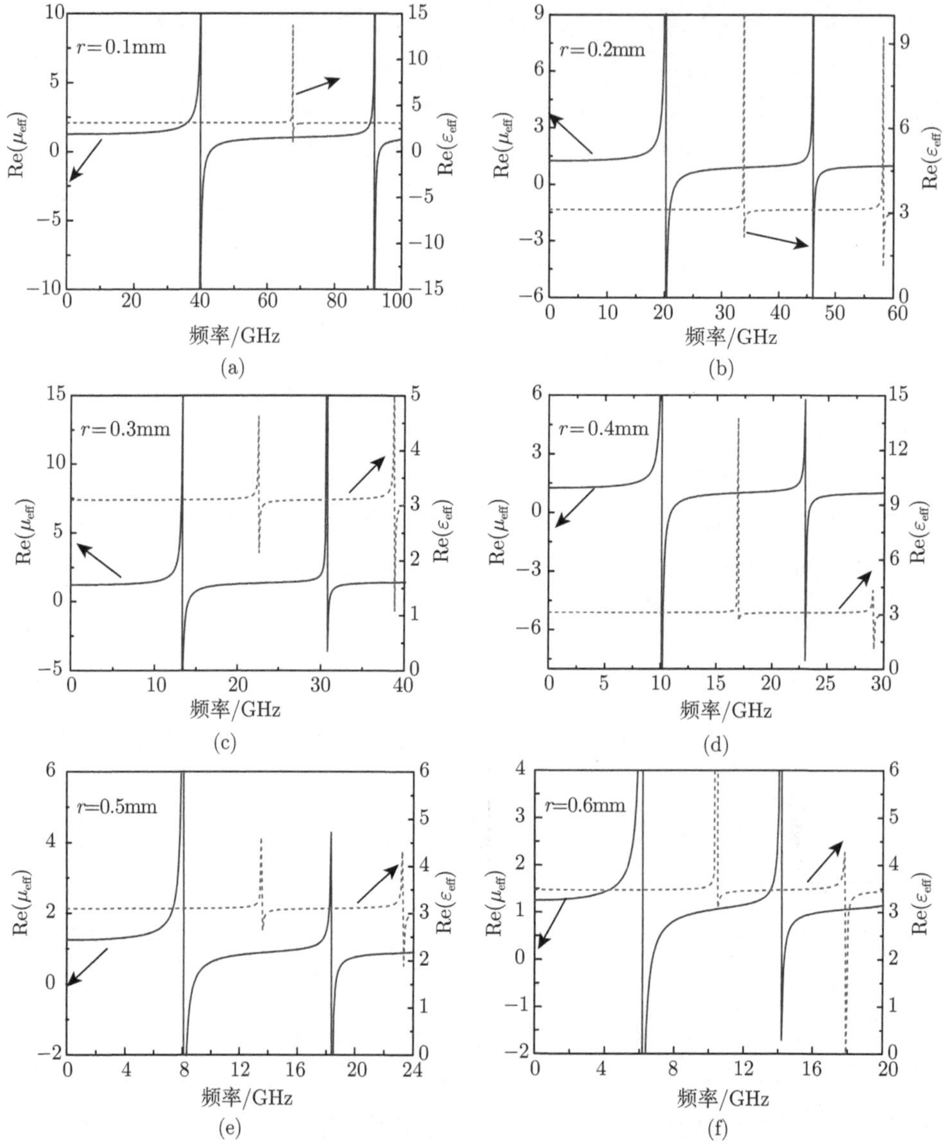

图 2.1　$\varepsilon_{\rm p}=1000$ 时，超材料的 $\mu_{\rm eff}$ 和 $\varepsilon_{\rm eff}$ 随频率变化关系

(a)~(f) 球半径 r 分别为 0.1~0.6mm

作为对比，图 2.2 给出了与上述连续介质材料参数相同而 $\varepsilon_{\rm p}=300$ 时，超材料的 $\mu_{\rm eff}$ 和 $\varepsilon_{\rm eff}$ 随球半径 r 的变化关系。可以看出，$\mu_{\rm eff}$ 表现出与图 2.1 中相类似

的随 r 变化的行为；相同半径球颗粒形成的超材料其 μ_{eff} 的谐振频率随球介电常数的减小而增大，即在相同频率实现 μ_{eff} 谐振所需球的半径需增大。例如，此时实现 10GHz 附近 μ_{eff} 谐振需要 $r = 1.0\text{mm}$。需要指出的是，图 2.2 中计算波段的上限仍由式 $\lambda_0 \geqslant 25r$ 所确定。

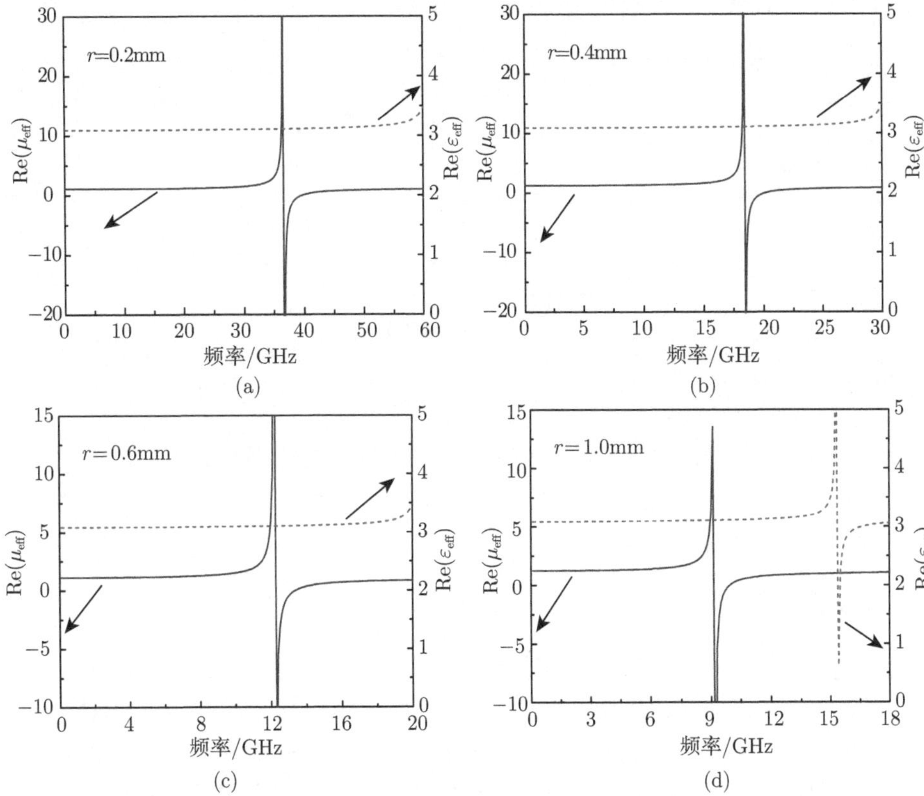

图 2.2 $\varepsilon_{\text{p}} = 300$ 时，复合材料的 μ_{eff} 和 ε_{eff} 随频率的变化关系

(a)~(d) 球半径 r 分别为 0.2mm，0.4mm，0.6mm，1.0mm

为了更加清楚地表明复合材料第 1 级 Mie 谐振 (即磁谐振) 频率与颗粒球参数的关系，通过式 (2-1)~ 式 (2-7) 及式 (2-10) 计算得到了磁谐振频率随 ε_{p} 及 r 变化的行为，如图 2.3 所示。图 2.3 (a) 表明，对于颗粒球尺寸及晶格常数一定的复合材料，其磁谐振频率对颗粒介电常数非常敏感且随 ε_{p} 增大而减小；图 2.3 (b) 则表明，一定介电常数的颗粒球组成的复合材料，其磁谐振频率随颗粒尺寸的增大迅速减小，且 ε_{p} 越小这种效应越明显。

图 2.3 还隐含着另一个重要的概念：随颗粒介电常数 ε_{p} 不断减小，其第 1 级 Mie 谐振频率会逐渐大于长波长近似条件确定的截止上限频率。也就是说，这种情

况下利用有效介质理论来描述复合材料将不再合适，有效电磁参数的概念也将失效。当然，$\varepsilon_{\rm p}$ 的最小取值还与连续介质 (环境) 介电常数 $\varepsilon_{\rm h}$ 密切相关，$\varepsilon_{\rm h}$ 越小，满足长波长近似条件的 $\varepsilon_{\rm p}$ 允许取值也越小。通过计算得到，$\varepsilon_{\rm h}=1$ 时能够满足长波长近似条件的 $\varepsilon_{\rm p}$ 取值下限约为 100。然而，自然材料介电常数一般大于 1，因此要实现第 1 级 Mie 谐振，其颗粒 $\varepsilon_{\rm p}$ 应大于 100。

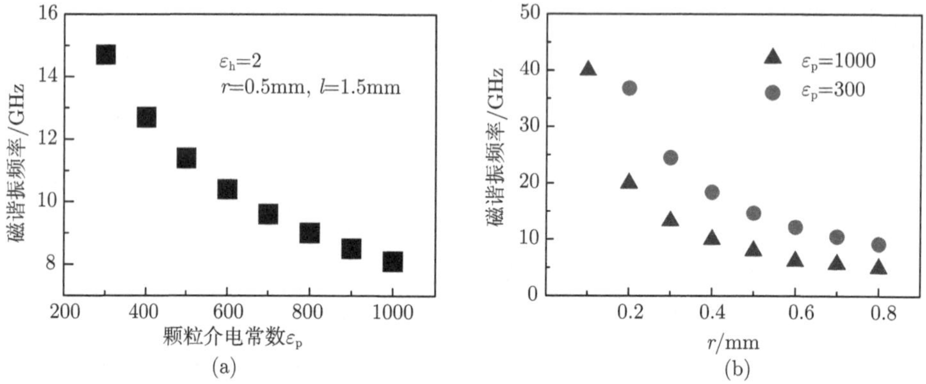

图 2.3 超材料第 1 级 Mie 谐振 (磁谐振) 频率与颗粒球参数的关系

(a) 与 $\varepsilon_{\rm p}$ 关系；(b) 与 r 关系 ($l=3r$)

2.1.3 数值模拟

为了验证 Levin 模型计算得到的理论结果，利用 CST (computer simulation technology) 仿真软件对相同条件下的复合材料电磁响应行为进行了数值模拟，所建模型如图 2.4 所示。通过在模型中设置球的半径 r 及介电常数 $\varepsilon_{\rm p}$，并进而设置模拟区域及环境介电常数 $\varepsilon_{\rm h}$，能够方便地模拟 Levin 模型所描述的复合材料模型电磁行为。另外需要强调的是，设置边界条件使垂直于 y 轴的两边界处电磁波电

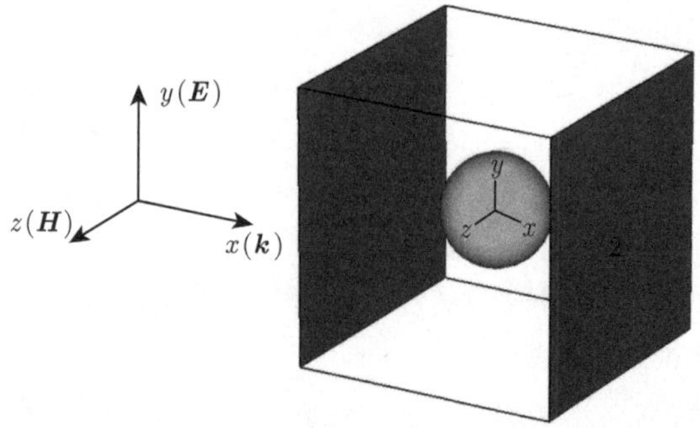

图 2.4 颗粒球与连续介质组成复合材料的 CST 模型

场连续，而垂直 z 轴的两边界处电磁波磁场连续；在与 x 轴垂直的两个面分别设置为输入端口和输出端口。这样设置边界条件将模拟平面波沿 x 轴垂直入射的行为，并同时满足有效电磁参数反推方法所需条件。

利用如图 2.4 所示 CST 模型，我们得到如图 2.5 所示的复合材料 S 参数。模型具体参数如下：$\varepsilon_{\rm p} = 1000$，$\varepsilon_{\rm h} = 2$，$\mu_{\rm p} = \mu_{\rm h} = 1$，$l = 2.5$mm，$r = 0.4$mm (图 2.5(a) 和 (b)) 及 $r = 0.5$mm (图 2.5(c) 和 (d))。图 2.5 中所示频率范围满足式 (2-9) 所确定的长波长条件。

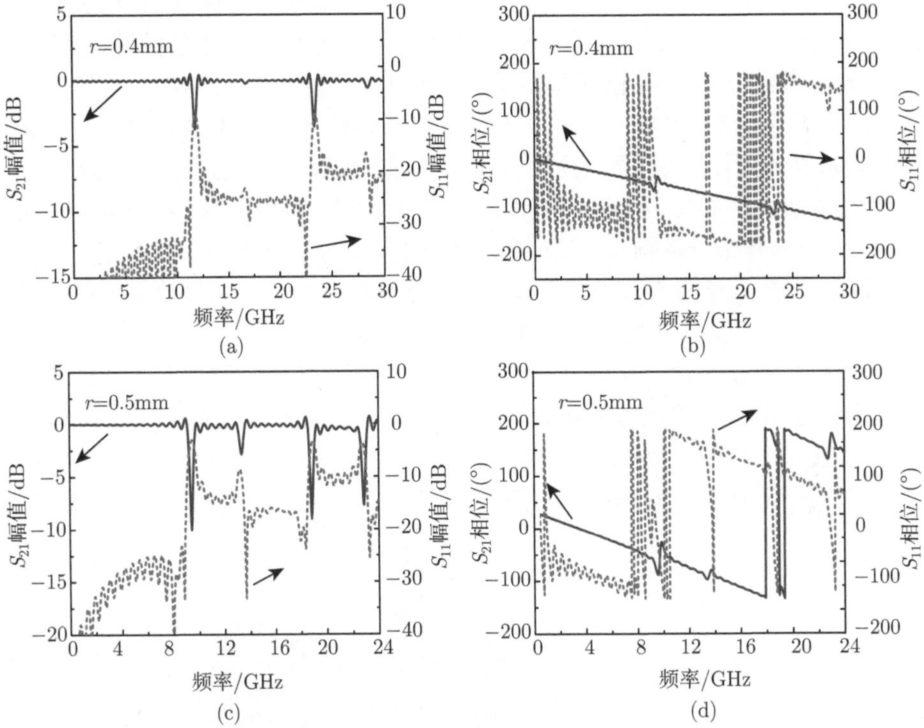

图 2.5 微波散射参数 CST 模拟结果

(a) r=0.4mm 时的反射和透射曲线；(b) 与 (a) 对应相位曲线；(c) r=0.5mm 时的反射和透射曲线；(d) 与 (c) 对应相位曲线

我们可以看到，图 2.5 (a) 和 (c) 中其谐振峰的位置分别与图 2.1(c) 和 (d) 所示 $\mu_{\rm eff}$ 和 $\varepsilon_{\rm eff}$ 谐振频率对应，即 CST 数值模拟结果与理论结果相吻合。另外，通过在软件界面内设计，CST 可以计算任意形状颗粒形成复合材料的电磁行为；而严格来说 Levin 公式仅适用于球形颗粒情形，其他形状颗粒的表达式则相当复杂。因此，通过电磁模拟获得超材料电磁响应行为是一种较为方便和有效的方案。

2.2　陶瓷颗粒超材料样品的设计与制备

2.2.1　样品设计

由前述分析可知，要在 X 波段实现满足长波长近似条件下的第 1 级 Mie 谐振，颗粒材料在该频段附近介电常数 ε_{p} 必须足够大。在微波段具有较高介电常数的材料主要为微波介质材料。其中，研究充分且应用广泛的一种微波介质材料钛酸锶钡 ($Ba_{0.5}Sr_{0.5}TiO_3$ (BST)) 具有介电常数高、介电损耗小等优点，同时又具有介电可调节特性。因此，我们选用 BST 作为高介电常数的分散颗粒材料。然而，要制备高介电常数 BST 陶瓷微球却要面对工艺复杂、价格昂贵等问题。经过分析我们认为，尽管不同形状颗粒的 Levin 模型表达式会有所不同，但在长波长近似条件下，电磁波基本无法区分颗粒的形状。也就是说，颗粒形状对复合材料电磁响应行为不会有本质性的影响。因此，考虑到制备工艺的可行性，我们选择立方块形状高介电常数 BST 作为分散颗粒 (人工原子)。为了了解立方块形状颗粒对复合材料行为的影响，根据实验需要首先数值模拟了一定介电常数时不同尺寸立方块的微波散射参数，并反推得到了其 μ_{eff} 色散曲线。

如图 2.6 所示，建立与图 2.4 类似 CST 模型，其相应的边界条件设置也与图 2.4 中设置相同。模型具体参数如下：$\varepsilon_{\mathrm{p}} = 1000$，$\varepsilon_{\mathrm{h}} = 2$，$\mu_{\mathrm{p}} = \mu_{\mathrm{h}} = 1$，$l = 2.0\mathrm{mm}$，立方块边长 $a = 0.8\mathrm{mm}$ (图 2.7(a) 和 (b)) 及 $a=1.0\mathrm{mm}$ (图 2.7(c) 和 (d))。图 2.5 中所示频率范围满足式 (2-9) 所确定的长波长条件。

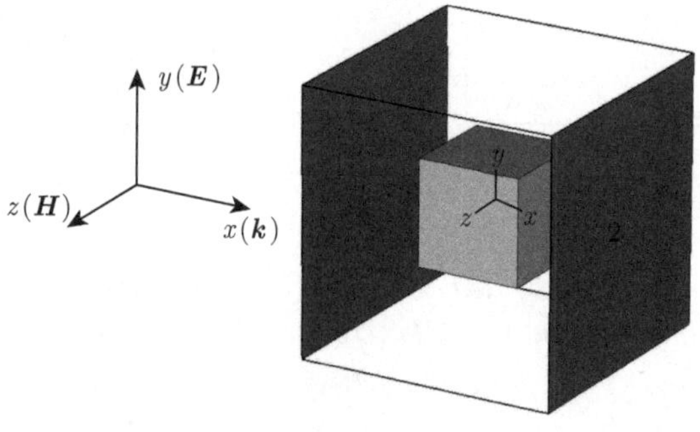

图 2.6　立方块与连续介质组成复合材料的 CST 模型

由图 2.7 可知，立方块形状颗粒形成复合材料的电磁散射与球形颗粒情形得到的结果行为基本一致；而其对应的 μ_{eff} 色散曲线则表明在第 1 级 Mie 谐振频率附近 μ_{eff} 为负值。上述模拟结果不但表明立方块颗粒复合材料同样能够实现 X 波段 (8~12GHz) 的磁响应，并且为实验中 BST 颗粒几何尺寸、介电常数等参数设计给出了很好的指导。

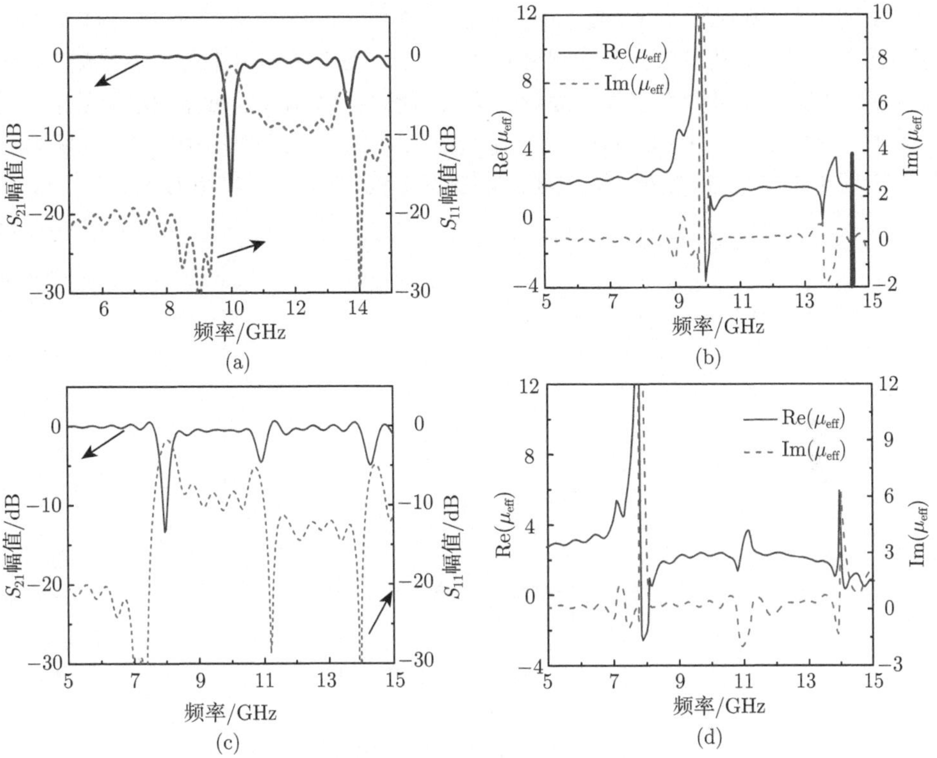

图 2.7 立方块复合材料的 CST 模拟结果

(a) a=0.8mm 时的 S 参数；(b) 与 (a) 对应的 μ_{eff} 色散曲线；(c) a=1.0mm 时的 S 参数；(d) 与 (c) 对应的 μ_{eff} 色散曲线

2.2.2 陶瓷颗粒样品的制备及表征

实验采用固相反应合成法制备 $Ba_{0.5}Sr_{0.5}TiO_3$(BST) 粉体。该方法采用高纯度的 $BaCO_3$、$SrCO_3$ 和 TiO_2 为原料，以如下的方程进行反应制得 $Ba_{0.5}Sr_{0.5}TiO_3$ 粉体。

$$0.5\,BaCO_3 + 0.5\,SrCO_3 + TiO_2 = Ba_{0.5}Sr_{0.5}TiO_3 + CO_2\uparrow$$

首先将 $BaCO_3$、$SrCO_3$ 和 TiO_2 按以上配比混合，经球磨、烘干、过筛后，在 1150℃ 煅烧 3 个小时，球磨并烘干制得 BST 粉体待用。用 X 射线衍射 (XRD) 方法检测预烧后的粉体，如图 2.8 所示，对照标准卡片 JCPDS 39-1395 确认生成的是具有钙钛矿结构的 BST 相。

实验采用陶瓷浆料流延技术，将以上所制的 BST 粉体配成浆料进行流延，得到一系列不同厚度的 BST 流延片生坯，然后根据其厚度切割成不同尺寸的立方块。之后，将 BST 立方块生坯放入电炉在 400℃下进行排胶、1400℃ 烧结 3 个小时，得到致密的 BST 陶瓷立方块 (图 2.9)。如图 2.10 所示，TEM 分析表明 BST 陶瓷立方块已很好成相，其最大的晶粒尺寸约为 20μm。由于晶粒尺寸的大小直接影响着 BST 的介电常数，且介电常数随晶粒的增大而增大，因此可以通过调控晶粒的尺寸得到不同介电常数的 BST 材料。利用排水法测得 BST 立方块的密度为 5.33g/cm^3，稍小于理论密度值 5.63g/cm^3，表明所制备的 BST 立方块空隙率较低。

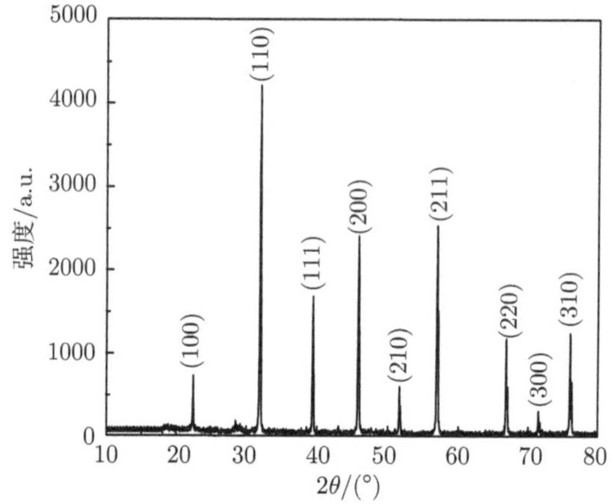

图 2.8　BST 的 X 射线衍射谱

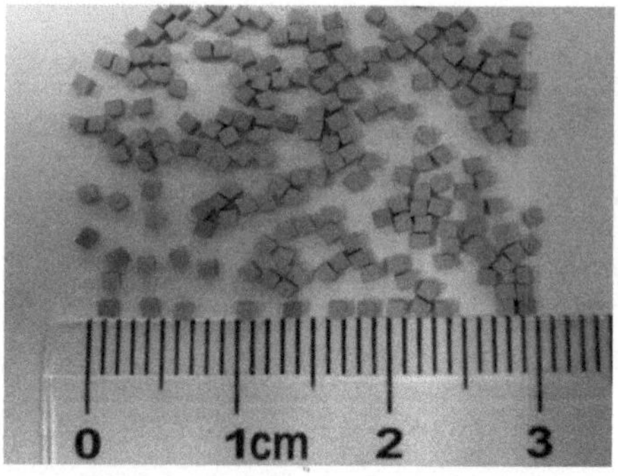

图 2.9　BST 陶瓷立方块照片

进而，我们利用阻抗分析仪 (Agilent E4991A) 测量了流延 BST 样品的低频介电特性 (图 2.11)。由介电谱可见，当频率为 1~100MHz 时，其介电常数约为 1600。需要指出的是，200MHz 附近介电谱存在一个很强的介电谐振，通过同一样品多次测量及不同材质样品测量结果对比发现，该谐振峰是测量仪器本身固有谐振向低频漂移的结果，而并非我们测试样品的谐振峰。另外，需要指出的是，由于 BST 具有大的介电常数，其 10GHz 附近的介电常数很难测得。然而，理论表明，BST 陶瓷介电常数在微波波段几乎不随频率变化。因此，BST 陶瓷立方块的高频介电常数可由低频介电常数近似代替，即可确定为 1600。

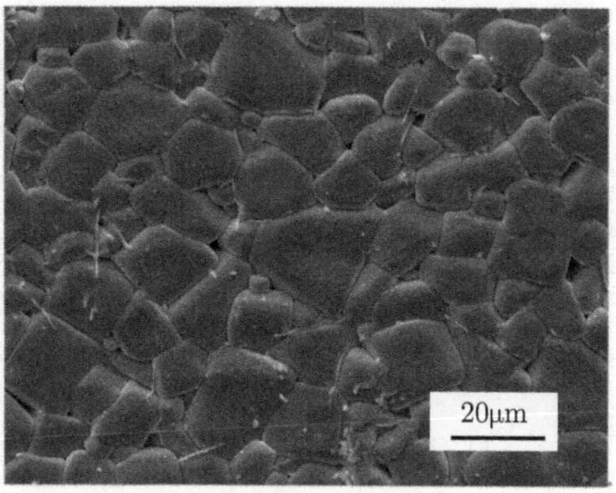

图 2.10 BST 陶瓷立方块的 TEM 照片

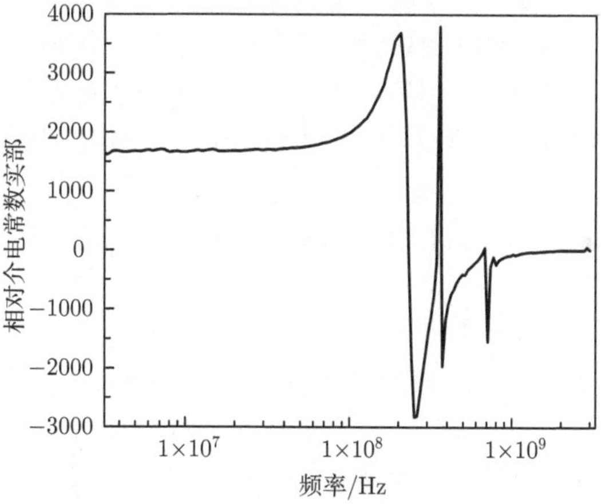

图 2.11 BST 陶瓷的介电谱

2.2.3 陶瓷超材料样品的组装

选择 Teflon 作为超材料组装模板 (即连续介质)。Teflon 是一种物理、化学稳定性都非常好的材料，并且具有很好的机械加工性，被广泛地应用于很多工程领域。更重要的是，Teflon 在微波波段介电常数仅约为 2.6，而其损耗几乎可以忽略。具体做法如下：利用数控机床在 Teflon 板上钻出周期性排列的圆孔阵列作为模板，将 BST 立方块嵌入圆孔内，形成二维的 BST 立方块阵列，最后将多块 Teflon 板层叠在一起，制得三维 BST 立方块阵列即介质超材料样品 (图 2.12)。实验共制备了四种不同边长 BST 立方块介电复合材料样品，立方块的边长 a 分别为 1.00mm、0.85mm、0.75mm、0.60mm，晶格常数 l=2.5mm。

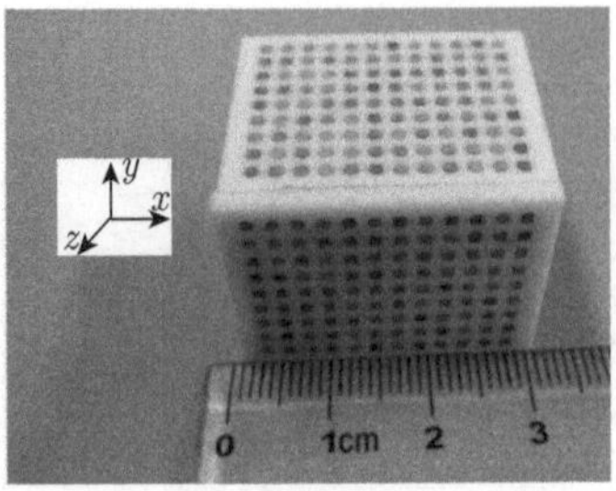

图 2.12　BST 陶瓷介质超材料样品

2.3 测 试 结 果

实验采用矩形波导法测量样品的微波散射参数。对应图 2.12 中坐标，电磁波在波导中沿 x 轴传播，其磁场与电场矢量分别平行于 z 轴和 y 轴，其中传播的微波模式为 TE10。实验测量时将待测样品沿波的传播方向置于波导中。由于波导具有低频截止特性，为了测量样品在 3.0~18.0GHz 整个频段内的微波散射参数，使用了不同规格的矩形波导。具体矩形波导的型号和所传播的微波频率范围为：BJ-40(3.22~4.90GHz)、BJ-70(5.38~8.17GHz)、BJ-100(8.20~12.5GHz)、BJ-140(11.9~18.0GHz)。从而，我们能够测得样品在 3.0~18.0GHz 频率范围内的散射参数。

为了确定介电复合材料的磁谐振频率，我们首先测量了边长分别为 a=1.00mm、0.85mm、0.75mm、0.60mm 的 BST 立方块介电复合材料样品的微波透射曲线，如图 2.13 中的实线所示。可以看出，每一种规格的样品都出现了一系列具有不同谐振强度的透射峰，它们分别对应于各级 Mie 谐振模。例如，对于 a=1.00mm 的样品，其谐振峰分别位于 6.12GHz、8.28GHz、11.40GHz、12.92GHz 等频率处，由 2.2 节及 2.3 节讨论可知，最低频和次低频谐振峰分别对应于 Mie 谐振的 TE011 模和 TM011 模。随着颗粒尺寸的减小，其所有透射峰均向高频移动，这与 2.2 节及 2.3 节理论计算及模拟结果得到的 Mie 谐振各级模随颗粒尺寸减小向高频移动的行为一致。另外，由图 2.13 还可看出，第 1 级谐振峰的强度远大于第 2 级谐振峰的强度 [2]。

采用与图 2.6 相同的模型，利用 CST 对相应尺寸的 BST 立方块复合材料进行了微波散射参数的模拟计算，如图 2.13 中虚线所示。对比可以看出，实验测量结果与数值模拟得到的谐振峰频率吻合较好，特别是第 1 级谐振峰频率尤其一致。需要指出的是，实验与模拟得到的谐振峰透射强度并不完全一致，这主要是由于模拟中在电磁波传播方向上仅有单层颗粒单元，而实验中的透射曲线则是电磁波在波导中穿过相当多 BST 颗粒组成的复合材料后得到的。另外，相对模拟结果，实验曲线的谐振峰有所宽化，分析认为这主要是由于实验中所制备的 BST 立方块尺寸不完全一致造成的。

如图 2.13 所示，由于高次谐振模通常较弱，从而使得高频模的测量误差增大，实验曲线与模拟结果在高次谐振峰位置有着较大的偏差。但需要强调的是，本章工作关注的重点是 Mie 谐振的第 1 级谐振模态，并希望利用第 1 级谐振模实现各向同性负有效磁导率，因此该偏差对实验结果的有效性没有本质影响。以下我们将从数值模拟和实验两个方面，证明 BST 陶瓷立方块复合材料的第 1 级谐振模对应磁谐振且可以产生各向同性负有效磁导率，而其第 2 级谐振模对应电谐振。

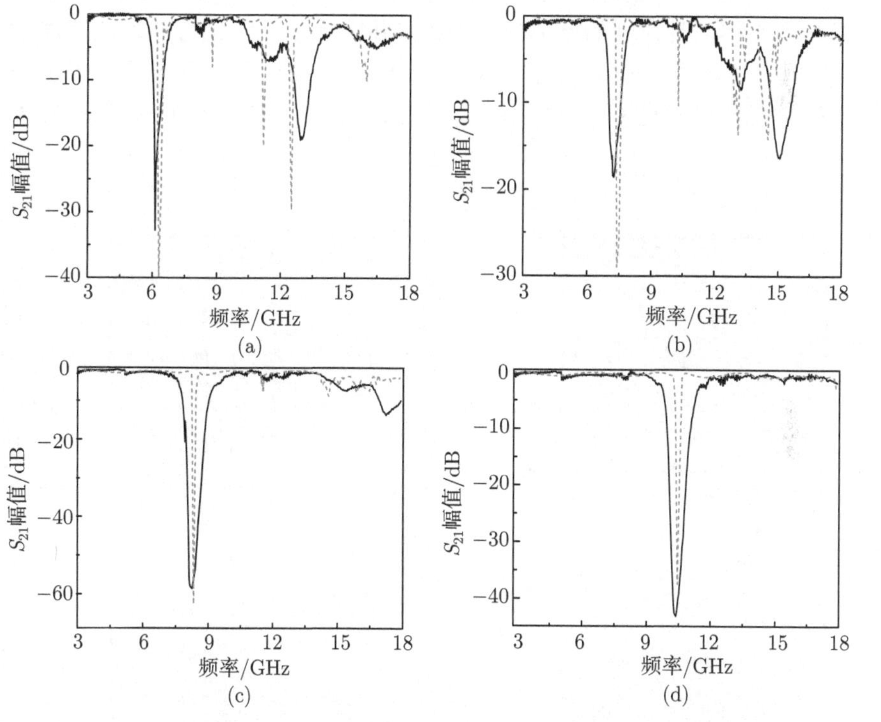

图 2.13 三维各向同性 BST 立方块介电复合材料样品的微波透射曲线

(a) l=1.00mm；(b) l=0.85mm；(c) l=0.75mm；(d) l=0.60mm

2.4 各向同性负有效磁导率超材料

2.4.1 模拟场分布验证

由 Mie 谐振理论可知，介电颗粒对于第 1 级谐振模附近频率可等价于一个磁偶极子，即具有磁响应，而对于第 2 级谐振模附近频率则等价于一个电偶极子，即具有电响应。因此，我们首先通过动态电磁场分布的模拟，证明所设计的 BST 立方块在第 1 级谐振模频率附近具有磁响应，而在第 2 级谐振模频率附近具有电响应。

如图 2.14 所示，利用 CST 模拟软件计算了第 1、2 级谐振模频率附近立方块周围的电磁场分布情况。其中，电磁波沿 x 轴传播，其极化方向如下：磁场矢量与 z 轴平行，电场矢量与 y 轴平行。模拟结果显示，BST 立方块的第 1 级和第 2 级 Mie 谐振模分别位于 6.26GHz 和 8.62GHz。由图 2.13 可见，在谐振频率处，电磁场主要分布在 BST 立方块内及其附近，而立方块外部的电磁场较小。如图 2.14(a) 所示，在第 1 级 Mie 谐振模处，受到电磁波磁场的作用，BST 立方块中形成了与电磁波频率相同且很强的环形位移电流，并因此在沿 z 轴方向形成了同频强磁场，从而具有磁响应，如图 2.14(b) 所示。因此，此时 BST 立方块等价于一个磁偶极子且对应于 Mie 谐振的第 1 级谐振模 (TE011 模)。如图 2.14(c) 所示，在第 2 级

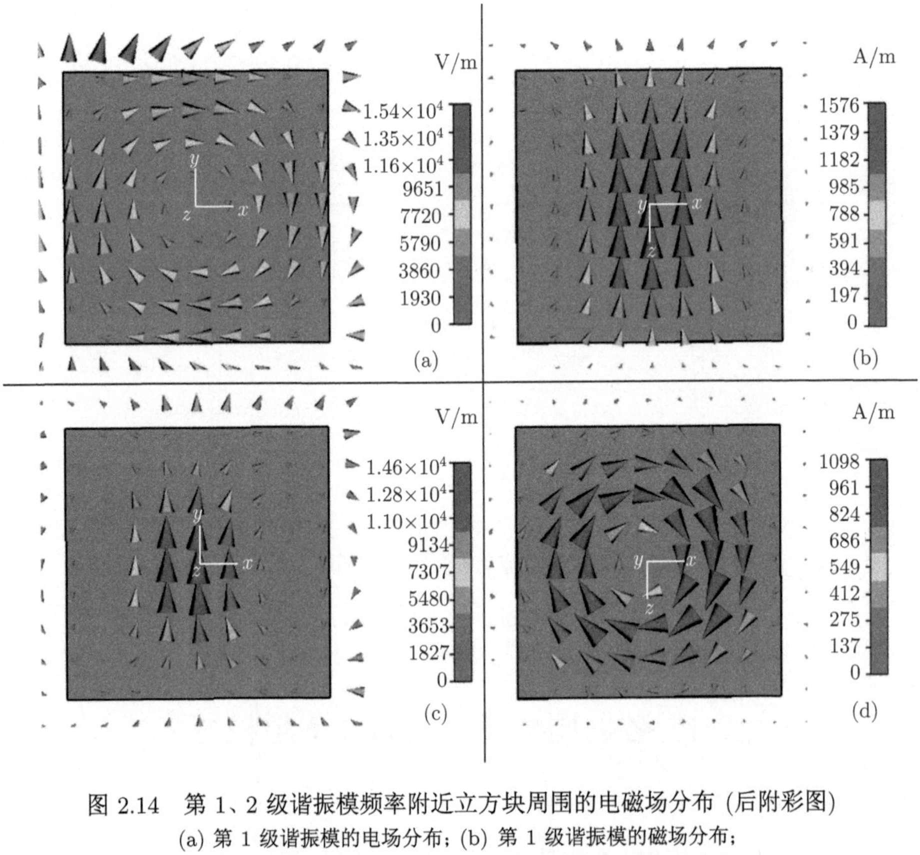

图 2.14　第 1、2 级谐振模频率附近立方块周围的电磁场分布 (后附彩图)
(a) 第 1 级谐振模的电场分布；(b) 第 1 级谐振模的磁场分布；
(c) 第 2 级谐振模的电场分布；(d) 第 2 级谐振模的磁场分布

Mie 谐振模处，受到电磁波电场的作用，BST 立方块内形成了与电磁波频率相同、沿 y 轴方向很强的位移电流，并因此在其周围产生了一个同频强环形磁场，如图 2.14(d) 所示。此时 BST 立方块等价于一个电偶极子，具有电响应并且对应于 Mie 谐振的第 2 级谐振模 (TM011 模)。

由以上分析可以看出，在 Mie 谐振模处立方块的电磁响应与 Mie 谐振理论描述的行为一致，即通过模拟电磁场分布情况我们初步验证了 BST 立方块电磁谐振的性质。

2.4.2 色散计算验证

尽管电磁场分布模拟能够确定立方块谐振模的性质，但却无法确定对应的有效电磁参数是否具有小于零的取值。理论及前述模拟结果均表明，高介电颗粒磁响应的产生，源自谐振频率处电磁波在颗粒内诱导出的强环形位移电流。由于该位移电流的存在，复合材料将产生一个宏观的体磁化，并在谐振频率附近表现出非 1 的 μ_{eff} [2]。理论上可以由式 (2-2) 计算出其 μ_{eff}，但通常情况下非球形颗粒的理论表达式将相当复杂。这里我们利用另一种方法来验证在第 1 级 Mie 谐振模处磁谐振将产生负的 μ_{eff}。我们知道，磁谐振和电谐振都会产生一定的相位色散曲线，从对应的色散曲线不能直接分辨是电谐振还是磁谐振。下面通过特殊的色散特性分析方法，确定第 1 级 Mie 谐振模处 BST 颗粒确实能够产生负的 μ_{eff}。

利用图 2.6 所示 CST 模型，模拟计算了边长为 a=1.00mm 而晶格常数为 l=2.5mm 的 BST 立方块的色散曲线，如图 5.15(a) 所示。其中，电磁波沿 x 轴传播，其磁场和电场矢量分别与 z 轴和 y 轴平行。由图 5.15(a) 可以看出，当电磁波频率小于 6.22GHz 或大于 6.46GHz 时，电磁波能够在 BST 立方块形成的复合材料内传播；在这两个通带之间出现了一个电磁波不能透过的禁带，且该禁带的频率位置与复合材料第 1 级 Mie 谐振模对应。仅就此，我们无法判断该禁带是电谐振还是磁谐振造成的。然而，参照开口谐振环 (SRR) 的研究我们发现，文献 [3] 中设计并成功应用了一种简单而有效的方法来判断该禁带的特性。

我们知道，二维的金属线阵列具有类似于等离子体的电磁响应行为，其 ε_{eff} 在小于其等离子体频率的频段为负值。因此，我们提出利用金属线阵列的负有效介电常数特性来确定该禁带的特性。即将 BST 颗粒与金属线阵列复合并计算其色散曲线，如果在前述禁带处色散曲线出现通带，则证明该通带频段内具有左手效应，从而可以确定 BST 立方块复合材料在该频段具有小于零的 μ_{eff}。利用如图 2.15 (b) 插图所示模型，模拟计算了引入半径为 0.3mm 金属线的 BST 立方块复合材料的色散曲线，如图 2.15 (b) 的实线所示，其中虚线为仅有 BST 立方块的色散曲线。可见，金属线的加入使前述禁带 (6.22~6.46GHz) 处出现了一个通带，从而验证了在第 1 级 Mie 谐振频率附近 BST 立方块形成的复合材料 μ_{eff} 为负值。

为了进一步确认，利用相同方法计算了边长为 a=0.75mm、晶格常数为 l=1.2mm 的 BST 立方块复合材料及其引入金属线后的色散曲线，如图 2.15(c) 和 (d) 所示。可以看出，引入金属线前后，对应第 1 级 Mie 谐振模的 8.52~9.01GHz 频段内色散曲线表现出与图 2.15(a)、(b) 中类似的行为，从而验证了该频段内 BST 立方块复合材料 μ_{eff} 小于零。

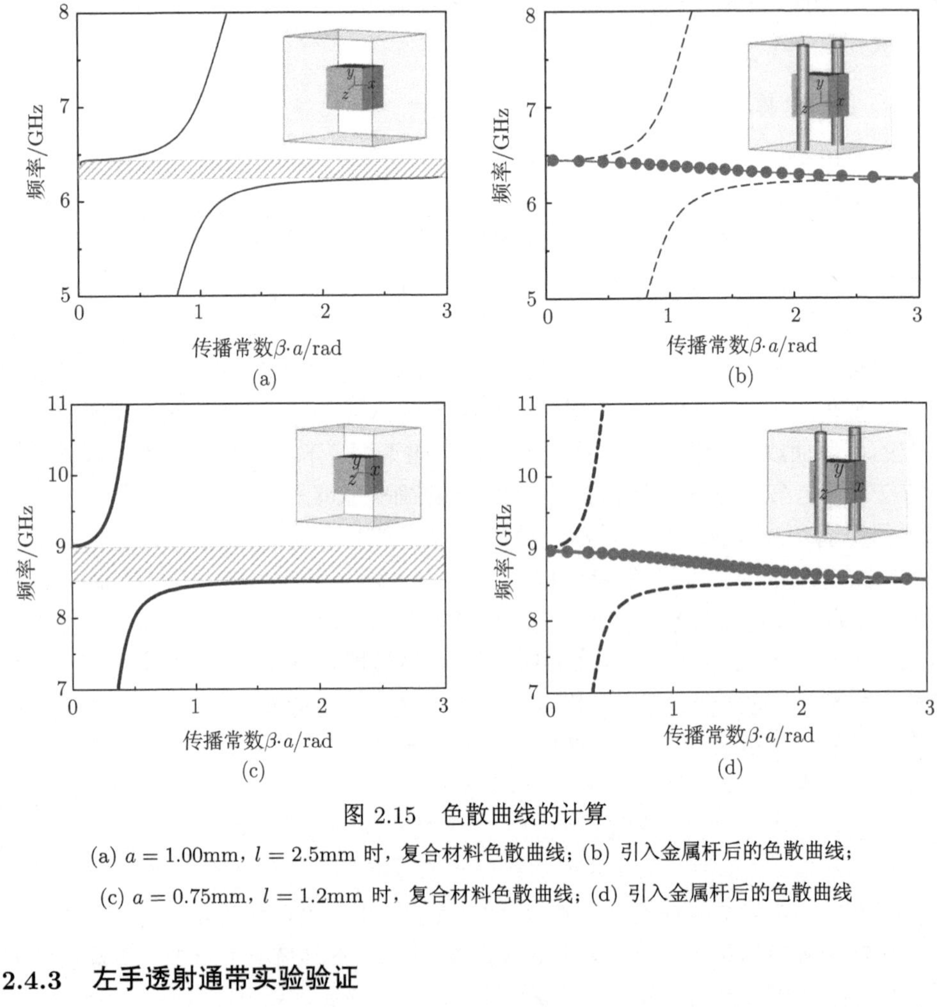

图 2.15　色散曲线的计算

(a) $a = 1.00$mm，$l = 2.5$mm 时，复合材料色散曲线；(b) 引入金属杆后的色散曲线；(c) $a = 0.75$mm，$l = 1.2$mm 时，复合材料色散曲线；(d) 引入金属杆后的色散曲线

2.4.3　左手透射通带实验验证

在色散曲线验证的基础上，按照相同思路我们又进一步通过左手通带实验验证了 BST 立方块复合材料的负 μ_{eff} 特性。我们知道，金属线阵列在其等离子体频率以下由于负 ε_{eff} 而表现出透射率禁带性质，而 BST 立方块复合材料样品在第 1 谐振峰处也表现为透射率禁带。将金属线阵列与 BST 立方块复合，如果在两禁带重合的频段出现了通带，则可以充分说明 BST 立方块复合材料确实具有负的

μ_{eff}。为此，我们制备了 BST 立方块 (a=0.75mm) 和金属线 (半径 0.30mm) 周期排列而成的复合材料，并利用微波波导法实验测量了其散射参数，如图 2.16 实线所示。作为对比，图中还给出了 BST 立方块复合材料及金属线阵列各自在波导内的透射率曲线。由图可以看出，金属线阵列的引入使 BST 立方块复合材料透射率禁带 (8.30GHz) 附近出现了一个透射率通带，并且可以推断该通带为左手特征通带。从而进一步通过实验证实了 BST 立方块复合材料在第 1 级 Mie 谐振模处具有负的 μ_{eff}。

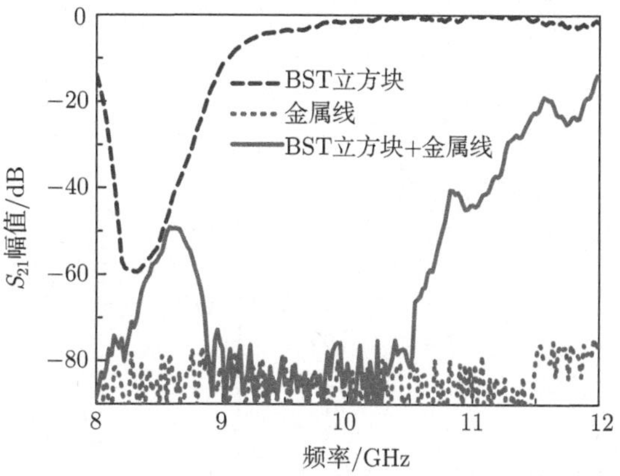

图 2.16 引入金属线的 BST 立方块复合材料微波透射谱

在实验验证左手通带的基础上，通过测量在电磁波传播方向上单层 BST 单元 (a=0.75mm) 与金属线 (半径 0.30mm) 组成的复合材料的散射参数，利用反推技术 [4] 得到了其对应有效折射率 n_{eff} 及有效磁导率 μ_{eff}，如图 2.17 所示。选择单层样品进行测量及反推是为了尽量提高测试的精度 (尤其是样品透射及反射相位的测量精度)，从而得到更加可信的有效电磁参数反推结果。由图 2.17(a) 可以看出，实验测量得到的透射相位 (图中实线) 在 7.50~9.00GHz 存在明显反相行为，即该频段内电磁波经过样品其透射相位不但没有延迟反而提前，暗示了该频段内折射率可能为负值；实验测量曲线与计算结果 (图中虚线) 吻合很好。如图 2.17(b) 和 (c) 所示，样品 μ_{eff} 在 8.53~8.85GHz 为负值；其对应 n_{eff} 在更宽的频率范围内，即 7.50~9.00GHz，为负值，这与相位反相频段吻合得很好。因此，在 8.53~8.85GHz 频段内样品具有同时为负值的 μ_{eff} 及 ε_{eff}，即该频段内样品具有左手行为。需要指出的是，在 8.53~8.85GHz 之外，n_{eff} 负的取值源自样品电磁谐振产生的大的有效参数虚部 [5]，且不能代表样品具有左手效应。

为了验证在第 1 级 Mie 谐振模处 BST 立方块复合材料具有各向同性的电磁响应，我们进一步在波导内测量了电磁波沿 [100]，[110] 及 [111] 等三种不同晶向入射时样品 (a=1.00mm) 的散射参数，如图 2.18 所示。可以看出，电磁波沿样品不

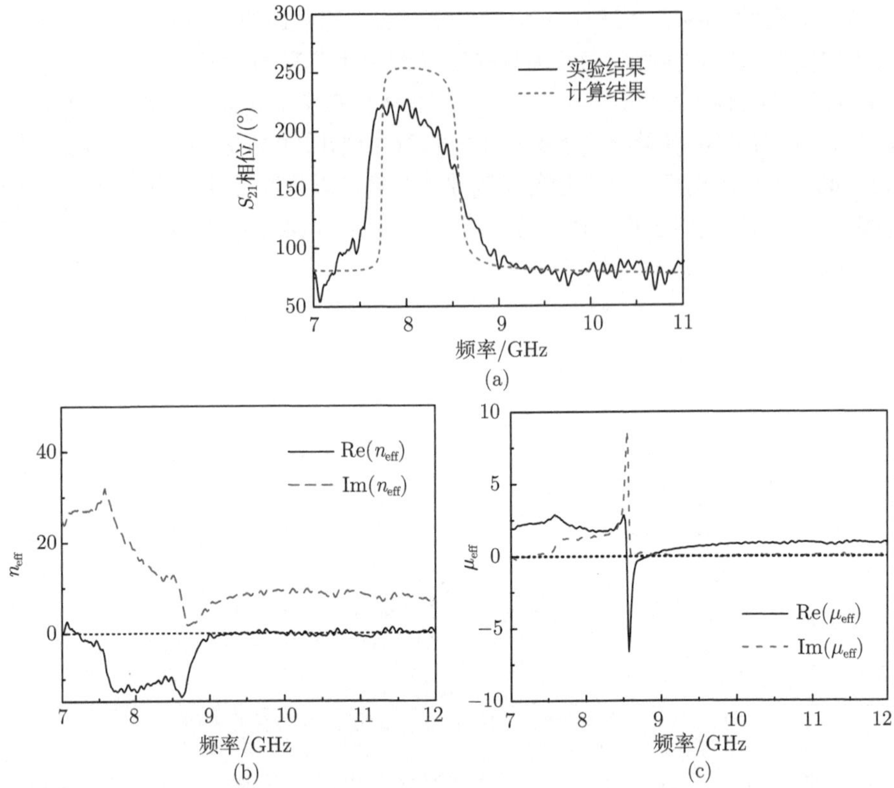

图 2.17　单层 BST 立方块单元与金属线复合材料的有效电磁参数

(a) 透射相位；(b) n_{eff} 色散曲线；(c) μ_{eff} 色散曲线

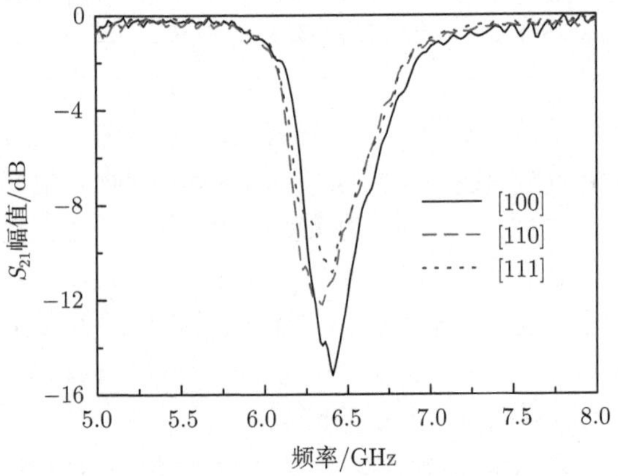

图 2.18　不同晶格取向时复合材料样品的透射率曲线

同晶向入射得到的透射率曲线基本重合，有力地证明了超材料的各向同性电磁响应特性。

通过以上数值模拟和实验，我们从多个角度验证了三维 BST 介电超材料在其第 1 级 Mie 谐振模处确实具有各向同性负有效磁导率，并且每一个 BST 立方块等价于一个磁偶极子。也就是说，BST 立方块可以代替具有强各向异性电磁响应的金属 SRR 来实现各向同性的负有效磁导率。最后仍需强调的是，上述实验及模拟中 BST 立方块超材料的第 1 级 Mie 谐振模对应频率均满足长波近似条件。以 a=1.00mm 及 l=2.5mm 的 BST 立方块超材料为例，其第 1 级 Mie 谐振频率为 6.12GHz，该频率电磁波在其连续介质 (Teflon) 中波长约为 30mm，即约为其晶格常数的 12 倍。因此，利用有效电磁参数描述 BST 立方块超材料的电磁特性是合理的。

2.5 介质人工分子——陶瓷颗粒间的相互作用

如前所述，理论及实验研究结果均表明，陶瓷颗粒 (人工原子) 的第 1 级 Mie 谐振模 (TE_{011} 模) 附近，在电磁波磁场的激励下，构成超材料的颗粒内部将产生环形位移电流，并因此产生平行于电磁波磁场且与之具有一定相位关系的感应磁场，从而产生磁响应；在第 2 级 Mie 谐振模 (TM_{011} 模) 附近，电磁波电场激励颗粒内部产生与其平行且具有一定相位的位移电流，从而产生电响应；在第 1、2 级 Mie 谐振模附近，颗粒可分别等价于磁偶极子和电偶极子；颗粒间的电磁相互作用始终存在。然而，由场分布模拟结果可知，颗粒对谐振模附近电磁场有强局域效应，电磁场强度随距离增大而迅速减小。从而，当颗粒之间较为靠近时，其电磁场重叠程度增加、相应的电磁相互作用将变得显著，并进而影响其电磁谐振行为。因此，一定条件下颗粒之间的电磁相互作用必将影响介电超材料的电磁响应行为，且晶格常数对传输特性的调控作用是其直接的反映。

如前所述，高介电颗粒谐振模附近的感应电磁场与电磁波偏振方向相对应；而由磁偶极子、电偶极子的电磁场对称性可知，在电磁波偏振所确定的三个正交方向上，颗粒间的电磁相互作用将有所不同。因此，本节将颗粒之间的相互作用分为沿电磁波的电、磁场振荡方向及其传播方向的三种方式，并通过不同方向晶格常数对其传输特性的调控作用进行讨论。需要说明的是，通过向钛酸锶钡 (BST) 中掺杂质量比为 0%～15%的 MgO，我们已经通过实验获得了微波介电常数在 1600～200 的陶瓷材料 (损耗角正切约 0.003)。因此在以下模拟中，选择颗粒介电常数 $\varepsilon_{\rm p}$ 为 800+2.4i，1200+3.6i 及 1600+4.8i；连续介质介电常数 $\varepsilon_{\rm h}$ 按照 Teflon 微波介电常数选取 ($\varepsilon_{\rm h}=2$)。

2.5.1　电磁波电场方向的电磁相互作用

为了研究电磁波电场方向上颗粒间电磁相互作用对介电超材料电磁行为的调控作用，建立如图 2.19(a) 所示 CST 模型。设置边界条件使垂直于 y 轴的两边界处电磁波电场连续，而垂直 z 轴的两边界处电磁波磁场连续；将与 x 轴垂直的两个面分别设置为输入端口和输出端口。这样设置边界条件将模拟平面波沿 x 轴垂直入射由颗粒组成的单层超材料的电磁行为 (图 2.19(b))。模拟中通过固定电磁波磁场及传播方向晶格常数 (即 $a_{\mathrm{H}}=a_{\mathrm{k}}=2l$，$l$ 为立方块颗粒边长)，研究了不同电场方向晶格常数 a_{E} 时介电超材料电磁传输特性。模型具体参数为：$\varepsilon_{\mathrm{p}}=800+2.4\mathrm{i}$，$\varepsilon_{\mathrm{h}}=2$，$\mu_{\mathrm{p}}=\mu_{\mathrm{h}}=1$，$a_{\mathrm{H}}=a_{\mathrm{k}}=2l=1.4\mathrm{mm}$。为了更加清晰地反映 a_{E} 对介电超材料第 1 级及第 2 级 Mie 谐振行为的调控作用，以下分别对其进行讨论。

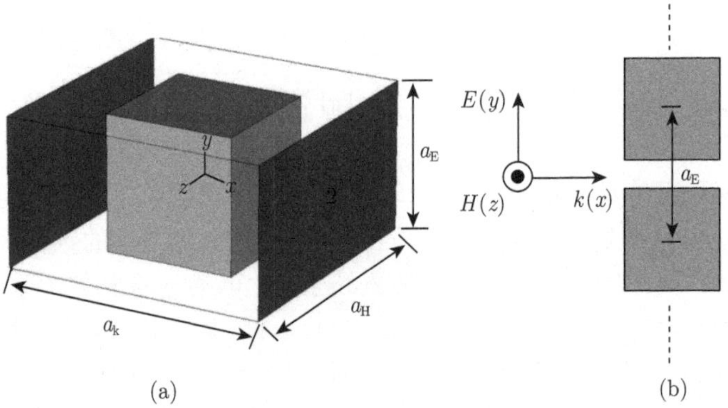

图 2.19　模拟模型示意图

(a) 立方块介电超材料 CST 模型 ($a_{\mathrm{H}}=a_{\mathrm{k}}=2l=1.4\mathrm{mm}$)；(b) 对应传输状态示意图

图 2.20 为不同电场方向晶格常数 a_{E} 时介电超材料第 1 级 Mie 谐振附近频段 S 参数的模拟结果。可以看出，当 a_{E} 由 $1.1l$ 增大至 $2.0l$ 时，介电超材料第 1 级

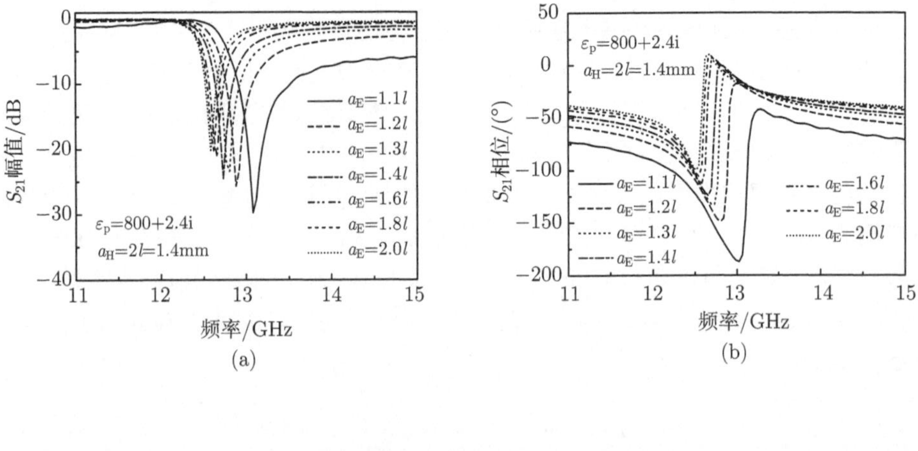

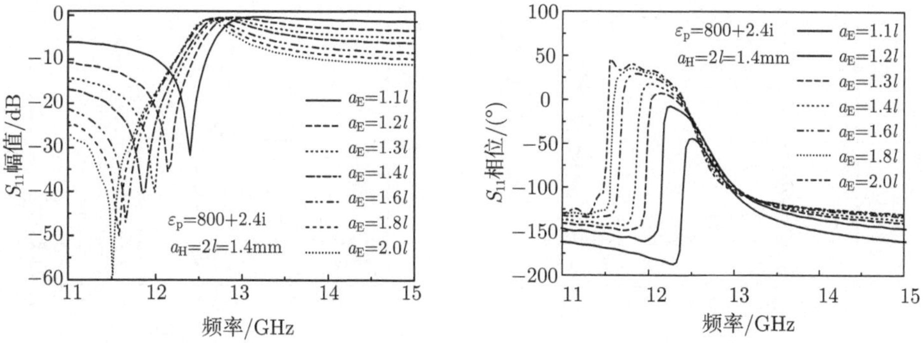

(c) (d)

图 2.20 不同 a_E 时介电超材料第 1 级 Mie 谐振附近频段 S 参数模拟结果

(a) S_{21} 幅值；(b) S_{21} 相位；(c) S_{11} 幅值；(d) S_{11} 相位

Mie 谐振频率 f_1 由 13.10GHz 向低频移动至 12.58GHz，且 f_1 移动 “速度” 随 a_E 增大不断减小；具有相应频移的 S 参数相位跃变曲线显示了该过程中介电超材料的电磁谐振特性。

图 2.21 为不同电场方向晶格常数 a_E 时介电超材料第 2 级 Mie 谐振附近频段 S 参数的模拟结果。可以看出，当 a_E 由 1.1l 增大至 2.0l 时，介电超材料第 2 级 Mie 谐振频率 f_2 由 17.47GHz 向高频移动至 17.67GHz，且 f_2 移动 “速度” 随 a_E 增大不断减小；S 参数相位跃变曲线具有相应频移。

为了更加清晰地反映电磁波电场方向晶格常数 a_E 对介电超材料电磁行为的调控作用，对第 1、2 级 Mie 谐振频率随 a_E 变化行为进行整理，如图 2.22 所示。可以看出，随 a_E 由 1.1l 逐步增大至 5l 时，第 1 级 Mie 谐振频率 f_1 由 13.10GHz 向低频移动 550MHz~12.55GHz，且该过程 f_1 移动 “速度” 逐步减小并最终趋于饱和；而在此过程中，第 2 级 Mie 谐振频率 f_2 由 17.47GHz 向高频移动 250MHz~17.72GHz，f_2 移动 “速度” 逐步减小并最终趋于饱和。

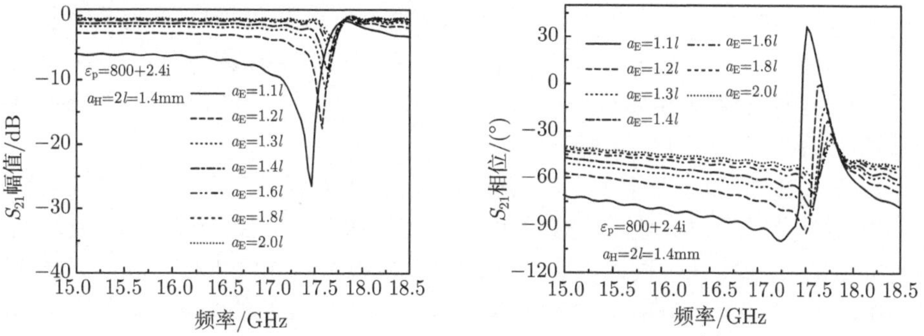

(a) (b)

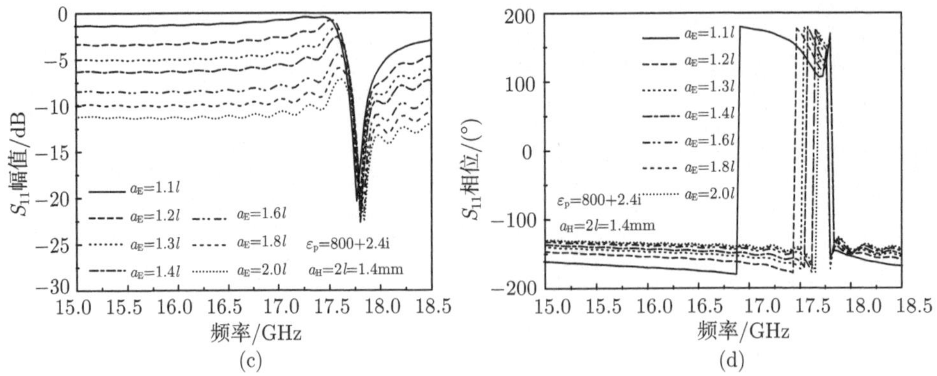

图 2.21　不同 a_E 时介电超材料第 2 级 Mie 谐振附近频段 S 参数模拟结果

(a) S_{21} 幅值；(b) S_{21} 相位；(c) S_{11} 幅值；(d) S_{11} 相位

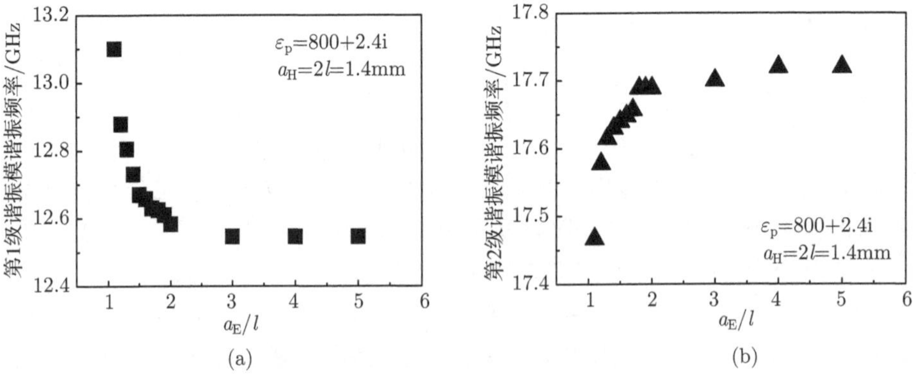

图 2.22　a_E 对第 1、2 级 Mie 谐振频率调控情况 ($\varepsilon_p = 800 + 2.4i$)

(a) 第 1 级 Mie 谐振频率随 a_E 变化行为；(b) 第 2 级 Mie 谐振频率随 a_E 变化行为

为了验证电磁波电场方向晶格常数 a_E 对介电超材料电磁行为调控作用及其规律的普遍性，利用如图 2.19 所示 CST 模型进一步模拟了颗粒介电常数分别为 $\varepsilon_p = 1200 + 3.6i$ 及 $\varepsilon_p = 1600 + 4.8i$ 的介电超材料电磁传输特性。模型具体参数与图 2.19 相同：$\varepsilon_h = 2$，$\mu_p = \mu_h = 1$，$a_H = a_k = 2l = 1.4mm$。采用与图 2.22 相同方法，对上述两种颗粒介电常数条件下的第 1、2 级 Mie 谐振频率随 a_E 变化行为进行整理，如图 2.23 及图 2.24 所示。

由图 2.23 可知，对于 $\varepsilon_p = 1200 + 3.6i$ 的颗粒构成的介电超材料，当 a_E 由 $1.1l$ 逐步增大至 $5l$ 时，其第 1 级 Mie 谐振频率 f_1 由 10.62GHz 向低频移动 270MHz~10.25GHz；同时，第 2 级 Mie 谐振频率 f_2 由 14.32GHz 向高频移动 150MHz~14.47GHz。由图 2.24 可知，对于 $\varepsilon_p = 1600 + 4.8i$ 的颗粒构成的介电超材料，当 a_E 由 $1.1l$ 逐步增大至 $5l$ 时，其第 1 级 Mie 谐振频率 f_1 由 9.18GHz 向低

频移动 300MHz~8.88GHz；同时，第 2 级 Mie 谐振频率 f_2 由 12.43GHz 向高频移动 110MHz~12.54GHz。对比前面的结果可知，a_E 对不同颗粒介电常数 ε_p 构成的介电超材料的第 1、2 级 Mie 谐振调控行为一致，验证了上述电磁波电场方向晶格常数 a_E 对介电超材料电磁行为调控作用及其规律的普遍性。

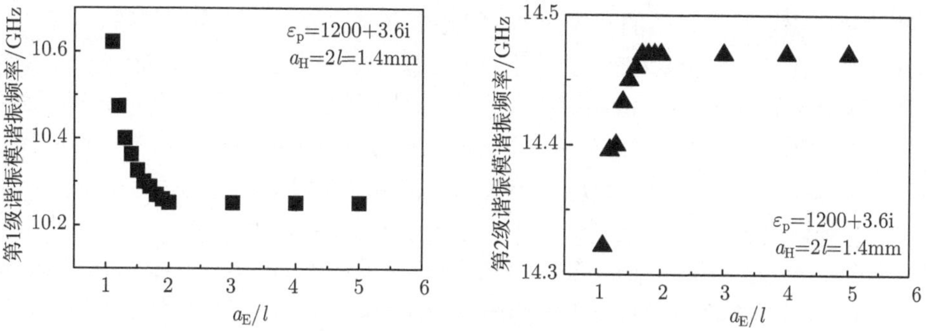

(a) (b)

图 2.23 a_E 对第 1、2 级 Mie 谐振频率调控情况 ($\varepsilon_p = 1200 + 3.6i$)

(a) 第 1 级 Mie 谐振频率随 a_E 变化行为；(b) 第 2 级 Mie 谐振频率随 a_E 变化行为

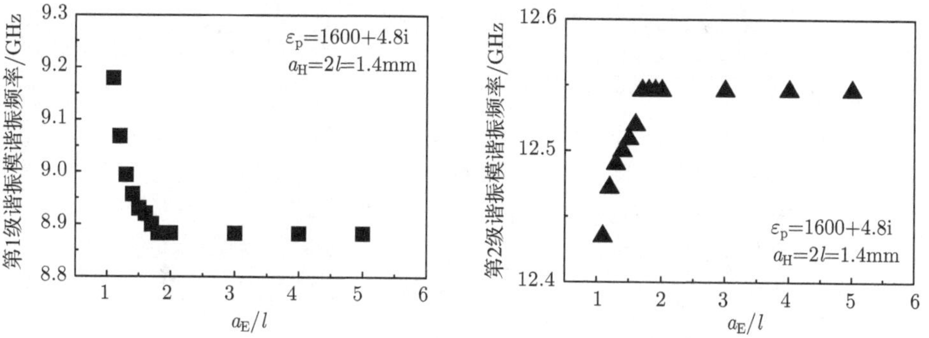

(a) (b)

图 2.24 a_E 对第 1、2 级 Mie 谐振频率调控情况 ($\varepsilon_p = 1600 + 4.8i$)

(a) 第 1 级 Mie 谐振频率随 a_E 变化行为；(b) 第 2 级 Mie 谐振频率随 a_E 变化行为

如前所述，电磁波电场方向晶格常数 a_E 对介电超材料谐振行为的调控，源自颗粒单元之间的电磁相互作用。如图 2.25 和图 2.26 所示，利用 CST 软件模拟了第 1、2 级 Mie 谐振模附近沿电磁波电场方向排列的两颗粒 ($\varepsilon_p = 800 + 2.4i$) 附近的电磁场分布情况。

如图 2.25 所示，在第 1 级 Mie 谐振模附近 (f_1=12.95GHz) 颗粒内部形成垂直于电磁波磁场方向 (z 轴方向) 的环形位移电流，并因此形成平行于电磁波磁场方向的同频强磁场，进而产生磁响应 [6]。由图 2.25(b) 可以看出，颗粒的感应磁场主要集中于颗粒内部并延伸至附近区域，其瞬时磁场分布与平行电磁波磁场方向放置的通电螺线管形成的磁场类似；中心位置 (y 轴方向) 相距 $a_{\rm E}$ 的颗粒的感应磁场具有相同的相位并且相互交叠，相邻颗粒之间将因此产生很强的电磁相互作用。此外，$a_{\rm E}$ 较小时 (如小于 $2l$)，颗粒间感应磁场重叠较多，从而相互作用较强；由于颗粒感应磁场具有很强的局域效应，因此该方向的电磁相互作用将随 $a_{\rm E}$ 增大而迅速减小，且当 $a_{\rm E}$ 足够大时 (如大于 $3l$) 将基本可以忽略。另一方面，与 SRR 相类似，高介电颗粒的 Mie 谐振行为同样可以利用等效 LC 电路来进行分析。如前所述，从感应磁场的分布形态而言，电磁波电场方向排列的颗粒可视为平行放置的多个通电螺线管，从而每个颗粒的等效电感将由于相邻颗粒电感的并联效应而减小。这种等效电感减小效应正比于相邻颗粒的电磁相互作用，即与 $a_{\rm E}$ 的大小成反比。因此，由 LC 谐振中谐振频率与电感的反比关系可知，当 $a_{\rm E}$ 减小时，颗粒第 1 级 Mie 谐振频率将由于其等效电感的减小而向高频移动，这与图 2.25 所示规律一致。

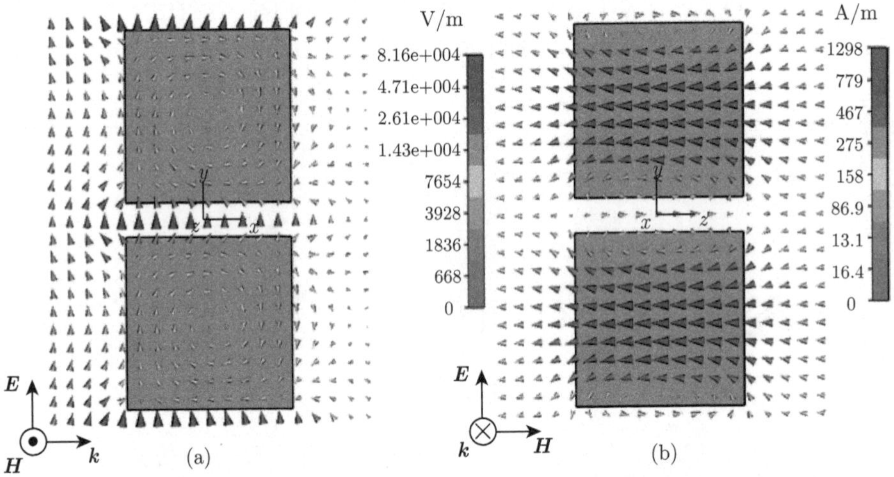

图 2.25　电磁波电场方向相邻颗粒第 1 级 Mie 谐振模附近的电磁场分布 (后附彩图)

(a) 第 1 级谐振模的电场分布；(b) 第 1 级谐振模的磁场分布

如图 2.26 所示，在第 2 级 Mie 谐振模附近 ($f_2 = 17.50$GHz) 颗粒内部形成了与电磁波频率相同、沿 y 轴方向的强位移电流，并因此在其周围产生了一个同频强环形磁场，进而具有电响应。由图 2.26(a) 可以看出，感应电场主要集中于颗粒内部并沿 y 轴方向延伸至附近区域；颗粒沿电磁波电场方向相互靠近时，其电谐振结构将由于颗粒间的同相电磁相互作用而更接近于 y 轴方向的电连续结构。因此，当 $a_{\rm E}$ 减小时，介电超材料的第 2 级 Mie 谐振频率向低频移动，并且谐振强度增大；颗粒感应电场具有很强的局域效应，因此该方向的电磁相互作用将随 a_E 增大而迅速减小，且当 a_E 足够大时 (如大于 $3l$) 将基本可以忽略。

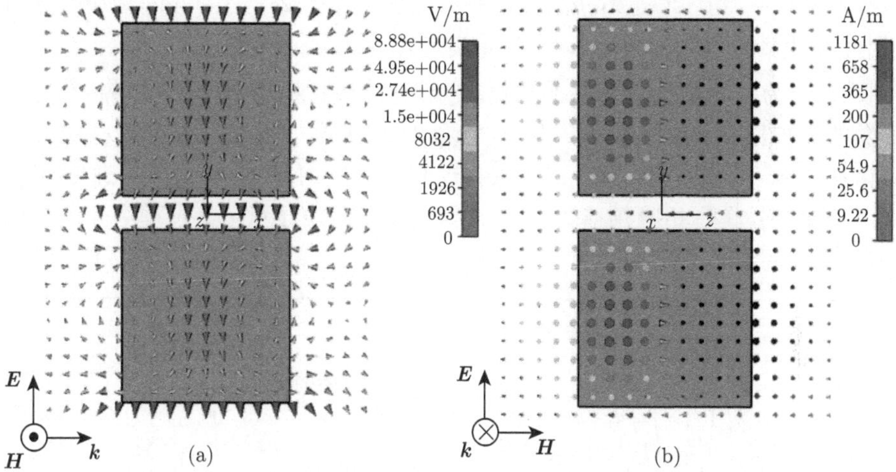

图 2.26　电磁波电场方向相邻颗粒第 2 级 Mie 谐振模附近的电磁场分布 (后附彩图)

(a) 第 2 级谐振模的电场分布；(b) 第 2 级谐振模的磁场分布

2.5.2　电磁波磁场方向的电磁相互作用

为了研究电磁波磁场方向上颗粒间电磁相互作用对介电超材料电磁行为的调控作用，建立如图 2.27(a) 所示 CST 模型。其相应的边界条件设置与图 2.19 中设置相同，用以模拟平面波沿 x 轴垂直入射由颗粒组成的单层超材料的电磁行为

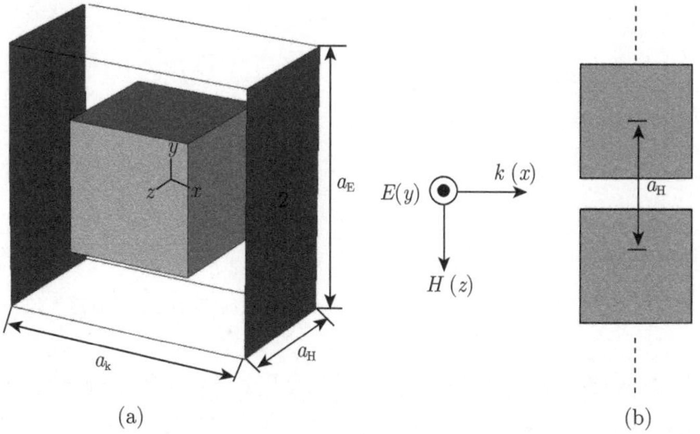

图 2.27　模拟模型示意图

(a) 立方块介电超材料 CST 模型 ($a_E = a_k = 2l = 1.4\text{mm}$)；(b) 对应传输状态示意图

(图 2.27(b))。模拟中通过固定电磁波电场及传播方向晶格常数 (即 $a_{\rm E} = a_{\rm k} = 2l$)，研究了不同磁场方向晶格常数 $a_{\rm H}$ 时介电超材料的电磁传输特性。模型具体参数为：$\varepsilon_{\rm p} = 800 + 2.4{\rm i}$，$\varepsilon_{\rm h} = 2$，$\mu_{\rm p} = \mu_{\rm h} = 1$，$a_{\rm E} = a_{\rm k} = 2l = 1.4{\rm mm}$。以下分别讨论 $a_{\rm H}$ 对介电超材料第 1 级和第 2 级 Mie 谐振行为的调控作用。

图 2.28 为不同磁场方向晶格常数 $a_{\rm H}$ 时介电超材料第 1 级 Mie 谐振附近频段 S 参数的模拟结果。可以看出，当 $a_{\rm H}$ 由 $1.1l$ 增大至 $2.0l$ 时，介电超材料第 1 级 Mie 谐振频率 f_1 由 11.21GHz 向高频移动至 12.58GHz，且 f_1 移动“速度”随 $a_{\rm H}$ 增大不断减小；具有相应频移的 S 参数相位跃变曲线显示了该过程中介电超材料的电磁谐振特性。

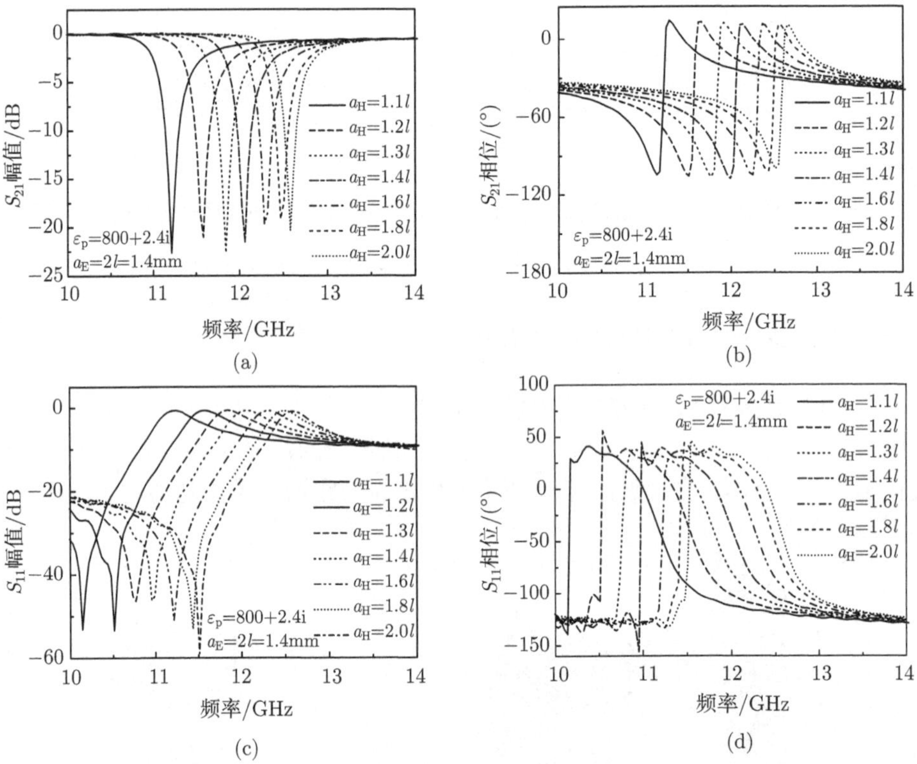

图 2.28　不同磁场方向 $a_{\rm H}$ 时介电超材料第 1 级 Mie 谐振附近频段 S 参数模拟结果

(a) S_{21} 幅值；(b) S_{21} 相位；(c) S_{11} 幅值；(d) S_{11} 相位

图 2.29 为不同磁场方向晶格常数 $a_{\rm H}$ 时介电超材料第 2 级 Mie 谐振附近频段 S 参数的模拟结果。可以看出，当 $a_{\rm H}$ 由 $1.1l$ 增大至 $2.0l$ 时，介电超材料第 2 级 Mie 谐振频率 f_2 由 17.35GHz 向高频移动至 17.67GHz，且 f_2 移动“速度”随 $a_{\rm H}$ 增大不断减小；S 参数相位跃变曲线具有相应频移。

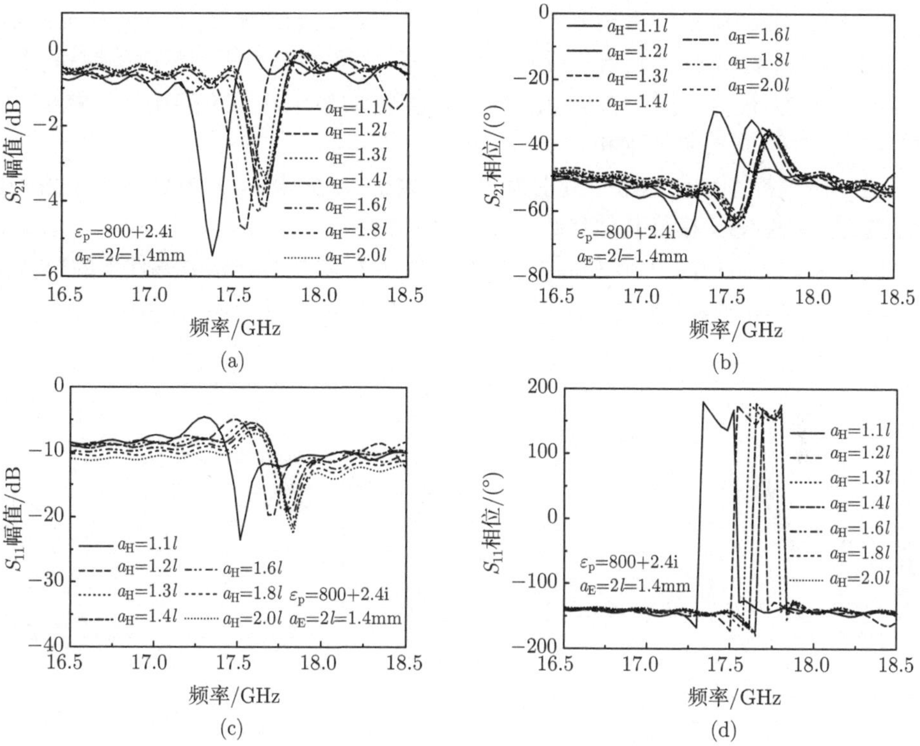

图 2.29 不同磁场方向 a_H 时介电超材料第 2 级 Mie 谐振附近频段 S 参数模拟结果

(a) S_{21} 幅值；(b) S_{21} 相位；(c) S_{11} 幅值；(d) S_{11} 相位

将第 1、2 级 Mie 谐振频率随电磁波磁场方向晶格常数 a_H 变化行为进行整理，如图 2.30 所示，以便更加清晰地反映 a_H 对介电超材料电磁行为的调控作用。可以

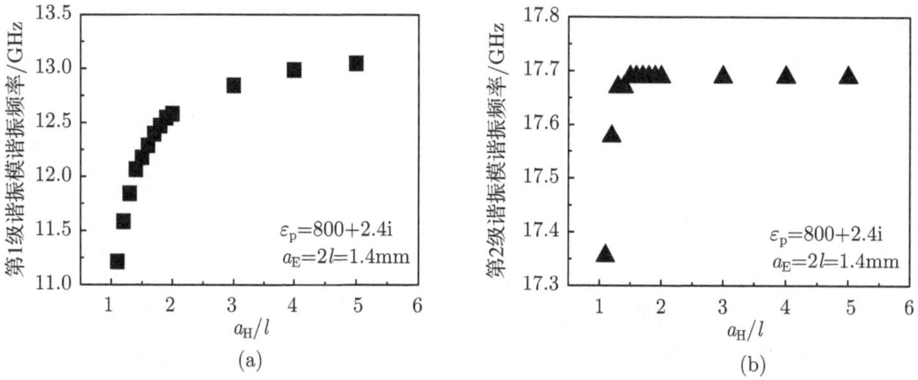

图 2.30 a_H 对第 1、2 级 Mie 谐振频率调控情况 ($\varepsilon_p = 800 + 2.4i$)

(a) 第 1 级 Mie 谐振频率随 a_H 变化行为；(b) 第 2 级 Mie 谐振频率随 a_H 变化行为

看出，随 a_{H} 由 $1.1l$ 逐步增大至 $5l$ 时，第 1 级 Mie 谐振频率 f_1 由 11.21GHz 向高频移动 1.84～13.05GHz，且该过程 f_1 移动“速度”逐步减小并逐渐趋于饱和；第 2 级 Mie 谐振频率 f_2 则由 17.35GHz 向高频移动 340MHz～17.69GHz，f_2 移动“速度”逐步减小并最终趋于饱和。

进一步模拟颗粒介电常数分别为 $\varepsilon_{\mathrm{p}} = 1200 + 3.6\mathrm{i}$ 及 $\varepsilon_{\mathrm{p}} = 1600 + 4.8\mathrm{i}$ 的人工分子电磁传输特性。模型具体参数与图 2.27 相同：$\varepsilon_{\mathrm{h}} = 2$，$\mu_{\mathrm{p}} = \mu_{\mathrm{h}} = 1$，$a_{\mathrm{E}} = a_{\mathrm{k}} = 2l = 1.4\mathrm{mm}$。采用与图 2.30 相同方法，将上述两种颗粒介电常数条件下的第 1、2 级 Mie 谐振频率随 a_{H} 变化行为进行整理，如图 2.31 和图 2.32 所示。

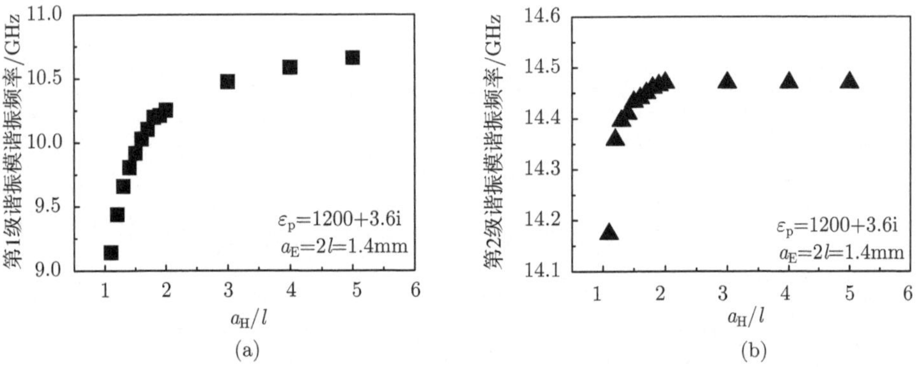

图 2.31　a_{H} 对第 1、2 级 Mie 谐振频率调控情况 ($\varepsilon_{\mathrm{p}} = 1200 + 3.6\mathrm{i}$)

(a) 第 1 级 Mie 谐振频率随 a_{H} 变化行为；(b) 第 2 级 Mie 谐振频率随 a_{H} 变化行为

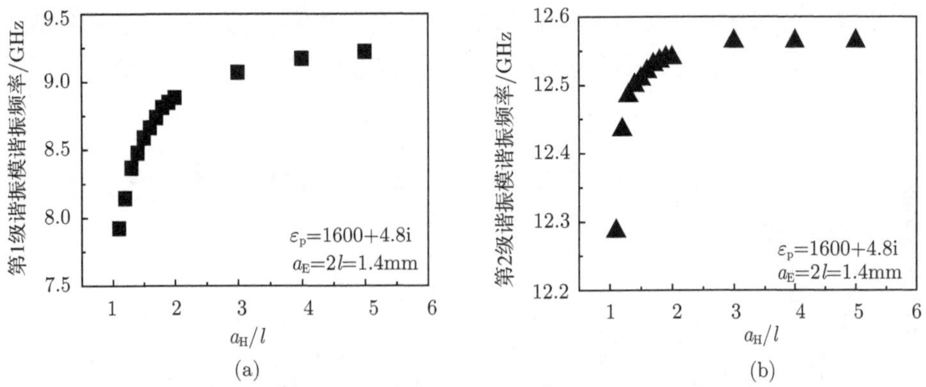

图 2.32　a_{H} 对第 1、2 级 Mie 谐振频率调控情况 ($\varepsilon_{\mathrm{p}} = 1600 + 4.8\mathrm{i}$)

(a) 第 1 级 Mie 谐振频率随 a_{H} 变化行为；(b) 第 2 级 Mie 谐振频率随 a_{H} 变化行为

由图 2.31 可知，对于 $\varepsilon_{\rm p}=1200+3.6{\rm i}$ 的颗粒构成的介电超材料，当 $a_{\rm H}$ 由 $1.1l$ 逐步增大至 $5l$ 时，其第 1 级 Mie 谐振频率 f_1 由 9.14GHz 向高频移动 1.52~10.66GHz；同时，第 2 级 Mie 谐振频率 f_2 由 14.17GHz 向高频移动 300MHz~14.47GHz。由图 2.32 可知，对于 $\varepsilon_{\rm p}=1600+4.8{\rm i}$ 的颗粒构成的介电超材料，当 $a_{\rm H}$ 由 $1.1l$ 逐步增大至 $5l$ 时，其第 1 级 Mie 谐振频率 f_1 由 7.92GHz 向高频移动 1.30~9.22GHz；同时，第 2 级 Mie 谐振频率 f_2 由 12.29GHz 向高频移动 270MHz~12.56GHz。不难看出，$a_{\rm H}$ 对不同颗粒介电常数 $\varepsilon_{\rm p}$ 构成的介电超材料的第 1、2 级 Mie 谐振调控行为一致，验证了上述电磁波磁场方向晶格常数 $a_{\rm H}$ 对介电超材料电磁行为调控作用及其规律的普遍性。

如前所述，电磁波磁场方向晶格常数 $a_{\rm H}$ 对介电超材料谐振行为的调控，同样源自颗粒单元之间的电磁相互作用。如图 2.33 和图 2.34 所示，利用 CST 软件模拟了第 1、2 级 Mie 谐振模附近沿电磁波磁场方向排列的两颗粒 ($\varepsilon_{\rm p}=800+2.4{\rm i}$) 附近的电磁场分布情况。该双颗粒 CST 模型对应的物理状态与图 2.25 的完全一致。

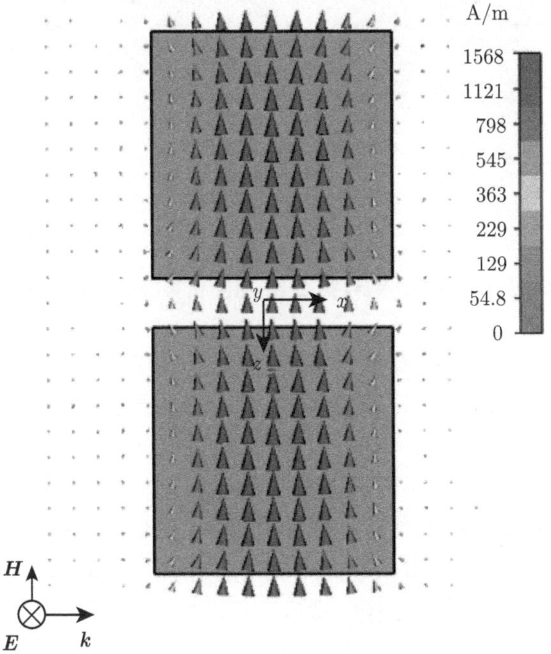

图 2.33 电磁波磁场方向相邻颗粒第 1 级 Mie 谐振模附近的磁场分布 (后附彩图)

如图 2.33 所示，在第 1 级 Mie 谐振模附近 (f_1=11.65GHz) 每一个颗粒可等价为一个沿 z 轴方向振荡的磁偶极子，其感应磁场主要集中于颗粒内部并延伸至附近区域，与平行 z 轴放置的通电螺线管形成的磁场类似；中心位置 (z 轴方向) 相

距 a_{H} 的颗粒感应磁场具有相同的相位并且相互交叠，并因此产生相邻颗粒间的强电磁相互作用。此外，电磁波磁场方向晶格常数 a_{H} 较小时 (如小于 $2l$)，颗粒间感应磁场重叠较多、相互作用较强；由于颗粒感应磁场具有很强的局域效应，因此该电磁相互作用将随 a_{E} 增大而迅速减小。另一方面，如图 2.34 所示，电磁波磁场方向排列的颗粒的电磁相互作用行为类似于串联的通电螺线管，每个颗粒的等效电感将由于相邻颗粒电感的串联效应而增大。这种等效电感增大效应正比于相邻颗粒的电磁相互作用，即与 a_{H} 的大小成反比。因此，由 LC 谐振中谐振频率与电感的反比关系可知，当 a_{H} 减小时，颗粒谐振频率将由于其等效电感的增大而向低频移动。

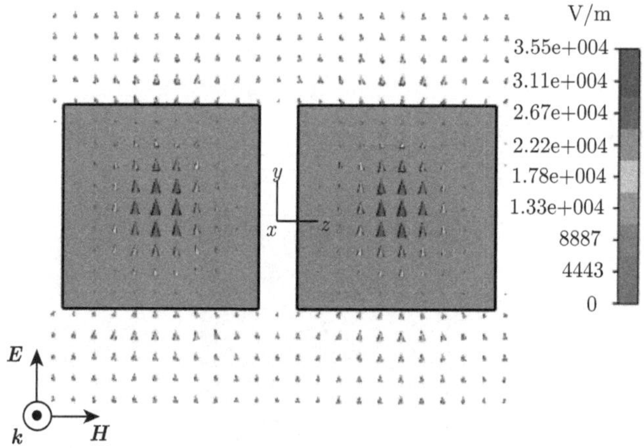

图 2.34 电磁波磁场方向相邻颗粒第 2 级 Mie 谐振模附近的电场分布 (后附彩图)

如图 2.34 所示，第 2 级 Mie 谐振模附近 (f_1=17.55GHz)，颗粒内形成了与电磁波频率相同、沿 y 轴方向的强位移电流且可等价于电偶极子 [6]。由图 2.34 可以看出，颗粒的电场主要集中于颗粒内部并沿 y 轴方向延伸至附近区域；颗粒沿电磁波磁场方向相互靠近时，其电谐振结构的有效电容将由于颗粒间的同相电磁相互作用而增大，即随 a_{H} 减小介电超材料的第 2 级 Mie 谐振频率向低频移动。颗粒感应电场的局域效应使该电磁相互作用随 a_{H} 增大而迅速减小，直至可基本忽略。这与图 2.29 及图 2.30(b) 所示规律一致。

2.5.3 电磁波传播方向的电磁相互作用

为了研究电磁波传播方向上颗粒间电磁相互作用对介电超材料电磁行为的调控作用，建立如图 2.35(a) 所示 CST 模型。其相应的边界条件设置与图 2.19 中设置相同，用以模拟电磁波传播方向上由颗粒组成的双层超材料的电磁行为 (图 2.35(b))。模拟中通过固定 $a_{\mathrm{E}} = a_{\mathrm{H}} = 2l$，研究了电磁波传播方向晶格常数 a_{k} 对介电超材料电磁传输特性的调控作用。模型具体参数为：$\varepsilon_{\rm p}=800+2.4{\rm i}$，$\varepsilon_{\rm h}=2$，$\mu_{\rm p}=\mu_{\rm h}=1$，$a_{\rm E}=a_{\rm H}=2l=1.4{\rm mm}$。

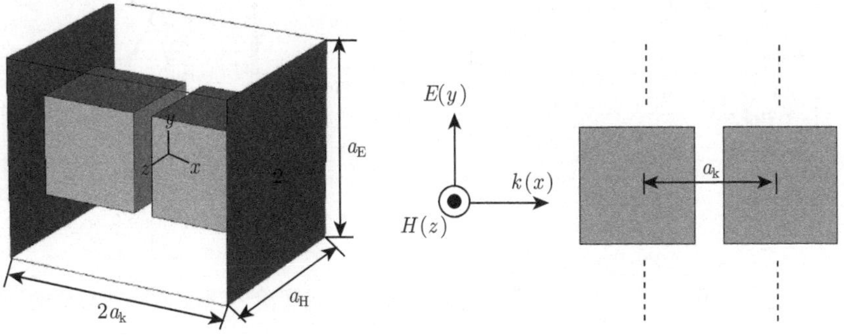

(a)　　　　　　　　　　(b)

图 2.35　模拟模型示意图

(a) 立方块介电超材料 CST 模型；(b) 对应传输状态示意图

图 2.36 为不同 $a_{\rm k}$ 时双层介电超材料第 1 级 Mie 谐振附近频段 S 参数的模拟结果。可以看出，当 $a_{\rm k}$ 由 $1.2l$ 增大至 $2.0l$ 时，介电超材料第 1 级 Mie 谐振频率 f_1 变化不明显；第 1 级 Mie 谐振峰出现劈裂，且其劈裂程度随 $a_{\rm k}$ 增大而减小；S 参数相位跃变曲线显示了该过程中介电超材料的电磁谐振特性。

图 2.37 为不同 $a_{\rm k}$ 时双层介电超材料第 2 级 Mie 谐振附近频段 S 参数的模拟结果。可以看出，当 $a_{\rm k}$ 由 $1.2l$ 增大至 $2.0l$ 时，介电超材料第 2 级 Mie 谐振频率 f_2 由 17.65GHz 略向高频移动；S 参数相位跃变曲线具有相应频移。

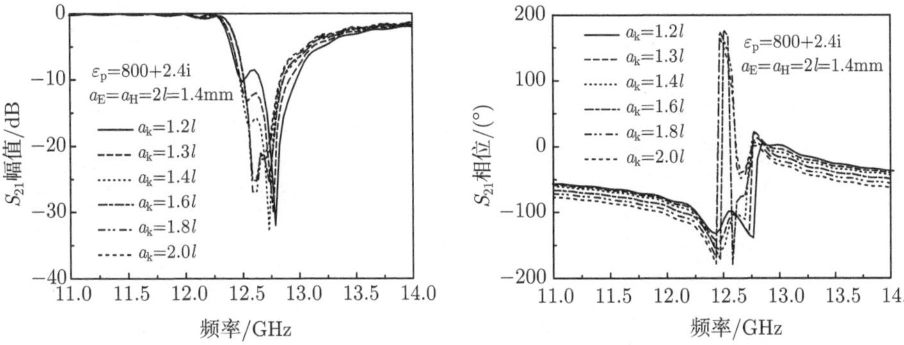

(a)　　　　　　　　　　(b)

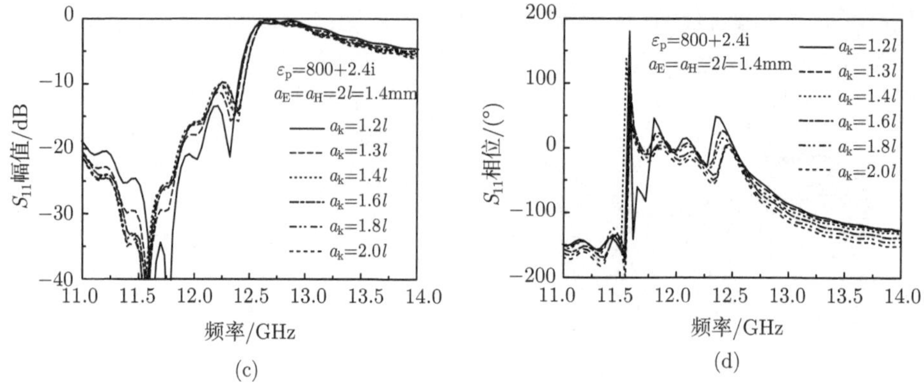

图 2.36　不同 a_k 时双层介电超材料第 1 级 Mie 谐振附近频段 S 参数模拟结果

(a) S_{21} 幅值；(b) S_{21} 相位；(c) S_{11} 幅值；(d) S_{11} 相位

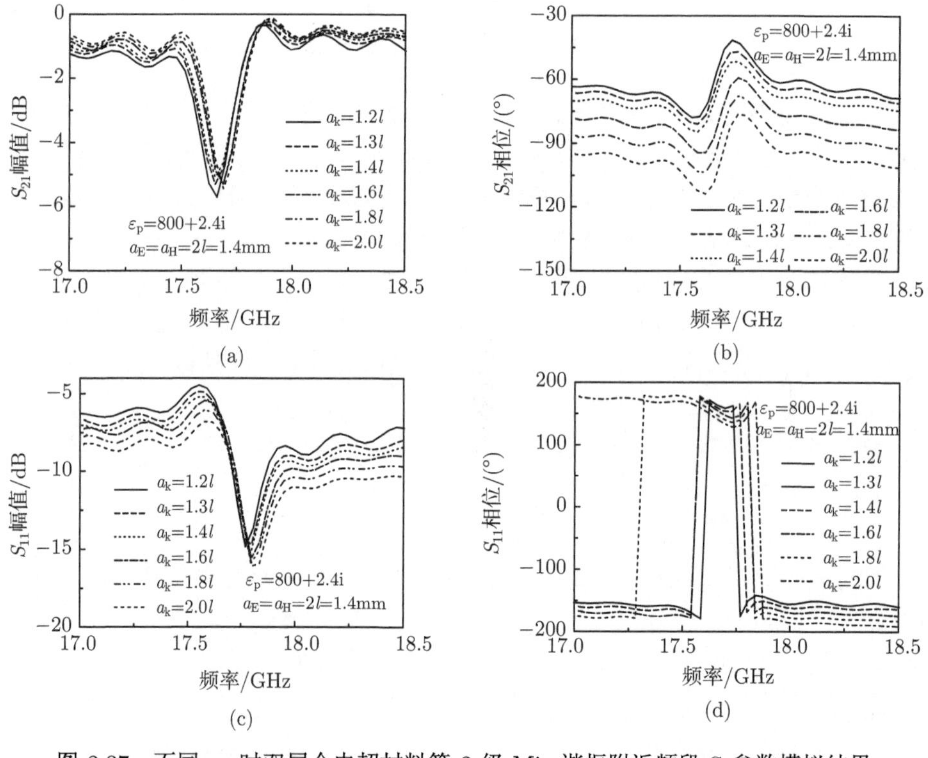

图 2.37　不同 a_k 时双层介电超材料第 2 级 Mie 谐振附近频段 S 参数模拟结果

(a) S_{21} 幅值；(b) S_{21} 相位；(c) S_{11} 幅值；(d) S_{11} 相位

图 2.38 为利用图 2.35 所示 CST 模型得到的颗粒介电常数分别为 $\varepsilon_p = 1200 + 3.6i$ 及 $\varepsilon_p = 1600 + 4.8i$ 的介电超材料电磁传输特性。对比图 2.37 与图 2.38 可

知，a_k 对不同介电常数颗粒构成介电超材料的第 1 级和第 2 级 Mie 谐振的调控行为一致，验证了上述电磁波传播方向晶格常数 a_k 对介电超材料电磁行为调控作用及其规律的普遍性。

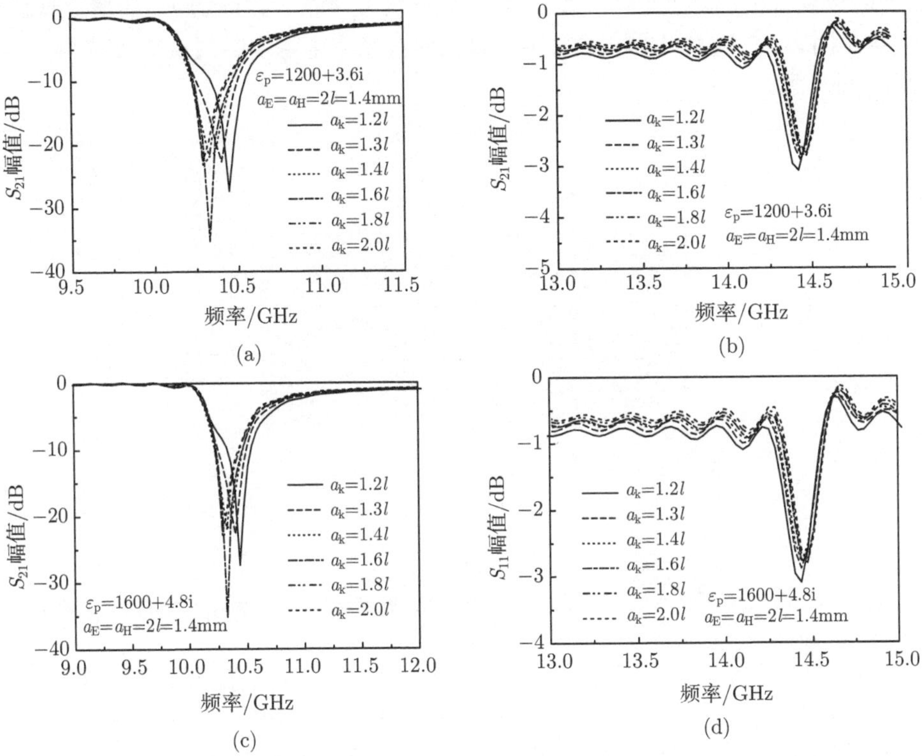

图 2.38　不同 a_k 时双层介电超材料 S 参数模拟结果

(a) 第 1 级 Mie 谐振模 ($\varepsilon_p = 1200 + 3.6i$)；(b) 第 2 级 Mie 谐振模 ($\varepsilon_p = 1200 + 3.6i$)；(c) 第 1 级 Mie 谐振模 ($\varepsilon_p = 1600 + 4.8i$)；(d) 第 2 级 Mie 谐振模 ($\varepsilon_p = 1600 + 4.8i$)

如前所述，介电超材料颗粒单元之间的电磁相互作用决定了 a_k 对介电超材料谐振行为的调控作用。如图 2.39 和图 2.40 所示，利用 CST 软件模拟了第 1、2 级 Mie 谐振模附近两颗粒 ($\varepsilon_p = 800 + 2.4i$) 附近的电磁场分布情况。

如图 2.39 所示，在第 1 级 Mie 谐振模附近 (f_1=12.80GHz) 每一个颗粒可等价为一个沿 z 轴方向振荡的磁偶极子，其感应磁场主要集中于颗粒内部并延伸至附近区域，与平行 z 轴放置的通电螺线管形成的磁场类似；中心位置 (x 轴方向) 相距 a_k 的颗粒形成的磁场相互交叠并因而产生强电磁相互作用。然而，如图 2.49 所示，与前两节中相邻颗粒间的同相位电磁耦合不同，此时沿电磁波传播方向排列的两颗粒的感应磁场具有一定的相位差，且该相位差与 a_k 成正比。相邻颗粒中非同相的感应电磁场将使其之间的电磁相互作用变得非常复杂，并导致了介电超材料谐振峰的劈裂。然而，考虑到颗粒感应磁场具有很强的局域效应，电磁耦合将随 $a_{\rm k}$ 的增大而迅速减小，且 $a_{\rm k}$ 足够大 (如大于 $2l$) 时将基本可以忽略。对比图 2.37 与图 2.38 可以看出，颗粒介电常数 $\varepsilon_{\rm p}$ 越大则这种复杂耦合效应随 $a_{\rm k}$ 的增大衰减越快。这是因为 $\varepsilon_{\rm p}$ 越大的颗粒发生 Mie 谐振时其感应电磁场的局域效应越强，这与上述分析一致。

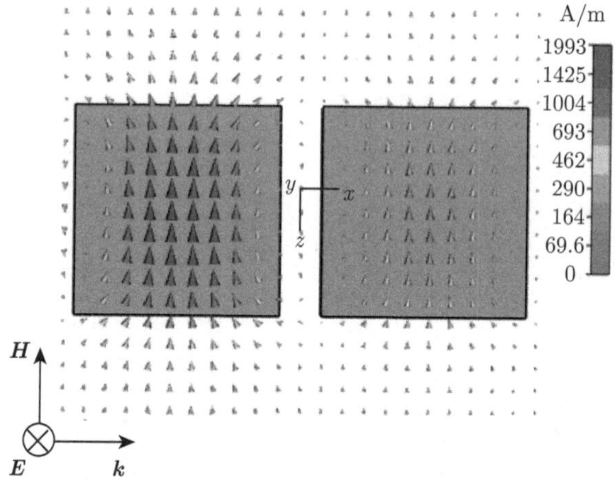

图 2.39　电磁波传播方向相邻颗粒第 1 级 Mie 谐振模附近的磁场分布 (后附彩图)

如图 2.40 所示，第 2 级 Mie 谐振模附近 (f_1=17.60GHz)，每个颗粒可等价于一个电偶极子。由图 2.40 可以看出，此时感应电场主要集中于颗粒内部并沿 y 轴方向延伸至附近区域。然而，由于此时两颗粒产生的感应电场具有一定相位差，因此其电磁相互作用较为复杂，且 $a_{\rm k}$ 对第 2 级 Mie 谐振频率的调控作用较小。

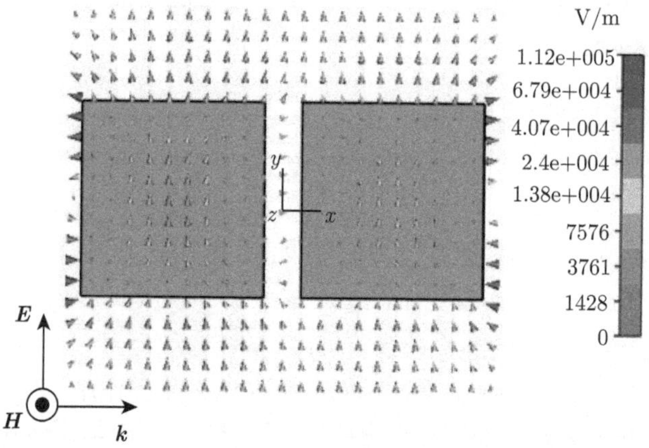

图 2.40　电磁波传播方向相邻颗粒第 2 级 Mie 谐振模附近的电场分布 (后附彩图)

2.5.4 立方晶格常数 a 的影响

由前面的结果可知，介电超材料颗粒间的电磁相互作用受控于电磁波电场、磁场及传播方向的晶格常数，并且不同方向的颗粒间电磁相互作用对介电超材料电磁响应行为的调控作用有所不同。然而，相对于开口谐振环 (SRRs) 等结构超材料的强各向异性电磁特性，能够实现三维各向同性电磁响应是基于 Mie 谐振的介电超材料的最大优势。因此，立方晶格 (即 $a_{\mathrm{E}} = a_{\mathrm{H}} = a_{\mathrm{k}} = a$) 介电超材料颗粒间的电磁相互作用行为研究具有理论及实用两方面的重要意义。为此，本节研究了立方晶格常数 a 对介电超材料电磁传输行为以及对应的材料有效电磁参数的调控作用。

为了研究立方晶格常数 a 对介电超材料电磁行为的调控作用，建立如图 2.41 所示 CST 模型，其相应的边界条件设置与图 2.19 中设置相同。模型具体参数为：$\varepsilon_{\mathrm{p}} = 800 + 2.4\mathrm{i}$，$\varepsilon_{\mathrm{h}} = 2$，$\mu_{\mathrm{p}} = \mu_{\mathrm{h}} = 1$，$l = 0.7\mathrm{mm}$。以下分别讨论 a 对介电超材料第 1 级及第 2 级 Mie 谐振行为的调控作用。

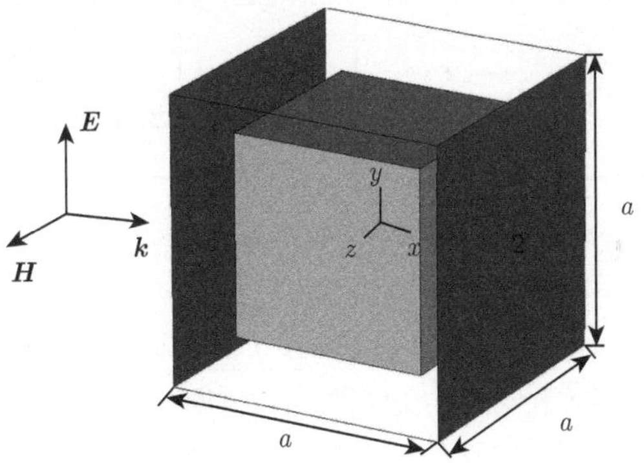

图 2.41 立方块介电超材料 CST 模型 ($l = 0.7\mathrm{mm}$)

图 2.42 为不同立方晶格常数 a 时介电超材料第 1 级 Mie 谐振附近频段 S 参数的模拟结果。可以看出，当 a 由 $1.1l$ 增大至 $2.0l$ 时，介电超材料第 1 级 Mie 谐振频率 f_1 由 11.21GHz 向高频移动至 12.58GHz，且 f_1 移动 “速度” 随 a 增大不断减小；具有相应频移的 S 参数相位跃变曲线显示了该过程中介电超材料的电磁谐振特性。

图 2.43 为不同立方晶格常数 a 时介电超材料第 2 级 Mie 谐振附近频段 S 参数的模拟结果。可以看出，当 a 由 $1.1l$ 增大至 $2.0l$ 时，介电超材料第 2 级 Mie 谐振频率 f_2 由 17.35GHz 向高频移动至 17.69GHz，且 f_2 移动 “速度” 随 a 增大不断减小；具有相应频移的 S 参数相位跃变曲线显示了该过程中介电超材料的电磁谐振特性。

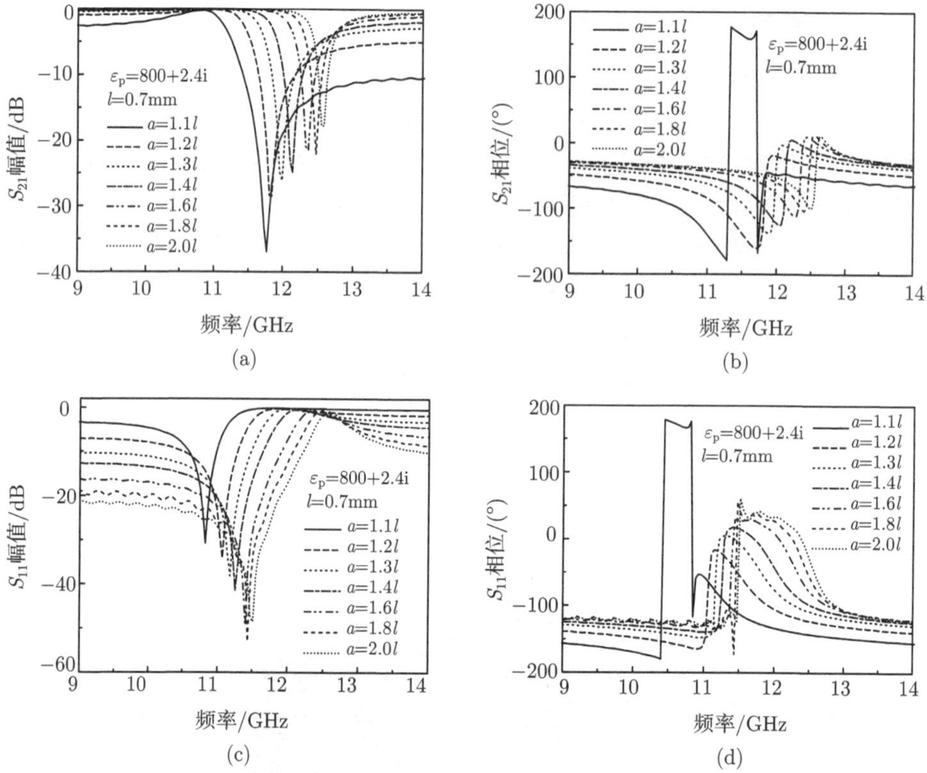

图 2.42　不同立方晶格常数 a 时介电超材料第 1 级 Mie 谐振附近频段 S 参数模拟结果

(a) S_{21} 幅值；(b) S_{21} 相位；(c) S_{11} 幅值；(d) S_{11} 相位

为了更加清晰地反映立方晶格常数 a 对介电超材料电磁行为的调控作用，将第 1、2 级 Mie 谐振频率随 a 变化行为进行整理，如图 2.44 所示。可以看出，随 a 由 1.1l 逐步增大至 5l 时，第 1 级 Mie 谐振频率 f_1 由 11.77GHz 向高频移动 1.14~12.91GHz，且该过程 f_1 移动“速度”逐步减小并逐渐趋于饱和；而在此过程中，第 2 级 Mie 谐振频率 f_2 由 17.35GHz 向高频移动 340MHz~17.69GHz，f_2 移动“速度”逐步减小并最终趋于饱和。另外，对比图 2.22、图 2.30 及图 2.44 可以看出，对于单层介电超材料而言 (即不考虑电磁波传播方向上颗粒之间的电磁相互作用)，改变立方晶格常数 a 时第 1 级 Mie 谐振频率 f_1 的变化趋势与仅改变电磁波磁场方向晶格常数 $a_{\rm H}$ 时基本一致；但由于电磁波电场方向晶格常数 $a_{\rm E}$ 对 f_1 具有相反的调控作用 (f_1 随 $a_{\rm E}$ 增大向低频移动，如图 2.22 所示)，因此立方晶格常数 a 对 f_1 的调控作用小于单独改变 $a_{\rm H}$ 时的情形，并可定性地视为电磁波磁场方向与电场方向晶格常数调控作用的叠加。

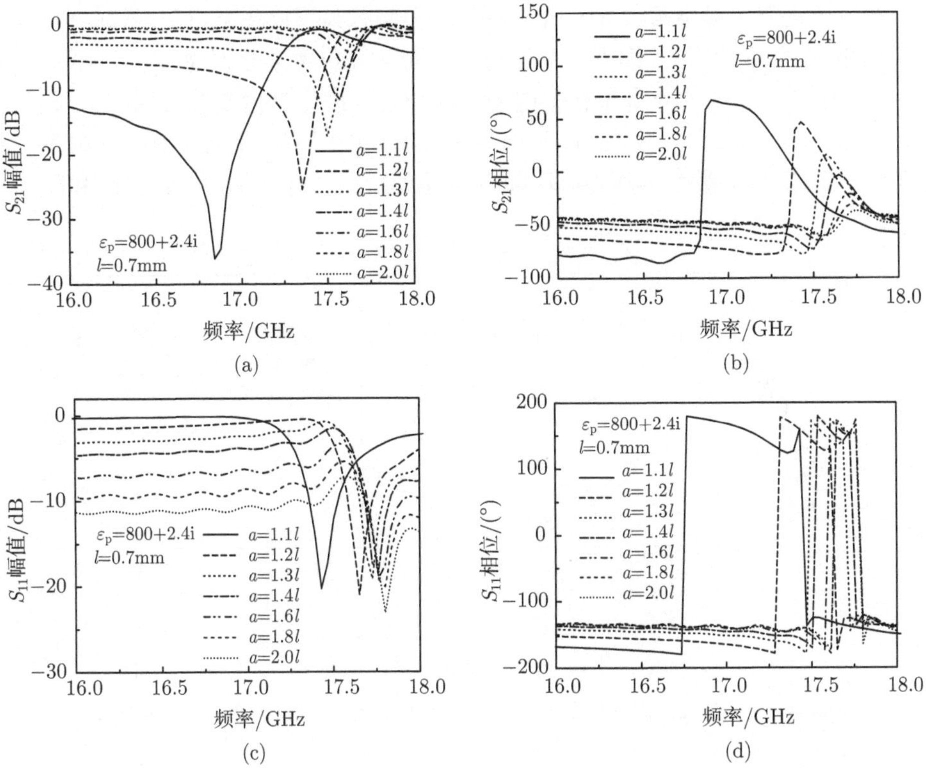

图 2.43 不同立方晶格常数 a 时介电超材料第 2 级 Mie 谐振附近频段 S 参数模拟结果

(a) S_{21} 幅值；(b) S_{21} 相位；(c) S_{11} 幅值；(d) S_{11} 相位

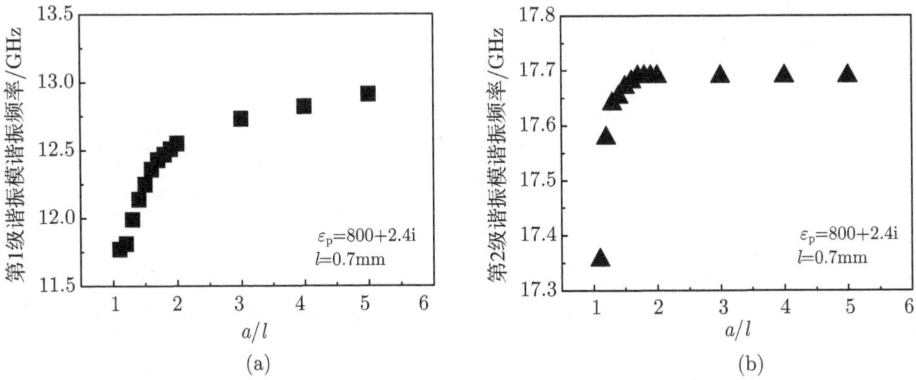

图 2.44 a 对第 1、2 级 Mie 谐振频率调控情况 ($\varepsilon_p = 800 + 2.4i$)

(a) 第 1 级 Mie 谐振频率随 a 变化行为；(b) 第 2 级 Mie 谐振频率随 a 变化行为

为了验证立方晶格常数 a 对介电超材料电磁行为调控作用及其规律的普遍性，利用如图 2.41 所示 CST 模型进一步模拟了颗粒介电常数分别为 $\varepsilon_{\rm p}=1200+3.6{\rm i}$ 及 $\varepsilon_{\rm p}=1600+4.8{\rm i}$ 的介电超材料电磁传输特性。模型具体参数与图 2.41 相同：$\varepsilon_{\rm h}=2$，$\mu_{\rm p}=\mu_{\rm h}=1$，$l=0.7{\rm mm}$。采用与图 2.44 相同方法，将上述两种颗粒介电常数条件下的第 1、2 级 Mie 谐振频率随 a 变化的行为进行整理，如图 2.45 和图 2.46 所示。

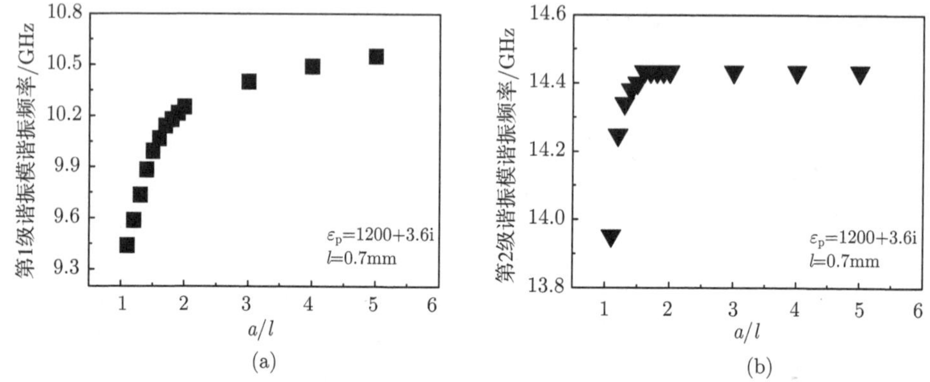

图 2.45　a 对第 1、2 级 Mie 谐振频率调控情况 ($\varepsilon_{\rm p}=1200+3.6{\rm i}$)

(a) 第 1 级 Mie 谐振频率随 a 变化行为；(b) 第 2 级 Mie 谐振频率随 a 变化行为

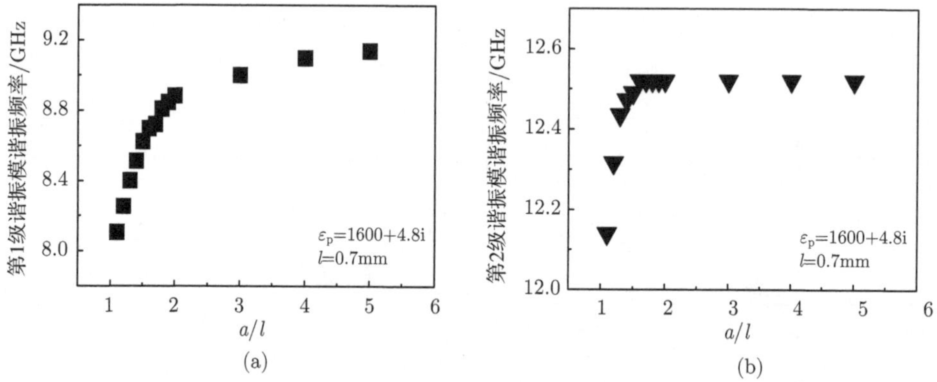

图 2.46　a 对第 1、2 级 Mie 谐振频率调控情况 ($\varepsilon_{\rm p}=1600+4.8{\rm i}$)

(a) 第 1 级 Mie 谐振频率随 a 变化行为；(b) 第 2 级 Mie 谐振频率随 a 变化行为

由图 2.45 可知，对于 $\varepsilon_{\rm p}=1200+3.6{\rm i}$ 的颗粒构成的介电超材料，当 a 由 $1.1l$ 逐步增大至 $5l$ 时，其第 1 级 Mie 谐振频率 f_1 由 9.44GHz 向高频移动 1.11~10.55GHz；同时，第 2 级 Mie 谐振频率 f_2 由 13.95GHz 向高频移动 380MHz~14.43GHz。由图 2.46 可知，对于 $\varepsilon_{\rm p}=1600+4.8{\rm i}$ 的颗粒构成的介电超材料，当 a 由 $1.1l$ 逐步增

大至 $5l$ 时，其第 1 级 Mie 谐振频率 f_1 由 8.10GHz 向高频移动 1.04~9.14GHz；同时，第 2 级 Mie 谐振频率 f_2 由 12.14GHz 向高频移动 380MHz~12.52GHz。另外，通过图 2.23、图 2.31 与图 2.45 以及图 2.24、图 2.32 与图 2.46 的对比可知，对于不同 ε_p 的介电超材料，立方晶格常数 a 对 f_1 的调控作用同样可定性地视为电磁波磁场方向与电场方向晶格常数调控作用的叠加。最后，对比图 2.44、图 2.45 和图 2.46 可知，立方晶格常数 a 对不同 ε_p 的介电超材料第 1、2 级 Mie 谐振的调控行为一致，验证了上述立方晶格常数 a 对介电超材料电磁行为调控作用及其规律的普遍性。

利用模拟所得 S 参数反推得到不同立方晶格常数 a 时，介电超材料 ($\varepsilon_p = 1600 + 4.8i$) 第 1、2 级 Mie 谐振频段附近有效电磁参数，如图 2.46 及图 2.47 所示。介电超材料有效磁导率 μ_{eff} 在第 1 级 Mie 谐振频段附近具有磁谐振色散形式，并且其实部在大于谐振频率 f_1 的一定频段内具有小于零的取值，如 $a = 1.2l = 0.84$mm

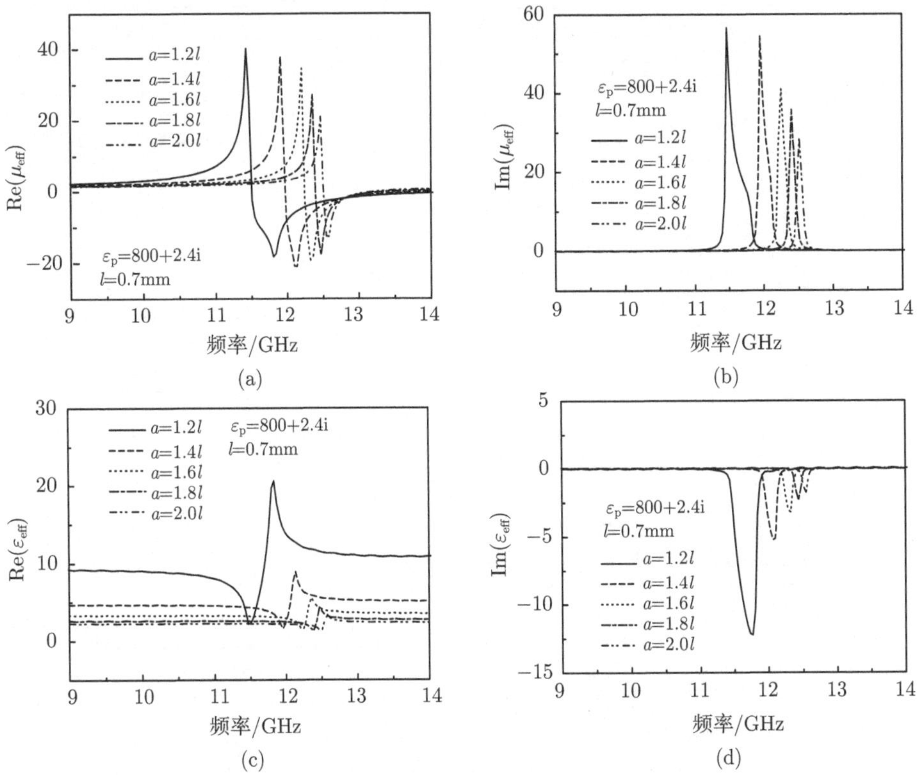

图 2.47 a 对第 1 级 Mie 谐振频段附近有效电磁参数的调控结果 ($\varepsilon_p = 800 + 2.4i$)

(a) Re(μ_{eff})；(b) Im(μ_{eff})；(c) Re(ε_{eff})；(d) Im(ε_{eff})

时，$\mathrm{Re}(\mu_{\mathrm{eff}})$ 在 11.50~13.98GHz 范围内为负值；有效介电常数 $\varepsilon_{\mathrm{eff}}$ 则具有“反谐振”色散形式，并且其实部为正值。与第 1 级 Mie 谐振模 S 参数谐振峰向高频移动的行为一致，有效电磁参数色散曲线随 a 增大而整体发生蓝移；另外，由于颗粒占空比与 a 的反比关系，有效电磁参数幅值随 a 增大不断减小。因此，通过改变立方晶格常数 a，可以实现对介电超材料第 1 级 Mie 谐振模附近各向同性负有效磁导率的大范围调控。

由图 2.48 可以看出，介电超材料有效介电常数 $\varepsilon_{\mathrm{eff}}$ 在第 2 级 Mie 谐振频段附近具有电谐振色散形式，并且其实部在大于谐振频率 f_1 的一定频段内可能为负值；有效磁导率 μ_{eff} 则具有“反谐振”色散形式，并且其实部为正值。与第 2 级 Mie 谐振模 S 参数谐振峰向高频移动的行为一致，有效电磁参数色散曲线随 a 增大而整体发生蓝移。如前面所分析，a 较小时 (如 a =1.2l=0.84mm)y 轴方向颗粒将更接近于电连续结构，其电谐振强度远大于 a 较大时 (如 a =2.0l=1.40mm) 的情形；并且

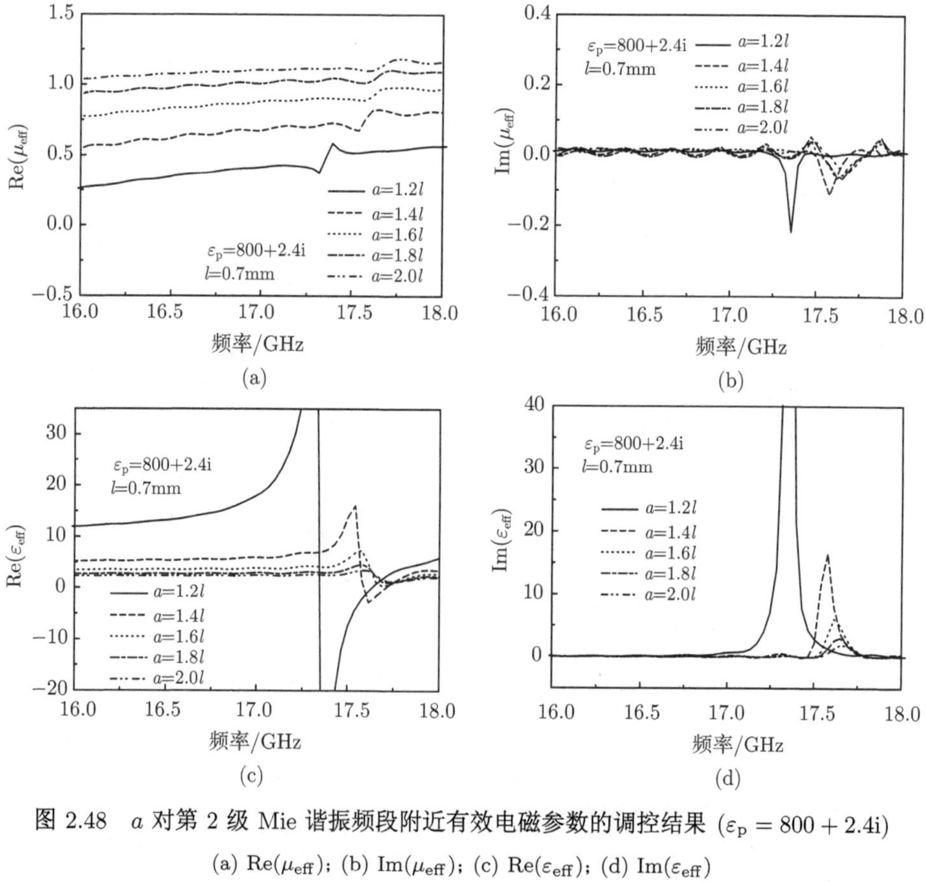

图 2.48 a 对第 2 级 Mie 谐振频段附近有效电磁参数的调控结果 ($\varepsilon_{\mathrm{p}} = 800 + 2.4\mathrm{i}$)

(a) $\mathrm{Re}(\mu_{\mathrm{eff}})$；(b) $\mathrm{Im}(\mu_{\mathrm{eff}})$；(c) $\mathrm{Re}(\varepsilon_{\mathrm{eff}})$；(d) $\mathrm{Im}(\varepsilon_{\mathrm{eff}})$

颗粒占空比与 a 成反比关系。因此，如图 2.49 所示，随 a 由 $1.2l$ 增大至 $2.0l$，介电超材料有效电磁参数幅值迅速减小、有效介电常数 ε_{eff} 失去负值性质。因此，通过改变立方晶格常数 a，可以实现对介电超材料第 2 级 Mie 谐振模附近各向同性有效介电常数的大范围调控。

进一步，利用模拟所得 S 参数反推得到了颗粒介电常数分别为 $\varepsilon_{\text{p}} = 1200+3.6\text{i}$ 及 $\varepsilon_{\text{p}} = 1600 + 4.8\text{i}$ 的介电超材料的相应有效电磁参数 (图 2.49~ 图 2.52)，以验证立方晶格常数 a 对介电超材料有效电磁参数调控作用及其规律的普遍性。

由图 2.49 及图 2.50 可以看出，对于 $\varepsilon_{\text{p}} = 1200 + 3.6\text{i}$ 及 $\varepsilon_{\text{p}} = 1600 + 4.8\text{i}$ 的介电超材料，其有效磁导率 μ_{eff} 在第 1 级 Mie 谐振频段附近均具有磁谐振色散形式，并且其实部有小于零的取值；有效介电常数 ε_{eff} 则均具有 “反谐振” 色散形式，并且其实部为正值。对应第 1 级 Mie 谐振模 S 参数谐振峰向高频移动的行为 (图 2.49(a) 和 2.50(a))，有效电磁参数色散曲线随 a 增大而整体发生蓝移；有效电磁参数幅值随 a 增大整体呈减小趋势。

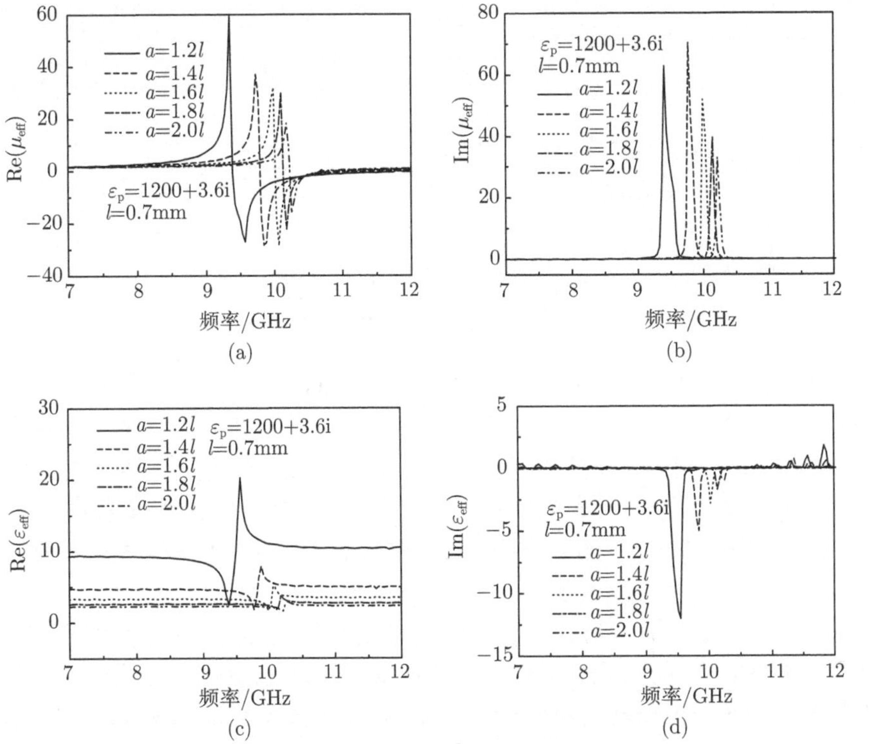

图 2.49 a 对第 1 级 Mie 谐振频段附近有效电磁参数的调控结果 ($\varepsilon_{\text{p}} = 1200 + 3.6\text{i}$)

(a) $\text{Re}(\mu_{\text{eff}})$；(b) $\text{Im}(\mu_{\text{eff}})$；(c) $\text{Re}(\varepsilon_{\text{eff}})$；(d) $\text{Im}(\varepsilon_{\text{eff}})$

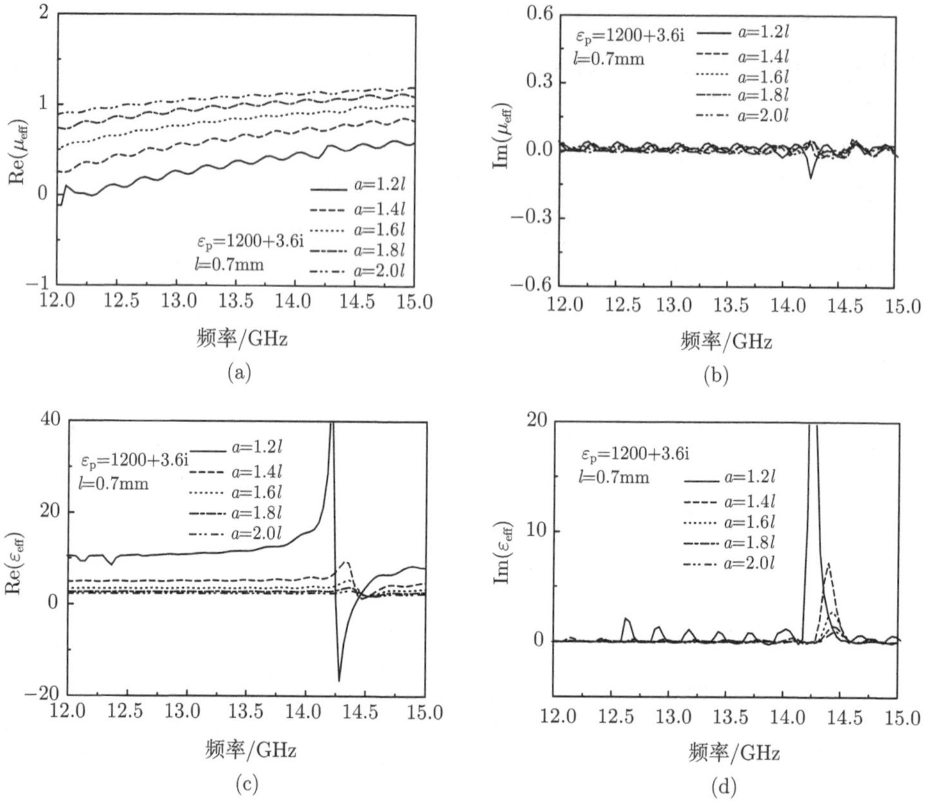

图 2.50　a 对第 2 级 Mie 谐振频段附近有效电磁参数的调控结果 ($\varepsilon_p = 1200 + 3.6i$)

(a) Re(μ_{eff})；(b) Im(μ_{eff})；(c) Re(ε_{eff})；(d) Im(ε_{eff})

由图 2.50 及图 2.52 可以看出，对于 $\varepsilon_p = 1200 + 3.6i$ 及 $\varepsilon_p = 1600 + 4.8i$ 的介电超材料，其有效介电常数 ε_{eff} 在第 2 级 Mie 谐振频段附近具有电谐振色散形式，并且其实部可能有小于零的取值；有效磁导率 μ_{eff} 则均具有 “反谐振” 色散形式，并且其实部为正值。对应第 2 级 Mie 谐振模 S 参数谐振峰向高频移动的行为 (图 2.50(b) 和图 2.52(b))，有效电磁参数色散曲线随 a 增大而整体发生蓝移；有效电磁参数幅值随 a 增大迅速减小。

最后需要指出的是，尽管以上讨论的介电超材料主要工作在微波波段，但本章所涉及的颗粒电磁相互作用则普遍存在于任意波段介电超材料中。另外，由于材料介电常数随频率增大普遍呈减小趋势，因此在太赫兹及其以上频段很难获得非常高的颗粒介电常数 ε_p。因此，对于工作在太赫兹及其以上频段的介电超材料，其颗粒电磁相互作用将由于相对较弱的电磁场局域特性而更加显著。

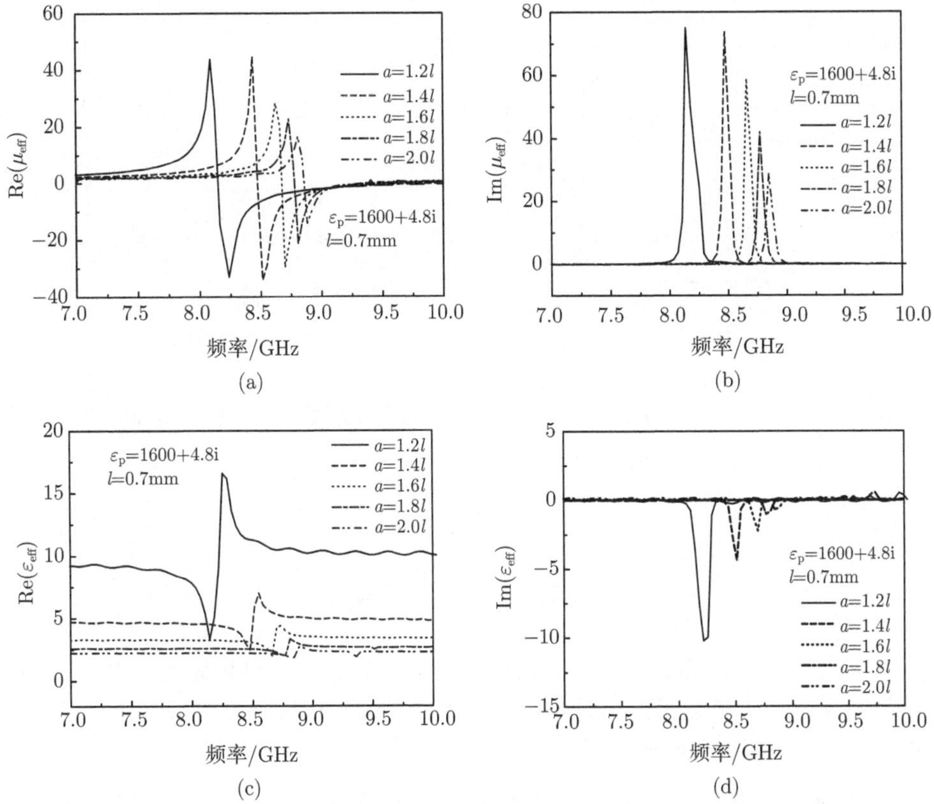

图 2.51　a 对第 1 级 Mie 谐振频段附近有效电磁参数的调控结果 ($\varepsilon_p = 1600 + 4.8i$)

(a) Re(μ_{eff})；(b) Im(μ_{eff})；(c) Re(ε_{eff})；(d) Im(ε_{eff})

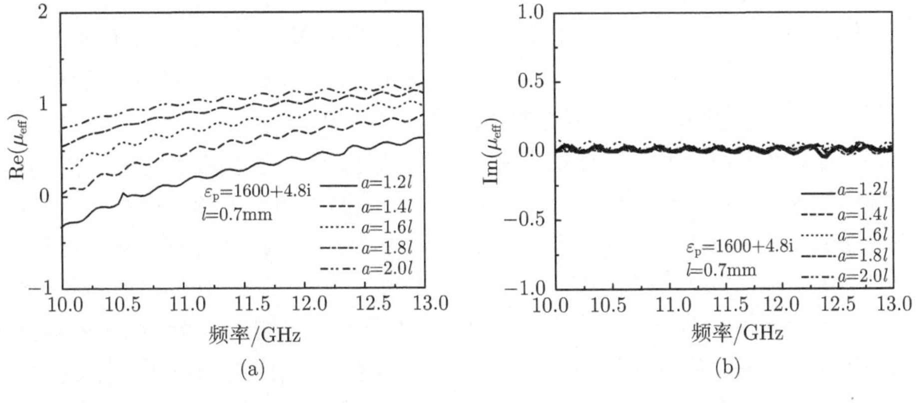

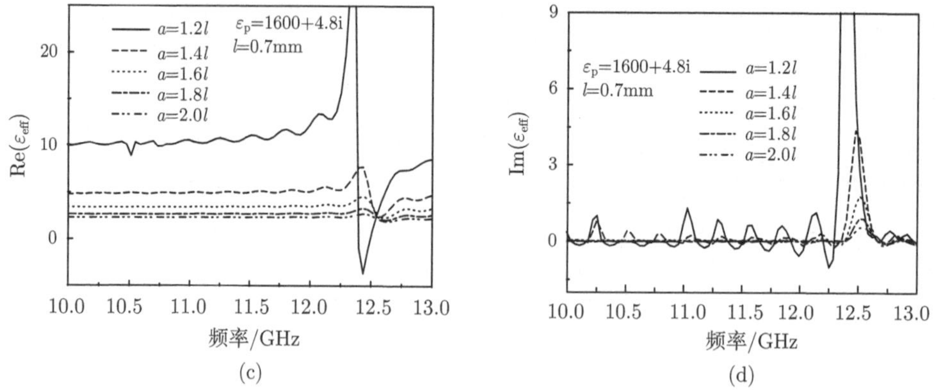

图 2.52　a 对第 2 级 Mie 谐振附近频段有效电磁参数的调控结果 ($\varepsilon_{\mathrm{p}} = 1600 + 4.8\mathrm{i}$)

(a) $\mathrm{Re}(\mu_{\mathrm{eff}})$; (b) $\mathrm{Im}(\mu_{\mathrm{eff}})$; (c) $\mathrm{Re}(\varepsilon_{\mathrm{eff}})$; (d) $\mathrm{Im}(\varepsilon_{\mathrm{eff}})$

2.6　小　　结

本章以基于 Mie 谐振的三维各向同性负有效磁导率超材料为例，分析了介质颗粒作为超材料人工原子的可行性，并对由两个颗粒构成的人工分子中颗粒间相互作用进行了分析。主要得出以下结论：

(1) 由 Levin 模型及有效介质理论出发，理论预言了利用高介电常数铁电陶瓷颗粒分散在低介电常数连续介质中形成的超材料实现三维各向同性负有效磁导率的可行性。

(2) 采用陶瓷流延技术制备了 BST 立方块颗粒，并利用 Teflon 模板排列制得周期性各向同性负有效磁导率超材料。微波电磁散射参数测量和数值模拟结果显示，BST 立方块超材料形成一系列透射率谐振峰；第 1 级 Mie 谐振峰谐振强度最大且其谐振频率随颗粒介电常数及尺寸增大向低频移动。

(3) 动态电磁场分布模拟结果表明，Mie 谐振模频率处电磁场主要分布在立方块内部；第 1 级 Mie 谐振模 (TE011 模) 处，电磁波磁场在 BST 立方块中诱导形成与电磁波频率相同的环形位移电流，BST 立方块等效为一个磁偶极子从而具有磁响应；第 2 级 Mie 谐振模 (TM011 模) 处 BST 立方块受到电磁波电场诱导形成与之平行的同频率位移电流，等效为电偶极子而具有介电响应。微波透射率实验及色散特性分析表明，引入金属线的 BST 立方块超材料将在第 1 级 Mie 谐振模处形成左手通带；由金属线与 BST 立方块形成的单层超材料的实验有效电磁参数反推结果表明，第 1 级 Mie 谐振模处其有效磁导率为负值；沿 BST 立方块超材料不同晶格方向入射形成的微波透射率曲线基本重合。从而，我们验证了 BST 立方块超材料在第 1 级 Mie 谐振模 (TE011 模) 处确实具有各向同性的负有效磁导率。

(4) 对于由两个介质颗粒构成的人工分子，其相互作用有如下规律：① 平面偏振电磁波电场方向的颗粒间电磁相互作用，对介电超材料电磁响应行为影响显著：随电场方向晶格常数 a_{E} 增大，介电超材料第 1 级 Mie 谐振频率 f_1 在大的频率范围内 "减速" 向低频移动并逐渐趋于饱和；介电超材料第 2 级 Mie 谐振频率 f_2"减速" 向高频移动并逐渐趋于饱和。② 平面偏振电磁波磁场方向的颗粒间电磁相互作用，对介电超材料电磁响应行为影响显著：随磁场方向晶格常数 a_{H} 增大，介电超材料第 1 级 Mie 谐振频率 f_1 在大的频率范围内 "减速" 向高频移动并逐渐趋于饱和；介电超材料第 2 级 Mie 谐振频率 f_2"减速" 向高频移动并逐渐趋于饱和。③ 由于感应电磁场具有不同相位，沿电磁波传播方向分布的颗粒间电磁相互作用及其对介电超材料电磁响应行为的影响均较为复杂：当电磁波传播方向晶格常数 a_{k} 较小时，介电超材料第 1 级 Mie 谐振模附近 S 参数发生劈裂；随 a_{k} 增大，S 参数劈裂逐渐消失；a_{k} 对介电超材料第 2 级 Mie 谐振模影响微弱。④ 通过改变立方晶格常数 a，能够实现对介电超材料第 1 级和第 2 级 Mie 谐振模及其相应有效电磁参数的大范围调控。

参 考 文 献

[1] Lewin L. The electrical constants of a material loaded with spherical particles. Proc Inst Electr Eng, 1947, 94(3): 65-68.

[2] Holloway C L, Kuester E F, Baker-Jarvis J, et al. A double negative (DNG) composite medium composed of magnetodielectric spherical particles embedded in a matrix. IEEE Trans Antennas Propag, 2003, 51(10): 2596-2603.

[3] Smith D R, Padilla W J, Vier D C, et al. Composite medium with simultaneously negative permeability and permittivity. Phys Rev Lett, 2000, 84(18): 4184-4187.

[4] Parimi P V, Lu W T, Vodo P, et al. Imaging by flat lens using negative refraction. Nature, 2003, 426: 404.

[5] Shalaev V M. Optical negative-index metamaterials. Nature Photonics, 2007, 1(1): 41-48.

[6] Zhao Q, Kang L, Du B, et al. Experimental demonstration of isotropic negative permeability in a three-dimensional dielectric composite. Phys Rev Lett, 2008, 101(2): 027402.

第 3 章　基于铁氧体铁磁共振的超材料

铁氧体是一种氧化物磁性材料，内部有多种电磁谐振形式。我们提出了利用铁氧体的铁磁共振来实现负磁导率的基本原理，设计并制备出了若干种基于铁氧体的磁可调超材料。

3.1　基本思路与原理

微波段的左手材料设计中，负磁导率的实现往往依赖于 SRRs 或者类似的金属环状结构的磁共振。而自然磁性材料 (如铁氧体) 本身，在 GHz 及其以下频段内也存在有丰富的磁响应。这些磁响应在某些特殊的情况下能够表现出共振型的磁导率频散曲线，从而同样有可能具有负磁导率。Veselago 最初提出左手材料的概念时，就提出了负磁导率部分可以用旋磁材料来实现 [1]。然而，当 Pendry 提出金属 SRR 单元能够在微波段实现负有效磁导率后，人们在设计左手材料的实践中便更多地遵循了 SRR 的结构思想。

对于铁氧体来说，在不同的频段范围内，可能出现的共振有畴壁共振、自然共振、尺寸共振等 [2]。根据铁氧体种类的不同，这几种共振有可能会发生重叠。其中尺寸共振不仅与材料本征的电磁参数有关，还取决于样品的尺寸，因而不完全属于磁性材料的本征磁共振。在其多种磁共振响应中，畴壁共振、自然共振等虽然属于磁性材料本征的磁共振，然而由于它们本身所固有的缺点，这两种共振很难获得负有效磁导率。

畴壁共振的响应频率一般为数百 KHz 到数十 MHz，最高也不会超过数百 MHz，对应的电磁波波长为米波段。例如，在某些以畴壁移动为主要磁化机制的铁氧体 (典型的为某些高磁导率 MnZn 铁氧体) 中，虽然可以利用阻抗分析的方法测试到由畴壁共振引起的负磁导率，但其响应频率在 10MHz 以下。在此波长如此大的频段内制备的电磁波传输的样品，其尺寸将在米的数量级上，无疑样品制备在实验上是难以实现的。

自然共振可以看成是磁性材料只在其自身的等效磁晶各向异性场以及磁畴壁表面磁荷引起的退磁场作用下发生的铁磁共振。由于多晶体内部各晶粒取向是杂乱无章的，磁畴分布情况也比较复杂，因此材料内各微观区域的自然共振的频率大小不同，存在一个较宽的频率分布。这样对于磁晶各向异性场比较弱的铁氧体 (如尖晶石型或石榴石型铁氧体)，表现出来的磁谱往往是弛豫型的而非共振型的，其弛豫频率从数百 KHz 到数百 MHz；而对磁晶各向异性场比较大的铁氧体 (如六角晶系铁氧体)，虽然可以在数百 MHz 到几个 GHz 频段内发生自然共振，但在该频段内制备数十厘米尺度的样品仍然是一件比较困难的事。

更应该值得注意的是：① 在数十 MHz 到数百 MHz 频段内，畴壁共振往往和自然共振交叠在一起。两种不同机制的磁共振之间的叠加往往使铁氧体的磁谱表现为弛豫型。② 在该频段内，往往伴随有尺寸共振，这种非本征的磁共振一般难以避免。

综合以上原因不难看出，畴壁共振和自然共振难以成为获得负有效磁导率的途径。而真正在科学上得到系统研究并具完备理论、在工程上又获得广泛应用的磁共振是旋磁材料在静磁场和交变磁场共同作用下发生的铁磁共振。对在这种旋磁介质中传播的某些平面波来说，该介质可以表现出负有效磁导率，进而通过复合具有负有效介电常数的介质 (如金属线阵列)，我们有可能制备出具有“双负”特性的左手材料。

3.1.1 磁矩进动的物理过程

一般来说，材料的磁性来源于电子的两种旋转运动，一种是电子的自旋运动所导致的自旋磁矩，另一种是电子的轨道运动所导致的轨道磁矩。铁氧体的磁性主要来源于电子的自旋磁矩，而电子的轨道磁矩对铁氧体磁性的贡献相对于自旋磁矩来说要弱得多。

铁氧体中包含有大量均匀分散的自旋电子，因此铁氧体又被称为旋磁介质。旋磁介质中大量的自旋电子之间不是互相孤立的，而是彼此之间有交换作用。在这种交换作用下，大量的电子自旋磁矩彼此沿相同的方向排列形成磁畴。如果铁氧体在静磁场作用下磁化达到饱和，那么内部的所有磁畴均沿着静磁场的方向排列，彼此之间的边界 (畴壁) 消失，成为一个单畴。这样，我们在讨论铁氧体中单个电子自旋磁矩在外磁场作用下进行进动时，可以用整个介质的宏观磁化矢量 (或者称为宏观磁矩) 的进动来代替单个电子自旋磁矩的进动。

如图 3.1 所示，设 $\boldsymbol{M}$ 代表介质的宏观磁矩，当有静磁场 $\boldsymbol{H}_0$ 时，$\boldsymbol{M}$ 的运动方程式应为 [3]

$$\frac{\mathrm{d}\boldsymbol{M}}{\mathrm{d}t}=-\gamma(\boldsymbol{M}\times\boldsymbol{H}_0)-\frac{\alpha\gamma}{|\boldsymbol{M}|}[\boldsymbol{M}\times(\boldsymbol{M}\times\boldsymbol{H}_0)] \tag{3-1}$$

这就是磁矩进动的 L-L 方程。式 (3-1) 中 α 为阻尼系数，是一个没有量纲的纯数值；γ 代表电子的自旋磁矩与角动量的比值，称为旋磁比，从经典物理的概念看，固体中电子的 g 因子约等于 2，因此 $\gamma\approx1.4g=2.8$ MHz/Oe。等号右边的第一项表达了 $\boldsymbol{H}_0$ 作用在 $\boldsymbol{M}$ 上的转矩，其效果是使 $\boldsymbol{M}$ 绕着 $\boldsymbol{H}_0$ 做进动；右边第二项也是一个转矩，表达了 $\boldsymbol{M}$ 在绕 $\boldsymbol{H}_0$ 做进动过程中所受到的阻尼，其作用是使 $\boldsymbol{M}$

靠近 $\boldsymbol{H}_0$。这两个转矩的方向如图 3.1 所示，结果是，$\boldsymbol{M}$ 一方面绕 $\boldsymbol{H}_0$ 进动，另一方面逐渐靠拢 $\boldsymbol{H}_0$，直到完全在 $\boldsymbol{H}_0$ 方向上为止。磁矩的这种进动过程，正是描述了磁性材料只在静磁场 $\boldsymbol{H}_0$ 的作用下其内部磁矩由任意方向转向 $\boldsymbol{H}_0$ 方向的过程。

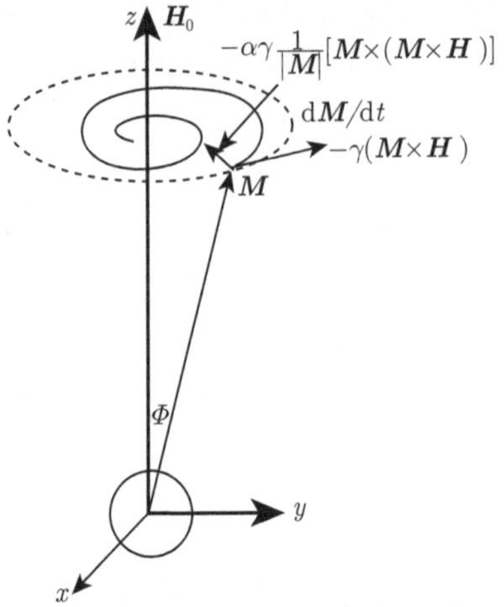

图 3.1　磁矩进动模型

3.1.2　无限大旋磁介质在静磁场和交变磁场共同作用下的磁导率

现在考虑一种特殊的情况，即外磁场不仅有 z 方向上的静磁场 $\boldsymbol{H}_0$，还有一个交变磁场 $\boldsymbol{h}$，两者构成了总的外磁场 $\boldsymbol{H}$；并且在总磁场 $\boldsymbol{H}$ 中，交变磁场 $\boldsymbol{h}$ 的大小远远小于静磁场 $\boldsymbol{H}_0$，即 $|\boldsymbol{h}| \ll |\boldsymbol{H}_0|$，$\boldsymbol{H}_0$ 足够强使介质在 z 方向上磁化到饱和。通过求解 L-L 方程，可以得出交变磁感应强度 $\boldsymbol{b}$ 与交变磁场 $\boldsymbol{h}$ 之间的关系为 $\boldsymbol{b}=\mu_0||\mu||\cdot \boldsymbol{h}$，其中 $||\mu||$ 代表磁导率张量，表达式为 [3]

$$||\mu|| = \left\| \begin{matrix} \mu & -\mathrm{j}\kappa & 0 \\ \mathrm{j}\kappa & \mu & 0 \\ 0 & 0 & 1 \end{matrix} \right\| \tag{3-2}$$

其中，

$$\mu = 1 + \frac{\omega_\mathrm{m}(\omega_0 + \mathrm{j}\alpha\omega)}{(\omega_0 + \mathrm{j}\alpha\omega)^2 - \omega^2} \tag{3-3}$$

$$k = \frac{\omega_\mathrm{m}\omega}{(\omega_0 + \mathrm{j}\alpha\omega)^2 - \omega^2} \tag{3-4}$$

式 (3-3) 和式 (3-4) 中，$\omega_\mathrm{m} = 4\pi M_\mathrm{s}\gamma$，$4\pi M_\mathrm{s}$ 为饱和磁化强度 (高斯单位制)，ω_m 则代表了频率化的饱和磁化强度；$\omega_0 = \gamma H_0$，代表了铁磁共振频率。

如果外加的交变磁场 $\boldsymbol{h}$ 为旋转场，该旋转场可以是圆极化电磁波中的磁场，即 $h_x = h_0\mathrm{e}^{\mathrm{j}\omega t}$, $h_y = \pm\mathrm{j}h_0\mathrm{e}^{\mathrm{j}\omega t}$, $h_z = 0$，其中 "+" 代表右旋场，"−" 代表左旋场。这里的左右旋是指沿着静磁场 $\boldsymbol{H}_0$ 的方向看过去 $\boldsymbol{h}$ 矢量末端的旋转方向。理论推导得出：$\boldsymbol{b}=\mu_0[\mu\pm\kappa]\boldsymbol{h}$，这时的磁导率是标量而不是张量。以 μ_R、μ_L 分别代表右旋场和左旋场的相对磁导率，可以推导出

$$\mu_\mathrm{R}(\omega) = 1 - \frac{\omega_\mathrm{m}}{\omega - \omega_0 - \mathrm{i}\alpha\omega} \tag{3-5}$$

$$\mu_\mathrm{L}(\omega) = 1 + \frac{\omega_\mathrm{m}}{\omega + \omega_0 + \mathrm{i}\alpha\omega} \tag{3-6}$$

我们设定 $\boldsymbol{H}_0$=3200Oe、$4\pi M_\mathrm{s}$=1700Gs、α=0.003，将式 (3-5) 和式 (3-6) 分离实部和虚部后对频率 ω 作图，得到右旋磁导率和左旋磁导率的频散曲线，如图 3.2 所示。由图 3.2(a) 可以看出，当一个具有右旋磁场的电磁波作用到被静磁场磁化的旋磁介质上时，其磁导率表现出共振型的频散特征，共振频率为 ω_0=0.0028×3200 = 8.96 GHz。在共振频率附近，磁导率的实部 $\mathrm{Re}(\mu_\mathrm{R})$ 随着频率增加先迅速增大，然后又迅速降低到零以下，接着又逐渐增加；而磁导率的虚部 $\mathrm{Im}(\mu_\mathrm{R})$ 则在共振频率附近出现一个窄而尖的峰，在低于或者高于共振频率的其他频段内具有较小的数值 (一般小于 1)。右旋磁导率的典型特征是共振型频散曲线，并且在高于铁磁共振频率的某个频段内 $\mathrm{Re}(\mu_\mathrm{R})$ 将表现为负值。由图 3.2(b) 可以看出，当一个具有左旋磁场的电磁波作用到被静磁场磁化的旋磁介质上时，其磁导率表现出近乎非频散的特征，即磁导率的实部和虚部几乎不随频率变化。$\mathrm{Re}(\mu_\mathrm{L})$ 的数值从 8GHz 处的 1.29 缓慢降低到 12GHz 处的 1.23，$\mathrm{Im}(\mu_\mathrm{L})$ 数值也稳定在 4×10^{-4} 附近。左旋磁导率的典型特征是相对稳定的频散曲线。

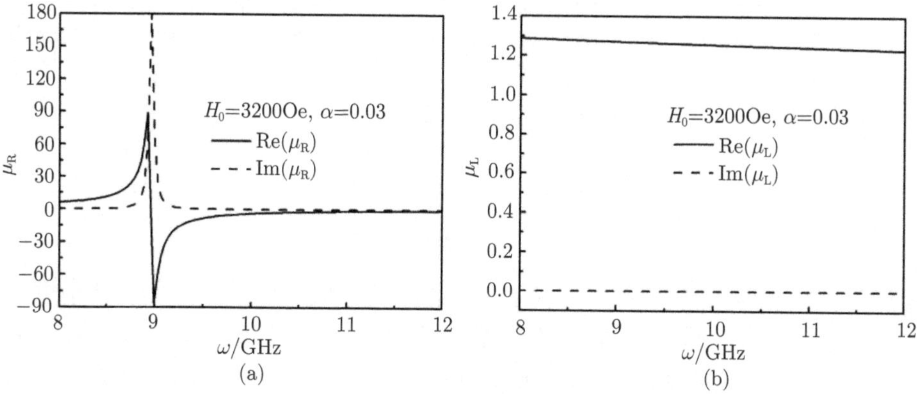

图 3.2 磁导率频散曲线

(a) 右旋磁导率频散曲线；(b) 左旋磁导率频散曲线

进一步的理论分析表明 [3]，交变的右旋磁场是发生铁磁共振的前提条件。但一般来说，一个电磁波的交变磁场往往不是纯粹右旋极化，但只要该交变磁场可以分解出右旋极化的分量，就可以与旋磁介质中的电子自旋磁矩发生强烈的作用。当右旋磁场的频率 ω 恰好等于铁磁共振频率 ω_0 时，电子自旋磁矩就会强烈地从电磁波吸收能量，达到共振状态。

3.1.3　平面波在无限大旋磁介质中的传播

在 3.1.2 节我们讨论了具有左旋和右旋磁场的电磁波在无限大旋磁介质中的传播，结果发现右旋磁导率表现出共振型频散曲线，并在高于共振频率的附近具有负值。本节简单讨论平面波在无限大旋磁介质中的传播。

1. 任意方向平面波的传播

设 $\boldsymbol{i}$、$\boldsymbol{j}$、$\boldsymbol{k}$ 分别是 x、y、z 方向的单位矢量，则空间任一点的位置矢量 $\boldsymbol{r}=x\boldsymbol{i}+y\boldsymbol{j}+z\boldsymbol{k}$。设静磁场 $\boldsymbol{H}_0$ 在 z 轴方向，波传播的方向 (即波矢) 为 $\boldsymbol{s}=\sin\theta\cdot\boldsymbol{i}+0\cdot\boldsymbol{j}+\cos\theta\cdot\boldsymbol{k}$, 即波矢的方向在 xz 平面内，波矢与 z 轴的夹角为 θ。通过求解麦克斯韦方程组，可以推导出含有平面波传播常数 $\varGamma$ 的三个分量方程式为

$$\begin{cases} \left(-\varGamma^2\cos^2\theta-k_0^2\varepsilon\mu\right)h_x+\left(k_0^2\varepsilon\mathrm{j}\kappa\right)h_y+\left(\varGamma^2\cos\theta\sin\theta\right)h_z=0 \\ \left(-k_0^2\varepsilon\mathrm{j}\kappa\right)h_x+\left(-\varGamma^2-k_0^2\varepsilon\mu\right)h_y+0\cdot h_z=0 \\ \left(\varGamma^2\cos\theta\sin\theta\right)h_x+0\cdot h_y+\left(-\varGamma^2\sin^2\theta-k_0^2\varepsilon\right)h_z=0 \end{cases} \tag{3-7}$$

其中，$k_0^2=\omega^2\varepsilon_0\mu_0=(\omega/c)^2=(2\pi/\lambda)^2$，为真空中的传播常数。式 (2-7) 是一组关于 h_x、h_y、h_z 的方程组，必须在系数行列式 $\varDelta$ 等于 0 的条件下才能有解。由 $\varDelta=0$ 可以解出

$$\varGamma^2=-k_0^2\varepsilon\frac{\left(\mu^2-\mu-\kappa^2\right)\sin^2\theta+2\mu\pm\left[\left(\mu^2-\mu-\kappa^2\right)^2\sin^4\theta+4\kappa^2\cos^2\theta\right]^{1/2}}{2\left(\cos^2\theta+\mu\sin^2\theta\right)} \tag{3-8}$$

若将传播常数写成 $\varGamma^2=-k_0^2\varepsilon\mu_{\mathrm{eff}}$，则得有效磁导率为

$$\mu_{\mathrm{eff}}=\frac{\left(\mu^2-\mu-\kappa^2\right)\sin^2\theta+2\mu\pm\left[\left(\mu^2-\mu-\kappa^2\right)^2\sin^4\theta+4\kappa^2\cos^2\theta\right]^{1/2}}{2\left(\cos^2\theta+\mu\sin^2\theta\right)} \tag{3-9}$$

由此可以看出，对于任一传播方向 (即 θ 值)，其有效磁导率 μ_{eff} 都有两个值，对应式 (3-9) 中去正号或者负号。我们所感兴趣的是两个特殊的传播方向，即 $\theta=0$ 和 $\theta=\pi/2$。前者对应的是纵向传播，表示电磁波沿着静磁场 $\boldsymbol{H}_0$ 的方向传播；后者对应的是横向传播，表示电磁波垂直于静磁场 $\boldsymbol{H}_0$ 的方向传播。下面分别对其进行简单论述。

2. 纵向传播时的有效磁导率

当 $\theta=0$ 时，由式 (3-9) 可以得出 $\mu_{\text{eff}}=\mu\pm\kappa$，再由式 (3-7) 和式 (3-8) 可以得到两个传播模式的横波：

$$\mu_{\text{eff}}=\mu+\kappa=\mu_L,\ \varGamma^2=-k_0^2\varepsilon\mu_{\text{L}},\ h_z=0,\ h_y=-\text{j}h_x \tag{3-10a}$$

$$\mu_{\text{eff}}=\mu-\kappa=\mu_{\text{R}},\ \varGamma^2=-k_0^2\varepsilon\mu_{\text{R}},\ h_z=0,\ h_y=\text{j}h_x \tag{3-10b}$$

由式 (3-10) 可以看出，无限大旋磁介质中纵向传播的平面电磁波只能是旋转极化磁场的横波。其中式 (3-10a) 对应于左旋场的传播，具有左旋磁导率 μ_{L}；式 (3-10a) 对应于右旋场的传播，具有右旋磁导率 μ_{R}。由前面的讨论可知，μ_{R} 具有共振型的频散曲线，并且在高于铁磁共振频率的某个范围内表现出负值。因此，纵向传播时的旋磁介质可以认为是对于右旋极化波而言的负磁导率介质。从理论上说，我们就可以基于纵向传播的旋磁介质来构造左手材料。然而实际情况是，纵向传播要求静磁场方向与波的传播方向是一致的，因此在实验中无论采取空间测试还是波导测试，以及无论使用电磁铁还是永磁体提供静磁场都是极为不方便的。因此，我们进一步考虑理论上和实际操作中都可行的其他方向传播的波。结果显示横向传播的波更符合我们制备左手材料的要求。

3. 横向传播时的有效磁导率

当 $\theta=\pi/2$ 时，由式 (3-9) 可以得出 $\mu_{\text{eff}}=1$ 或者 $\mu_{\text{eff}}=\left(\mu^2-\kappa^2\right)/\mu$，再由式 (3-7) 和式 (3-8) 也可以得到两个传播模式的波：

$$\mu_{\text{eff}}=1,\quad \varGamma^2=-k_0^2\varepsilon,\quad h_z\neq0,\quad h_x=0,\quad h_y=0 \tag{3-11a}$$

$$\mu_{\text{eff}}=\frac{\mu^2-\kappa^2}{\mu},\quad \varGamma^2=-k_0^2\varepsilon\left(\frac{\mu^2-\kappa^2}{\mu}\right),\quad h_z=0,\quad h_y=\text{j}\frac{\mu}{\kappa}h_x \tag{3-11b}$$

其中，式 (3-11a) 显示出平面波的磁场只有在 $\boldsymbol{H}_0$ 方向上的分量而无其他分量，意味着传播的是线极化的横波。此时的有效磁导率恒等于 1，这也意味着该模式波的传播相当于是在一块无限大的具有介电常数为 ε 的非磁性介质中传播一样，因此也被称为寻常波 [4]。从物理方面可以简单描述为：由于平面波磁场只在 $\boldsymbol{H}_0$ 方向上线极化，此时不存在相对于 $\boldsymbol{H}_0$ 来说的右旋极化的磁场，因此也就无法激励起铁磁共振，有效磁导率只能表现出非频散的恒定值 (非负值)。

式 (3-11b) 显示出平面波的磁场在垂直于 $\boldsymbol{H}_0$ 的平面内，并且该磁场不仅在 y 方向上有分量，在 x 方向即波传播的方向上也存在分量。也就是说，该电磁波是椭圆极化的，其椭圆轴比为 μ/κ，旋转方向相对于 $\boldsymbol{H}_0$ 的方向来说是右旋的。此时的有效磁导率为

$$\mu_{\text{eff}}=\left(\mu^2-\kappa^2\right)/\mu \tag{3-12}$$

由式 (3-3) 和式 (3-4) 可知 μ 和 κ 都是频率的函数，由此可推知该波的有效磁导率也是频散的，因此也被称为非寻常波 [4]。下面分析该频散的有效磁导率是否会具有负值。

把式 (3-3) 和式 (3-4) 代入式 (3-12) 中，在忽略 α 的高阶无穷小量的情况下经过数学变换，可以推导出以频率 ω 为自变量的复数有效磁导率的一般解析式：

$$\mu_{\mathrm{eff}}(\omega)=1-\frac{F\omega_{\mathrm{mp}}^2}{\omega^2-\omega_{\mathrm{mp}}^2-\mathrm{i}\varGamma(\omega)\omega} \tag{3-13}$$

其中，F 是一个比例系数 $F=\omega_{\mathrm{m}}/\omega_0$，它反映了材料的饱和磁化强度与静磁场之间的比例大小；ω_{mp} 是磁等离子体频率，这一称呼借鉴了 SRR 的有效磁导率表达式中的磁等离子体频率，它是静磁场和饱和磁化强度的函数，其表达式为

$$\omega_{\mathrm{mp}}=\sqrt{\omega_0(\omega_0+\omega_{\mathrm{m}})} \tag{3-14}$$

$\varGamma(\omega)$ 是随频率变化的旋磁介质的耗散项，同时也是静磁场和饱和磁化强度的函数，其表达式为

$$\varGamma(\omega)=\left(\frac{\omega^2}{\omega_0+\omega_{\mathrm{m}}}+\omega_0+\omega_{\mathrm{m}}\right)\alpha \tag{3-15}$$

式 (3-13) 与 SRR 有效磁导率的表达式 (1-12) 非常相似，都可以近似认为是具有洛伦兹型的函数曲线。表达式 (3-13) 被证明是具有共振型的频散曲线，并且在高于共振频率的附近具有负值。为了进一步说明式 (3-13) 所描述的有效磁导率是否具有负值。将其实部和虚部分离出来进行计算，得到如图 3.3 所示的频散曲线，其中设定H_0=2500Oe，$4\pi M_{\mathrm{s}}$=1700Gs，α=0.003。

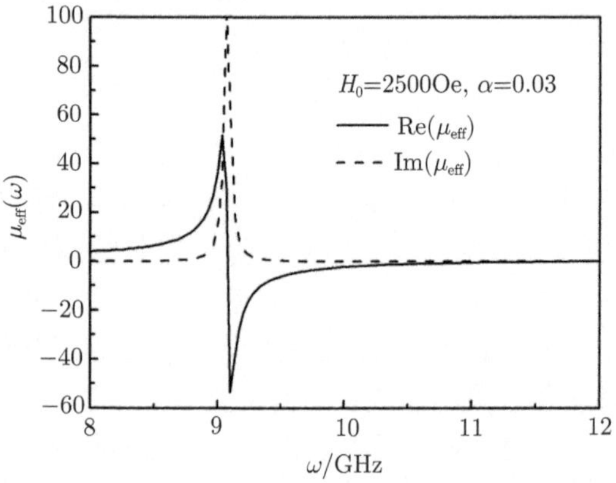

图 3.3　横向传播非寻常波有效磁导率 $\mu_{\mathrm{eff}}(\omega)$ 频散曲线

由图 3.3 可以看出，横向传播的非寻常波的有效磁导率也表现出共振型的频散特征，其磁等离子体频率为 ω_{mp}=9.07GHz。磁导率的实部和虚部均在磁等离子体

频率附近发生跃变。其中磁导率的实部 $\mathrm{Re}(\mu_{\mathrm{eff}})$ 随着频率增加先迅速增大，然后又迅速降低到零以下，接着又逐渐增加；而磁导率的虚部 $\mathrm{Im}(\mu_{\mathrm{eff}})$ 则在磁等离子体频率附近出现一个窄而尖的峰，在低于或者高于 ω_{mp} 的其他频段内具有较小的数值 (一般小于 0.5)。

虽然式 (2-13) 所表现的有效磁导率的频散曲线也为共振型，并且同样可以表现出负值，然而与 SRR 有效磁导率的相比，两者表达式中的参数有着本质的不同。式 (3-13) 中的 F、ω_{mp} 和 $\Gamma(\omega)$ 均是静磁场 $\boldsymbol{H}_0$ 和饱和磁化强度 $4\pi M_{\mathrm{s}}$ 的函数，换句话说，我们可以通过调节静磁场的大小或者选择不同的旋磁材料来调控该有效磁导率的频散曲线，比如磁等离子体频率的位置等。而式 (3-13) 中的 F、ω_{mp} 和 Γ 均主要为 SRR 结构参数的函数，对于给定结构的 SRR 来说，其有效磁导率的频散曲线就固定了，因此难以通过调节 SRR 自身的材料或通过简单施加外场来调控其磁响应。目前调控 SRR 磁响应的途径主要是调节 SRR 周围环境的电磁参数，比如改变环开口处介质的介电常数、改变 SRR 所附着的基板以及改变 SRR 周围环境的有效磁导率等。相比之下，横向传播的旋磁介质能以一种更为简单的方法实现负有效磁导率的连续、动态可调，下面将对其进行论述。

4. 对横向传播非寻常波有效磁导率频散特性的进一步讨论

我们对推导出的式 (3-13) 进行进一步讨论。通过简单分析不难发现，式 (3-13) 中影响 $\mu_{\mathrm{eff}}(\omega)$ 的参量共有三个：静磁场 $\boldsymbol{H}_0$(即公式中的 ω_0)、饱和磁化强度 $4\pi M_{\mathrm{s}}$(即公式中的 ω_{m}) 和阻尼系数 α(即公式中的 Γ)。其中第一个参量为外部参量，而后两个属于旋磁材料本身的内禀参量。三个参量一旦确定，磁导率的频散曲线也就确定了。下面分别讨论这三个参量对磁导率频散曲线的影响。

1) 静磁场对频散特性的影响

为考察静磁场的影响，先将另外两个参数固定为 $4\pi M_{\mathrm{s}}$=1700 Gs、α=0.003。在此基础上，选择 H_0=2600Oe、3000Oe、3400Oe，分别对 $\mu_{\mathrm{eff}}(\omega)$ 的实部 $\mathrm{Re}(\mu_{\mathrm{eff}})$ 和虚部 $\mathrm{Im}(\mu_{\mathrm{eff}})$ 进行作图，如图 3.4 所示。从图中可以看出，磁等离子体频率 ω_{mp} 随着静磁场的增加而升高，三个静磁场下的 ω_{mp} 分别为 9.35GHz、10.50GHz、11.66GHz，磁调节率 (单位磁场下 ω_{mp} 的变化度) 约为 2.89GHz/kOe。由式 (3-14) 也可以看出，ω_{mp} 随着静磁场的增加而增加，这同时意味着表现负磁导率的频段将随着静磁场的增加而不断向高频移动。也就是说，如果我们选定了一种旋磁介质作为负有效磁导率介质，就可以通过改变静磁场来直接调节负磁导率的频段；而 SRR 一旦确定了其材料和结构参数，只能通过调节开口或者周围环境的电磁参数来间接地调节负磁导率频段。旋磁介质这种负磁导率频段的磁场可调性为制备可调左手材料提供了理论基础。

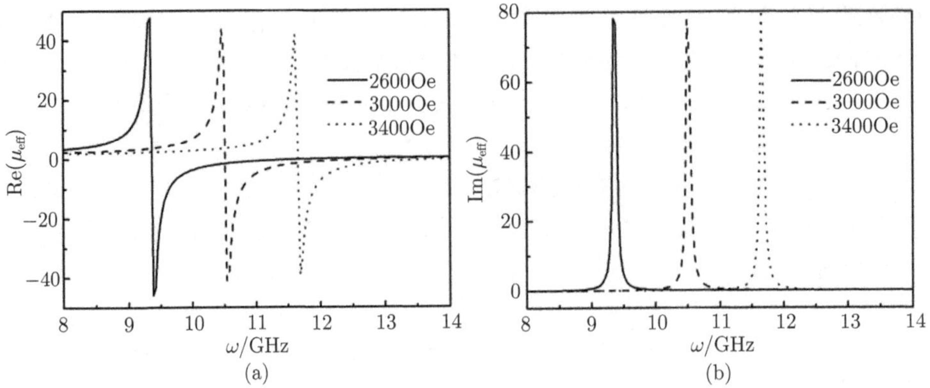

图 3.4　不同静磁场下横向传播非寻常波有效磁导率频散曲线

(a) 实部；(b) 虚部

2) 饱和磁化强度对频散特性的影响

为分析饱和磁化强度的影响，先将另外两个参数固定为 H_0 =2400Oe、α=0.003。在此基础上，选择 $4\pi M_s$=1700Gs、2400Gs、3000Gs、4000Gs，分别对 $\mu_{eff}(\omega)$ 的实部 Re(μ_{eff}) 和虚部 Im(μ_{eff}) 进行作图，如图 3.5 所示。从图 3.5 中可以看出，磁等离子体频率 ω_{mp} 随着饱和磁化强度的增加而升高，四个饱和磁化强度下的 ω_{mp} 分别为 8.78GHz、9.50GHz、10.08GHz 和 10.98GHz。这与式 (3-14) 所体现的规律是一致的。此外，还可以看出，铁磁共振的强度随着饱和磁化强度的增加而增强，这体现在 Re(μ_{eff}) 在 ω_{mp} 附近跳跃的幅度加大，并且 Im(μ_{eff}) 在 ω_{mp} 附近的峰值也不断提高。这说明提高饱和磁化强度，不仅能使 ω_{mp} 提高，还能使共振强度增强。但是现有微波铁氧体材料的 $4\pi M_s$ 一般低于 6000 Gs，因此不可能通过进一步增大 $4\pi M_s$ 来不断提高共振频率和强度。

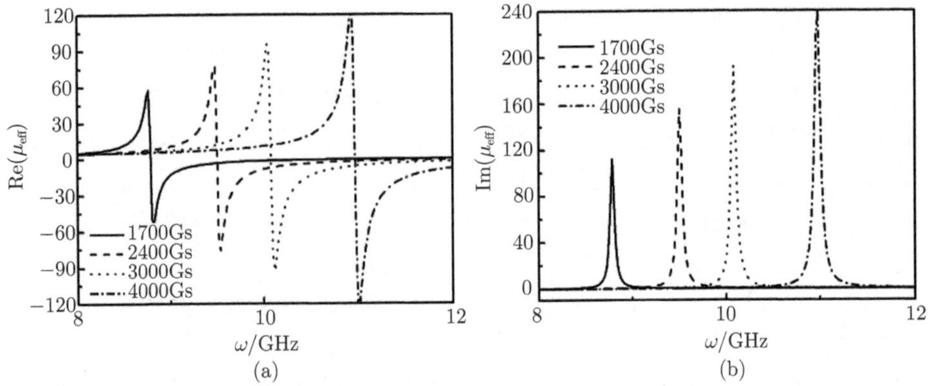

图 3.5　不同饱和磁化强度横向传播非寻常波有效磁导率频散曲线

(a) 实部；(b) 虚部

3) 阻尼系数对频散特性的影响

为考察阻尼系数的影响，先将另外两个参数固定为H_0=3000Oe、$4\pi M_s$=1700Gs。在此基础上，选择 α=0.005、0.01、0.05，分别对 $\mu_{eff}(\omega)$ 的实部 $\mathrm{Re}(\mu_{eff})$ 和虚部 $\mathrm{Im}(\mu_{eff})$ 进行作图，如图 3.6 所示。从图 3.6 中可以看出，改变阻尼系数不会改变磁等离子体频率 ω_{mp}，但却改变了横向传播非寻常波有效磁导率频散曲线的形状。当阻尼系数较小时，磁矩进动受到的阻力较小，因而频散曲线表现出典型的共振型特征，并且可以表现出负磁导率；而当阻尼系数增加到一定程度时，磁矩进动受到的阻力也逐渐增大，从而频散曲线由共振型特征逐渐转变为弛豫型特征，并且不再表现出负磁导率，如图 3.6 中 α=0.05 的情况所示。这说明选择小阻尼系数的铁氧体材料有利于通过铁磁共振获得负磁导率。

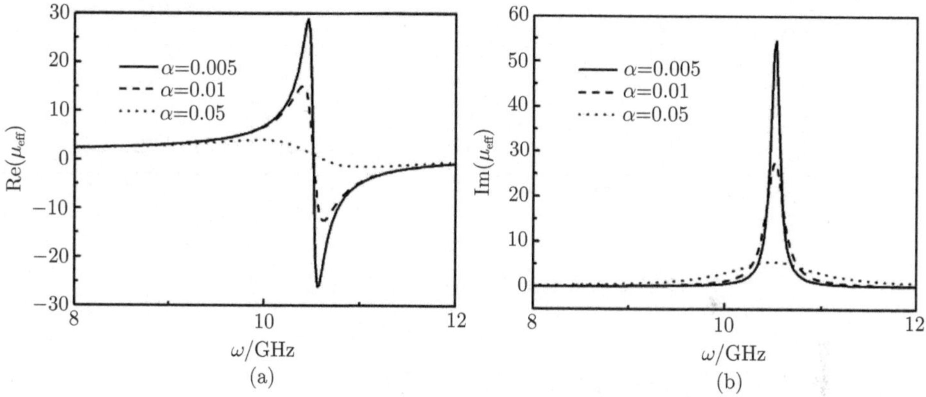

图 3.6 不同阻尼系数横向传播非寻常波有效磁导率频散曲线

(a) 实部；(b) 虚部

3.1.4 铁磁共振的高频行为

SRR 的磁共振已经被证明是随着频率的升高而不断减弱，在红外以及可见光频段内将很难表现出负有效磁导率，因此存在一个高频极限。而旋磁材料的铁磁共振在更高的频率下会表现出什么样的行为，也是值得我们关注的内容。

1. 强静磁场对铁磁共振的影响

通过前面的讨论可知，通过铁磁共振获得的负磁导率，其频率可以通过增加外磁场来不断提高。本节讨论旋磁材料在更强的外磁场作用下横向传播非寻常波的有效磁导率的频率响应。我们先固定 $4\pi M_s$=1700Gs、α=0.005。在此基础上，选择 H_0=3000Oe、9000Oe、18000Oe、30000Oe、60000Oe、120000Oe，分别对 $\mu_{eff}(\omega)$ 的实部 $\mathrm{Re}(\mu_{eff})$ 和虚部 $\mathrm{Im}(\mu_{eff})$ 进行作图，如图 3.7 所示。从图 3.7 中可以看出，随着外磁场的不断增加，磁等离子体频率 ω_{mp} 也不断升高；如果想要在 100GHz 的频率下获得负磁导率，则必须要将外磁场提高到 30000Oe 以上，工程上提供这么大场强的磁场装置将是非常笨重的。此外，还可以很明显地看出，随着外磁场的不断增加，铁磁共振的强度迅速减弱，体现在 $\mathrm{Re}(\mu_{\mathrm{eff}})$ 在 ω_{mp} 附近跳跃的幅度减小，并且 $\mathrm{Im}(\mu_{\mathrm{eff}})$ 在 ω_{mp} 附近的峰值也不断降低。与此同时，负磁导率的绝对值也随之减小，直到 120000Oe 作用下不再出现负磁导率。这说明外磁场的持续增加在提高磁等离子体频率的同时，也削弱了铁磁共振的强度，从而无法通过这种方法实现更高频率下的负磁导率。其负磁导率的上限频率在 100~200GHz。

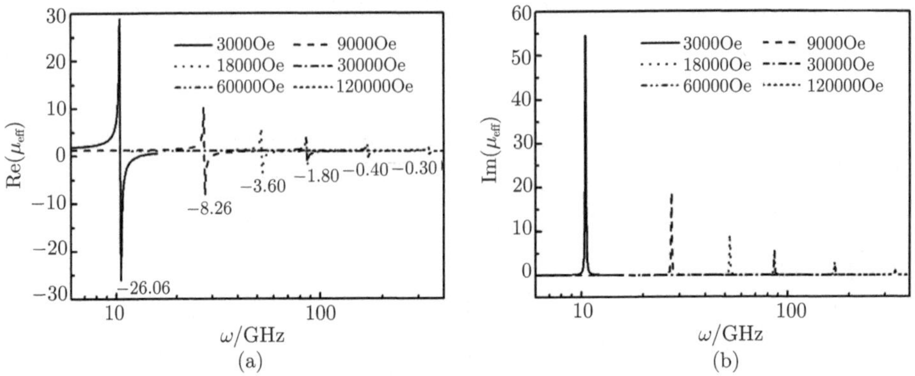

图 3.7　强静磁场下横向传播非寻常波有效磁导率频散曲线

(a) 实部；(b) 虚部

2. 强静磁场下饱和磁化强度对铁磁共振的影响

通过 3.1.2 节的讨论可知，饱和磁化强度的提高可以增强铁磁共振，从而可以获得绝对值更大的负磁导率；而通过上一小节的讨论可知，强外磁场下铁磁共振的强度被削弱。本小节则讨论在强外磁场下饱和磁化强度的提高对铁磁共振的影响。我们先固定 H_0=120000Oe、α=0.005。在此基础上，选择 $4\pi M_{\mathrm{s}}$=1700Gs、2500Gs、3500Gs、5000Gs，分别对 $\mu_{\mathrm{eff}}(\omega)$ 的实部 $\mathrm{Re}(\mu_{\mathrm{eff}})$ 和虚部 $\mathrm{Im}(\mu_{\mathrm{eff}})$ 进行作图，如图 3.8 所示。从图中可以看出，随着饱和磁化强度的不断增加，铁磁共振的强度也逐渐增强，体现在 $\mathrm{Re}(\mu_{\mathrm{eff}})$ 在 ω_{mp} 附近跳跃的幅度增大，并且 $\mathrm{Im}(\mu_{\mathrm{eff}})$ 在 ω_{mp} 附近的峰值也不断提高，这种共振增强的规律与在低外磁场的情况下是一致的。值得注意的是，原来低饱和磁化强度时没有负磁导率，而在较高饱和磁化强度时则出现了负磁导率，这也说明在较高频率下尽可能采用高饱和磁化强度的旋磁材料有利于获得负磁导率。另外，还可以看出，随着饱和磁化强度的升高，磁等离子体频率也随之升高，但升高的幅度相对较小。这是因为饱和磁化强度虽然增加，但仍然远小于外磁场的大小，因此磁等离子体频率主要由外磁场的大小决定，饱和磁化强度的变化对磁等离子体频率来说仅仅起到了微调的作用。

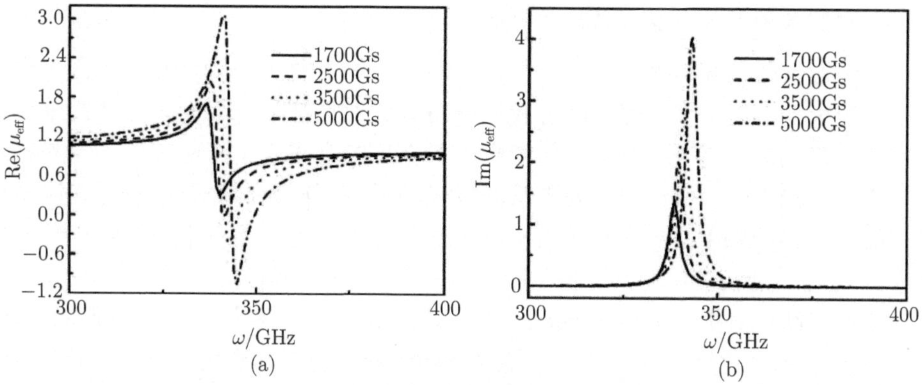

图 3.8 H_0=120000Oe 不同饱和磁化强度横向传播非寻常波有效磁导率频散曲线

(a) 实部；(b) 虚部

3. 强静磁场下阻尼系数对铁磁共振的影响

通过前面的讨论可知，降低阻尼系数可以增强铁磁共振，从而可以获得绝对值更大的负磁导率。本小节则讨论在强外磁场下，阻尼系数的降低对铁磁共振的影响。我们先固定 H_0=120000Oe、$4\pi M_s$=1700 Gs。在此基础上，选择 α=0.005、0.003、0.001，分别对 $\mu_{\text{eff}}(\omega)$ 的实部 Re(μ_{eff}) 和虚部 Im(μ_{eff}) 进行作图，如图 3.9 所示。从图 3.9 中可以看出，阻尼系数的改变不会影响磁等离子体频率 ω_{mp}。然而随着阻尼系数的降低，铁磁共振的强度逐渐增强，体现在 Re(μ_{eff}) 在 ω_{mp} 附近跳跃的幅度增大，并且 Im(μ_{eff}) 在 ω_{mp} 附近的峰值也不断提高，这种共振增强的规律与在低外磁场的情况下是一致的。值得注意的是，原来在较大阻尼系数时没有负磁导率，而在较小阻尼系数时则出现了负磁导率，这也说明在较高频率下尽可能采用低阻尼系数的旋磁材料有利于获得负磁导率。

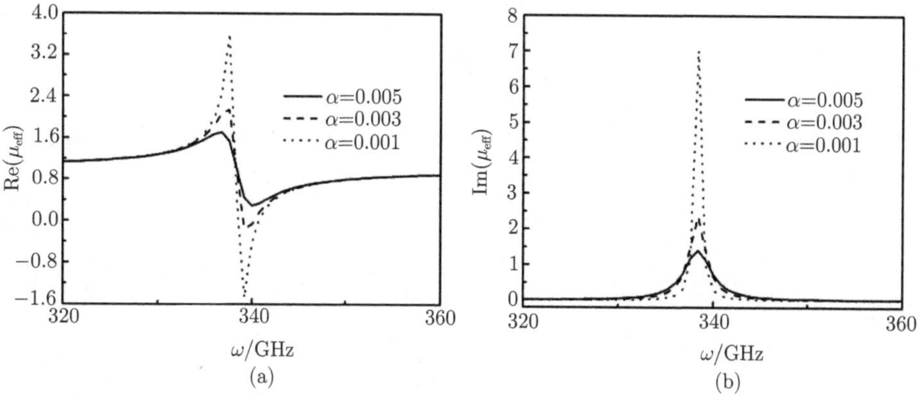

图 3.9 H_0=120000Oe 不同阻尼系数横向传播非寻常波有效磁导率频散曲线

(a) 实部；(b) 虚部

4. 形状各向异性对铁磁共振的影响

前面对铁磁共振以及平面波传播的讨论有一个共同的前提，就是旋磁介质是一个无限大均匀的介质。而实际上我们所研究的对象都是有限大的并且具有一定形状的介质，这就要求我们必须要考虑由于介质的有限大小而在内部产生的退磁场效应。下面的讨论将说明不同形状的旋磁介质在不同方向静磁场作用下将具有不同的铁磁共振频率，从而在横向传播时其非寻常波也将具有不同的磁等离子体频率。

我们先简单分析一下退磁场的产生的 [3]。图 3.10 示意了一个旋磁介质棒，由静磁场 $\boldsymbol{H}_0$ 沿轴向使之均匀磁化至饱和，则该棒具有饱和磁化强度 $4\pi M_{\rm s}$。由于 $\boldsymbol{H}_0$ 的作用磁棒的两端有磁荷出现，磁荷的面密度均匀，磁荷符号如图 3.10 所示。实际上磁荷是人为的等效物理量，现实世界中并不存在，但电荷旋转运动 (如电子自旋) 产生的磁矩可等效为由正负磁荷组成的磁偶极子。磁棒两端由正负磁荷产生的静磁场 $\boldsymbol{H}_{\rm d}$ 就是退磁场，方向由正磁荷指向负磁荷，但大小一般是不均匀的。可以证明，对于均匀磁化的椭球来说，其退磁场是均匀的。

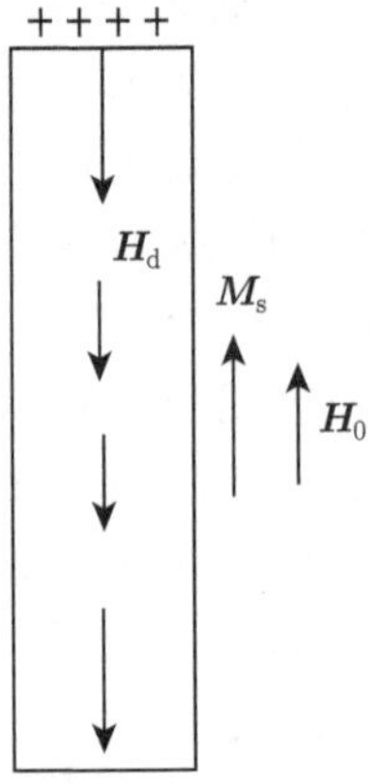

图 3.10　旋磁介质棒的退磁场示意图

取椭球的三个轴为坐标轴，设 $4\pi M_x$、$4\pi M_y$、$4\pi M_z$ 为饱和磁化强度 $4\pi M_{\rm s}$ 的分量，$H_{{\rm d},x}$、$H_{{\rm d},y}$、$H_{{\rm d},z}$ 为退磁场 $\boldsymbol{H}_{\rm d}$ 的分量，则有关系式

$$H_{{\rm d},x} = -N_x 4\pi M_x,\ H_{{\rm d},y} = -N_y 4\pi M_y,\ H_{{\rm d},z} = -N_z 4\pi M_z \tag{3-16}$$

式中，N_x、N_y、N_z 称为退磁系数，是没有量纲的比例常数，只依赖于椭球的形状，并且有

$$N_x + N_y + N_z = 1 \tag{3-17}$$

由于退磁场的存在，自旋磁矩的进动以及旋磁介质的铁磁共振现象受到影响。当求磁矩 $\boldsymbol{M}$ 的运动方程的解时，应该加上式 (3-16) 所表示的 $\boldsymbol{H}_{\rm d}$ 的作用。设静磁

场 $\boldsymbol{H}_0$ 在 z 方向，进一步的求解可以得出等效静磁场 $\boldsymbol{H}_\text{r}$ 为

$$H_\text{r}=\sqrt{\left[H_0+\left(N_x-N_z\right)4\pi M_\text{s}\right]\left[H_0+\left(N_y-N_z\right)4\pi M_\text{s}\right]} \tag{3-18}$$

铁磁共振不是发生在频率 $\omega_0=\gamma H_0$ 处，而是发生于频率 $\omega_\text{r}=\gamma H_\text{r}$ 处。相应的式 (3-3)~ 式 (3-6)、式 (3-14)、式 (3-15) 中将 ω_0 替换成 ω_r，可以得到考虑退磁场效应后的表达式。其中几种重要形状的退磁系数和等效静磁场列在表 3.1 中。

表 3.1 几种重要形状的 N 和 $\boldsymbol{H}_\text{r}$

形状	棒	球	盘
条件	$a=b\ll c$	$a=b=c$	$a=b\gg c$
N	$N_x=N_y=1/2$ $N_z=0$	$N_x=N_y=N_z=1/3$	$N_x=N_y=0$ $N_z=1$
$\boldsymbol{H}_\text{r}$	$\boldsymbol{H}_0//$轴线时， $H_\text{r}=H_0+2\pi M_\text{s}$ $\boldsymbol{H}_0\perp$ 轴线时， $H_\text{r}=\sqrt{H_0\left(H_0-2\pi M_\text{s}\right)}$	$H_\text{r}=H_0$	$\boldsymbol{H}_0//$轴线时， $H_\text{r}=H_0-4\pi M_\text{s}$ $\boldsymbol{H}_0\perp$ 轴线时， $H_\text{r}=\sqrt{H_0\left(H_0+4\pi M_\text{s}\right)}$

为了进一步分析不同形状对铁磁共振的影响，下面讨论不同形状旋磁介质横向传播非寻常波有效磁导率的频散曲线。下面的讨论，仍然分一般外磁场作用和强磁场作用两种情况分别进行。

首先考虑低场情况。固定 H_0=2400Oe，并且固定 $4\pi M_\text{s}$=1700Gs、α=0.005，分别对棒、球、盘三种形状的 $\mu_\text{eff}(\omega)$ 的实部 $\text{Re}(\mu_\text{eff})$ 和虚部 $\text{Im}(\mu_\text{eff})$ 进行作图，如图 3.11 所示。从图 3.11 中可以看出，平行于轴线磁化的棒的 $\mu_\text{eff}(\omega)$ 具有最高的磁等离子体频率 ω_mp，而平行于轴线磁化的盘的 $\mu_\text{eff}(\omega)$ 具有最低的 ω_mp。几种形状的 ω_mp 的大小顺序可以排列为：平行轴线磁化的棒 > 垂直轴线磁化的盘 > 任意磁化的球 > 垂直轴线磁化的棒 > 平行轴线磁化的盘。从中可以看出，为了用较小的外磁场就能获得较高的磁等离子体频率，应该尽量采用长条状样品，并且需在长度方向上磁化。这也为以后在实验中选择材料的形状提供了指导。

接着考虑强场情况。固定 H_0=120000Oe，并且固定 $4\pi M_\text{s}$=1700Gs、α=0.005，分别对棒、球、盘三种形状的 $\mu_\text{eff}(\omega)$ 的实部 $\text{Re}(\mu_\text{eff})$ 和虚部 $\text{Im}(\mu_\text{eff})$ 进行作图，如图 3.12 所示。图 3.12 所反映出来的规律与低场下的规律完全一致，即不同形状的 ω_mp 的大小顺序同样可以排列为：平行轴线磁化的棒 > 垂直轴线磁化的盘 > 任意磁化的球 > 垂直轴线磁化的棒 > 平行轴线磁化的盘。然而与低场情况不同的是，强场下不同形状的 ω_mp 的之间的差别没有低场时那么明显。由表 3.1 可以看出，不同形状的等效静磁场 $\boldsymbol{H}_\text{r}$ 之间的差别实质上是反映在饱和磁化强度 $4\pi M_\text{s}$ 这一项上，而强磁场下由于 $\boldsymbol{H}_\text{r}\gg 4\pi M_\text{s}$，因此磁等离子体频率主要取决于 $\boldsymbol{H}_\text{r}$ 的大小，形状的变化对 ω_mp 的影响仅仅起到了微调的作用。

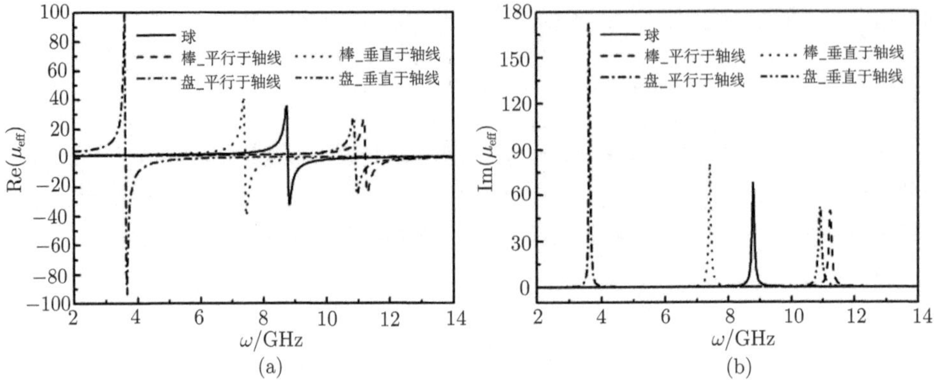

图 3.11　几种典型形状横向传播非寻常波有效磁导率频散曲线

(a) 实部；(b) 虚部

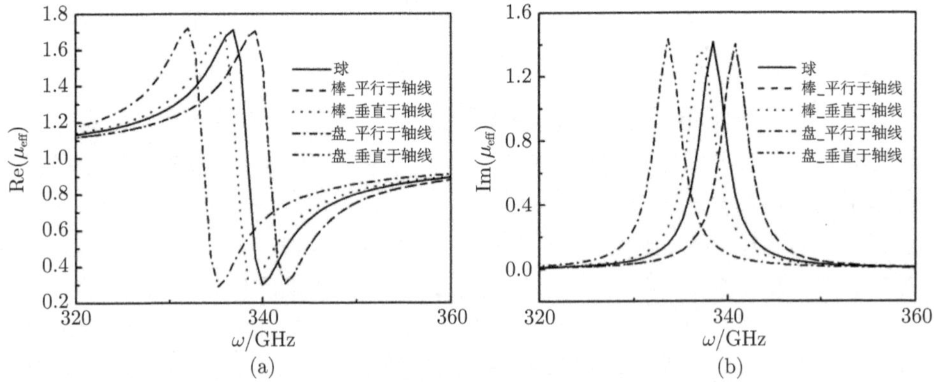

图 3.12　H_0=120000Oe 不同形状横向传播非寻常波有效磁导率频散曲线

(a) 实部；(b) 虚部

5. 磁晶各向异性对铁磁共振的影响

经过上一节的讨论我们知道，在强的外磁场 (10T 以上) 作用下，铁磁材料可以在超过 100GHz 的频率下发生明显的铁磁共振，进而对于横向传播的非寻常波来说具有负的有效磁导率。然而在实践中施加如此大的静磁场是非常困难的，并且是不切实际的。为了在 100GHz 以上仍然通过铁磁共振来获得负磁导率，除了施加强的外场外，利用铁磁材料的内场 (磁晶各向异性场) 已经被证明是一种行之有效的手段。下面具体论述内场对铁磁共振的影响。

在铁磁材料单晶中，沿晶体的不同方向加外磁场进行磁化时，难易程度会不相同，这被称为磁晶各向异性。晶体的某些方向是易磁化方向，某些方向是难磁化方向。当单晶不受外磁场的作用时，其磁畴在磁晶各向异性场 $\boldsymbol{H}_a$ 的作用下都保持在易磁化方向上。磁化强度 $\boldsymbol{M}$ 不在易磁化方向 (由于外磁场的作用) 时，作用于 $\boldsymbol{M}$ 的磁晶各向异性场 $\boldsymbol{H}_a$ 的方向和大小会因 $\boldsymbol{M}$ 的方向不同而不同，当 $\boldsymbol{M}$ 在易磁化方向上时，$\boldsymbol{M}$ 受到的 $\boldsymbol{H}_a$ 最大。由于磁晶各向异性场的作用，在单晶或者具有良好晶体取向的多晶中，外磁场作用在晶体的不同方向时，会表现出不同的等效静磁场 $\boldsymbol{H}_r$，进而具有不同的铁磁共振频率 ω_r 和磁等离子体频率 ω_{mp}。在式 (3-18) 的基础上，我们可以得出考虑 $\boldsymbol{H}_a$ 的情况下 $\boldsymbol{H}_r$ 的可能最大值：

$$H_r = \sqrt{[H_0 + H_a + (N_x - N_z)\,4\pi M_s]\,[H_0 + H_a + (N_y - N_z)\,4\pi M_s]} \tag{3-19}$$

$\boldsymbol{H}_a$ 的最大值也会由于不同晶系而有很大差别。对于钇铁石榴石来说，$\boldsymbol{H}_a$ 可以低至只有几十 Oe，这相对于饱和磁化强度 $4\pi M_s$ 和外磁场 $\boldsymbol{H}_0$ 对 $\boldsymbol{H}_r$ 的贡献来说往往可以被忽略；而对于某些磁铅石型的六角铁氧体来说，$\boldsymbol{H}_a$ 可以高至几万 Oe，这时 $\boldsymbol{H}_a$ 非但不能被忽略，而且还往往对 $\boldsymbol{H}_r$ 提供主要的贡献，从而使这些六角铁氧体可以在不算很高的外磁场作用下在数十 GHz 以上的频率发生铁磁共振 [5]。

磁铅石型六角铁氧体按照晶体结构可以分为 M、W、X、Y、Z、U 六大类 [5]，其中的 M 型和 W 型具有单轴磁晶各向异性，其易磁化方向在晶体的 c 轴上，比较容易获得较强的 $\boldsymbol{H}_a$。对于 M 和 W 的单晶或者强磁场取向下成型并烧结的多晶材料来说，其内部所有晶粒的 c 轴都近似平行排列，从而表现出高达几万 Oe 的强大内场。这样，沿着 c 轴施加一个较低的外磁场就可以使材料磁化至饱和状态，而由于 $\boldsymbol{H}_a$ 的贡献，材料必须在一个较高的频率下发生铁磁共振。下面举一个典型的例子来进一步说明 $\boldsymbol{H}_a$ 对铁磁共振的影响。

有文献记载了一种 Al 取代的 M 型 Sr 铁氧体的 $\boldsymbol{H}_a$ 大小为 34800Oe，$4\pi M_s$ 约为 2000Oe[5]，对不同外磁场作用下横向传播非寻常波的有效磁导率进行作图，如图 3.13 所示。图 3.13 中我们考虑的是棒状介质平行轴线磁化，其等效静磁场为 $H_r = H_0 + H_a + 2\pi M_s$，阻尼系数 α 设为 0.005。从图 3.13 中可以看出，在外磁场仅有 1000Oe 时，其有效磁导率便在 100GHz 以上的频率下发生了共振型的频散，进而在磁等离子体频率附近磁导率实部出现了负值，而虚部则出现了尖锐的峰。而对于那些低内场的铁氧体，比如说石榴石型的铁氧体，要想在 100GHz 的频段下发生铁磁共振，则必须施加大于 30000Oe 的外磁场，如图 3.7 所示。另外，还可以进一步看出，当外磁场从 1000Oe 提高到 10000Oe 时，其磁等离子体频率升高得比较缓慢，仅仅从 105GHz 提高到了 130GHz，这是因为与外磁场相比，材料本身的内场仍然对磁等离子体频率有主要的贡献，外磁场的变化对磁等离子体频率来说仅仅起到了微调的作用。因此，通过选择合适的磁铅石型铁氧体材料以及施加一定强度的外磁场，可以在亚 THz 的频段内实现频率可调的负有效磁导率。

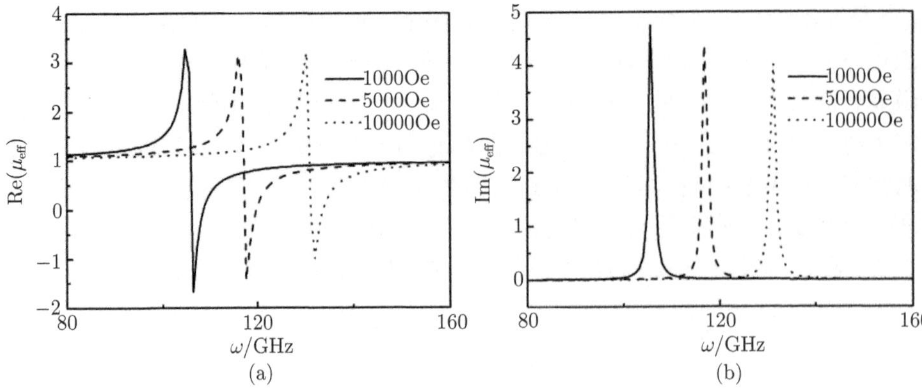

图 3.13　具有高内场的 M 型 Sr 铁氧体棒横向传播非寻常波有效磁导率频散曲线

(a) 实部；(b) 虚部

3.2　铁氧体片/金属线复合左手材料的构造与电磁传输

左手材料在本质上说是一类与电磁波传播特性有关的材料。目前左手材料的研究频段很广，从低微波频段的几百 MHz 一直延伸到可见光频段，但在低频下的研究主要集中在 GHz 频段。第 2 章我们强调的旋磁材料仅仅考虑了材料的旋磁特性，而其他影响电磁波传播的材料的性质 (如电阻率) 并没有考虑。铁磁性的金属材料虽然具有高于 10000Gs 的饱和磁化强度，从而可以在较小的外磁场的作用下就能在较高的频段下发生铁磁共振，但其高的导电性使得 GHz 频段的电磁波几乎无法在其中传播。因此，我们在研究中选择了具有高电阻率的微波铁氧体材料。

铁氧体一般是指以氧化铁和其他一种或多种适当的金属氧化物组成的复合磁性氧化物，典型而且分布最广的铁氧体材料是磁铁矿石 (Fe_3O_4)。由于 Fe_3O_4 的饱和磁化强度仅为金属铁的 1/4，因此在很长时间内没有引起人们的重视。直到 20 世纪初期，无线电、微波、脉冲技术等技术得到了迅速发展，然而当时技术已比较成熟的金属磁性材料由于电阻率太低，在高频时会产生严重的趋肤效应和涡流损耗，无法应用，因此刺激人们探索高电阻率的氧化物磁性材料作为高频应用。经过几十年的发展，涌现出了种类众多的铁氧体磁性材料。与此同时，铁氧体的应用范围也不断扩大，从无线电领域推进到微波领域、光领域，从静态的永磁性扩展到脉冲的矩磁性。

铁氧体按晶体结构划分，可以分为尖晶石型 (立方晶系)、石榴石型 (立方晶系) 和磁铅石型 (六角晶系) 三类 [5]。其中，石榴石铁氧体是从 20 世纪 50 年代末 60 年代初发展起来的一种性能优异的旋磁材料，以钇铁石榴石 $Y_3Fe_5O_{12}$(yttrium iron garnet, YIG) 为这个系列中的代表。到目前为止，几乎所有的具有使用价值的稀土石榴石旋材料，都是在 YIG 的基础上发展起来的。与尖晶石型和磁铅石型铁氧体相比，YIG 系铁氧体具有非常低的铁磁共振线宽 (意味着小的阻尼系数 α)、低的介电损耗和高的电阻率等显著的优点。另外，值得一提的是，YIG 具有很低的磁晶各向异性场，这意味着两个好处：① 它更适合在低微波频段 (低于 20GHz) 内发生铁磁共振，更符合我们的测试条件；② 对外场调节磁等离子体 $\omega_{\rm mp}$ 更加敏感，也就是在变化单位磁场时 $\omega_{\rm mp}$ 会有比较大的变化。因此，我们主要选择 YIG 作为提供负磁导率的磁性介质来进行实验研究。

本节主要研究了基于片状铁氧体和金属线复合的左手材料。首先通过实验和电磁模拟研究了铁氧体片的铁磁共振，观察到了由负有效磁导率所导致的透射禁带峰；然后通过 YIG 片与金属线复合，在实验上观察到了左手传输 (双负传输) 特性，并得到了模拟结果的验证；最后通过实验和电磁模拟设计了一种基于矩形波导填充的铁氧体片/金属线复合的非互易左手传输结构。

3.2.1 研究方法

1. 材料准备与样品制作

实验采用了两种磁性材料，一种为商用的 YIG 铁氧体多晶陶瓷 (以下简称 YIG)，另一种为 Ni 系微波铁氧体多晶陶瓷 (以下简称 Ni 系铁氧体)。YIG 的基本性能指标为：饱和磁化强度 1740 Gs、铁磁共振线宽 12Oe、介电常数 14.7、介电损耗低于 2×10^{-3}、电阻率大于 $10^{14}\Omega\cdot$cm；Ni 系铁氧体的性能指标为：饱和磁化强度 2500Gs、铁磁共振线宽 20Oe、介电常数 18.4、介电损耗低于 5×10^{-3}、电阻率大于 $10^{12}\Omega\cdot$cm。两种铁氧体的块体经过切割、磨制等工艺后，制备成长宽为 21.5mm×9.5mm、厚度为 0.4~1mm 的薄片状样品备用。

实验采用的金属铜线采用标准的印刷电路板 (printed circuit board, PCB) 掩模蚀刻技术制备。其基本的工艺流程为：先用 AutoCAD 软件设计出所需尺寸的金属线图案，将图案以掩模的形式打印在转印纸上，然后将印有掩模的转印纸与覆铜板 (FR-4) 叠压起来，在 180℃ 下置于转印机中进行转印操作，经过转印操作后，原本转印纸上的金属线掩模图案被完全转移到了覆铜板上，最后将覆有掩模的覆铜板置于一定浓度和温度下的 $FeCl_3$ 溶液中进行腐蚀，直到没有被掩模覆盖的区域中的铜被完全腐蚀掉为止，最后经过清水冲洗和剪裁便制得了所需金属线图形的 PCB 板。最终得到的金属线 PCB 板，其线长为 10mm、线宽度为 0.5mm、线厚度为 0.03mm、相邻两根线的间距为 5mm。

实验中还使用了金属铜柱，该铜柱的高度为 10mm，直径为 2.2mm，使用时将其用双面胶粘贴在空的 PCB 板上。

2. 测试方法

本课题主要以测试材料的电磁散射参数 (S 参数) 来表征样品的传输特性，所采用的主要设备及附件列于表 3.2 中。

表 3.2　实验中使用的主要测试设备和附件

名称	型号	性能指标	用途
矢量网络分析仪	HP8720ES	频率范围 50MHz～20GHz	测试 S 参数
矩形波导	WR90	内截面 22.86mm×10.18mm，频率范围 8.2～12.4GHz	传播该频段内 TE_{10} 型电磁波
同轴一波导转换	WA90-S/N	插入损耗小于 0.3dB	连接网络分析仪和矩形波导
电磁铁	DC TL 立式电磁铁	10mm 气隙时磁场可达 1T，磁场区直径为 60mm	提供静磁场
功率电源	MPS-604	最大输出电压为 60V 最大输出电流为 10A	提供励磁电流
特斯拉计	FD-TX-FA	精度为 10Oe	测量磁场强度

3. 模拟手段

采用了有限时域差分 (finite difference time domain, FDTD) 法对目标的电磁散射以及场分布等信息进行模拟计算。FDTD 的方法简单说是指用差分代替微分来表达麦克斯韦方程，该方法不仅在三维空间上对场量进行离散化处理，而且在时间域上也对场量进行离散。

考虑一维 TEM 波沿着 y 方向传播，电磁波电场仅有 z 方向分量 E_z，磁场仅有 x 方向分量 H_x，则麦克斯韦方程可以写成

$$\frac{\partial E_z}{\partial t}=\frac{1}{\varepsilon}\frac{\partial H_x}{\partial y},\quad \frac{\partial H_x}{\partial t}=-\frac{1}{\mu}\frac{\partial E_z}{\partial y} \tag{3-20}$$

将上面的微分形式写成差分形式，可以得到

$$\begin{gathered}\frac{E_z^{n+1/2}(k)-E_z^{n-1/2}(k)}{\Delta t}=\frac{1}{\varepsilon}\frac{H_x^n(k+1/2)-H_x^n(k-1/2)}{\Delta y}\\ \frac{H_x^{n+1}(k+1/2)-H_x^n(k+1/2)}{\Delta t}=-\frac{1}{\mu}\frac{E_z^{n+1/2}(k+1)-E_z^{n+1/2}(k)}{\Delta y}\end{gathered} \tag{3-21}$$

其中，上标 “n” 代表时间离散，即表示时刻 $t=\Delta t\cdot n$，“$n+1$” 则表示下一个 Δt 步长的时间；括号中的 “k” 表示空间的离散，也即空间距离 $y=\Delta y\cdot k$。上式隐含着场量的时空交织关系，即 $H(k-1/2)$ 及 $H(k+1/2)$ 表示紧邻着电场 $E(k)$ 的磁场值。

通过对式 (3-21) 进行变形，并选取适当的时间和空间步长 Δt 以及 Δy，就可以利用计算机语言写出其关于时域的迭代关系。再通过对激励源的选择和边界条件的确定，就构成了时域有限差分法基本原理。

基于 FDTD 方法设计的最常用的电磁场模拟软件是 CST Microwave Studio(以下简称 CST)。CST 是用一个宽频谱的激励信号 (方波或者高斯波都有) 去激励模型，先在时域计算得到结果，然后再反推到频域。系统的网络参数和场参数基本上是反推后的得到的。CST 的特点是可以计算相当大的带宽结果，计算时间较短，并采用大小网格嵌套技术，在曲面上细化六面体网格逼进曲面。其中需要着重说明的是：① 在目标对象材料属性设置中，针对磁化铁氧体的特性，我们将所有铁氧体材料设置为旋磁性材料，并设置合适的饱和磁化强度、g 因子、共振线宽以及外磁场的大小和方向；② 在设置边界条件时，针对具有实际波导尺寸的边界，我们将电磁波传播的方向上的两个边界设置为开放边界，将其余四个边界设置为导体壁，该设置模拟了实际波导中传输的电磁波情形；③ 在激励源的选择上，我们选择了在开放边界上的波端口激励。经过设置和求解，最后得到了所需要的 S 参数以及场分布图像等信息。

3.2.2 单独铁氧体片的电磁传输特性

实验中测试了两种波导填充方式下的电磁透射谱，分别为横向填充和纵向填充，如图 3.14 所示。横向填充模式为铁氧体片平行于波导截面放置，纵向模式为铁氧体片平行于波导窄边同时位于波导中线上放置。矩形波导传播的主模式为 TE_{10} 波，电磁波沿着 y 方向传播，电场沿 z 方向上偏振，磁场既在 x 方向上又在 y 方向上有一个分量。然而，由于磁场的能量主要集中在波导靠近中线的区域，而该区域中的电磁波磁力线可以近似看成是平行于 x 方向的，因此，为了简化讨论，在没有特殊指出的情况下，可以近似认为电磁波磁场是沿着 x 方向偏振的。另外，由于这两种放置方式下的铁氧体片均是相对于波导中线对称的，而电磁波磁力线的形状也正是相对于波导中线对称，因此此时铁氧体片的电磁传输仍然表现为互易性传输，这样我们就只需要测试单向透射系数 (如 S_{21}) 即可。在后面的 3.6 节中将专门讨论铁氧体片不对称放置而是偏离中线放置时所表现出的非互易左手传输问题。

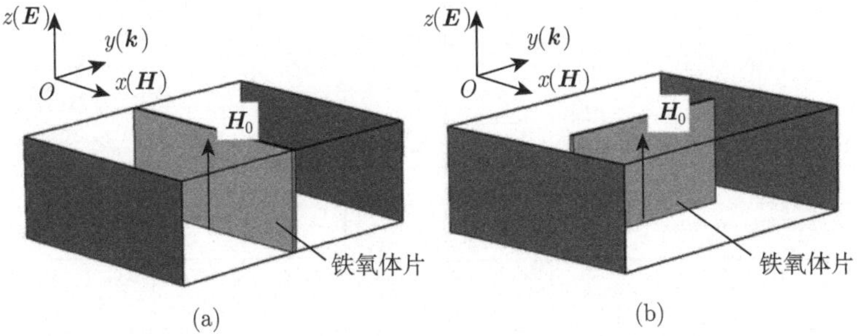

图 3.14 单独铁氧体片填充波导示意图

(a) 横向填充；(b) 纵向填充

在该实验中，外磁场沿着 z 方向施加，也即垂直于电磁波的传播方向，因此可以看成横向传播问题，正如第 2 章我们所重点讨论的传输情形。

1. 铁氧体片横向填充波导的电磁传输

我们研究了 YIG 和 Ni 系铁氧体片的电磁传输。图 3.15 是单独 YIG 片样品横向放置时在不同磁场下的电磁透射系数 (S_{21}) 曲线。由图 3.15(a) 中可以看出，当磁场增加至约 1800Oe 以上时，S_{21} 幅值出现了一个传输的禁带峰，该禁带峰的频率随着磁场的增加而不断升高；由图 3.15(b) 可以看出，在 S_{21} 幅值出现禁带峰的频率位置处其相位曲线发生了跃变。该禁带峰和相位跃变的出现是因为 YIG 片在外磁场和电磁波磁场的共同作用下发生了铁磁共振。铁磁共振使得 YIG 片在高于磁等离子体频率的附近具有负有效磁导率，从而剧烈地反射电磁波的能量，表现出电磁波无法透过样品。类似的规律同样出现在模拟结果中，如图 3.16 所示。

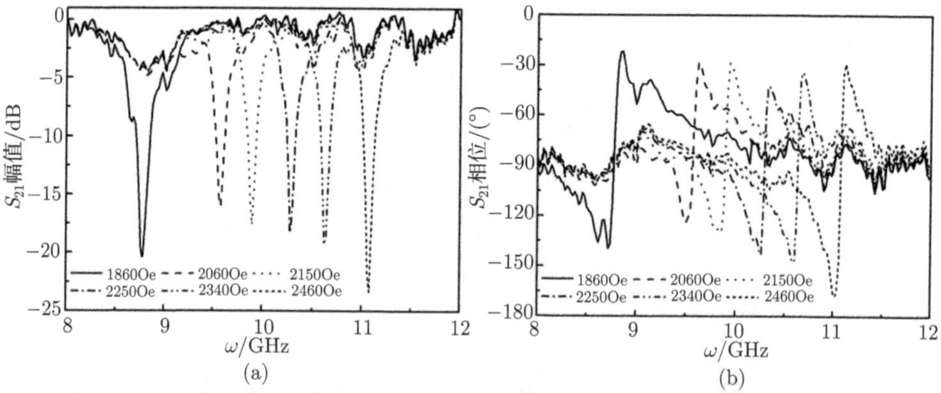

图 3.15　单独 YIG 片样品横向填充波导的实验 S_{21} 曲线

(a) S_{21} 幅值；(b) S_{21} 相位

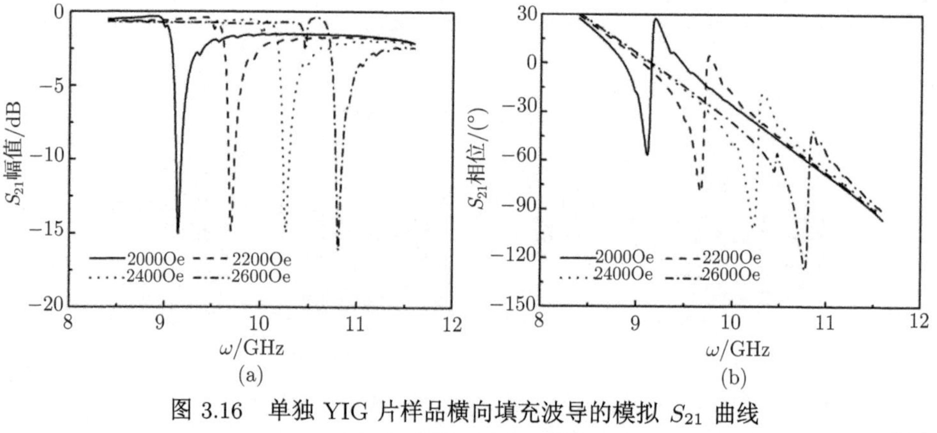

图 3.16　单独 YIG 片样品横向填充波导的模拟 S_{21} 曲线

(a) S_{21} 幅值；(b) S_{21} 相位

图 3.17 是单独 Ni 系铁氧体片样品横向放置时在不同磁场下的 S_{21} 曲线。由图 3.17(a) 中可以看出，当磁场增至 1200Oe 时 S_{21} 幅值出现了一个透射禁带峰，该禁带峰的频率随磁场的增加而升高；由图 3.17(b) 可以看出，在 S_{21} 幅值出现禁带峰的频率处其相位发生了跃变，这与前面 YIG 片的测试结果类似。然而不难看出，Ni 系铁氧体片出现禁带峰时所需的磁场要比 YIG 片在相同频率下出现禁带峰所需的磁场小。这是因为根据式 (3-14)，磁等离子体频率 ω_{mp} 随着饱和磁化强度的增加而升高，换句话说，在相同的 ω_{mp} 下发生铁磁共振，饱和磁化强度大的材料所需的磁场相对较小。类似的规律同样出现在模拟结果中，如图 3.18 所示。

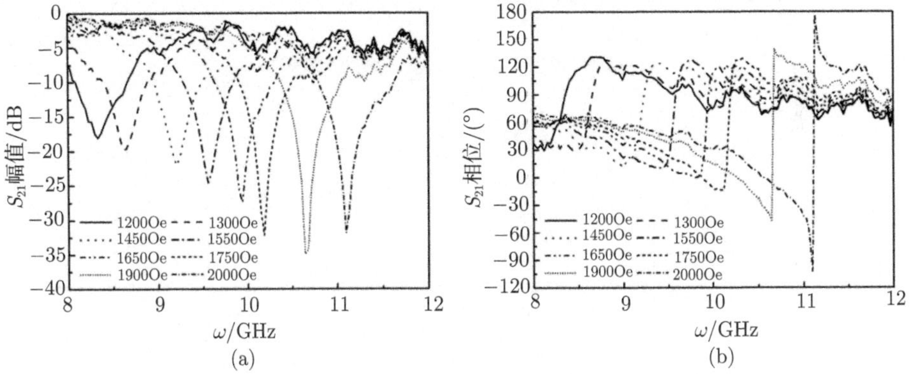

图 3.17 单独 Ni 系铁氧体片样品横向填充波导的实验 S_{21} 曲线

(a) S_{21} 幅值；(b) S_{21} 相位

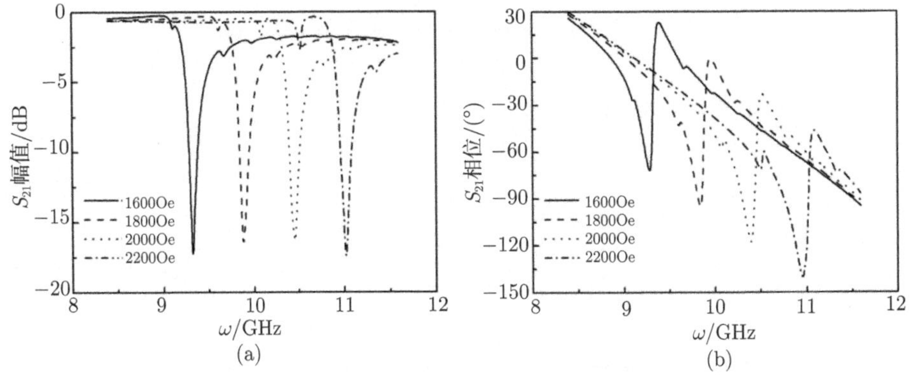

图 3.18 Ni 系铁氧体片样品横向填充波导的模拟 S_{21} 曲线

(a) S_{21} 幅值；(b) S_{21} 相位

通过比较 YIG 和 Ni 系铁氧体片可以发现，两者的电磁传输性质没有本质的差别，差别主要体现在两者发生铁磁共振时所需的外磁场大小不同。因此在本章后面研究通过铁氧体片和金属线复合来构造左手材料的过程中，铁氧体片仅仅采用了其中的 YIG 片，后续工作也主要围绕不同形状的 YIG 材料来展开，以达到通过代表性的材料来揭示相对普遍的规律的目的。

2. 铁氧体片纵向填充波导的电磁传输

我们研究了单片 YIG 样品纵向放置时的电磁透射曲线，如图 3.19 所示。不难看出，纵向放置时，在一定的磁场条件下同样会出现一个透射禁带峰，该禁带峰的出现是因为样品发生铁磁共振时所表现出的负有效磁导率。禁带峰的峰位随着磁场的增加而向高频移动，这种变化规律与横向放置时的规律非常相似，并且也得到了模拟结果的验证，如图 3.20 所示。

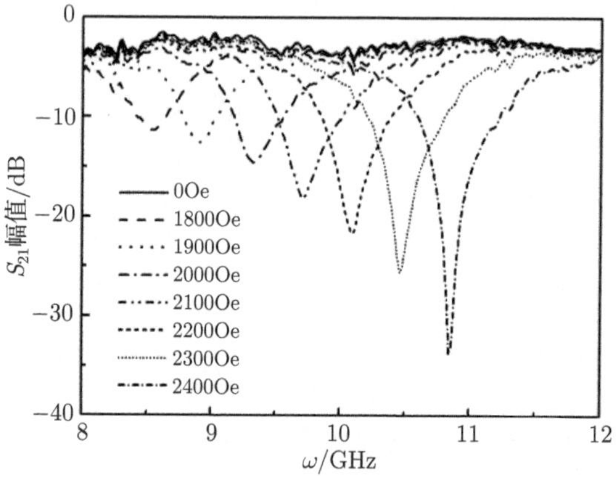

图 3.19　单片 YIG 样品纵向填充波导的实验 S_{21} 幅值曲线

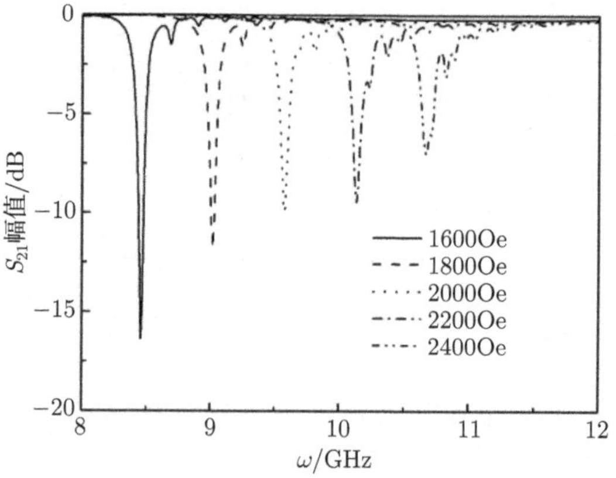

图 3.20　单片 YIG 样品纵向填充波导的模拟 S_{21} 幅值曲线

我们还测试了双片 YIG 样品中间以空白 FR-4 基板 (1mm 厚) 间隔纵向放置时的透射曲线，如图 3.21 所示。从图中可以看出，双片 YIG 的禁带峰与单片相比要宽化一些，但在同一磁等离子体频率下两者所需的磁场大小没有明显区别。

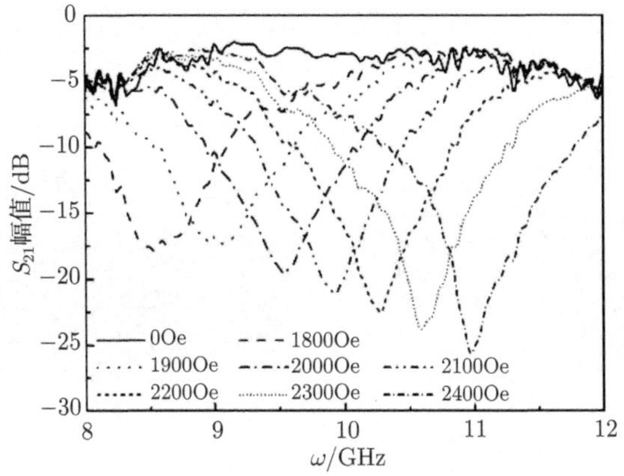

图 3.21 双片 YIG 样品纵向填充波导的实验 S_{21} 幅值曲线

3.2.3 YIG 片/金属线 (柱) 复合结构左手传输特性的实验与模拟

1. 样品设计与制作

我们设计了单片 YIG /金属线阵列、3 片 YIG/金属柱阵列两种复合结构，分别以纵向填充和横向填充的方式测试样品在矩形波导中的 S_{21} 曲线。金属线、金属柱和 YIG 片的尺寸如 3.2.1 节所述，这四种具体的填充形式如图 3.22 所示。在单片 YIG 的复合结构中，YIG 片紧贴中间那一纵排 (或横排) 的金属线，而两侧其余两排金属线没有 YIG 片与之相对应，如图 3.22(a) 和 (b) 所示；在 3 片 YIG 的复合结构中，3 片 YIG 分别紧贴三纵排 (或横排) 的金属柱，形成了每一排金属柱都有 1 片 YIG 与之相对应的结构，如图 3.22(c) 和 (d) 所示。

2. 单 (双) 片 YIG/金属线左手通带的实验与模拟

定义介电常数和磁导率同时小于零的频段为左手频段或双负频段。研究表明，左手材料在左手频段内具有一个特征透射峰，被称为左手通带。因而可由透射曲线来确定是否存在左手通带来判断该材料是否具有左手特性。我们首先测试了图 3.22(a) 所示的复合结构的透射曲线，如图 3.23 所示。从图中可以发现，当只有金属线阵列填充波导时，在 9~12GHz 的频段内表现为透射禁带。通过第 1 章的介绍我们知道，在该频段内金属线阵列的介电常数为负值，因而电磁波无法在该频段内传播。在只有 YIG 片纵向填充波导时，在 9GHz 附近出现了一个透射禁带峰。在禁带峰附近，YIG 片的有效磁导率为负值，电磁波也无法在该频段内传播。然而当把 YIG 片和金属线阵列复合起来时，我们观察到在 9~10.5GHz 的频段内出现了一个透射通带。该通带是在金属线阵列的透射禁带的基础上出现的，在通带内介电常数和磁导率同时为负值，因而被确定为左手通带；在左手通带外侧，由于更加远离了 YIG 片的铁磁共振区，因而磁导率由负值变为正值，仅介电常数为负值，仍然表现出透射禁带。

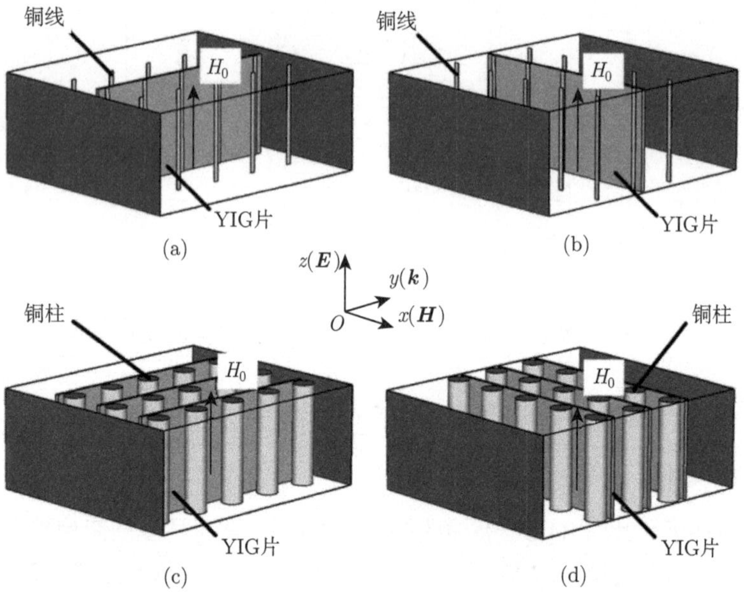

图 3.22　YIG 片与金属线 (柱) 阵列复合填充波导示意图

(a) YIG 片/铜线纵向；(b) YIG 片/铜线横向；(c) 3YIG 片/铜柱纵向；(d) 3YIG 片/铜柱横向

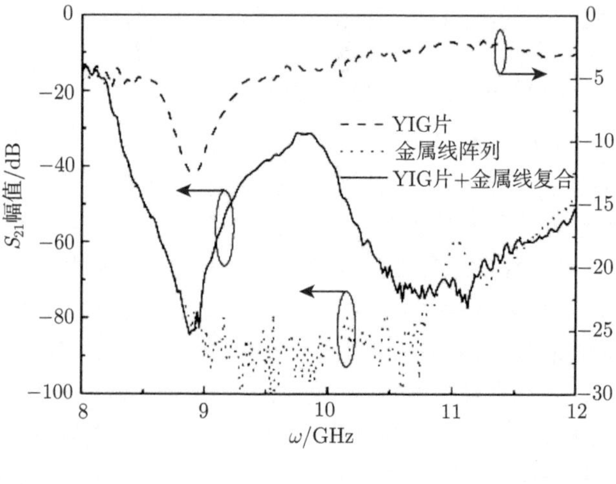

图 3.23　YIG 片、金属线以及两者复合结构纵向填充波导在 H_0=1900Oe 下的 S_{21} 幅值曲线

为了进一步确定左手通带，我们还测试了不同磁场下的透射曲线，如图 3.24 所示。通过改变磁场的大小可以看出，通带频率随外磁场的增加而逐渐升高。这可以解释为外磁场的增加导致了铁磁共振频率的升高，从而使 YIG 片表现为负磁导率的频率也随之升高，加之金属线阵列在一个较宽的范围内具有负介电常数，因而样品同时具有负磁导率和负介电常数的频段 (双负频段) 也将随之不断向高频移动。这样就进一步证明了图 3.23 中复合结构的通带为左手通带，同时也证明了该左手通带具有磁可调性。图 3.25 给出了左手通带频率随外磁场的变化，可以看出，当磁场从 1800Oe 升高到 2400Oe 时，通带频率由 9.48GHz 升高到了 11.7GHz，调节的速率达到了 3.7GHz/kOe。与典型的 SRR/金属线结构的左手材料相比，后者的调节幅度往往只有数百 MHz[5−12]。

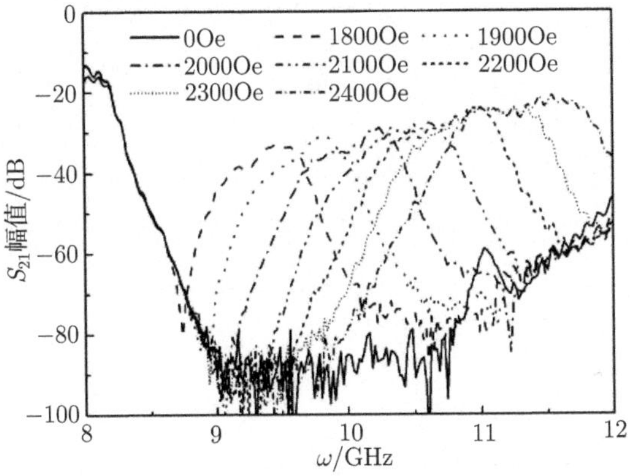

图 3.24 单片 YIG 与金属线复合结构纵向填充波导在不同磁场下的 S_{21} 幅值曲线

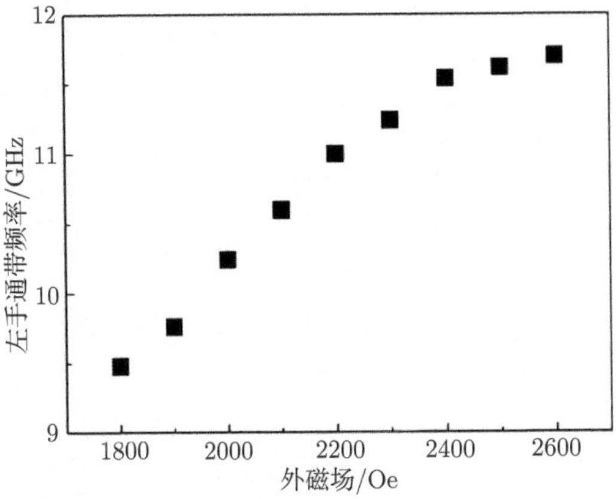

图 3.25 单片 YIG 与金属线复合结构纵向填充波导左手通带频率随外磁场变化

类似的左手通带也被 CST 模拟所证实，如图 3.26 和图 3.27 所示。在 YIG 片/金属线复合结构中，在 8.4~9.7GHz 频段内出现了一个明显的通带。在该通带中，介电常数为由金属线阵列的电谐振所导致的负值，磁导率则为由 YIG 片的铁磁共振所导致的负值，因而该通带为左手通带。另外，无论从实验还是模拟结果均可以看出，左手通带的低频带边出现在 YIG 片的禁带峰处，而另一带边则向高频延伸 1~1.5GHz。类似的结果也出现在 SRR/金属线复合的左手材料中 [13,14]。

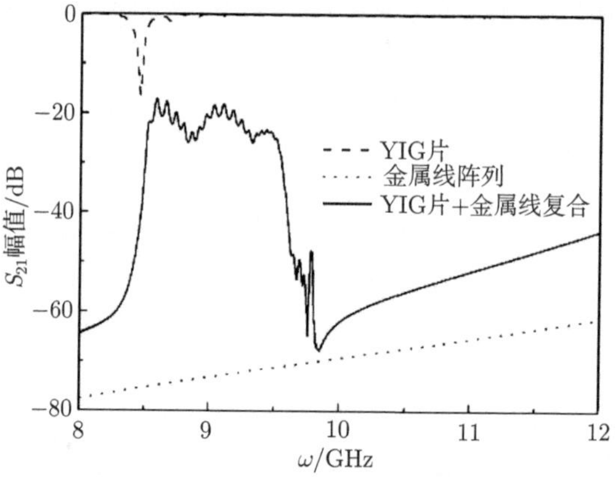

图 3.26　单片 YIG、金属线以及两者复合结构纵向填充波导在 H_0=1600Oe 下模拟的 S_{21} 幅值曲线

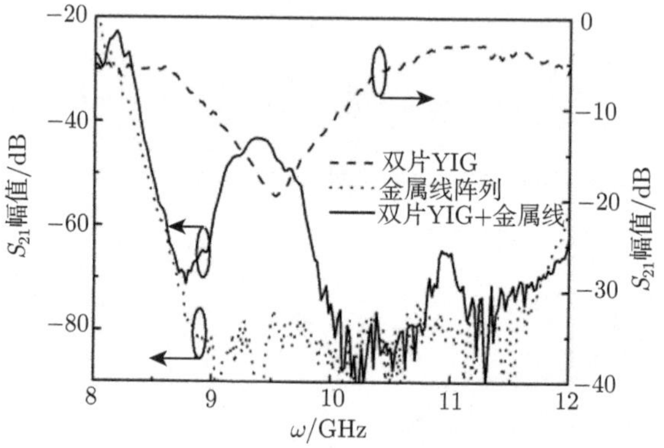

图 3.27　双片 YIG、金属线以及两者复合结构纵向填充波导在 H_0=2000Oe 下的 S_{21} 幅值曲线

另外，测试了双片 YIG 与金属线复合纵向填充波导时的透射曲线，在该样品中，两片 YIG 位于中间一排金属线的两侧，并紧贴这一排金属线。我们仍然观察到了左手通带，如图 3.28 所示。然而值得注意的是，虽然单独双片 YIG 的透射禁带

峰比单片 YIG 要宽化一些，但复合金属线后的左手通带却没有明显宽化。这可能是由于采用双片 YIG 并不能增加负磁导率的带宽，其本身透射禁带峰的宽化可能是由于 YIG 片在发生铁磁共振时，片与片之间的耦合造成了禁带峰带宽的额外增加。同时还可以看出，双片 YIG/金属线复合的左手通带的强度普遍低于 −40dB，而单片 YIG/金属线复合的左手通带强度则最高可以达到 −20dB，这也可能是由于双片 YIG 片与片之间的耦合造成了额外的损耗。由图 3.28 可以看出，随着外磁场的增加，左手通带逐渐向高频移动，并且强度有所下降。图 3.29 表现了双片 YIG/金属线复合结构纵向填充波导时左手通带的磁场调节性。可以看出，当磁场从 1800Oe 升高到 2400Oe 时，通带频率由 8.74GHz 升高到了 11.08GHz，调节速率达到了 3.9GHz/kOe。

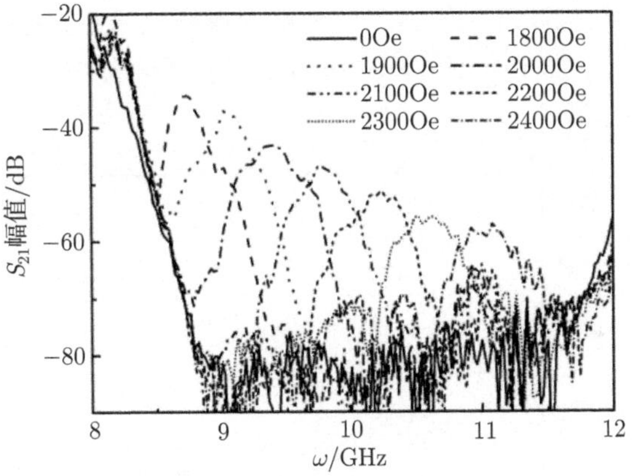

图 3.28 双片 YIG 与金属线复合结构纵向填充波导在不同磁场下的 S_{21} 幅值曲线

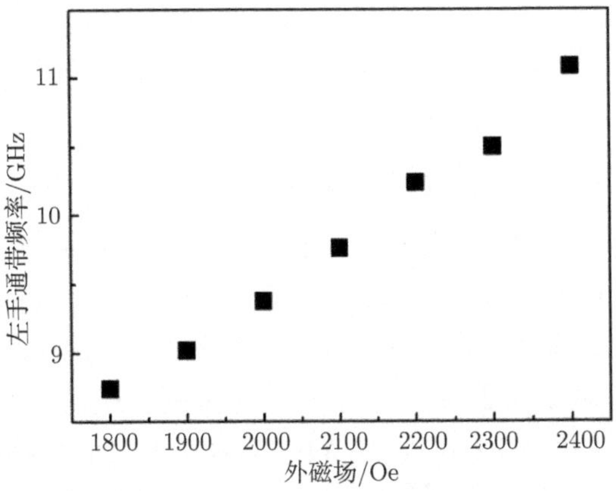

图 3.29 双片 YIG 与金属线复合结构纵向填充波导左手通带频率随外磁场变化

除了纵向填充，我们还测试了单片 YIG/金属线复合结构横向填充波导的透射曲线，样品结构如图 3.22(b) 所示。结果在比较大范围的磁场内没有观察到明显的通带，如图 3.30 所示。与此相似，在模拟结果中也没有观察到完整而明显的通带，仅在 8.5~10 GHz 频段内出现了几个小的透射峰，如图 3.31 所示。这可能是因为在横向填充方式下，负磁导率介质 (即 YIG 片) 在波传播的方向上仅为不到 1mm 的厚度，加之波导内电磁波磁场能量主要集中在中线两侧，因而造成了负磁导率在金属线阵列填充空间里的分布具有较大的不均匀性，也就是说，没有 YIG 片配对的前排线和后排线处的磁导率与中间排线处的磁导率之间有很大的差别，这种大的差别可能会导致 YIG 片不能再被视为负磁导率的等效介质，从而无法观察到明显的左手通带；而 YIG 片在波导中线处纵向填充时，填充空间处的磁场能量大部分与 YIG 片发生了作用，因此可以认为在整个金属线的填充空间内负磁导率的分布是比较均匀的，也就是说，位于 YIG 片两侧金属线处的负磁导率与位于中线处金属线的负磁导率相似，加上金属线阵列所带来的空间分布均匀的负介电常数，因而导致了左手通带的出现。

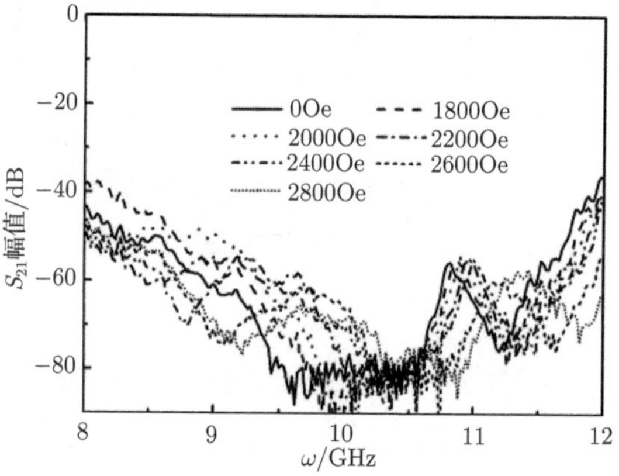

图 3.30 单片 YIG 与金属线复合结构横向填充波导在不同磁场下的 S_{21} 幅值曲线

3. 3 片 YIG/金属柱左手通带的实验与模拟

为了使负磁导率介质分布更加均匀，我们将单片 YIG 换成了 3 片 YIG 与金属柱阵列复合，纵向 (或者横向) 填充波导中测试其透射曲线，样品结构如图 3.22(c) 和 (d) 所示。图 3.32 是复合结构纵向填充时的透射曲线，可以看出，在一定的磁场下，该复合结构出现了左手通带，并且通带频率随着外磁场的增加而升高。与前面单片 YIG 复合时的结果相比，3 片 YIG 复合左手通带的随磁场变化规律是类似的，但是通带的强度并没有增强，约为 -50dB。也就是说，将每一排金属线都复合 1 片 YIG 的 “均匀化” 做法并没有提高该复合结构的左手性质。图 3.33 表现了

3 片 YIG/金属柱复合结构纵向填充波导时左手通带的磁场调节性。可以看出，当磁场从 1400Oe 升高到 1750Oe 时，通带频率由 7.475GHz 升高到了 8.9GHz，调节速率达到了 4.1GHz/kOe。

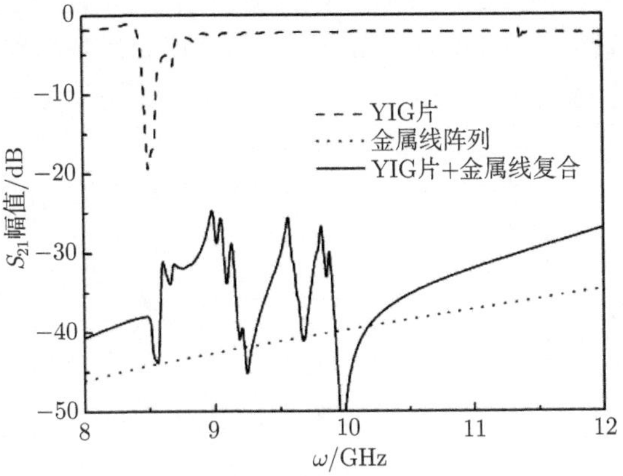

图 3.31　单片 YIG、金属线以及两者复合结构横向填充波导在 H_0=2000Oe 下模拟的 S_{21} 幅值曲线

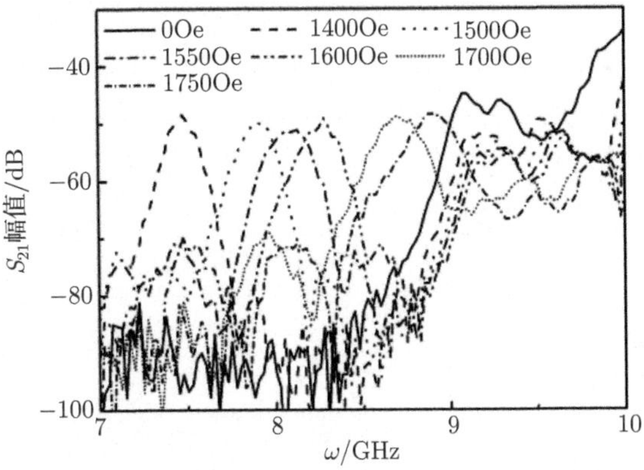

图 3.32　3 片 YIG 与金属柱复合结构纵向填充波导在不同磁场下的 S_{21} 幅值曲线

从模拟结果 (图 3.34) 中也可以看出，在 3 片 YIG/金属柱复合结构中，以 YIG 片禁带峰位置为低频带边向高频延伸约 1GHz 的频带内出现了一个左手通带。该左手通带的强度约为 −25dB，而在单片 YIG/金属线复合结构中，其模拟的左手通带的强度为 −18dB。这同样说明了，采用 3 片 YIG 复合的 “均匀化” 的做法并没有使复合结构的左手性质增强。

另外还测试了横向填充的 3 片 YIG/金属柱复合结构的透射曲线，如图 3.35 所示。在该复合结构中我们仍然观察到了明显的左手通带，该左手通带的频率同样具有磁场可调性。与单片 YIG/金属线复合横向填充没有观察到左手通带 (图 3.30) 相比，采用三片 YIG 复合的 “均匀化” 的做法起到了明显的作用。也就是说，三横排金属柱的每一排处均具有相似的负磁导率，从而改善了复合结构的左手性质。图 3.36 表现了 3 片 YIG/金属柱复合结构横向填充波导时左手通带的磁场调节性。可以看出，当磁场从 1300Oe 升高到 1700Oe 时，通带频率由 7.4GHz 升高到了 9GHz，调节速率达到了 4GHz/kOe。类似的左手通带也被模拟结果所证实，如图 3.37 所示。

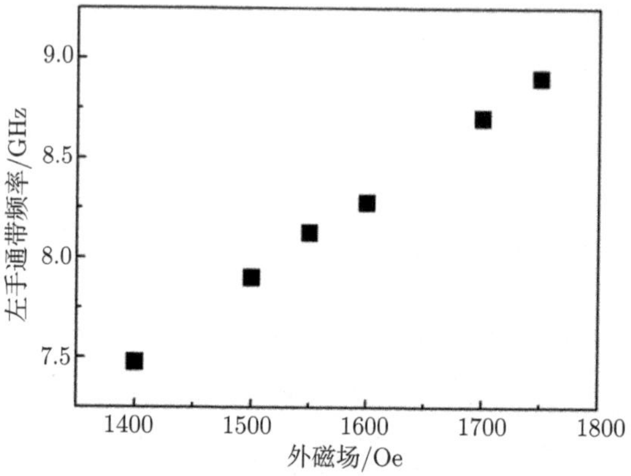

图 3.33　3 片 YIG 与金属柱复合结构纵向填充波导左手通带频率随外磁场变化

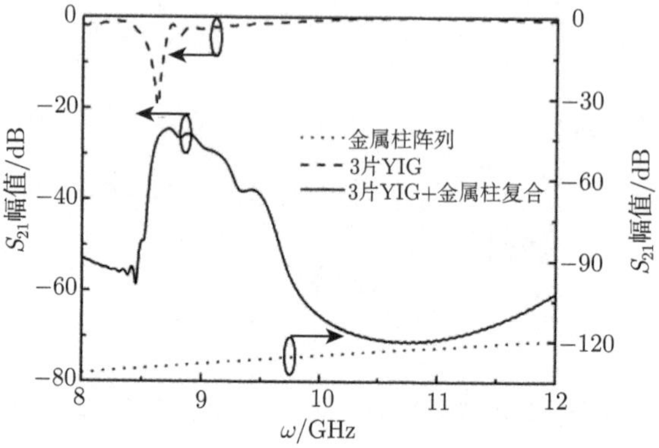

图 3.34　3 片 YIG、金属柱阵列以及两者复合结构纵向填充波导在 H_0=1800Oe 下模拟的 S_{21} 幅值曲线

总体上说，采用 3 片 YIG 与金属线 (柱) 进行复合的 “均匀化” 做法并不能显著改善复合结构的左手性质。只有通过进一步优化负磁导率介质 (即 YIG) 的形态和空间分布，才可能使复合结构的左手性质得到显著提高。具体的研究结果将在第 4 章作详细论述。

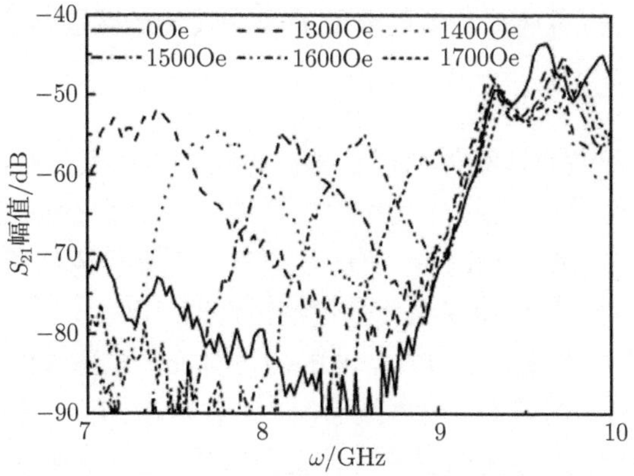

图 3.35 3 片 YIG 与金属柱复合结构横向填充波导在不同磁场下的 S_{21} 幅值曲线

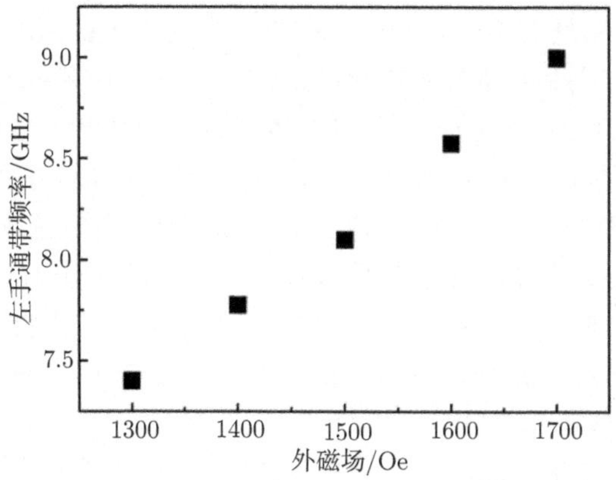

图 3.36 3 片 YIG 与金属柱复合结构横向填充波导左手通带频率随外磁场变化

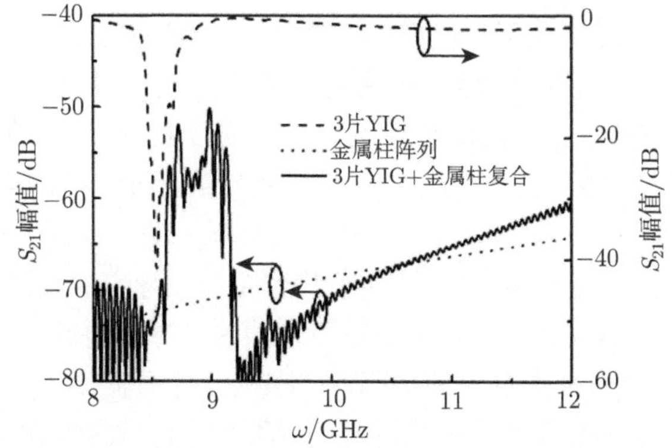

图 3.37 3 片 YIG、金属柱阵列以及两者复合结构横向填充波导在 H_0=1600Oe 下模拟的 S_{21} 幅值曲线

3.2.4　基于 YIG 片/金属线复合的非互易左手传输的实验与模拟

1. 设计原理与样品制作

经典的铁磁学和微波铁氧体的理论指出，磁化的铁氧体对电磁波的传输可以表现出非互易的特性 [3,4]。这种非互易性已经被广泛用于各种微波器件中，其中最典型的例子就是波导共振型隔离器。下面先简单介绍这种隔离器的工作原理，在此基础上我们设计了一种具有非互易左手传输特性的 YIG 片/金属线复合结构。

图 3.38 显示了矩形波导中 TE_{10} 波的磁场分布，电磁波的传播方向 (包括正向和反向) 以及外磁场的方向 (垂直纸面向内) 也示于图中。考虑波导中 P_1 点处的磁场，P_1 点是固定的，不随电磁波的传播而移动，当电磁波从左向右传播 (正向传播) 时，P_1 点左侧的磁力线指针一个接一个地经过 P_1 点，通过指针的方向我们可以判断，沿着 $\boldsymbol{H}_0$ 的方向看过去，P_1 点电磁波磁场是左旋极化的；同理可以判断，P_2 点电磁波磁场是右旋的。事实上在波导中线以上的区域，磁场都是左旋椭圆极化的，以下区域则是右旋椭圆极化的。只有在中线两侧某两个特殊位置处 (我们假定为 P_1 点和 P_2 点) 的磁场才是纯粹的左旋圆极化和右旋圆极化的。其余位置处的磁场都可以看成是左旋圆极化和右旋圆极化的合成，只是两者的幅值大小随着位置的不同而有很大的不同。同样我们可以判断，当电磁波从右向左传播 (反向传播) 时，P_1 点电磁波磁场是右旋旋极化的，与正向传播时的情况正好相反。假设在 P_1 点处纵向放置一片铁氧体，当电磁波正向传播、并施加如图 3.38 所示的外磁场时，由于电磁波磁场是左旋圆极化的，因而不会与铁氧体作用发生铁磁共振，也就不会表现出负磁导率 (见第 2 章 2.2.2 节的讨论)，电磁波可以顺利传输；而当电磁波反向传播时，由于电磁波磁场是右旋圆极化的，因而当电磁波频率刚好等于铁磁共振频率时，铁氧体片将与电磁波发生强烈的铁磁共振的作用，此时表现出负有效磁导率，电磁波的传输被截止。利用这一原理，人们已经设计出各种隔离器，这种器件在工程上已经得到了广泛应用。如果我们将铁氧体片与金属线阵列复合，则可以实现正向单负 (介电常数为负、磁导率为正)、反向双负 (介电常数和磁导率都为负) 的非互易传输。正向的单负表现为传输被禁止，而反向双负表现为左手传输，因而我们把这种非互易传输称为非互易左手传输，以区别于单独铁氧体所表现的非互易右手传输。

设计非互易左手传输结构的关键在于找到矩形波导中的纯圆极化点。理论研究指出，X 波段波导的纯圆极化点随着被引入的铁氧体片的尺寸、介电常数、填充方式以及频率等不同而发生改变 [3]。因此，在空波导内直接填充铁氧体片和金属线实现非互易左手传输在实验上是很困难的。在工程上，往往采取在波导中心位置处填充一定厚度和介电常数介质块的方法来扩大纯圆极化的范围，使其由一个点扩展为在中线和窄边之间的一个比较宽的区域。例如，X 波段内典型的填充做法是，在波导中线位置放置厚约 6mm、介电常数约为 9 的介质片，则介质片的两侧各有一个纯圆极化区 (一个为左旋，一个为右旋)，宽度约为 4mm[15]，这样我们就相对比较容易设计非互易传输结构。

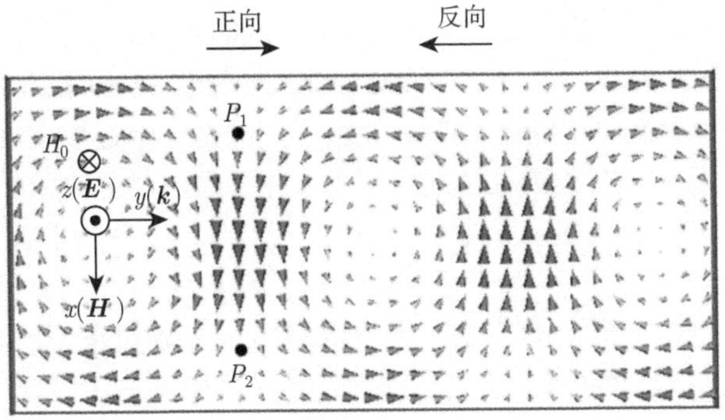

图 3.38 矩形波导中的电磁波磁场分布示意图 (后附彩图)

在实验中，我们选用了美国 Taconic 公司生产的型号为 CER-10 的基板材料作为填充介质。该基板是一种聚四氟乙烯填充陶瓷粉以及玻璃纤维增强的微波材料，实测介电常数为 9.33，介电损耗小于 5×10^{-3}。首先将基板切割成片，然后叠层，制备出宽度为 5.6mm、高度为 8mm、长度为 40mm 的介质块；然后将介质块纵向填充在波导的中线处，在其两侧粘贴两排金属线 PCB 板，每块 PCB 上印有 9 根铜线；最后将另外一片相同的金属线 PCB 板纵向放置在距离波导窄边为 x 处的位置上，在其背面粘贴一片尺寸为 0.8mm×8mm×40mm 的 YIG 片。经过多次摸索，将 YIG 片置于 x=4.4mm 的地方获得了比较好的正向/反向传输比。整个波导填充复合结构如图 3.39 所示。

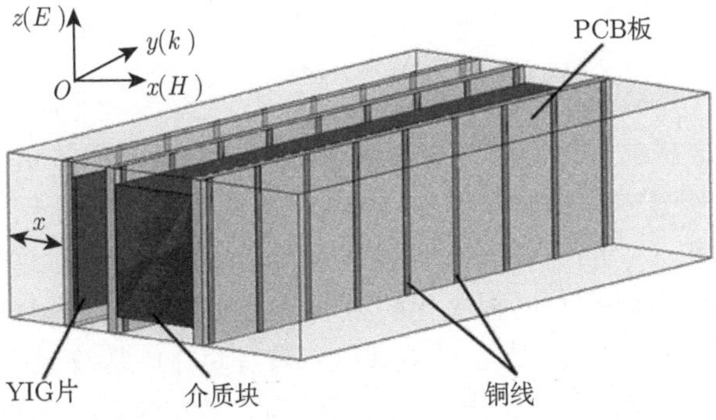

图 3.39 具有非互易左手传输的 YIG 片、金属线和介质块复合填充波导示意图

2. 测试与模拟结果讨论

图 3.40 显示了单独 YIG 片与介质块复合填充波导在磁场 H_0=2000Oe 下正向 (S_{21}) 和反向 (S_{12}) 的传输曲线。可以看出，图中，反向传输 S_{12} 在 8.8GHz 左右只有一个很小的尖峰，而正向传输 S_{21} 却出现一个将近 −20dB 的禁带。说明正向传输时，YIG 片感受到的是一个近似右旋圆极化的电磁波磁场，因此发生了铁磁共振所导致的禁带峰，而反向传输时，YIG 片感受到的是一个近似左旋圆极化的磁场，其中包含有一个很小的右旋圆极化的分量，因此只是出现了约 −5dB 的共振吸收。这种 S_{21} 和 S_{12} 之间的明显差异定性地反映了磁化 YIG 片的非互易传输，并且通过工程上的进一步优化，可以获得更小的 $|S_{21}|$ 和更大的 $|S_{12}|$。另外，S_{21} 和 S_{12} 之间的明显差异也体现出 YIG 片在正向传输和反向传输过程中所表现出的有效磁导率有很大的差异。具体说来就是，在正向传输过程中其右旋磁导率是共振型频散的，在共振频率附近表现为负值；而反响传输中其左旋磁导率是近似非频散的，不出现负值。

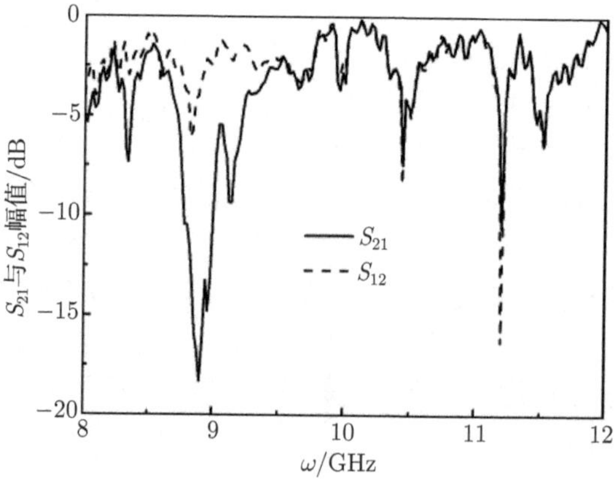

图 3.40　YIG 片与介质块复合填充波导在 H_0=2000Oe 下测试的正向 (S_{21}) 和反向 (S_{12}) 传输幅值曲线

当我们把三竖排的金属线阵列复合到 YIG 片和介质片的体系中后，出现了 S_{21} 和 S_{12} 幅值具有明显差异的非互易左手传输，如图 3.41 所示。可以看出，YIG + 金属线复合结构的 S_{21} 的通带强度明显高于 S_{12} 的通带强度，这是因为正向传输中，YIG 感受到的主要是右旋圆极化的磁场，因此当发生铁磁共振时会表现负磁导率，再加上金属线阵列在等离子体频率以下具有负介电常数，因此出现了相对较强的左手传输通带；而反向传输中，YIG 感受到的是右旋圆极化的磁场，由于右旋场表现的是正磁导率，再加上金属线的负介电常数，理论上应该出现一个完全的传输禁带。之所以出现了一个相对较弱的通带，是因为反向传输中 YIG 所处的位置很难保证是纯粹的左旋圆极化，其中必然会包含少量的右旋圆极化的分量 [6]，因此实验上观察到的是一个弱的左手通带而非完全的禁带。

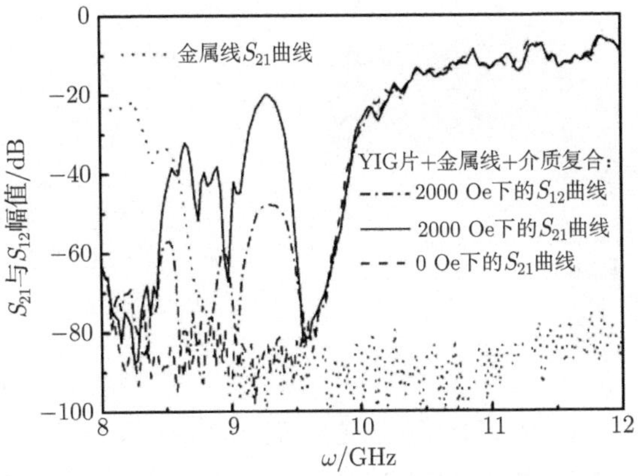

图 3.41 YIG 片、金属线与介质块复合填充波导在 H_0=2000Oe 下测试的正向 (S_{21}) 和反向 (S_{12}) 传输幅值曲线

我们知道，传统 SRR/金属线结构以及由此衍生出的各种其他结构的左手材料，其具有的左手传输的性质均为互易性的，也就是说正向和反向完全对称，在实际研究中仅仅研究一个方向上的透射和反射性质即可。而本书中设计的这种基于铁氧体的左手材料，可以表现出非互易的左手传输，这在以往的左手材料的研究中是相当少见的。

从图 3.41 还可以看出，单独金属线阵列没有复合介质和 YIG 片时，其等离子体频率高于 12GHz，因此在 9~12GHz 这一范围内表现出一个较宽的透射禁带；而当金属线复合介质和 YIG 片后，在没有施加外磁场时，只有在低于 9.5GHz 的频段内是禁带，表现出负介电常数。换句话说，介质块和 YIG 片的引入使得金属线阵列的等离子体频率由高于 12GHz 下降到了约 9.5GHz。这是因为，介质块和 YIG 片的引入大大增加了金属线周围空间的有效介电常数 ε_{ave}，根据金属线等离子体频率表达式 $\omega_{\text{ep}} = 2\pi c_0^2/\varepsilon_{\text{ave}}\mu_{\text{ave}}a^2\ln(a/r)$，当 ε_{ave} 增加时，其 ω_{ep} 呈反比例降低。

另外，我们通过模拟来进一步证实了这种非互易左手传输。模拟结构如图 3.42(a) 所示，两排金属线 (每排 9 根线) 对称地置于波导中线的两侧，紧邻其中一排线的位置处放置一片旋磁性介质，该旋磁介质片距离波导窄边 4mm，并沿着 z 方向施加外磁场。模拟结果如图 3.42(b) 所示，对于单独旋磁介质片，正向传输在 9.29GHz 处出现了由右旋磁导率导致的透射禁带峰，反向传输在相同频段下表现出透射通带；而对旋磁介质片＋金属线阵列复合结构，正向传输在 9.46GHz 处出现一个 −17dB 的左手透射峰，而反向传输在相同频率处仅有 −36dB 的弱左手峰，两者的强度反差比较大。

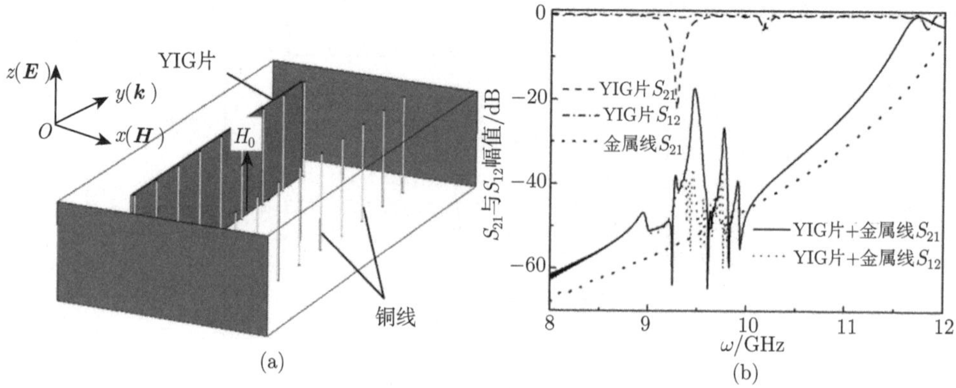

图 3.42　YIG 片与金属线复合填充波导在 H_0=2000Oe 下非互易左手传输的模拟

(a) 模拟结构示意图；(b) 正向 (S_{21}) 与反向 (S_{12}) 传输曲线

这里我们设计的非互易左手传输复合结构，主要是从物理原理上进行了研究，相信以后通过各种参数的优化设计，可以构造出正、反向反差更为明显的非互易左手传输结构，从而为工程上的潜在应用奠定基础。

3.3　铁氧体棒/金属线复合左手材料的构造与电磁传输

从理论上说，对于一个旋磁材料，当在其中某个方向上施加静磁场之后，该旋磁材料对电磁波的传输表现出各向异性的特征。此时，材料的磁导率为张量，可以表示为 $\bar{\bar{\mu}} = \mathrm{diag}(\mu_x, \mu_y, 1)$，这里假定静磁场沿着 z 方向，而材料的介电常数一般为标量。如果该旋磁材料无限大，则该材料在垂直于静磁场方向的平面 (即 xoy 平面) 内仍然表现出对于电磁波的各向同性特征，称为二维各向同性 (或单轴各向异性)，此时磁导率的张量中 $\mu_x = \mu_y$。如果该旋磁材料有限大，则 μ_x 和 μ_y 的大小关系取决于材料具体的外部形状，也就是取决于材料的动态退磁效应。以图 3.14(a) 中放置的铁氧体片为例，由于动态退磁效应的存在，该铁氧体片仅仅在 x 方向上表现为共振的磁导率频散特征，而在 y 方向的磁导率分量为 1，即磁导率的张量为 $\bar{\bar{\mu}} = \mathrm{diag}(\mu_x, 1, 1)$；对于图 3.14(b) 中放置的铁氧体片来说，同样由于动态退磁效应的影响，磁导率的张量为 $\bar{\bar{\mu}} = \mathrm{diag}(1, \mu_y, 1)$。这两种情况下铁氧体仅仅可以在其中一个方向上表现为负磁导率，因此我们称之为一维负磁导率材料。当铁氧体片与具有一维负介电常数的金属线复合后，得到的便是一维左手材料。

从应用的角度来说，人们更希望得到的是二维甚至是三维各向同性的左手材料。在典型的 SRRs/金属线结构的左手材料中，为了获得二维各向同性的结构，研究者将 SRRs 在二维正交的两个方向上排列成阵列，用来获得二维各向同性负磁导率，进而获得二维左手材料 [7−9]。而在铁氧体/金属线结构的左手材料中，可以通过合理设计铁氧体的外形，控制其动态退磁效应来获得二维各向同性的负磁导率。其中的关键是要使铁氧体在 x 和 y 两个方向上具有相同的动态退磁因子，于是我们通过将铁氧体材料设计成关于 z 轴近似轴对称的棒状外形来实现 x 和 y 两个方向上的相同动态退磁效应。

本节研究了铁氧体棒的二维负磁导率，进而重点研究了基于铁氧体棒和金属线复合的二维左手材料。首先通过实验和模拟研究了 YIG 棒的电磁传输特性，进而通过反推的方法获得了磁导率频散特性曲线；然后通过 YIG 棒与金属线复合，在实验上观察了左手传输特性，并得到了模拟结果的验证；接着研究了 YIG 棒和金属线之间的电磁耦合问题；最后设计了一种具有低损耗的金属线芯/铁氧体壳结构的左手材料。

实验仍然采用商用的 YIG 铁氧体多晶陶瓷 (以下简称 YIG)，其电磁性能指标与第 3 章使用的 YIG 片完全相同。该铁氧体的块体经过切割、磨制等工艺后，切割成 0.8mm×0.8mm×10mm 的长条状样品备用。实验用的金属铜线仍然采用标准的 PCB 掩膜蚀刻技术制备，具体制备过程参见第 3 章。基板材料为 FR-4，厚度约 0.6mm；金属线的规格为：线长 10mm、线宽 0.5mm、线厚 0.03mm、线间距 5mm。

3.3.1 YIG 棒阵列的电磁传输特性

1. *样品结构与测试方法*

在实验中我们测试了四种形式的 YIG 棒的透射系数，分别为：单根 YIG 棒、5 根 YIG 棒一维阵列 (包括横向放置与纵向放置) 和 5×5 YIG 棒二维阵列。在一维和二维阵列结构中，YIG 棒间距 (晶格常数) 为 5mm。四种形式的结构分别如图 3.43(a)、(b)、(c)、(d) 所示。

在第 3 章中我们曾提到，矩形波导传播的主模式为 TE_{10} 波，其电磁波的磁场除了在中线处和窄边处以外，同时在 x 方向上和 y 方向上有分量。但为了简化讨论，如果不特别指出，我们仍然近似认为电磁波磁场是沿着 x 方向偏振的。另外，由于这四种放置方式下的 YIG 棒样品均是相对于波导中线对称的，因此此时 YIG 棒样品的电磁传输表现为互易性传输，这样我们就只需要测试单向透射系数 (如 S_{21}) 即可。

在该实验中，外磁场沿着 z 方向施加，也即垂直于电磁波的传播方向，因此仍然可以看成是横向传播问题，这与前两章所重点讨论的传输情形相同。

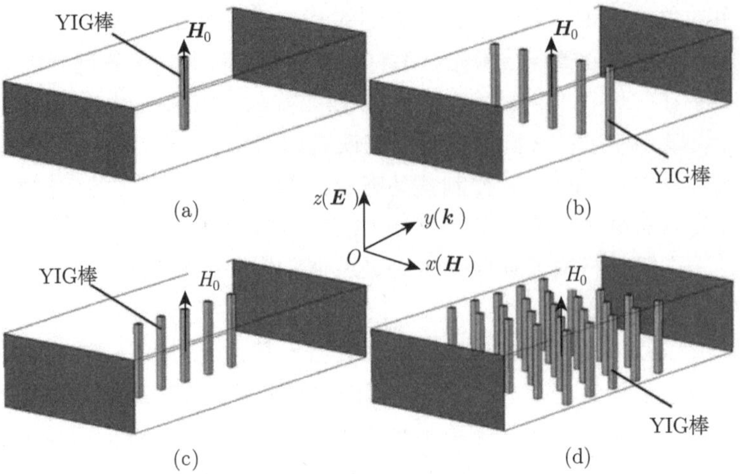

图 3.43　YIG 棒填充波导示意图

(a) 1 根；(b) 5 根横向填充；(c) 5 根纵向填充；(d) 5×5 阵列

2. 实验及模拟结果

图 3.44 所示为四种形式 YIG 棒的 S_{21} 幅值曲线。从图中可以看出，在零磁场下，无论是单根 YIG 棒、排列成排或者阵列的 YIG 棒，在测试的频段内均表现出一个宽的通带，通带损耗一般小于 5dB。从电的损耗机制来看，由于 YIG 具有较低的介电损耗角正切，因此其电损耗很低；从磁的损耗机制来看，由于该测试频段远高于 YIG 的低场损耗区 [10]，因此磁损耗的数值也不大。

当施加一定的外磁场以后，四种形式样品的透射谱中均出现了磁场可调的共振禁带峰。四种样品透射谱的不同之处在于，它们的共振峰强度差别较大。对于单根 YIG 棒来说，仅仅在零场透射曲线的基础上出现了强度大约为 −5dB 的尖峰，单排 5 根 YIG 棒的共振峰强度增加到 −20∼−10dB，而 5×5 阵列 YIG 棒的共振峰增强至超过 −40dB。这种共振峰强度之间的差别来源于 YIG 棒的空间占空比的差别。对占空比较低的样品，如单根棒或单排棒，与它们作用的电磁波的能量有限，共振强度也就偏低；对占空比较高的阵列样品来说，其中的每一个结构单元都与电磁波发生作用，这些结构单元的集体行为导致样品填充空间的电磁波几乎全部与样品发生作用，因而共振强度较高。四种样品透射谱的相同之处在于，它们在同一外磁场作用下的禁带峰频率相近。这是因为样品的共振频率主要由其结构单元的铁磁共振来决定，四种样品的结构单元均为相同的 YIG 棒，因此它们具有相同的铁磁共振频率以及磁等离子体频率。

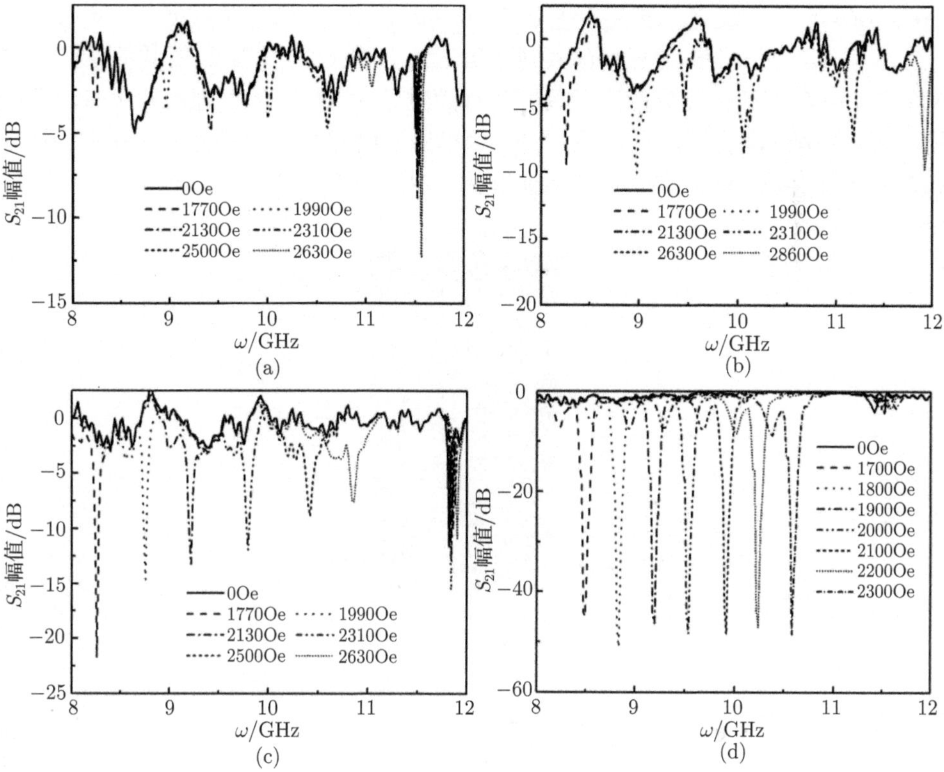

图 3.44 YIG 棒实验 S_{21} 曲线

(a) 1 根；(b) 5 根横向填充；(c) 5 根纵向填充；(d) 5×5 阵列

由于 YIG 棒阵列具有较强的共振行为，因此我们重点对棒阵列的电磁传输进行了模拟。在处理具有周期性结构的样品时，为了简化模型，提高计算速度，通常只对样品的结构单元进行模拟。YIG 棒的单元尺寸为 1mm×1mm×10mm，单元周期设置为 4.4mm。在模拟过程中将 y 方向的两个面设置为开放边界，并设置为两个波端口作为激励源；将其余的四个面设置为周期性的边界条件，即 x 方向的两个面设置为理想磁壁，z 方向上的两个面设置为理想电壁，如图 3.45 所示。该设置模拟了沿 y 方向传播、电场沿 z 方向偏振而磁场沿 x 方向偏振的 TEM 波的传输。外磁场设置为 z 方向，对 YIG 棒来说转化为横向传播问题。

图 3.46 显示了模拟的透射系数 (S_{21}) 和反射系数 (S_{11}) 的幅值及其相位。由图 3.46(a) 可以看出，S_{21} 幅值曲线在 10.14GHz 处出现了一个尖锐的禁带峰，在远离这个频率的区域则表现出平直的通带；相应地，S_{11} 幅值曲线在 10.15GHz 处出现了一个尖锐的反射峰。由图 3.46(b) 可以看出，S_{21} 的相位在其禁带峰频率附近发生了由 $-105°$ 到 $-45°$ 的跃变；而 S_{11} 的相位在其反射峰频率附近发生了由

$-160°$ 到 $-35°$ 的跃变。该 S_{21} 禁带峰 (或 S_{11} 反射峰) 和相位跃变的出现是因为 YIG 棒在外磁场和电磁波磁场的共同作用下发生了铁磁共振。铁磁共振使得 YIG 棒在高于磁等离子体频率的附近具有负有效磁导率，从而剧烈地反射电磁波的能量，表现出电磁波无法透过样品。YIG 棒电磁透射和反射曲线的形状非常类似于 SRR，这也间接反映了 YIG 棒样品能够在一定情况下表现出负磁导率。

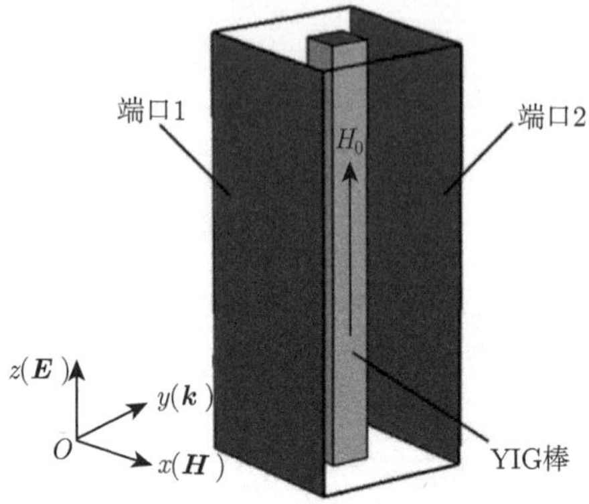

图 3.45　YIG 棒单元结构示意图

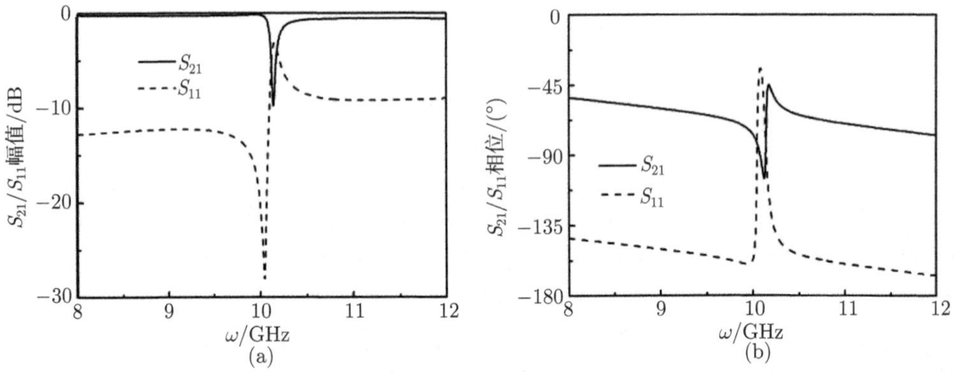

图 3.46　H_0=2200Oe 磁场下 YIG 棒单元模拟的 S_{21}/S_{11} 曲线

(a) 幅值; (b) 相位

为了证明铁磁共振的磁可调性，我们对不同外磁场条件下的电磁传输进行了模拟，如图 3.47 所示。从图中可以看出，随着外磁场的增加，S_{21} 禁带峰的频率逐渐向高频移动，但 S_{21} 的整体形状保持不变；与之相类似，S_{21} 相位发生跃变的频率也随着磁场的增加而升高，相位曲线的形状基本保持不变。模拟 S_{21} 幅值曲线与实验观测结果比较一致。

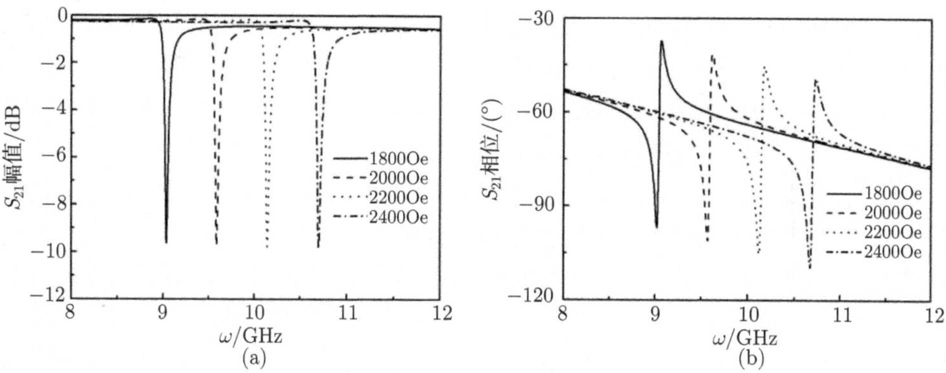

图 3.47 不同磁场下 YIG 棒单元模拟的 S_{21} 曲线

(a) 幅值；(b) 相位

为了进一步说明 YIG 棒样品共振态的存在，我们分别对 H_0=2000Oe 磁场下磁等离子体频率 ω_{mp} 处和远离 ω_{mp} 处的磁场分布进行了模拟，如图 3.48 和图 3.49 所示。图 3.48 显示了频率正好位于 ω_{mp} 处 (即 9.59GHz) 垂直于 z 轴截面的电磁波磁场分布，图中箭头的颜色和大小体现了该点电磁波磁场的大小，箭头方向则代表了电磁波磁场的方向，而 (a)~(f) 六张分图分别代表了一个周期内逐渐增加的六个相角 θ 时的场分布，图中还标示出外磁场 $\boldsymbol{H}_0$ 相对于棒的方向是垂直于纸面指向内部的。从图 3.48 中可以看出，电磁波磁场主要集中于棒的内部，棒周围空间

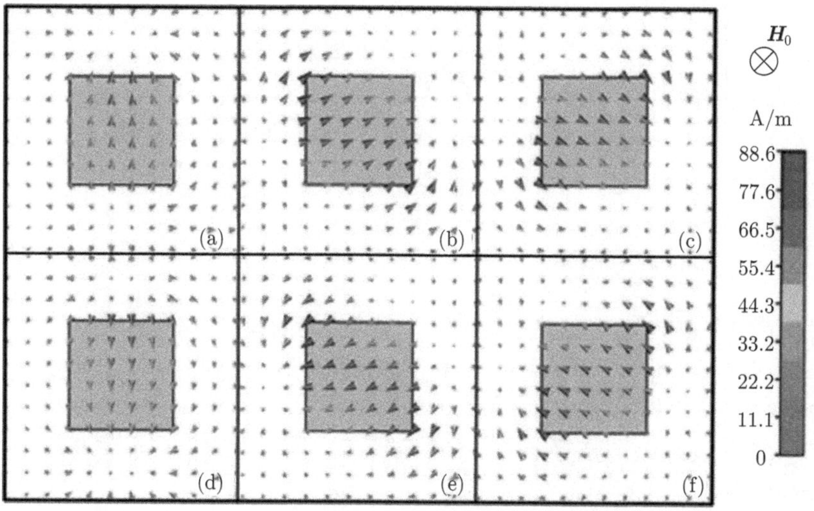

图 3.48 H_0=2000Oe 磁场下 9.59GHz 频率处垂直于 z 轴截面的模拟磁场分布 (后附彩图)

(a) θ=0°；(b) θ=60°；(c) θ=120°；(d) θ=180°；(e) θ=240°；(f) θ=300°

的磁场相对较弱，显示了电磁波磁场能量的一种集中分布，即表现出磁共振状态；同时还可以看出，随着相角的增加，箭头的指向随之顺时针旋转，即相对于 $\boldsymbol{H}_0$ 的指向来说，电磁波的磁场是右旋的。这恰好与第 2 章讨论的横向传播的非寻常波的磁场分布相一致，同时也说明了在该频率下棒样品内发生了铁磁共振。

图 3.49 显示了频率远离 ω_{mp} 的某一频率下 (9GHz) 垂直于 z 轴截面的电磁波磁场分布。从图中可以看出，电磁波磁场没有集中在棒内，而是在棒周围的空间内表现出相当大的分布。这种场分布图像显示出样品内没有发生磁共振。对比图 3.48 和图 3.49 进一步说明，对于一个给定大小的外磁场，在某一合适的频率下铁氧体棒样品会发生铁磁共振态。接下来的工作就是要通过一定手段确证该棒样品在发生铁磁共振时可以表现出负磁导率。

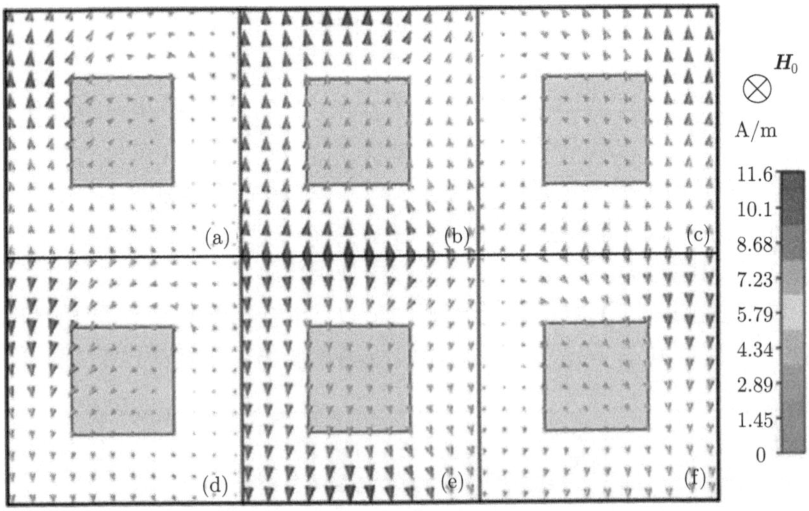

图 3.49　2000Oe 磁场下 9GHz 频率处垂直于 z 轴截面的模拟磁场分布 (后附彩图)

(a) θ=0°；(b) θ=60°；(c) θ=120°；(d) θ=180°；(e) θ=240°；(f) θ=300°

3. 效磁导率的反推与计算

针对超材料的有效电磁参数反推方法基本原理是通过精确的透射系数 S_{21} 和反射系数 S_{11}，计算介质的折射率 n 和阻抗 z，然后由公式 $\mu = nz$ 和 $\varepsilon = n/z$ 计算出介质的有效磁导率和有效介电常数。

在如图 3.45 所示的单元结构中，电磁波沿 y 方向传播的反射系数 S_{11} 和透射系数 S_{21} 可以表示为折射率 n 和阻抗 z 的函数：

$$S_{11} = \frac{R_{01}\left(1 - \mathrm{e}^{\mathrm{i}2nk_0d}\right)}{1 - R_{01}^2\mathrm{e}^{\mathrm{i}2nk_0d}} \tag{3-22a}$$

$$S_{21}=\frac{\left(1-R_{01}^2\right)\mathrm{e}^{\mathrm{i}nk_0d}}{1-R_{01}^2\mathrm{e}^{\mathrm{i}2nk_0d}} \tag{3-22b}$$

式 (3-22) 中 $R_{01}=(z-1)/(z+1)$，k_0 为自由空间的波数，d 为介质的厚度。由式 (3-22) 的两个方程可以解出 z 和 n 的表达式：

$$z=\pm\sqrt{\frac{\left(1+S_{11}\right)^2-S_{21}^2}{\left(1-S_{11}\right)^2-S_{21}^2}} \tag{3-23a}$$

$$\mathrm{e}^{\mathrm{i}nk_0d}=X\pm\mathrm{i}\sqrt{1-X^2} \tag{3-23b}$$

其中 $X=1/2S_{21}(1-S_{11}^2+S_{21}^2)$。由于超材料是一种无源介质，因此式 (3-23) 中阻抗的实部和折射率的虚部均不能为负值，即要求 $\mathrm{Re}(z)\geqslant 0$ 并且 $\mathrm{Im}(n)\geqslant 0$。由式 (3-23b) 可以进一步得到折射率 n 的表达式为

$$n=\frac{1}{k_0d}\left\{\left[\mathrm{Im}\left(\ln\left(\mathrm{e}^{\mathrm{i}nk_0d}\right)\right)+2m\pi\right]-\mathrm{i}\mathrm{Re}\left(\ln\left(\mathrm{e}^{\mathrm{i}nk_0d}\right)\right)\right\} \tag{3-24}$$

由式 (3-24) 可知，折射率的虚部是可以唯一确定的，但 n 的实部比较复杂，还取决于另外一个与 n 的分支有关的整数 m。最后通过 $\mu=nz$ 和 $\varepsilon=n/z$ 计算出介质的有效磁导率和有效介电常数。

该方法基于如下几个前提：① 介质本身是均匀的或者可以将介质看成是均匀的等效介质；② 电磁波垂直入射，并且介质的阻抗不随介质的厚度改变而改变；③ 无论是通过数值计算还是实验获得的 S 参数，都必须足够精确，尤其是在 n 和 z 的值对 S 参数的微小变化比较敏感的频率区域。在模拟的棒结构单元中，由于设置的晶格常数 (4.4mm) 远远小于特征波长 (30mm)，因此可以将 YIG 棒阵列看成是由 YIG 棒和空气所组成的具有有效磁导率和有效介电常数的均匀介质；另外，电磁波是垂直于结构单元入射，并且通过模拟计算可以获得具有较高精度的 S 参数，因此我们可以采用这种反推的方法来计算出 YIG 棒介质的有效磁导率和有效介电常数。

图 3.50 是通过不同磁场下 YIG 棒单元模拟的 S 参数所反推出的有效磁导率频散曲线。从图中可以看出，YIG 棒表现出共振型的磁导率频散特征，发生共振的频率为磁等离子体频率 ω_{mp}，其磁导率实部在频率稍高于 ω_{mp} 时具有负值，而虚部则在 ω_{mp} 处出现一个尖锐的峰。我们同时也反推出 YIG 棒介质的有效介电常数频散曲线，如图 3.51 所示。从理论上说，YIG 棒介质应当具有频率稳定的介电常数，但图 3.51 显示，介电常数在相应磁导率发生共振的频率附近也发生了一个小的反共振型 (实部先剧烈下降后上升的变化) 频散，但其实部始终保持正值，虚部则出现一个向下的尖锐的峰。介电常数的这种反常频散可能是由于磁共振状态下 YIG 棒内部的电场强度也发生反常变化所造成的。由于我们所关心的是将 YIG 棒

介质看成一个等效的负磁导率介质，因而其介电常数的这种反常变化对我们的研究不会造成很大影响。

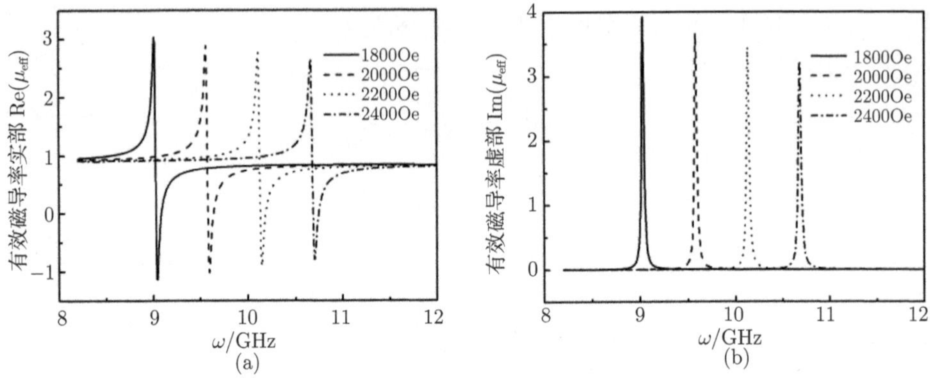

图 3.50　不同磁场下 YIG 棒单元反推有效磁导率频散曲线

(a) 实部；(b) 虚部

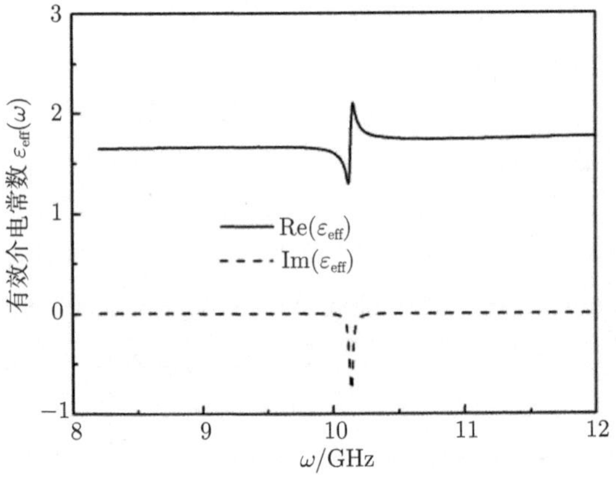

图 3.51　H_0=2200Oe 磁场下 YIG 棒单元反推有效介电常数频散曲线

我们不难看出，反推的磁导率频散曲线形状与第 2 章关于横向传播非寻常波有效磁导率的理论计算曲线非常相似，为了进一步说明两者之间的相似性，我们将第 2 章有效磁导率的计算公式在等效介质理论的基础上进行进一步推导。前面已经说过，由于 YIG 棒阵列的单元周期远小于电磁波的特征波长，因此可以将 YIG 棒和空气组成的复合介质看成是具有一定有效磁导率和有效介电常数的均匀介质。根据等效介质理论，该均匀介质的有效磁导率 $\mu_{\text{eff}}(\omega)$ 由磁性相 (YIG 棒) 的非寻常波磁导率 $\mu_{\text{mag}}^{\text{ext}}(\omega)$ 和空气的磁导率 μ_{air} 共同决定。$\mu_{\text{mag}}^{\text{ext}}(\omega)$ 由式 (3-13) 给出，μ_{air} 则为 1，因此得到

$$\mu_{\text{eff}}(\omega) = \eta\mu_{\text{mag}}^{\text{ext}} + (1-\eta)\mu_{\text{air}} = 1 - \frac{\eta F\omega_{\text{mp}}^2}{\omega^2 - \omega_{\text{mp}}^2 - \mathrm{i}\Gamma(\omega)\omega} \tag{3-25}$$

式中，η 是棒所占据空间的体积百分比，其他参数的含义在第 2 章中已经详细论述过了，这里不再重复。我们取 η=0.05、F=0.59、ω_{mp}=10.15GHz 以及 α=0.003 计算了等效介质的有效磁导率，如图 3.52 中的光滑曲线所示，该参数的选择相当于是 H_0=2870Oe、$4\pi M_{\text{s}}$=1700 Gs。同时还列出了在 2200Oe 磁场下通过反推得到的磁导率数据点，如图 3.52 中的黑色圆点所示。可以看出，基于等效介质理论计算的结果与反推的结果符合较好，由此也可以说明，用该方法反推等效介质的有效电磁参数是可行的。但同时也注意到，理论计算所选取的磁场值明显大于反推时的磁场值，这是因为计算时所针对的是无限大旋磁介质，并没有考虑形状退磁对铁磁共振频率的影响，而软件模拟则考虑到了形状对磁场的影响。实际上，考虑形状退磁效应后，沿轴向磁化的棒状介质的有效内磁场为 $H_{\text{r}}(\text{rod}) = H_0 + 2\pi M_{\text{s}}$，要大于无限大介质的内磁场 $H_{\text{r}}(\text{inf}) = H_0$，换句话说，在相同的频率 (即相同的等效内磁场) 下发生共振时，棒状介质需要的外磁场小于无限大介质所需要的外磁场。

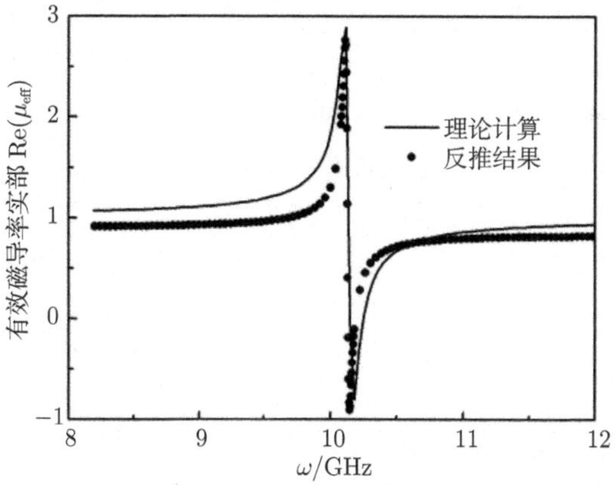

图 3.52 H_0=2200Oe 磁场下 YIG 棒反推有效磁导率实部与理论计算曲线的对照

铁氧体片也可以表现出负磁导率，从而与金属线复合后表现出左手特性，然而铁氧体片与铁氧体棒的负磁导率是有区别的。下面具体阐述无限大旋磁介质、铁氧体片、铁氧体棒以及 SRR 四者之间磁导率的区别。

均匀的无限大旋磁介质，在未被磁化前，内部的磁矩方向是混乱排列的，因此整体上表现出对电磁波的各向同性，其磁导率和介电常数均为标量；当旋磁介质在外加静磁场的作用下沿着某一方向磁化后，其整体上表现出磁性上的单轴各向异性，即沿着磁化轴的方向和垂直于磁化轴的平面内具有不同的磁性质，但在垂直磁化轴的平面内又表现出二维各向同性，因此这种情况下介质的磁导率为张量，由式 (3-2) 来表示。特殊地，当电磁波横向传播时，其非寻常波的磁导率张量可以表示为 $\bar{\bar{\mu}}^{\mathrm{inf}} = \mathrm{diag}(\mu_{\mathrm{inf}}^{\mathrm{ext}}, \mu_{\mathrm{inf}}^{\mathrm{ext}}, 1)$，其中的分量 $\mu_{\mathrm{inf}}^{\mathrm{ext}}$ 由式 (3-13) 式给出。因此，无限大旋磁介质表现出的负有效磁导率为在 xoy 平面内的二维各向同性负磁导率。

对于有一定形状和大小的实际旋磁介质来说，就要考虑电磁波的动态退磁效应对磁导率张量的影响。对于薄片状介质来说，垂直片的方向和沿着片内的方向具有明显不同的动态退磁效应，动态退磁场的存在使得垂直于片方向的磁导率为 1，而只有片平面内的磁导率为频散的非寻常波磁导率，在第 3 章图 3.14(a) 所示的坐标系中，非寻常波的磁导率张量可以表示为 $\bar{\bar{\mu}}^{\mathrm{slab}} = \mathrm{diag}(\mu_{\mathrm{slab}}^{\mathrm{ext}}, 1, 1)$，由此可见，铁氧体片的负磁导率为在 x 方向的一维负磁导率。其中的分量 $\mu_{\mathrm{slab}}^{\mathrm{ext}}$ 的大小也由式 (2-13) 给出，但其铁磁共振频率不再是 $\omega_0 = \gamma H_0$，而是 $\omega_{\mathrm{r}} = \gamma\sqrt{H_0\left(H_0 + 4\pi M_{\mathrm{s}}\right)} = \sqrt{\omega_0\left(\omega_0 + \omega_{\mathrm{m}}\right)}$，磁等离子体频率也变为

$$\omega_{\mathrm{mp}} = \sqrt{\omega_{\mathrm{r}}\left(\omega_{\mathrm{r}} + \omega_{\mathrm{m}}\right)} = \sqrt{\sqrt{\omega_0\left(\omega_0 + \omega_{\mathrm{m}}\right)}\left(\sqrt{\omega_0\left(\omega_0 + \omega_{\mathrm{m}}\right)} + \omega_{\mathrm{m}}\right)}$$

对于棒状介质，可以近似认为是关于棒长度方向上轴对称的，因此在棒的横截面的两个正交方向上具有相同的动态退磁场，在这两个方向上的磁导率分量均为频散的非寻常波磁导率，在图 3.1 所示的坐标系中，非寻常波的磁导率张量可以表示为 $\bar{\bar{\mu}}^{\mathrm{rod}} = \mathrm{diag}(\mu_{\mathrm{rod}}^{\mathrm{ext}}, \mu_{\mathrm{rod}}^{\mathrm{ext}}, 1)$，由此可见，铁氧体棒的负磁导率为在 xoy 平面内的二维各向同性负磁导率。其中分量 $\mu_{\mathrm{rod}}^{\mathrm{ext}}$ 的大小也由式 (3-13) 给出，但其铁磁共振频率 $\omega_{\mathrm{r}} = \gamma\left(H_0 + 2\pi M_{\mathrm{s}}\right) = \left(\omega_0 + 1/2\omega_{\mathrm{m}}\right)$，相应磁等离子体频率变为

$$\omega_{\mathrm{mp}} = \sqrt{\omega_{\mathrm{r}}\left(\omega_{\mathrm{r}} + \omega_{\mathrm{m}}\right)} = \sqrt{\left(\omega_0 + 1/2\omega_{\mathrm{m}}\right)\left(\omega_0 + 3/2\omega_{\mathrm{m}}\right)}$$

单个 SRR 的磁导率张量类似于铁氧体片。一般情况下，仅仅在垂直于 SRR 环面方向上的电磁波磁场才能有效地激励起强烈的磁共振，因此也只有在这个方向的磁导率分量才可以表现出负值。单个 SRR 的磁导率张量可以表示为 $\bar{\bar{\mu}}^{\mathrm{SRR}} = \mathrm{diag}(\mu_x^{\mathrm{SRR}}, 1, 1)$，此处规定 x 方向为垂直于 SRR 环面的方向。为了获得二维负磁导率，必须将 SRR 沿着两个正交的方向排列成二维的阵列，事实上最初的负折射的研究大多是基于这种二维的设计。另外，基于 SRR 单元的三维各向同性负磁导率介质也被提了出来。

通过比较我们发现，铁氧体棒可以看成除了二维 SRR 阵列外的另一种有效提供二维负磁导率的介质。与 SRR 负磁导率介质相比，铁氧体棒阵列更易于设计和实现，并且在铁氧体材料的选择上提供了更大的选择空间，其共振频率大范围、高灵敏度的磁场可调性，也体现出对 SRR 的巨大优势。

3.3.2 YIG 棒/金属线复合结构左手传输特性的实验与模拟

1. 样品设计与制作

我们设计了 YIG 棒和金属线阵列的复合结构。图 3.53(a) 是实验所使用的 YIG 棒的实物照片；图 3.53(b) 则显示了复合结构的示意图。我们先制备了 5 片印有金属线的 PCB 板，每块板上印有 5 根长度为 10mm 的金属线，PCB 板的厚度为 0.6mm。然后在 PCB 板的背面，在对应有金属线的位置处粘贴 YIG 棒，然后将这 5 块 PCB 板排列成含有 5×5 对 YIG 棒/金属线结构单元的复合结构，其结构周期为 5mm。将该复合结构置于 X 波段矩形波导中测试在外加静磁场下的电磁透射曲线。TE_{10} 型主模式电磁波沿着 y 方向传播，其电场在 z 方向上偏振，为简化讨论，仍然近似认为磁场沿 x 方向偏振，如图 3.53(b) 所示。静磁场的方向为 z 方向。

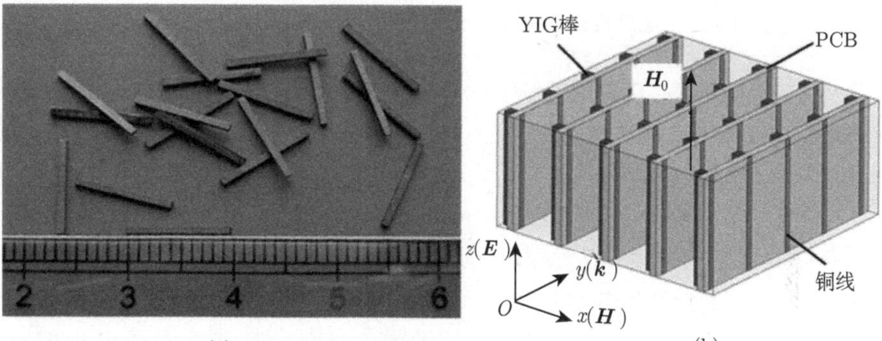

(a) (b)

图 3.53 YIG 棒及其与金属线的复合

(a) YIG 棒实物照片；(b) YIG 棒/金属线复合阵列

2. YIG 棒/金属线复合阵列左手通带的实验与模拟

我们测试了图 3.53(b) 所示的复合结构的透射曲线，如图 3.54 所示。从图中可以发现，当只有金属线阵列填充波导时，在所测试的全频段 (8~12GHz) 内均表现为透射禁带。这是由于该频段内金属线阵列的介电常数为负值，因而电磁波无法在该频段内传播所导致的。在只有 YIG 棒阵列填充波导时，在 9.5GHz 附近出现了一个透射禁带峰。在禁带峰附近，YIG 棒阵列的有效磁导率为负值，电磁波也无法在该频段内传播。然而当把 YIG 片和金属线阵列复合起来时，我们观察到在 9.3~9.8GHz 的频段内出现了一个透射通带。该通带是在金属线阵列的透射禁带的基础上出现的，通带频率与单独 YIG 棒阵列的禁带峰频率相对应，因而被确定为介电常数和磁导率同时为负值的左手通带；在左手通带外侧，由于远离了 YIG 棒阵列的铁磁共振区，因而有效磁导率为正值，仅介电常数为负值，所以表现出透射禁带。

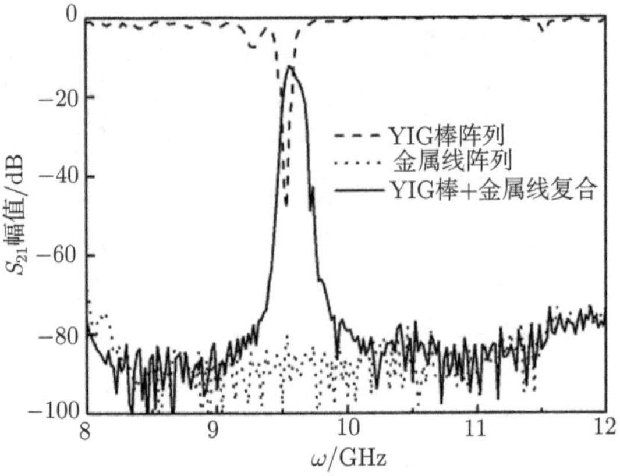

图 3.54　YIG 棒、金属线以及两者复合结构在 H_0=2000Oe 下的 S_{21} 幅值曲线

另外，我们还测试了不同磁场下的透射曲线，如图 3.55 所示。通过改变磁场的大小我们可以看出，通带频率随外磁场的增加而逐渐升高。这可以解释为外磁场的增加导致了铁磁共振频率的升高，从而使 YIG 棒阵列负磁导率的频率也随之升高，加之金属线阵列在一个较宽的范围内具有负介电常数，因而样品同时具有负磁导率和负介电常数的频段 (双负频段) 随磁场增加不断向高频移动。这样也进一步证明了图 3.54 中复合结构的通带为左手通带。图 3.56 给出了左手通带频率随外磁场的变化，可以看出，当磁场从 1600Oe 升高到 2600Oe 时，通带频率由 8.2GHz 近似线性地升高到了 11.7GHz，调节的速率达到了 3.5GHz/kOe，显著地高于典型的 SRR/金属线结构的左手材料。

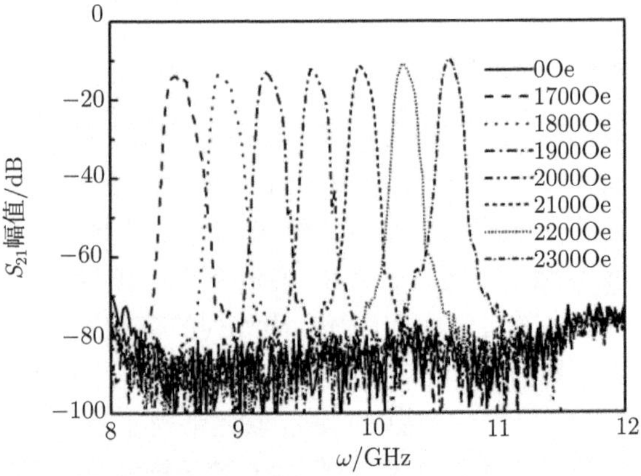

图 3.55　YIG 棒与金属线复合结构在不同磁场下的 S_{21} 幅值曲线

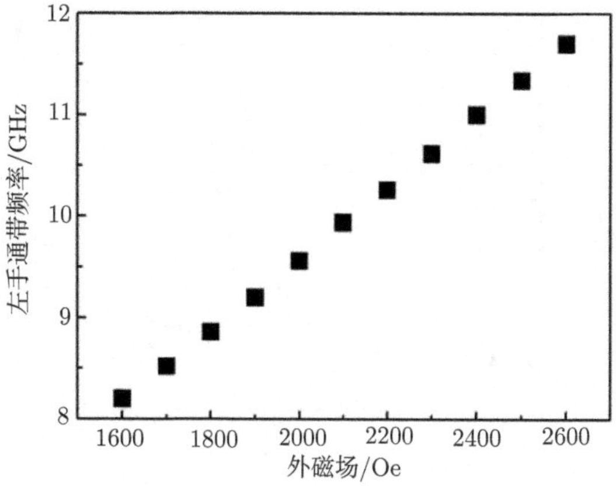

图 3.56 YIG 棒与金属线复合结构左手通带频率随外磁场变化

我们同样利用 CST 对 YIG 棒/金属线复合结构的电磁传输特性进行了模拟。图 3.57 显示了模拟结构的示意图，样品的单元结构、尺寸和材料参数尽可能与实验保持一致，在边界条件设置上，为了模拟真实波导中的电磁波传输，我们将 x 方向和 z 方向上的四个边界面均设置为导体壁边界，y 方向上的两个面设置为开放边界，并设置波端口激励源。图 3.58 显示了 2200Oe 磁场下仅 YIG 棒阵列、仅金属线阵列和两者复合三种情况下的透射曲线。单独 YIG 棒阵列在 10.28GHz 频率下出现禁带峰，单独金属线阵列则在全频带内表现禁带，而两者复合结构在 10.26GHz 处出现了一个强度为 -10dB 的通带峰。在该通带中，介电常数为由金属线阵列的电共振所导致的负值，磁导率则为由 YIG 棒的铁磁共振所导致的负值，因而该通带为左手通带。模拟结果与实验结果取得了较好的一致。

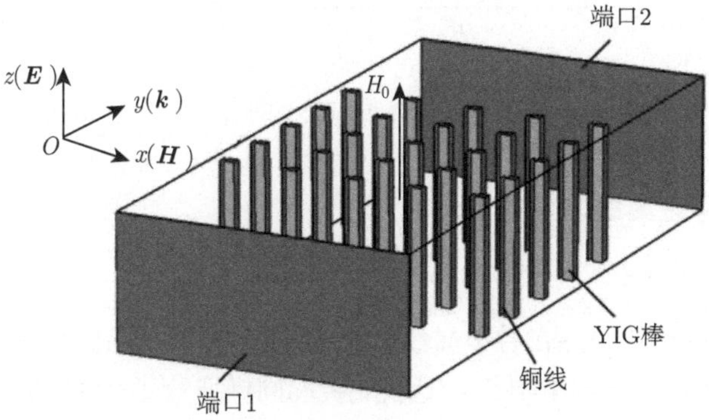

图 3.57 YIG 棒与金属线阵列复合 CST 模拟结构示意图

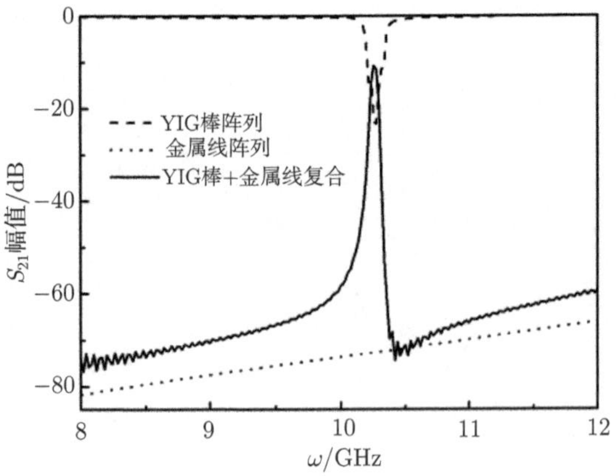

图 3.58　YIG 棒、金属线以及两者复合在 H_0=2200Oe 下模拟的 S_{21} 幅值曲线

另外，我们还模拟了不同磁场下复合结构的透射曲线，如图 3.59 所示。可以看出，随着静磁场的增加，左手通带的峰位不断向高频移动，这也与实验结果相符合。

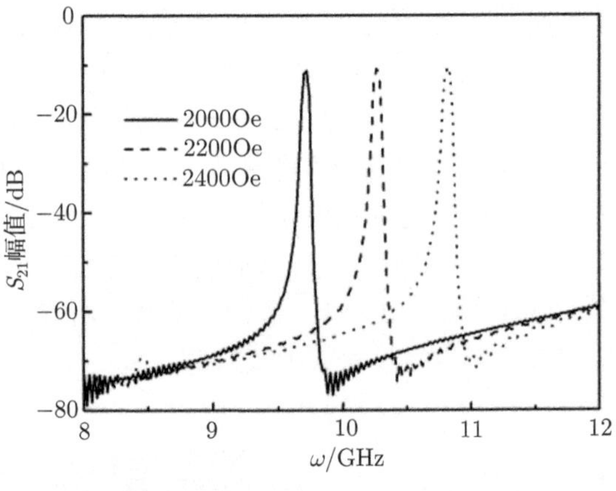

图 3.59　YIG 棒与金属线阵列复合结构在不同磁场下模拟的 S_{21} 幅值曲线

3.3.3　YIG 棒/金属线之间的电磁耦合

1. 样品设计与制作

已经有文献报道，在 SRR/金属线复合的左手材料中，SRR 与金属线之间的相对位置对左手性质有一定影响 [11]。因此，我们同样研究了 YIG 棒与金属线之间的相对位置对左手性质的影响，从而初步探讨了两者之间的电磁耦合问题。

图 3.60 显示了两种复合方式下的 YIG 棒/金属线阵列结构示意图。图 3.60(a) 为不同间距复合，在这种方式下，YIG 棒和金属线为正对放置，并以一块空 PCB

板间隔开，控制空 PCB 板的厚度 (d_1) 分别为 0mm(YIG 棒与金属线直接接触)、0.1mm、0.3mm、0.6mm，从而控制 YIG 棒与金属线之间的间距。不同间距复合的结构中包含有 5×5 对 YIG 棒/金属线结构单元。图 3.50(b) 为不同侧距复合，在这种方式下，固定 YIG 棒与金属线之间的正对距离为 0.6mm(即金属线基板的厚度)，将 YIG 棒沿着侧向移动，与金属线错开一定的距离 (d_2) 进行粘贴，控制侧距 d_2 分别为 0mm(YIG 棒与金属线正对)、1.2mm、2.0mm、2.8mm。不同间距复合的结构中包含有 4×5 对 YIG 棒/金属线结构单元。

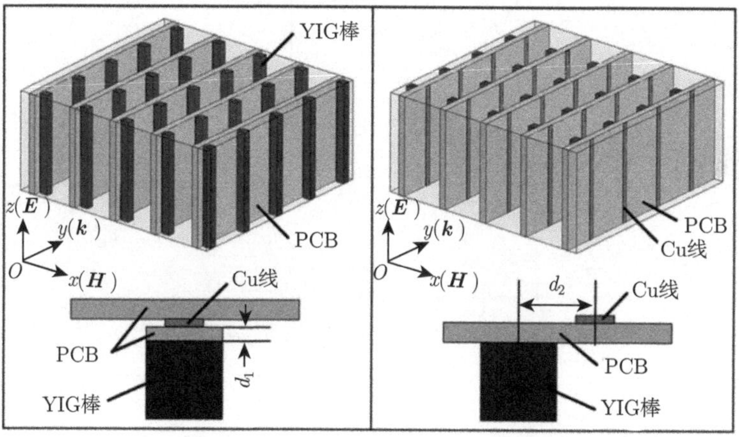

图 3.60 YIG 棒与金属线两种复合结构示意图

(a) 不同间距复合；(b) 不同侧距复合

2. 研究结果

1) 实验结果

图 3.61～图 3.64 为 YIG 棒/金属线不同间距复合下的 S_{21} 曲线。它们具有一个共同的特征：在一定磁场下都出现左手通带，并且通带频率随着外磁场的增加而近似线性升高。在间距 d_1 为 0mm、0.1mm、0.3mm、0.6mm 时，通带频率的调节速率分别为 3.6GHz/kOe、3.58GHz/kOe、3.62GHz/kOe、3.5GHz/kOe，不同间距下的调节速率基本相同。但它们之间的区别是，随着间距 d_1 的增加，通带的强度明显降低，并且带宽也随之减小。在 d_1=0mm 时的通带强度最高值达到了 −3dB，即 −1.5dB/cm(2500Oe 时)，这一数值明显高于一般环线结构左手材料的测试结果；而在 d_1=0.6mm 时，通带强度下降到 −10dB 以下。

图 3.65 进一步反映了 YIG 棒/金属线之间间距对左手性质的影响。由图 3.65(a) 可以看出，该复合结构在同一外磁场下的左手通带具有近似相同的通带频率，并且

左手通带均出现在单独 YIG 棒阵列的禁带峰处，并由此向高频方向有一定的展宽，这种展宽随着间距的增加而明显减小。图 3.65(b) 则具体显示了左手通带的强度随 YIG 棒/金属线间距的增加而减小的变化趋势。

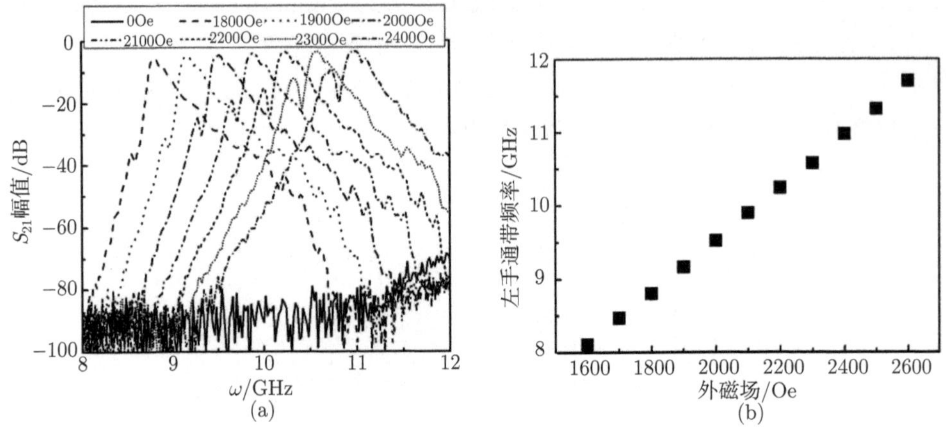

图 3.61　d_1=0mm 时的左手性质

(a) 不同磁场的 S_{21} 幅值；(b) 左手通带频率随磁场变化

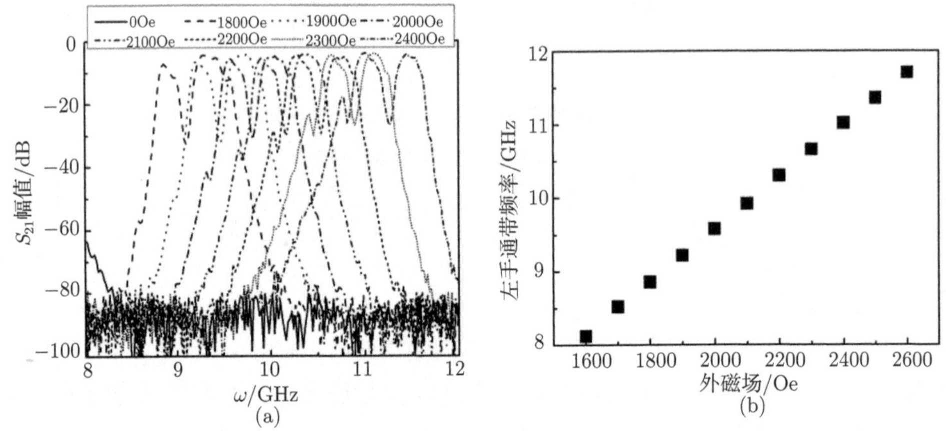

图 3.62　d_1=0.1mm 时的左手性质

(a) 不同磁场的 S_{21} 幅值；(b) 左手通带频率随磁场变化

图 3.66～图 3.69 为 YIG 棒和金属线不同侧距复合下的 S_{21} 曲线。它们的共同特征同样是在一定磁场下都出现左手通带，并且通带频率随着外磁场的增加而近似线性升高。在侧距 d_2 为 0mm、1.2mm、2.0mm、2.8mm 时，通带频率的调节速率分别为 3.32GHz/kOe、3.22GHz/kOe、3.22GHz/kOe、3.33GHz/kOe，不同侧距下的调节速率基本相同。

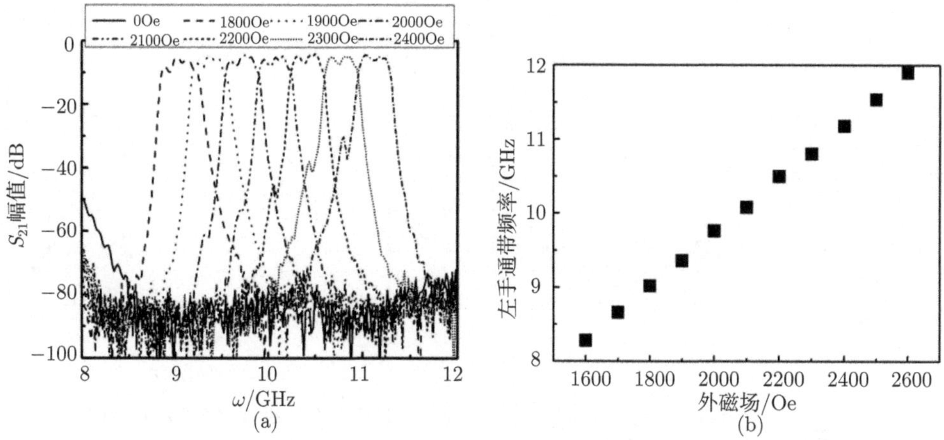

图 3.63 d_1=0.3mm 时的左手性质

(a) 不同磁场的 S_{21} 幅值；(b) 左手通带频率随磁场变化

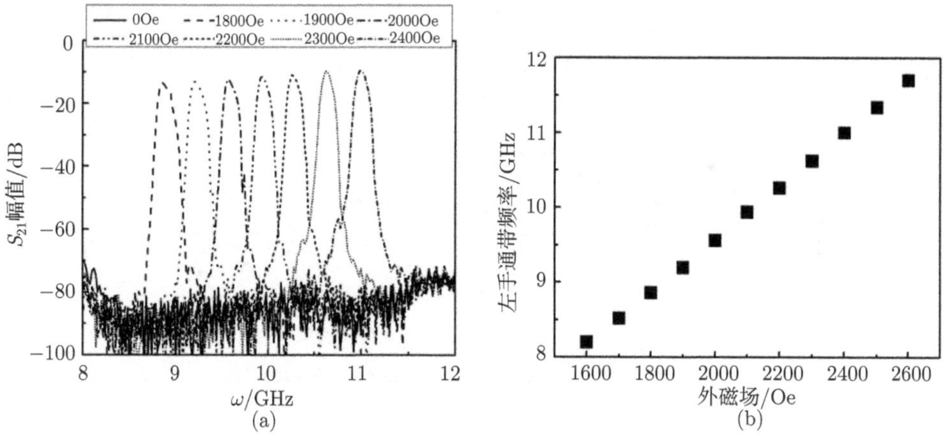

图 3.64 d_1=0.6mm 时的左手性质

(a) 不同磁场的 S_{21} 幅值；(b) 左手通带频率随磁场变化

YIG 棒/金属线不同侧距 S_{21} 曲线之间也有一个明显的区别，就是随着侧距 d_2 的增加，通带的强度随着降低，带宽减小，如图 3.70 所示。这个变化规律与不同间距的规律非常相似，但我们还应该注意到的是，随着间距 d_1 从 0mm 增加到 0.6mm，通带强度降低到约 −13dB，而随着侧距 d_2 从 0mm 增加到 2.8mm(在保持 d_1=0.6mm 不变的基础上)，通带强度则从约 −10dB 降低到约 −38dB。由此我们可以进一步得出结论：左手通带的强度是随着 YIG 棒/金属线之间的相对距离的增加而不断降低的，这种变化只与两者之间的相对距离大小有关，而与两者之间是正向还是侧向的具体排列方式无关。

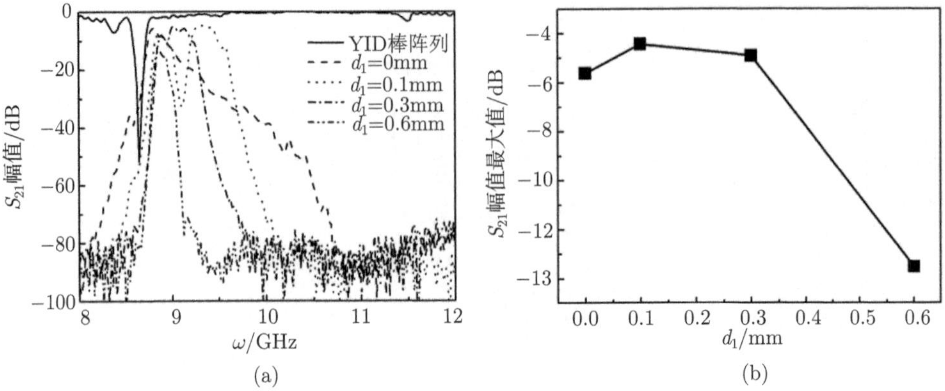

图 3.65　H_0=1800Oe 磁场下 YIG 棒/金属线复合结构左手性质随间距 d_1 的变化

(a) 不同间距下的左手通带；(b) 左手通带的最大值随间距 d_1 的变化

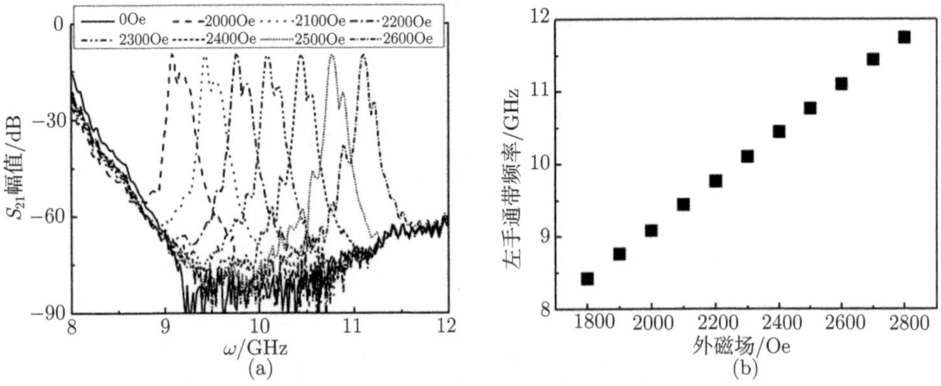

图 3.66　d_2=0mm 时的左手性质

(a) 不同磁场的 S_{21} 幅值；(b) 左手通带频率随磁场变化

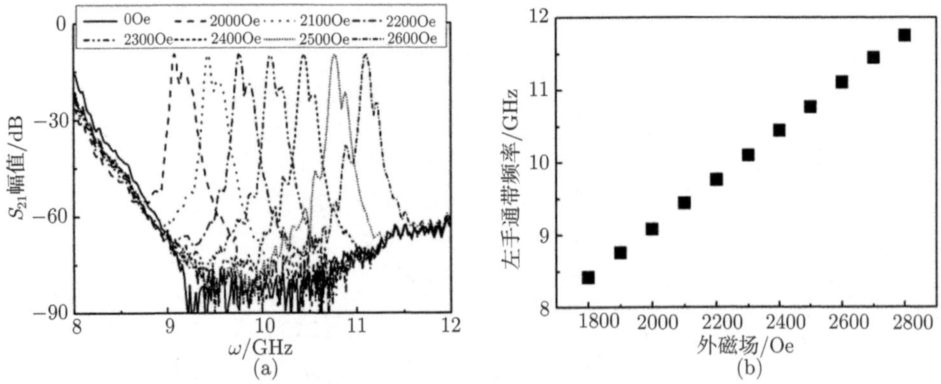

图 3.67　d_2=1.2mm 时的左手性质

(a) 不同磁场的 S_{21} 幅值；(b) 左手通带频率随磁场变化

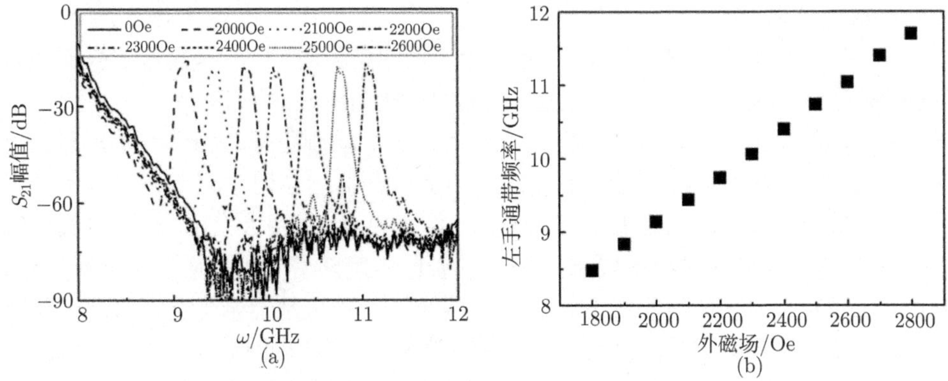

图 3.68 d_2=2.0mm 时的左手性质

(a) 不同磁场的 S_{21} 幅值；(b) 左手通带频率随磁场变化

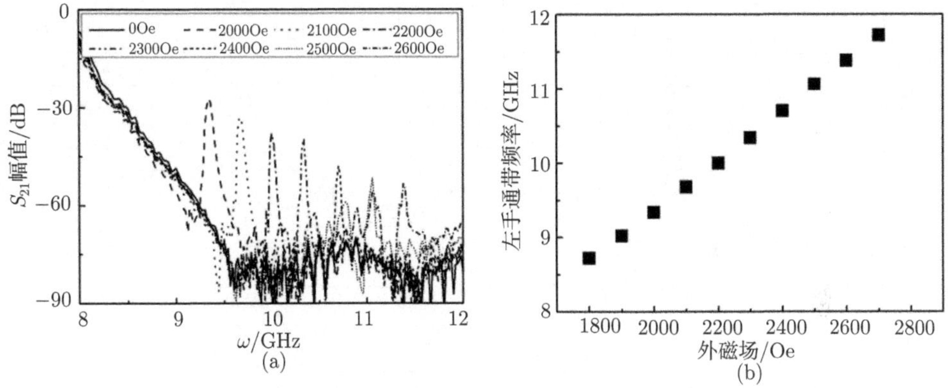

图 3.69 d_2=2.8mm 时的左手性质

(a) 不同磁场的 S_{21} 幅值；(b) 左手通带频率随磁场变化

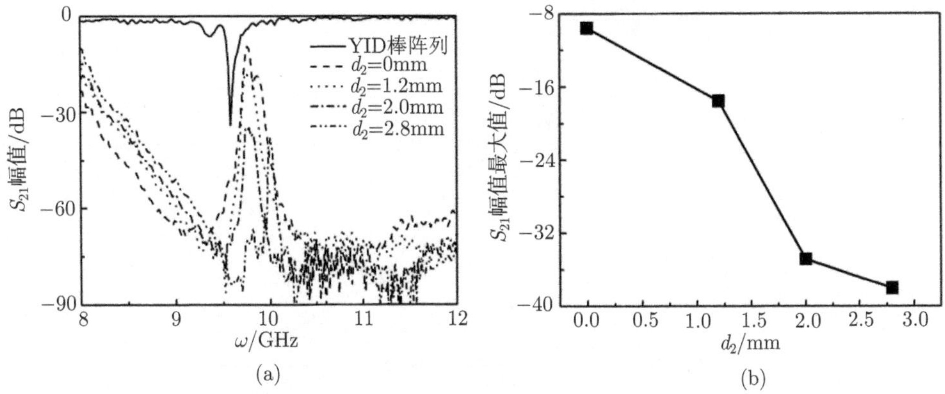

图 3.70 H_0=2000Oe 磁场下 YIG 棒/金属线复合结构左手性质随侧距 d_2 的变化

(a) 不同侧距下的左手通带；(b) 左手通带的最大值随侧距 d_2 的变化

2) 模拟结果

为了进一步验证上述实验规律，我们对不同间距的 YIG 棒/金属线复合结构的电磁传输进行了模拟，模拟所采用的结构模型仍然如图 3.57 所示。变化 YIG 棒/金属线之间的间距为 0.3~1.6mm，得到了一系列 S_{21} 幅值曲线，如图 3.71 所示。由图 3.71(a) 可以看出，同一磁场下不同间距复合样品均在同一频率处出现了左手通带，通带的形状则随间距的不同而不同。图 3.71(b) 是图 3.71(a) 在左手通带频段内的放大图，可以很清楚地看出，左手通带的强度随着间距的增加而不断降低，由 0.3mm 的约 −10dB 降低到 1.6mm 的约 −30dB，相应地通带带宽也随之不断减小。图 3.72 则具体显示了左手通带的强度随着间距的增加而不断降低的变化规律。模拟的左手通带随 YIG 棒/金属线相对距离的变化规律与实验结果保持了很好的一致。

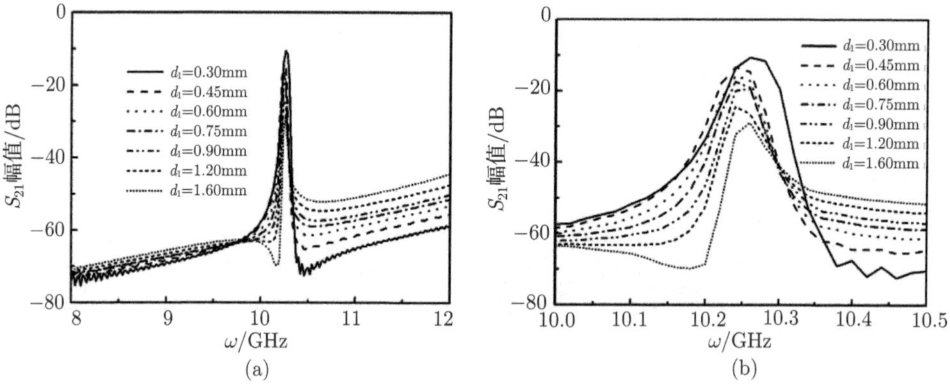

图 3.71　H_0=2200Oe 磁场下 YIG 棒/金属线不同间距复合模拟左手通带

(a) X 波段全频段模拟结果；(b) 左手通带处放大图

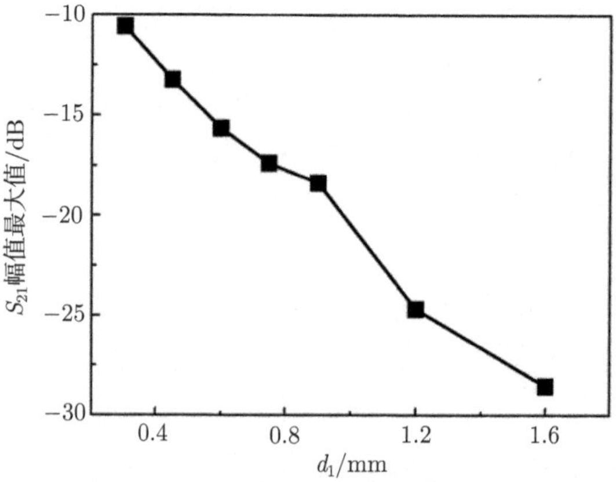

图 3.72　H_0=2200Oe 磁场下 YIG 棒/金属线复合模拟左手通带强度随间距的变化

3) 电磁耦合机制分析

由 YIG 棒/金属线复合阵列的实验和模拟结果可知，棒与线之间的相对距离对左手性质有显著的影响，下面我们就来分析一下造成这种结果的原因。

首先从能量和场的观点进行分析。我们模拟了 YIG 棒/金属线不同间距情况下在棒横截面上的磁场能量分布和电场能量分布，如图 3.73 和图 3.74 所示。由图 3.73 可以看出，磁场能量主要集中在 YIG 棒和金属线之间的缝隙中，并且随着间距的增加，缝隙处的磁场能量迅速减小，磁能的峰值约为 $2\times10^{-3}\text{J/m}^3$。由图 3.74 可以看出，电场能量主要集中在 YIG 棒内部及附近，并且随着间距的增加，YIG 棒内部的电场能量迅速增加，电能的峰值约为 $1.5\times10^{-4}\text{J/m}^3$，比磁能的峰值小一个数量级。

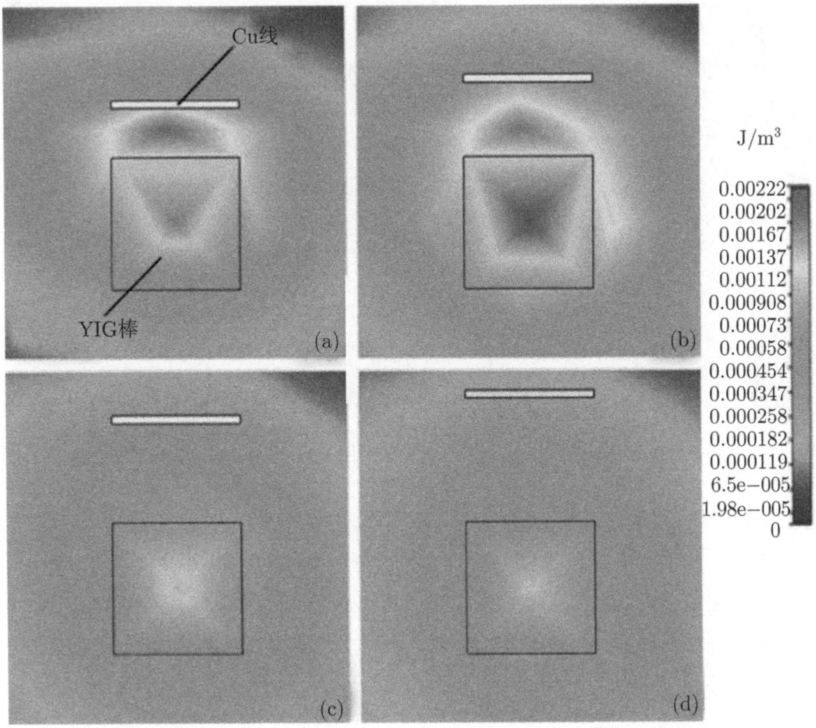

图 3.73 YIG 棒/金属线不同间距复合左手通带峰值处模拟磁场能量密度分布 (后附彩图)

比较图 3.73 和图 3.74 可以看出，当 YIG 棒和金属线之间距离较近时，电磁场主要以磁场能量的形式存储在棒和线之间的缝隙中，而电场的能量则相对磁场小 1~2 个数量级。而这种强的磁场能应该是由棒和线之间的电磁耦合所造成的。也许正是这种耦合出的强磁场才增强了复合结构的左手传输。这与一般文献所认为的铁氧体/金属线电磁耦合会削弱甚至破坏左手传输的观点正好相反 [12]，本研究中的电磁耦合对左手性质起了正面的作用。随着间距的增加，棒/线之间的电磁耦合减弱，耦合出的磁场也迅速减小，从而导致左手传输被削弱。

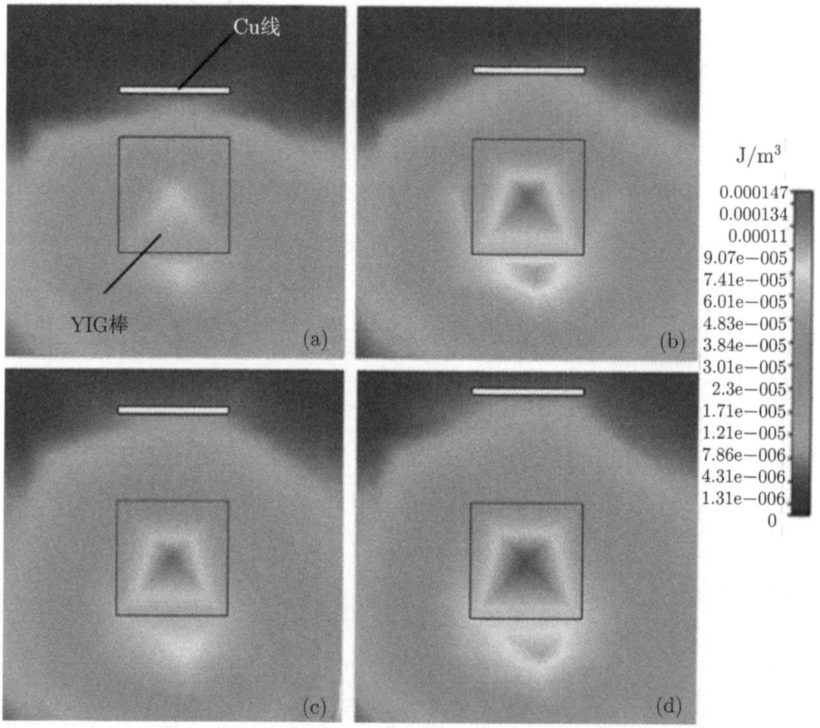

图 3.74　YIG 棒/金属线不同间距复合左手通带峰值处模拟电场能量密度分布 (后附彩图)

其次，从物理过程上定性地分析了电磁耦合的产生机制。图 3.75 为 YIG 棒/金属线复合单元的示意图。金属线中的自由电子 e$^-$ 在 z 方向上偏振的交变电场 $\boldsymbol{E}$ 的作用下沿着线方向做往复运动，形成往复电流 I。根据毕奥–萨伐定律，该往复电流将在金属线周围形成一个感应磁场 $\boldsymbol{H}'$，再由金属中电流的经典微观图像，可以得出 $\boldsymbol{H}'$ 的大小为 [13]

$$H' = \frac{I}{2\pi r} = \frac{ne^2\tau\Delta S}{2\pi rm}E \tag{3-26}$$

其中，I 为金属线中的电流，r 为空间任一点到金属线的距离，n 为单位体积内自由电子数，e 为电子电荷，τ 为自由电子的平均自由程，m 为电子的质量，ΔS 为金属线的横截面积。YIG 棒除了受到电磁波磁场 $\boldsymbol{H}$ 作用外，同时还受到感应磁场 $\boldsymbol{H}'$ 的作用。如果把 YIG 棒和金属线看成一个系统，则该系统受到的磁化作用为 $\boldsymbol{H}$ 和 $\boldsymbol{H}'$ 的和，可以写作

$$\boldsymbol{B}=\overline{\overline{\mu}}(\boldsymbol{H}+\boldsymbol{H}')=\overline{\overline{\mu}}\boldsymbol{H}+\frac{\overline{\overline{\mu}}ne^2\tau\Delta S}{2\pi rm}\boldsymbol{E} \tag{3-27}$$

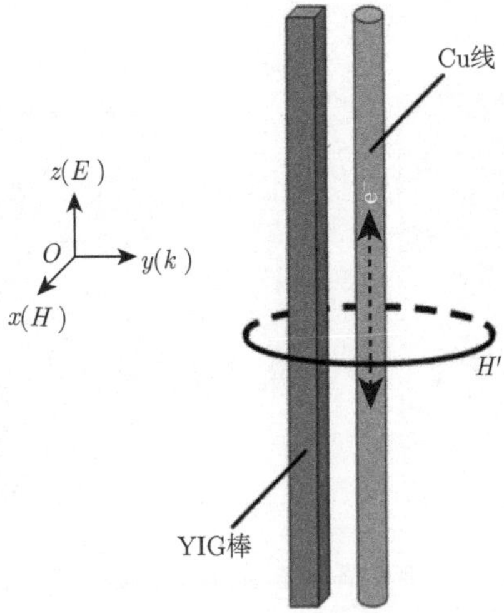

图 3.75　YIG 棒/金属线之间电磁耦合示意图

式 (3-27) 的物理含义为，系统受到的总的磁化作用不仅来自电磁波磁场 $\boldsymbol{H}$ 的贡献，还来自于电磁波电场 $\boldsymbol{E}$ 的贡献，因此该系统属于双各向异性 (bianisotropy) 系统。其中的 $\overline{\overline{\mu}}ne^2\tau\Delta S/2\pi rm$ 项可以定义为电磁耦合系数。由式 (3-27) 可以看出，YIG 棒和金属线之间的电磁耦合从物理上说来源于金属线在电磁波电场作用下在周围形成的磁场，并且棒和线距离越近，耦合系数就越大，两者之间的耦合作用也越强。

3.3.4　具有低损耗的铁氧体壳/金属线芯结构单元的左手材料

1. 结构设计与制作

通过前面的讨论我们知道，YIG 棒和金属线之间的距离越近，左手透射峰强度越大，当 YIG 棒与金属线紧贴时获得了损耗仅为 −3dB 的左手透射峰。基于此，我们通过模拟进一步提出了一种具有更低损耗的铁氧体/金属线复合结构。

在前面 YIG 棒/金属线复合的结构单元中，YIG 棒仅仅位于金属线的一侧，因此，棒与线之间较强的耦合也只发生在有 YIG 棒存在的那一侧。为了进一步增强 YIG 棒与金属线之间的电磁耦合，提高左手透射峰的强度，我们考虑在金属线的四周均包围 YIG 介质，即形成所谓的铁氧体壳/金属线芯复合的左手介质。图 3.76(a) 所示为这种壳/芯结构的单元示意图，其中作为“壳”的 YIG 棒截面尺寸为 0.8mm×0.8mm，高为 10mm；作为“芯”的金属线截面尺寸为 0.2mm×0.05mm，高为 10mm。将该结构单元排列成 5×5 的周期性阵列，晶格常数为 5mm，如图 3.76(b) 所示。

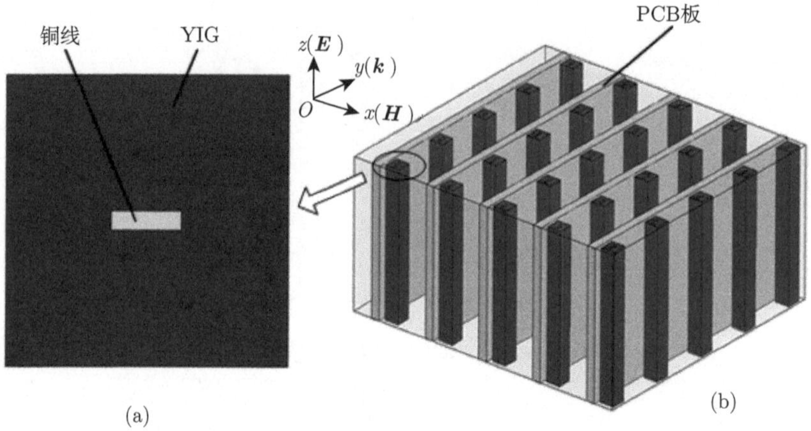

图 3.76　具有铁氧体壳/金属线芯结构的左手材料

(a) 单元截面；(b) 阵列示意图

2. 研究结果

我们用 CST 对该阵列进行了电磁传输性质的模拟。图 3.77 所示为外磁场 2200Oe 下对金属线阵列、空心 YIG 棒 (即去掉金属线芯后保留其空洞的棒) 阵列以及 YIG 壳/金属线芯复合阵列模拟的 S_{21} 幅值曲线。对于金属线阵列，在模拟

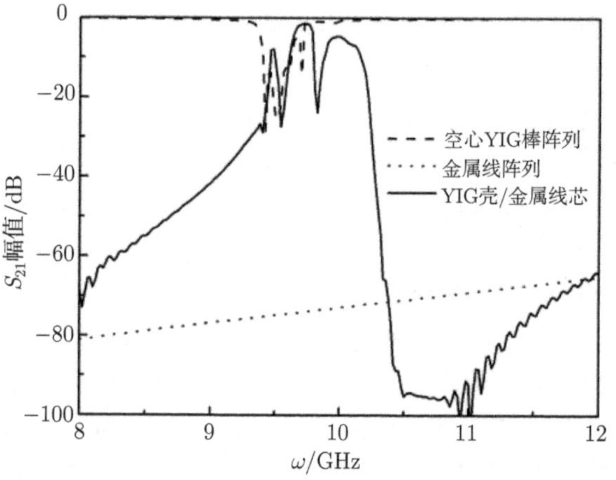

图 3.77　金属线阵列、空心 YIG 棒以及两者复合在 2200Oe 下模拟的 S_{21} 幅值曲线

的整个频率范围内表现为宽的禁带，这是由金属线阵列的负介电常数所导致的；对于空心的 YIG 棒阵列，在 9.5GHz 附近出现了透射禁带峰，这是由铁磁共振引起的负磁导率所造成的；对于 YIG 壳/金属线芯复合阵列，在 9.4~10.3GHz 范围内出现一个较宽的通带，该通带是在金属线阵列宽禁带的基础上出现的，并且通带频率与空心 YIG 棒的禁带峰相对应，因而可以认为是左手通带。

图 3.77 中值得注意的是，YIG 壳/金属线芯复合的左手材料，其左手通带最高峰处的损耗仅为 −1.15dB，即 −0.58dB/cm，明显低于 YIG 棒和金属线的简单复合结构。根据前面的研究，这种低损耗也可能是由壳/芯更加强烈的电磁耦合造成的。另外，该左手通带劈裂为 3 个峰，这可能是单独空心 YIG 棒的禁带峰劈裂为 3 个的结果。

为了进一步说明这种壳/芯结构中存在的电磁耦合，我们对左手通带最强频率下 (9.72GHz) 的电磁场能量密度分布进行了模拟，如图 3.78 所示。从图中可以看出，电磁场主要以磁场能的形式分布在 YIG 棒内以及棒周围，而电场能约比磁场能量小 1 个数量级，也主要分布在棒内及其周围。与图 3.73 和图 3.74 相比，这种 YIG 壳/金属线芯结构单元的电磁场能量分布更加均匀，因而可能导致了更强的左手透射。

另外，在所设计结构中同样证明了磁可调的左手通带，如图 3.79 所示。随着外磁场由 2000Oe 增加到 2400Oe，左手峰频率由 9.16GHz 升高到 10.28GHz，调节速率达到了 2.8GHz/kOe，然而透射峰的强度没有明显的变化，仍然维持在较低损耗的水平上。

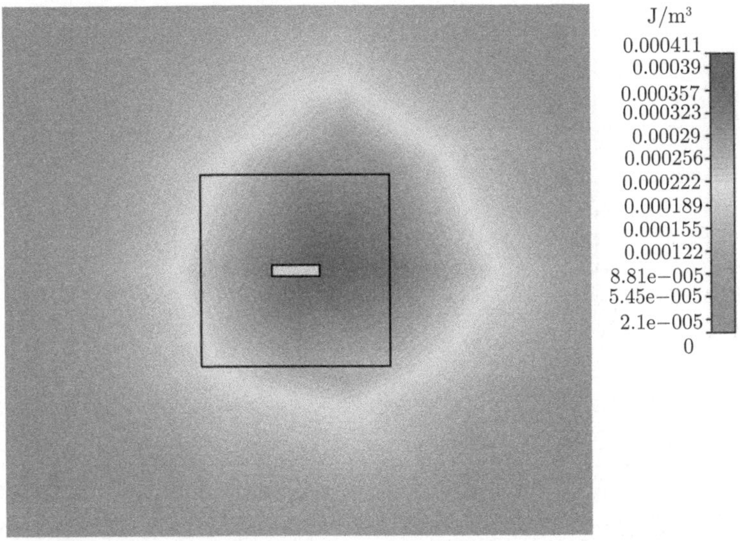

(a)

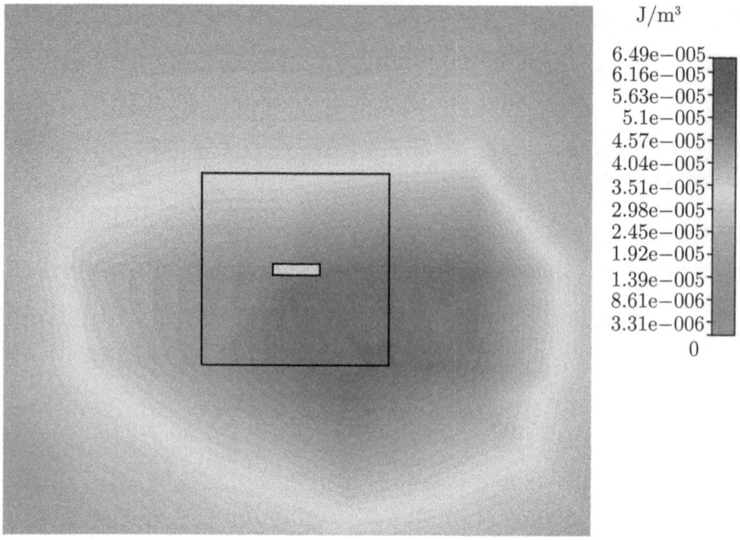

(b)

图 3.78　YIG 壳/金属线芯复合左手通带最强频率处 (9.72GHz) 电磁场能量密度分布 (后附彩图)

(a) 磁场能量密度; (b) 电场能量密度

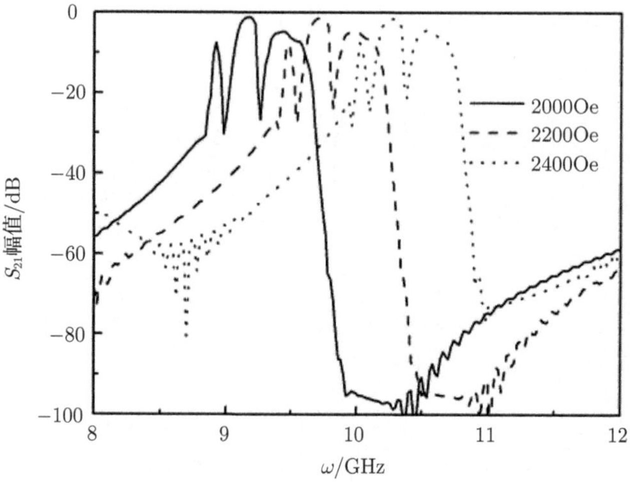

图 3.79　YIG 壳/金属线芯复合结构在不同磁场下模拟的 S_{21} 幅值曲线

以上是从电磁模拟的角度，基于铁氧体和金属线复合的方法，提出了一种新型低损耗、灵敏可调的左手材料。在具体实现上，则需要通过采取合适的材料制备手段来完成。

3.3.5 YIG 方块/金属线复合结构的构造及其左手传输

1. 样品与测试方法

实验仍然采用商用的 YIG 铁氧体多晶陶瓷 (以下简称 YIG)，其电磁性能指标与第 3 章使用的 YIG 片完全相同。该铁氧体的块体经过切割、磨制等工艺后，切割成边长为 0.8mm 的立方体方块样品备用。实验用的金属铜线仍然采用标准的 PCB 掩膜蚀刻技术制备，具体制备过程参见第 3 章。基板材料为 FR-4，厚度约为 0.6mm；金属线的规格为：线长 10mm、线宽 0.5mm、线厚 0.03mm、线间距 5mm。

将切割好的 YIG 方块粘贴在金属线板的正面，并且保持 YIG 方块与金属线的位置对正，每 1 根金属线上用双面胶粘贴 1~5 个不等的 YIG 方块，YIG 方块与金属线之间间距约 0.1mm。将粘贴有 YIG 方块的金属线板组装成阵列，如图 3.80 所示。为了描述方便，将 1 根金属线对应 1、3、5 个 YIG 方块的样品分别称为 5×5×1、5×5×3 和 5×5×5 样品。

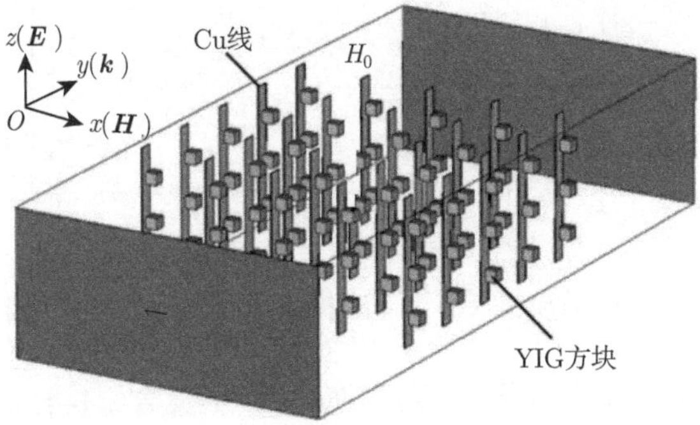

图 3.80 YIG 方块/金属线复合阵列示意图 (5×5×3 样品)

将 YIG 方块/金属线复合结构置于 X 波段矩形波导中测试在外加静磁场下的电磁透射 (S_{21}) 曲线。TE_{10} 型主模式电磁波沿着 y 方向传播，其电场在 z 方向上偏振，为简化讨论，在没有特别指出的情况下，仍然近似认为磁场沿 x 方向偏振。实验采用的主要设备及附件仍然参见表 3.2。

2. 研究结果

首先测试了 5×5×1 样品单独 YIG 方块的 S_{21} 幅值曲线，如图 3.81 所示。我们可以看出，在没有加外磁场时，样品在整个测试频段内表现为低损耗的通带，其损耗小于 −1dB。这种低损耗是由于 YIG 材料本身极低的零场磁损耗和较低的介电损耗所致。当施加磁场至 2400Oe 时，出现了强度很小的一个禁带峰，该禁带峰是由样品在电磁波磁场和外加静磁场共同作用下发生的铁磁共振所引起的。类似的实验结果在第 3、4 章均有详细论述，然而与 YIG 片和棒的禁带峰相比，YIG 方块的禁带峰有两点不同之处。一是禁带峰的强度要远远低于 YIG 片或棒阵列样品，而与单根 YIG 棒的禁带强度差不多，这是因为 5×5×1 样品中 YIG 方块占据整个空间的体积比相当小，以至于与之作用的电磁波的能量十分有限，因而禁带峰的强度较低。二是在相同频率下出现禁带峰时所需要的外磁场要高于 YIG 片或棒样品。如果我们把方块近似看成球体，则其铁磁共振频率为 $\omega_{\rm r}=\gamma H_0$，而片状 (沿着片磁化) 和棒状样品 (沿着轴向磁化) 的铁磁共振频率分别为 $\omega_{\rm r}=\gamma\sqrt{H_0\left(H_0+4\pi M_{\rm s}\right)}$ 和 $\omega_{\rm r}=\gamma\left(H_0+2\pi M_{\rm s}\right)$，因此形状退磁效应使得片状和棒状样品在相同频率下发生铁磁共振所需的磁场小于方块。

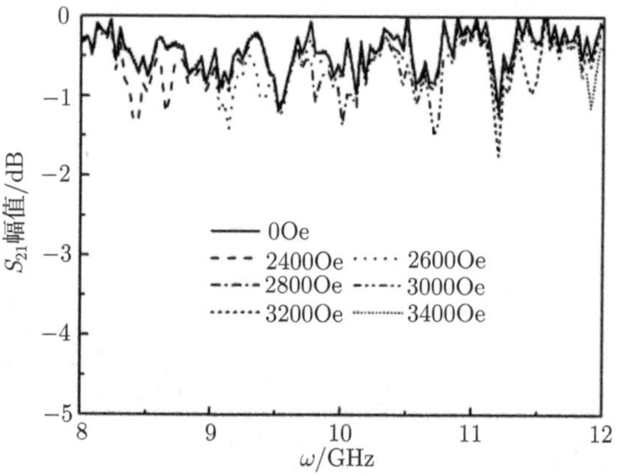

图 3.81　YIG 方块 (5×5×1) 阵列在不同磁场下的 S_{21} 幅值曲线

当 YIG 方块与金属线复合后，我们在 5×5×1 复合结构样品中观察到了磁可调的透射通带峰，并且通带峰的频率比同磁场下单独 YIG 方块的禁带峰稍高一些，如图 3.82(a) 所示。这个通带峰为左手峰，与 YIG 片/金属线、YIG 棒/金属线复合左手材料的实验结果类似。然而与 YIG 片/金属线和 YIG 棒/金属线的左手峰相比，YIG 方块/金属线的左手峰强度要低得多，仅仅具有小于 −60dB 的通带强度。我们经过分析认为，对于 YIG 棒/金属线复合结构来说，金属线在长度方向上的任意一个位置的旁边均有 YIG 棒与之相对应，即棒和线之间是完全一一对应的，棒在其长度方向上 (z 方向) 的不同位置处的电磁波磁响应是相同的；而 YIG 方块/金属线复合结构中，只在金属线某一特定的位置处旁边对应有 YIG 方块，其他位置则没有 YIG 方块，这样就造成 z 方向上有 YIG 方块和没有 YIG 方块的位置所表现出的局部电磁波磁响应是有很大区别的，这可能是导致左手峰强度较弱的原因。图 3.82(b) 显示了左手通带频率随外磁场的变化，可以看出，当磁场从 2400Oe 升高到 3400Oe 时，通带频率由 8.37GHz 升高到了 11.73GHz，调节的速率达到了 3.36GHz/kOe。

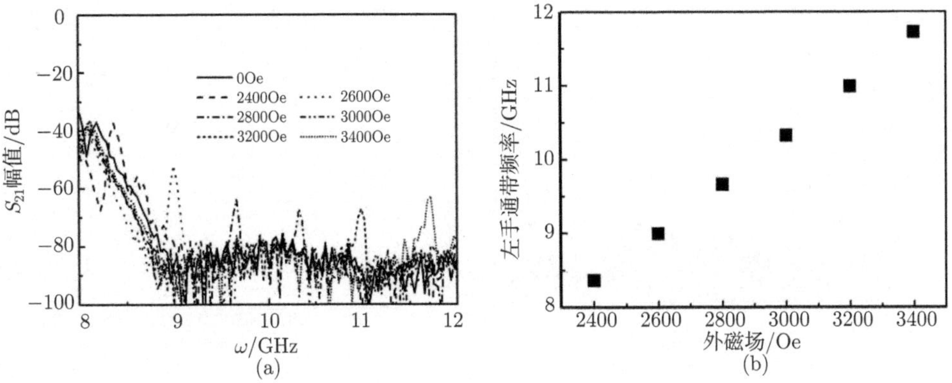

图 3.82 YIG 方块与金属线复合结构 (5×5×1) 不同磁场下的左手性质

(a) 不同磁场的 S_{21} 幅值；(b) 左手通带频率随磁场变化

当增加 1 根金属线所对应的 YIG 的个数时，YIG 方块阵列的禁带峰强度明显增加。图 3.83 是 5×5×3 单独 YIG 方块阵列在不同外磁场下的 S_{21} 幅值曲线，可以看出其禁带峰强度增加到了约 −4dB。禁带强度的增加是由于提高了 YIG 方块的占据空间体积比，从而增大了 YIG 方块与电磁波能量的作用所致。另外还可以看出，在同一外磁场作用下，禁带峰劈裂成两个峰，这可能是由于 1 根金属线所对应的 3 个 YIG 块不仅相互独立地响应外磁场的磁化，而且它们排列的直线又恰好平行于外磁场磁化的方向，距离又比较近，因此互相之间会存在一定的电磁相互作用。当与金属线复合后，其磁可调的左手峰也劈裂成了两个峰，如图 3.84(a) 所示；以其中的主峰频率随外磁场的变化进行作图，得到图 3.84(b)。可以看出，当磁场从 2400Oe 升高到 3400Oe 时，通带频率由 8.47GHz 升高到了 11.5GHz，调节的速率达到了 3.03GHz/kOe。

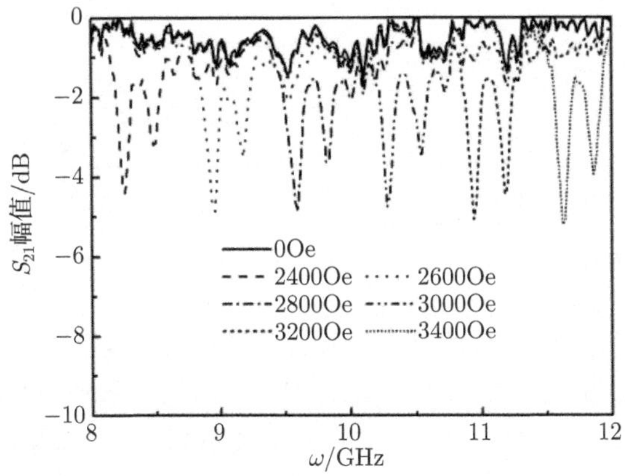

图 3.83 单独 YIG 方块 (5×5×3) 阵列在不同磁场下的 S_{21} 幅值曲线

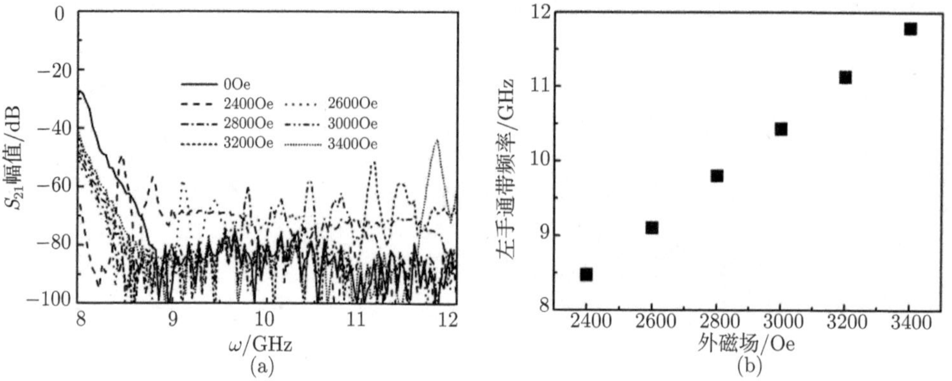

图 3.84　YIG 方块与金属线复合结构 (5×5×3) 不同磁场下的左手性质

(a) 不同磁场的 S_{21} 幅值；(b) 左手通带频率随磁场变化

5×5×5 样品的单独 YIG 方块和 YIG 方块/金属线复合结构在不同磁场下的 S_{21} 幅值曲线如图 3.85 和图 3.86(a) 所示，同样可以看出单独 YIG 方块的禁带峰和复合结构的左手峰均发生了劈裂，这种劈裂同样有可能是由同一根金属线所对应的 5 个 YIG 方块之间存在电磁相互作用引起的。以其中的主峰频率随外磁场的变化进行作图，得到图 3.86(b)。可以看出，当磁场从 2400Oe 升高到 3400Oe 时，通带频率由 8.6GHz 升高到了 11.8GHz，调节的速率达到了 3.2GHz/kOe。

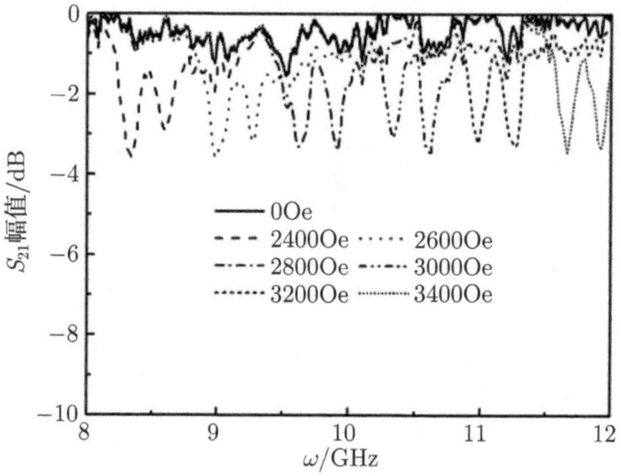

图 3.85　单独 YIG 方块 (5×5×5) 阵列在不同磁场下的 S_{21} 幅值曲线

为了验证 YIG 方块/金属线复合结构的左手性质，我们对 5×5×3 结构的样品进行了模拟，如图 3.87 所示。可以看出，该复合结构在单独 YIG 方块禁带峰的位置处出现了一个弱的左手通带峰，但与实验结果不同的是，模拟结果中并没有发现 YIG 方块禁带峰以及复合结构左手峰发生劈裂。

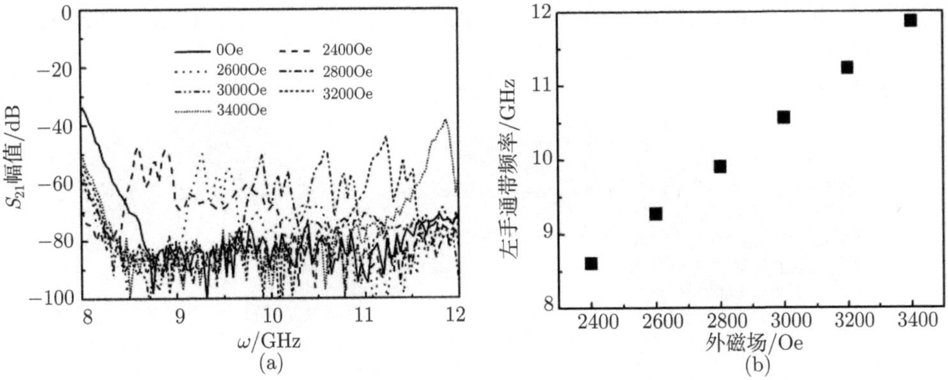

图 3.86 YIG 方块与金属线复合结构 (5×5×5) 不同磁场下的左手性质

(a) 不同磁场的 S_{21} 幅值; (b) 左手通带频率随磁场变化

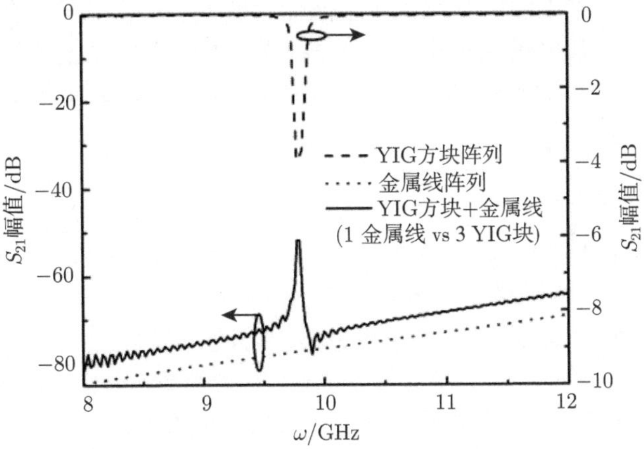

图 3.87 YIG 方块及其与金属线复合结构在 H_0=2800Oe 下模拟的 S_{21} 幅值曲线

3.3.6 S 波段下 YIG 片 (棒)/金属线复合结构的左手传输

1. 样品结构

实验仍然采用商用 YIG 多晶陶瓷和蚀刻方法制备的金属线 PCB 板。针对 S 波段矩形波导的尺寸 (内截面 72mm×34mm)，我们设计了 YIG 片/金属线、YIG 棒/金属线两种复合结构。其中金属线的高度为 34mm，宽度为 0.5mm、厚度约为 0.03mm，线间距为 5mm；YIG 片的高度为 30mm，长度为 40mm，厚度为 0.8mm；YIG 棒的高度为 30mm，截面为 0.8mm×0.8mm。如图 3.88(a) 所示，波导中纵向放置 5 排金属线板，排与排之间相距 8mm，并在中间 1 排金属线板旁边纵向放置 1 片 YIG；图 3.88(b) 中，金属线板的放置方式与图 3.88(a) 相同，只是每一排金属线板的背面对应每一根金属线的位置处都粘贴一根 YIG 棒，棒与线之间间距约 0.6mm。

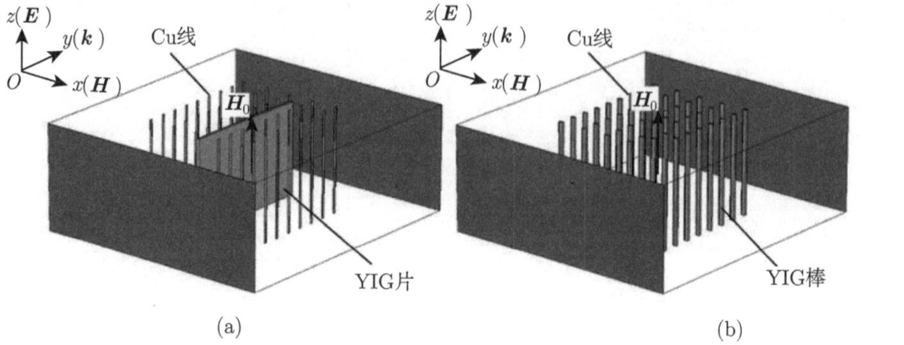

图 3.88 S 波段波导填充 YIG/金属线复合结构

(a) YIG 片/金属线；(b) YIG 棒/金属线

我们采用 BJ−35 型 10cm 波段矩形波导测试 S_{21} 曲线，TE_{10} 型主模式电磁波沿着 y 方向传播，其电场在 z 方向上偏振，为简化讨论，在没有特别指出的情况下，仍然近似认为磁场沿 x 方向偏振，如图 3.88 所示。实验采用的主要设备及附件仍然参见表 3.2。

2. 实验结果与讨论

我们首先研究了 S 波段下金属线阵列作为负介电常数介质的电磁波传输行为，为此，我们测试了三种晶格金属线阵列的 S_{21} 曲线，如图 3.89 所示。放置 3 排金属线板时，板间距为 16mm；放置 4 排金属线板时，板间距为 12mm；放置 5 排金属线板时，板间距为 8mm。从图中可以看出，在频率高于 2.9GHz 时，三种样品均出现了较宽的传输禁带。不同的是，随着金属线板的增加，传输禁带处的 S_{21} 曲线由倾斜逐渐变得平坦，意味着金属线阵列的等离子体频率逐渐升高，这是由金属线阵列晶格常数的降低所造成的。由此可见，放置 5 排金属线板可以在 2.9~4.0GHz 频段内获得较好的负介电常数行为，因此，在后面的复合结构中均采用 5 排金属线板进行复合，分别研究了 YIG 片/金属线和 YIG 棒/金属线两种复合介质的电磁透射性质。

首先研究了 YIG 片/金属线复合在 S 波段的电磁传输行为。

图 3.90 为单独 YIG 片纵向填充 S 波段波导时在不同磁场下的 S_{21} 幅值曲线。从图中可以看出，在未加磁场时，YIG 片在整个测试频段内表现出低损耗的透射通带，这是由 YIG 材料本身低的低场磁损耗和低的介电损耗所决定的；当施加外磁场至 362Oe 时，出现了一个透射禁带峰，并且禁带峰频率随着磁场的增加而逐渐向高频移动。在禁带峰附近，YIG 棒阵列的有效磁导率为负值，电磁波无法在该频段内传播。该禁带峰与 X 波段 YIG 片样品的实验现象类似，均是由 YIG 的铁

磁共振所造成的。不同的是 S 波段下出现禁带峰的磁场远远小于 X 波段下的禁带峰磁场，这是因为磁等离子体频率随着外磁场的降低而降低。

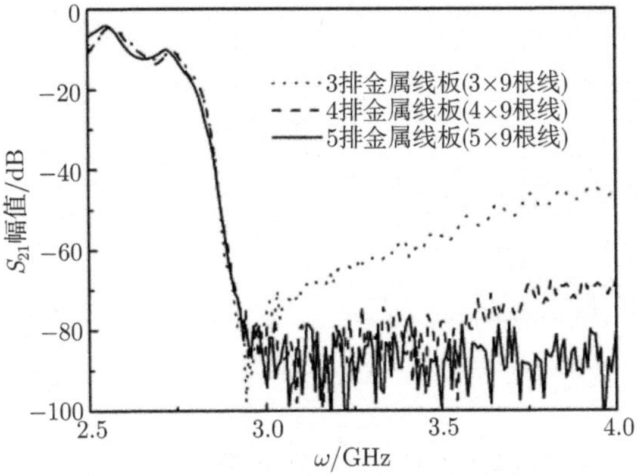

图 3.89 三种晶格金属线阵列填充 S 波段波导的 S_{21} 幅值曲线

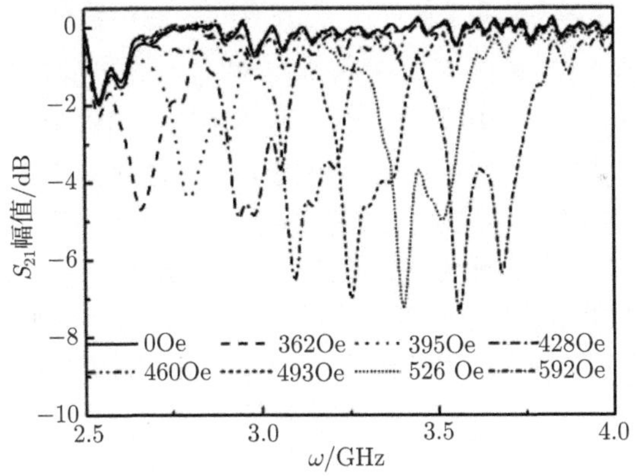

图 3.90 YIG 片纵向填充 S 波段波导在不同磁场下的 S_{21} 幅值曲线

当把 YIG 片和金属线阵列复合起来时，我们观察到在 3.0~4.0 GHz 的频段内出现了一个磁可调的透射通带，如图 3.91(a) 所示。该通带是在金属线阵列的透射禁带的基础上出现的，在通带内复合介质的介电常数和磁导率同时为负值，因此为左手通带；当磁场由 395Oe 增加到 624Oe 时，通带频率由 3.3GHz 增加到 3.95GHz，如图 3.91(b) 所示，然而，通带频率随磁场的增加并没有严格按照线性升高，这与 X 波段下 YIG 棒/金属线复合的左手材料有很大不同，这是因为 S 波段下的左手通带很宽，难以准确确定通带峰的具体频率。另外，还可以看出，在零磁场下，原本非常平坦的金属线禁带在引入 YIG 片后发生了上翘，说明金属线阵列的等离子体频率降低了，这是因为 YIG 片的引入使得金属线周围环境的有效介电常数升高，

根据 $\omega_{\mathrm{ep}}^2 \propto 1/\varepsilon$，金属线阵列的等离子体频率因而降低。

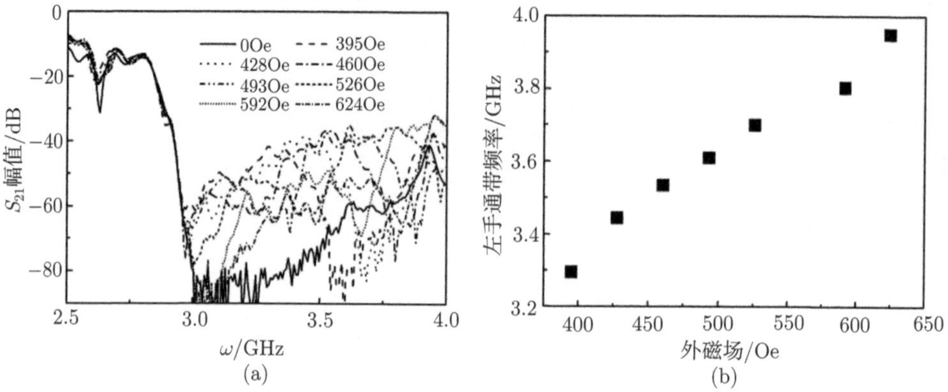

图 3.91　YIG 片与金属线复合结构纵向填充 S 波段波导在不同磁场下的左手性质

(a) 不同磁场的 S_{21} 幅值；(b) 左手通带频率随磁场变化

接着研究了 YIG 棒/金属线复合在 S 波段的电磁传输行为。

图 3.92 是单独 YIG 棒阵列填充 S 波段波导时在不同磁场下的 S_{21} 幅值曲线。从图中可以看出，在未加磁场时，YIG 阵列在整个测试频段内表现出低损耗的透射通带；当施加外磁场至 166Oe 时，出现了一个透射禁带峰，并且禁带峰频率随着磁场的增加而逐渐向高频移动。该禁带峰是由 YIG 的铁磁共振所造成的，在禁带峰附近，YIG 棒阵列的有效磁导率为负值，电磁波无法在该频段内传播。与 YIG 片在 S 波段的电磁传输行为不同的是，YIG 棒出现禁带峰时所需的磁场比 YIG 片在同频率下出现禁带峰时的磁场小，这是由片和棒不同的形状退磁因子造成的。

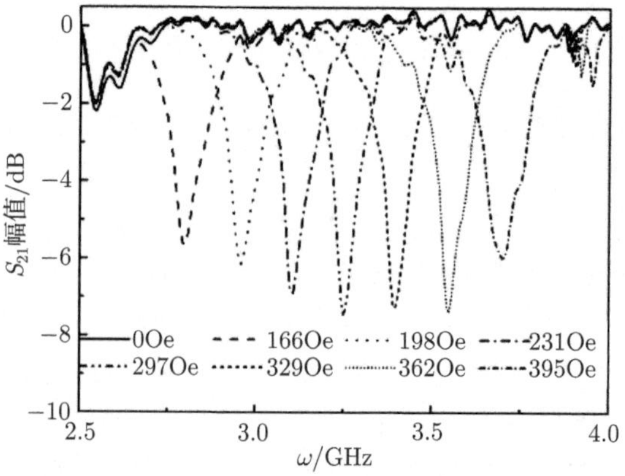

图 3.92　单独 YIG 棒阵列填充 S 波段波导在不同磁场下的 S_{21} 幅值曲线

当把 YIG 棒和金属线阵列复合起来时，我们同样观察到在 2.7~4.0GHz 的频段内出现了磁可调的透射通带，该通带同样为左手通带，如图 3.93(a) 所示。当磁场由 166Oe 增加到 395Oe 时，通带频率由 2.94GHz 增加到 3.7GHz，如图 3.93(b) 所示。通带频率随磁场的增加也没有严格按照线性升高。另外，我们还可以看出，YIG 棒的引入并没有改变单独金属线时透射禁带的形状，说明金属线阵列的等离子体频率没有明显降低，这是由 YIG 棒的占空比较低、对金属线周围环境有效介电常数升高的贡献较小所造成的。

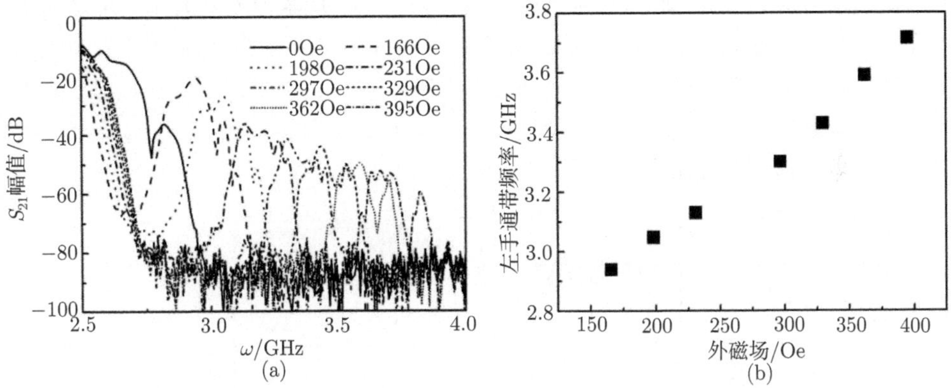

图 3.93 YIG 棒与金属线阵列复合结构填充 S 波段波导在不同磁场下的左手性质

(a) 不同磁场的 S_{21} 幅值；(b) 左手通带频率随磁场变化

通过以上实验可以看出，YIG 片和棒同样能够用于 S 波段左手材料的实现。然而我们也不难看出，在 S 波段下 YIG/金属线复合左手材料的透射峰强度明显低于 X 波段的测试结果，这可能是因为，在 S 波段下测试时，受限于磁场工作区的大小，只能将 BJ35 波导的中心线两侧不足 35cm 宽的区域内填充我们的复合介质，而波导的宽边长 72cm，因此有相当大的空间没有被复合介质所填充，形成一种不均匀的左手介质，这种不均匀性造成了左手透射强度的下降。另外可以预计的是，通过选择不同的铁氧体材料、施加适当的外磁场并设计合适的金属线阵列结构，我们也可以在高于 X 波段的微波频率下实现基于铁磁物质的左手材料，甚至有望将这一设计思路拓展到太赫兹频段。

3.3.7 垂直波导窄边加场 YIG/金属线复合结构的左手传输

1. YIG 棒/金属线复合垂直窄边加场的左手传输

在前面所有的实验研究中，外磁场 $\boldsymbol{H}_0$ 均是在垂直于波导宽边的方向施加的，鉴于矩形波导中传播的 TE_{10} 型主模式的电磁波，$\boldsymbol{H}_0$ 既垂直于波传播的方向，又垂直于椭圆极化的电磁波磁场。由于一般来说，$\boldsymbol{H}_0$ 施加位置处往往包含右圆极化

的电磁波磁场分量 (除了在某一特殊的点电磁波磁场只表现完全的左圆极化)，因此会提供维持磁矩进动的能量，从而能够在合适的频率下激发起铁磁共振，该旋磁介质也就能表现出负磁导率，这是前面研究中基于铁氧体获得负磁导率的理论基础。如果我们垂直波导窄边方向加场，是否会在铁氧体中也能观察到铁磁共振现象，获得负磁导率，进而通过铁氧体/金属线复合构造出左手材料，成为一个令人感兴趣的问题。

我们首先研究了 YIG 棒阵列，其排列方式与图 3.53(b) 相同，只是外磁场沿着 x 方向。图 3.94 是 YIG 棒阵列的电磁透射幅值曲线。从图中不难看出，在零场下，该阵列表现出一个低损耗的宽频带透射通带，当外磁场升高到 2600Oe 时，出现了透射禁带峰，并且峰位随着外磁场的增加而逐渐升高。该禁带峰仍然由铁磁共振所引起，由铁磁共振发生的根本原因可知，在这种磁场施加方式情况下，必然存在右圆极化的电磁波磁场 (或其分量)。

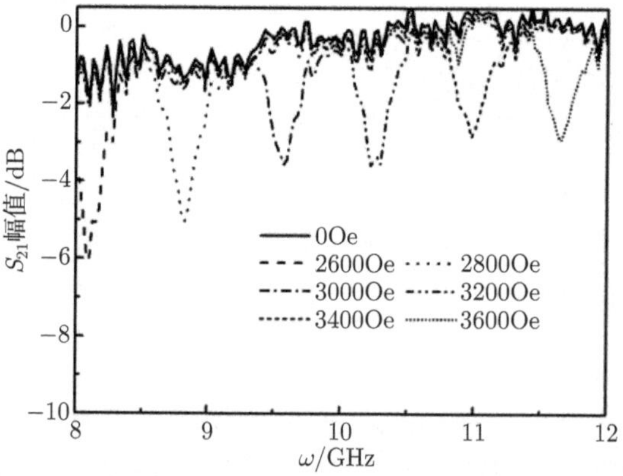

图 3.94 YIG 棒阵列填充波导垂直窄边加场的 S_{21} 幅值曲线

为了进一步说明右圆极化磁场的存在，我们对空矩形波导的电磁波的磁场分布进行了模拟，如图 3.95 示。图 3.95(a) 显示的是 X 波段空波导示意图，其中波沿 x 方向传播，外磁场沿着 y 方向施加，y 方向和 z 方向的边界均设置为导体壁边界，在垂直于 y 轴的任意位置处截取一个平面来分析其磁场分布。图 3.95(b) 和 (d) 分别为在 y 轴两侧对称的位置处截取平面的磁场分布，我们可以看出，这两个平面的磁场是在 x 方向上线极化的，该线极化的磁场实际上是 TE_{10} 主模式电磁波中椭圆极化磁场在 x 方向上的磁场分量，而该磁场分量可以进一步看成是 xoz 平面内一个右圆极化和一个左圆极化磁场的合成，即沿着 y 方向 (外磁场方向) 看过去，必然会存在一个右圆极化的电磁波磁场分量，这是在垂直窄边加场仍然能够观察到铁磁共振的原因。图 3.95(c) 是在 y=0 处平面的磁场分布，可以看出，该平面的电磁波磁场仅仅在 y 方向线极化，在 xoz 平面内不存在旋转极化的磁场，因而该平面处的铁氧体在垂直于窄边加场时无法发生铁磁共振，只要偏离该平面，理论上均能激发起铁磁共振，从而导致负有效磁导率，进而观察到透射禁带峰。

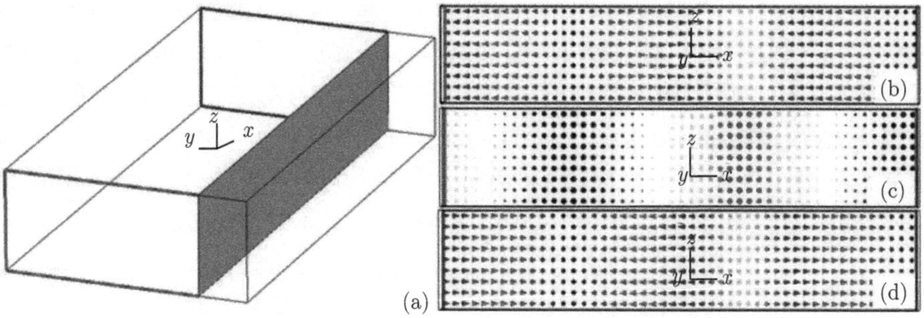

图 3.95 空矩形波导平行于窄边不同截面的磁场分布

(a) 空波导及其截面位置；(b) $y = -7.38\text{mm}$；(c) $y = 0\text{mm}$；(d) $y = 7.38\text{mm}$

对比图 3.31(d) 我们还可以看出，对于同一禁带峰频率，垂直窄边加场时需要的磁场明显大于垂直宽边所施加的磁场，这是因为考虑到形状退磁的影响，垂直于窄边 (即垂直于 YIG 棒轴线的方向) 时 YIG 棒的有效磁场为 H_{r}(垂直棒)$=\sqrt{H_0\,(H_0-2\pi M_{\mathrm{s}})}$，该磁场低于垂直于宽边 (即沿着 YIG 棒轴线方向) 时 YIG 棒的有效磁场 H_{r}(沿着棒)$= H_0+2\pi M_{\mathrm{s}}$，也就是说，垂直棒需要施加更大的外磁场 $\boldsymbol{H}_0$ 才能获得与垂直窄边相同的有效磁场 $\boldsymbol{H}_{\mathrm{r}}$。

接着我们把 YIG 棒与金属线阵列复合，其结构如图 3.88(b) 所示。当垂直于波导窄边加场时，我们同样观察到了磁可调的透射通带，如图 3.96(a) 所示。该通带是在金属线阵列较宽禁带的基础上出现的，并且通带峰频率与单独 YIG 棒的禁带峰频率相一致，因此可以认为该通带是由 YIG 棒阵列负有效磁导率和金属线阵列

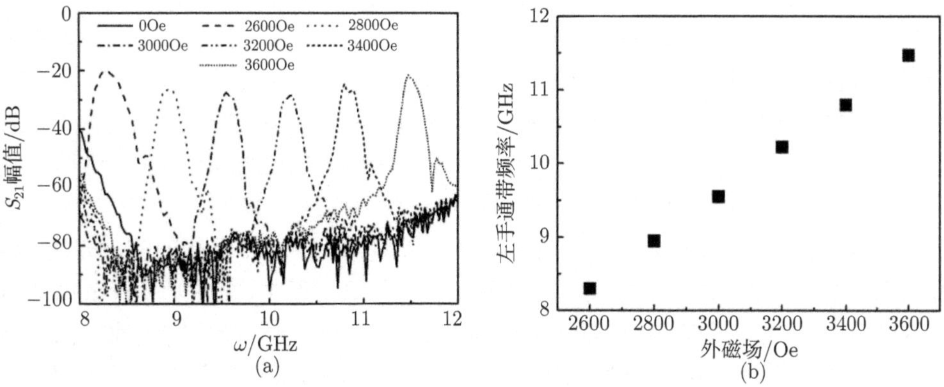

图 3.96 YIG 棒/金属线复合填充波导垂直于窄边施加不同磁场下的左手性质

(a) 不同磁场的 S_{21} 幅值；(b) 左手通带频率随磁场变化

负介电常数所决定的左手通带，但通带强度略低于相同样品垂直宽边加场时的左手通带强度。由图 3.96(b) 可以看出，随着外磁场由 2600Oe 升高到 3600Oe，该左手通带频率近似线性地由 8.3GHz 升高到 11.5GHz，调节速度达到了 3.2GHz/kOe。

我们同样利用 CST 对 YIG 棒/金属线复合结构垂直窄边加场的电磁传输特性进行了模拟，模拟所用的样品结构、边界条件等设置与图 3.88 完全相同，只是外磁场在 x 轴方向施加。图 3.97 为 3000Oe 磁场下模拟的 S_{21} 幅值曲线，我们可以看出复合结构在 9.6GHz 左右出现了通带，该通带频率与单独 YIG 棒阵列的禁带峰频率比较一致，因而为左手通带。模拟结果与实验结果对应较好。

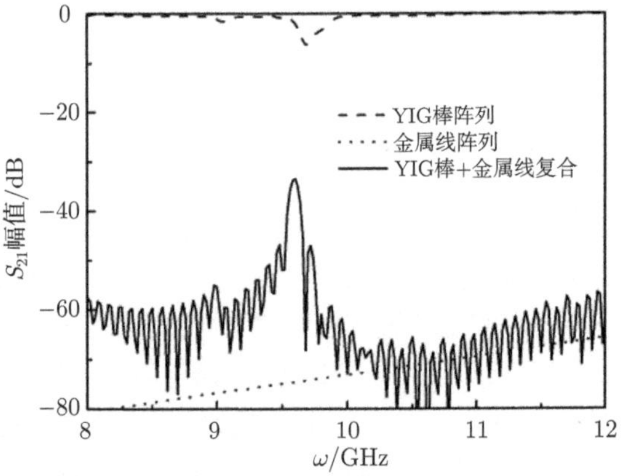

图 3.97 YIG 棒及其与金属线复合垂直窄边施加 H_0=3000Oe 模拟的 S_{21} 幅值曲线

2. YIG 方块/金属线复合垂直窄边加场的左手传输

我们还对 YIG 方块与金属线复合垂直窄边加场的电磁传输进行了测试，样品结构与图 3.80 类似。图 3.98 所示为 YIG 方块 5×5×5 样品 (1 根金属线对应粘贴 5 个 YIG 方块) 单独填充波导时的测试结果，可以看出，在未加磁场时，样品表现为低损耗的通带，当磁场增加到 2400Oe 时，出现了一个由铁磁共振引起的禁带峰，该禁带峰频率随外磁场的增加而不断向高频移动。与图 3.85 相比可以看出，对于相同的磁等离子体频率，垂直窄边和宽边加场时所需的外磁场是相等的，这是因为方块样品在各个方向上的退磁效应是相同的，从而具有相同的等效磁场 $\boldsymbol{H}_{\mathrm{r}}$。

接着我们把 YIG 方块与金属线阵列复合，制备出 5×5×5 结构的复合介质。当垂直于波导窄边加场时，我们同样观察到磁可调的透射通带，强度将近 −20dB，如图 3.99(a) 所示。该通带的频率同样与单独 YIG 方块禁带峰的频率相一致，因而也被确定为左手通带。但与图 3.86(a) 不同的是，该左手透射峰并没有出现劈裂，这可能是因为，当垂直窄边加场时，1 根金属线上的 5 块 YIG 相对于外磁场来说是“并联排列” 在不同的磁力线上，因而方块之间的互相耦合较小，而当垂直宽边加场时，1 根金属线上的 5 块 YIG 相对于外磁场来说是“串联排列”在同一根磁力线上，因而方块之间的耦合可能较大，引起左手峰的劈裂。由图 3.99(b) 可以看出，随着外磁场由 2400Oe 升高到 3400Oe，该左手通带频率近似线性地由 8.4GHz 升高到 11.7GHz，调节速度达到了 3.3GHz/kOe。

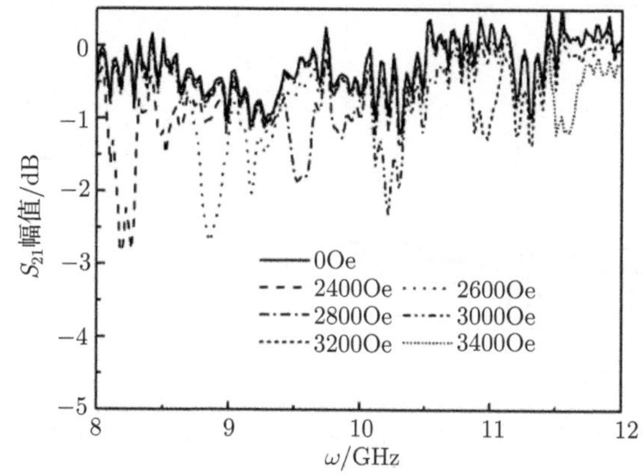

图 3.98 YIG 方块 (5×5×5) 单独填充波导垂直窄边加场的 S_{21} 幅值曲线

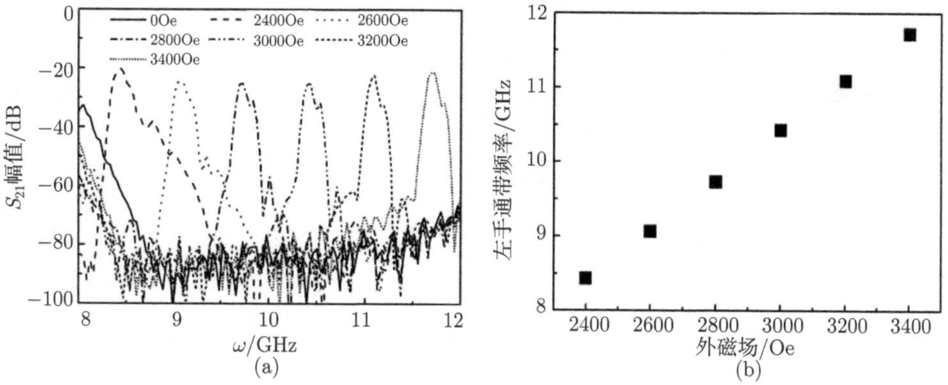

图 3.99 YIG 方块 (5×5×5)/金属线复合垂直窄边施加不同磁场下的左手性质

(a) 不同磁场的 S_{21} 幅值；(b) 左手通带频率随磁场变化

除此之外，我们还测试了 5×5×3 结构的 YIG 方块/金属线复合垂直窄边加场的电磁传输性质，如图 3.100(a) 所示。我们同样观察到了磁可调的左手通带，并同样没有观察到左手峰的劈裂，这一规律与 5×5×5 结构的复合介质非常相似。但有所不同的是，5×5×3 结构的左手透射峰的强度明显降低 (约为 −40dB)，带宽也有所减小。这也许是因为在垂直于金属线的平面上，用 3 层 YIG 块 (对应 5×5×3 样品) 等效为一个均匀的负磁导率介质显然要比用 5 层 YIG 块 (对应 5×5×5 样品)

等效的逼近性要差，因此可能造成左手通带强度降低。图 3.100(b) 所示为左手通带频率随外加磁场的变化，可以看出，当外磁场由 2400Oe 升高到 3400Oe，该左手通带频率近似线性地由 8.5GHz 升高到 11.8GHz，调节速度达到了 3.3GHz/kOe。

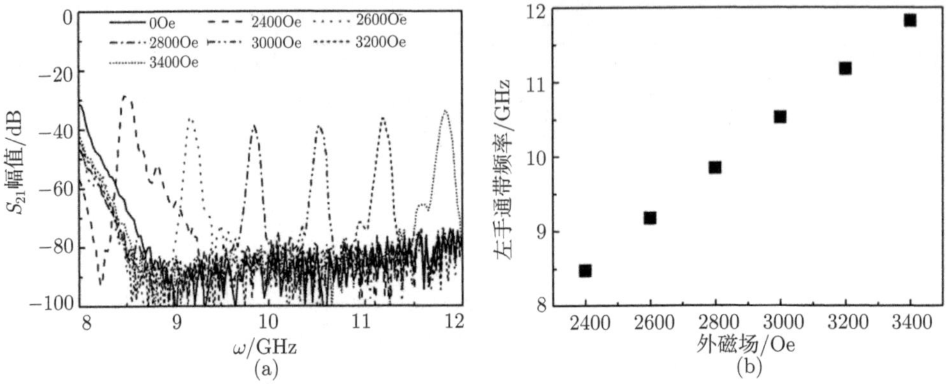

图 3.100　YIG 方块 (5×5×3)/金属线复合垂直窄边施加不同磁场下的左手性质

(a) 不同磁场的 S_{21} 幅值; (b) 左手通带频率随磁场变化

我们还测试了 5×5×1 结构的 YIG 方块/金属线复合垂直窄边加场的电磁传输性质，如图 3.101(a) 所示。我们同样观察到了磁可调的左手通带，只是通带强度进一步减弱，仅为 −60dB，这也与用 1 层 YIG 方块来等效一个均匀的负磁导率介质的逼近性较差有关。图 3.101(b) 所示为左手通带频率随外加磁场的变化，可以看出，当外磁场由 2400Oe 升高到 3400Oe，该左手通带频率近似线性地由 8.5GHz 升高到 11.8GHz，调节速度达到了 3.3GHz/kOe。

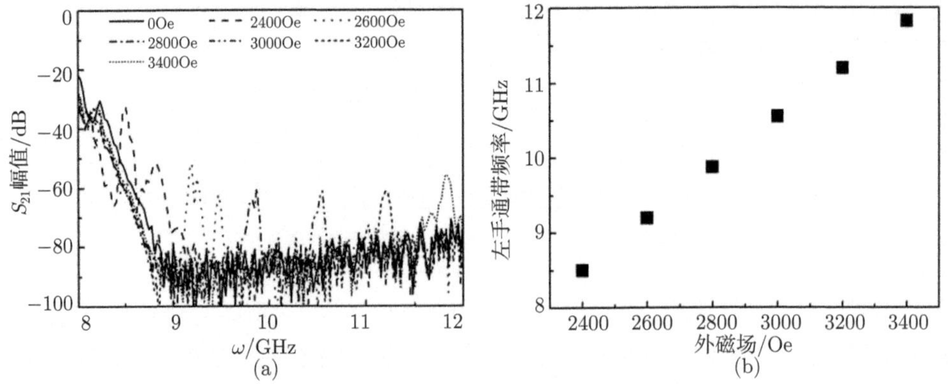

图 3.101　YIG 方块 (5×5×1)/金属线复合垂直窄边施加不同磁场下的左手性质

(a) 不同磁场的 S_{21} 幅值; (b) 左手通带频率随磁场变化

3.4 铁氧体/电介质复合全介质左手材料

在前面的讨论中，我们利用铁氧体铁磁共振实现了负有效磁导率，进而与负有效介电常数介质复合，成功地获得了左手传输。其中提供负有效介电常数的介质为金属线阵列，这也是到目前为止实现负有效介电常数最为普遍的一种方法。该方法的原理是通过将连续的金属变成细金属线阵列，有效地降低了电子数密度，提高了电子有效质量，从而将等离子体频率由紫外光波段降低到微波波段 [14]。金属线中的自由电子在交变电场的作用下形成来回振荡的电流，该电流为传导电流。另外，当电介质中存在变化的电场时，还会存在由电场的变化所引起的电流——位移电流，理论研究表明，位移电流在一定条件下会起到与传导电流类似的作用，激发起电共振甚至磁共振，从而使电介质表现出负有效介电常数和负有效磁导率 [15]。对于电介质具有负有效磁导率的问题，本课题组已开展了深入研究，并取得了一些重要成果 [16]。

本节以电介质的负有效介电常数为对象展开研究。首先介绍了具有高介电常数电介质棒能够表现电共振以及负有效介电常数的理论基础；接着通过与 SRR 复合的实验验证了电介质棒能够表现负有效介电常数；最后通过实验研究了铁氧体棒/电介质棒复合阵列的可调左手传输。

3.4.1 高介电常数电介质电共振理论

图 3.102 所示为一圆柱体电介质模型，电磁波沿着 x 方向传播，电场在 z 方向极化，磁场沿 y 方向极化，这种情况下电磁波能够在圆柱体电介质中激励出多种共振模态。对其中的第二模态进行模拟，结果表明电场主要集中在电介质棒内，如果电介质的介电常数 ε_{r} 很大，就能够在圆柱体内形成较大的位移电流 $\varepsilon_0\varepsilon_{\mathrm{r}}\mathrm{d}E_z/\mathrm{d}t$，其中 E_z 为 z 方向上电场，从而能够激励起较强的电共振。电介质发生电共振时，有可能表现负有效介电常数，从而用于左手材料的设计与实现。

对于该模型，理论推导得出其 z 方向上的有效介电常数为 [15]

$$\varepsilon_{\mathrm{eff},z}(l) \approx \frac{\left(R^2-r^2\right)}{R^2}\left[1+I_{\mathrm{e}}(r,R)\right] \tag{3-28}$$

其中，$I_{\mathrm{e}}(r,R)$ 为一个与材料介电常数 ε_{r} 成正比、并与场分布有关的复杂函数，r 为圆柱体半径，R 为一个与边界大小相适应的等效半径 $R=l/\sqrt{\pi}$，l 为边界大小。

如果把电介质材料的介电常数选为 1000，直径设置为 0.7mm，则该棒介质 z 方向的有效介电常数将在 9~12GHz 的宽频段内均表现出负值，如图 3.103 所示。

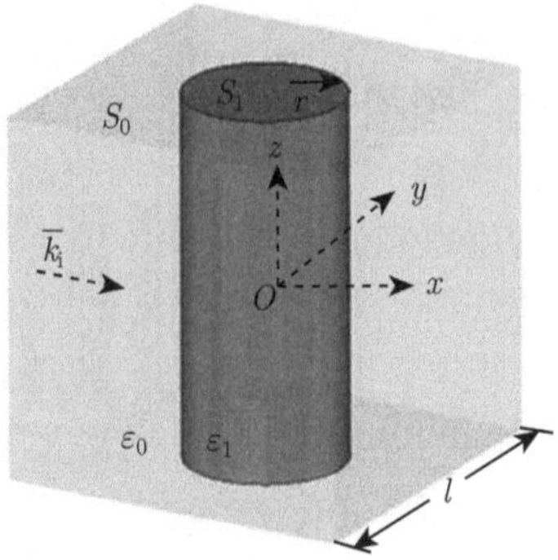

图 3.102　圆柱体电介质模型

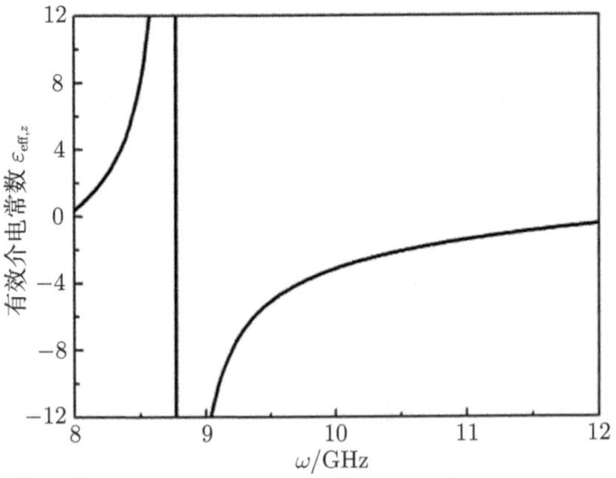

图 3.103　计算的 z 方向有效介电常数频散曲线

3.4.2　SRR/BST 棒复合介质的左手传输

1. 材料制备与样品结构

前面的分析指出，要想在电介质内部激励出较强的电共振，电介质材料本身的介电常数必须要足够大。在微波段具有较高介电常数的材料主要为各种铁电材料，其中研究比较充分、应用比较广泛的一种微波介质材料为钛酸锶钡 (barium strontium titanium，BST)，它具有介电常数高、介电损耗小等优点。因此，我们采用 BST 作为微波段的高介电常数电介质进行研究。

实验以分析纯 $BaCO_3$、$SrCO_3$、TiO_2 为原料，采用固相法制备 BST 粉体。首先按成分 $Ba_{0.5}Sr_{0.5}TiO_3$ 混合原料，球磨 24 小时后烘干。然后将粉体在 1150℃ 下预烧 3 小时，预烧后的粉体用 X 射线衍射 (XRD)、对照标准卡片 JCPDS 39—1395 确认生成的是具有钙钛矿结构的 BST 相，如图 3.104 所示。将预烧后的粉体掺杂质量百分比为 5%的 MgO 后，球磨 48 小时烘干，过 120 目筛，得到均匀的粉体。

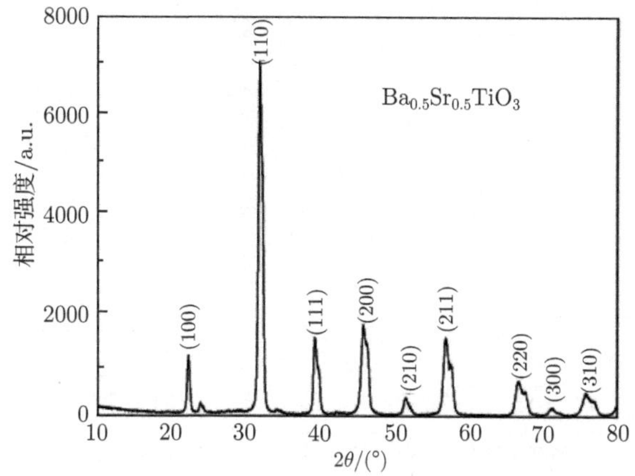

图 3.104 1150℃ 预烧 BST 粉体的 XRD 图谱

实验采用流延的方法进行成型。首先将粉体与分散剂等混合后球磨 48 小时，得到流延用的浆料；然后在流延机上采用多次流延的方法制备出片状生坯，生坯的厚度通过控制流延的层数来调整；接着将流延的生坯切割成不同尺寸的小条，条的宽度与生坯的厚度相同，这样便得到截面为正方形的 BST 条状生坯；最后将生坯放置在电炉中 400℃ 下排胶、1400℃ 下烧结 3 小时，得到最后的 BST 陶瓷棒。最终制备了 4 种规格截面的 BST 棒，截面边长分别为 0.5mm、0.7mm、0.9mm 和 1.1mm，棒的长度均为 10mm。

另外测试了相同条件下制备的BST片状样品的介电常数，使用设备为HP4192A LCR 表，测试频率为 1MHz。得到材料的介电常数为 1000±50，满足电介质电共振所要求的介电常数大小。由于 BST 具有大的介电常数，10GHz 附件的介电常数比较难于测得。另外，在微波段 BST 介电常数几乎不随频率变化，因而 BST 棒的高频介电常数可由低频介电常数近似代替并可确定为 1000。

要想通过实验验证 BST 棒能够通过电共振表现出负有效介电常数，其中一个比较直观的办法就是，将 BST 棒与一个负有效磁导率的介质复合后能否表现出左手通带，因此我们首先研究了 BST 棒与 SRR 复合阵列的电磁传输行为，其复合单元的结构如图 3.105 所示。

在复合单元中，SRR 阵列采用电路板掩膜蚀刻的方法制备，铜箔的厚度约为 0.03mm；SRR 的规格为 d_1=0.8mm、d_2=1.6mm、c=0.2mm、g=0.2mm；基板型号为 FR-4，厚度为 0.6mm，介电常数为 4.4，介电损耗约为 0.01。BST 棒采用边长为 a=0.5mm 的样品，棒长 b=10mm。

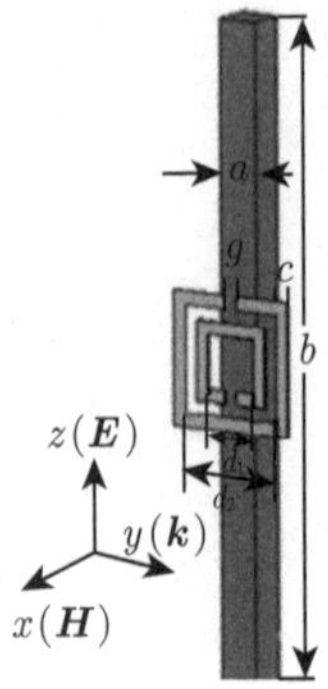

图 3.105　SRR/BST 棒复合单元结构示意图

将 BST 棒粘贴在 SRR 电路板的另外一面，位置正对 SRR，形成 SRR/BST 棒复合单元。将该复合单元排列成阵列，填充到 X 波段矩形波导中。其中在波传播的方向 (y 方向) 排列 7 个周期，在 x 方向排列 3 个周期，晶格常数为 5mm。使用 HP8720ES 网络分析仪测试样品的透射参数 (S_{21})。

2. 实验结果与讨论

首先测试了单独 BST 棒阵列的 S_{21} 幅值曲线，如图 3.106 所示。从图中可以看出，BST 棒阵列在 9.5~12GHz 频段内表现出宽的透射禁带；接着测试了单独 SRR 阵列的 S_{21} 幅值曲线，可以看出，单独 SRR 阵列在 11GHz 附近表现出一个透射禁带峰，该禁带峰是由 SRR 发生磁共振时具有的负有效磁导率所造成的；最后我们测试了 BST 棒和 SRR 复合后阵列的 S_{21} 幅值曲线，可以看出，两者复合后的样品在 10.5~11.8GHz 频段内出现一个透射通带，其通带的峰值出现在 11GHz 左右。由于在该频率附近 SRR 具有负有效磁导率，因而要想在该频段下实现透射通带只

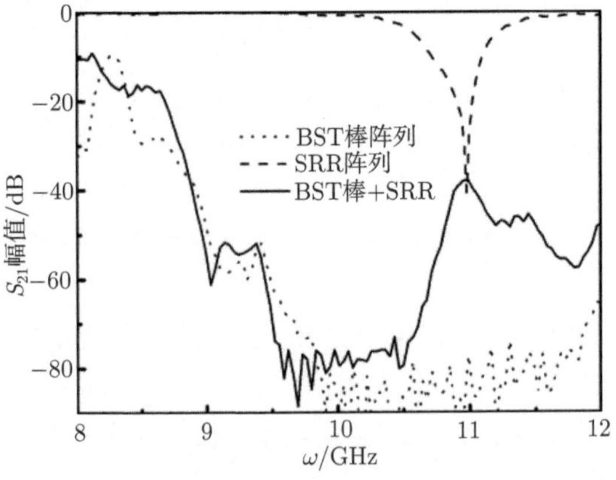

图 3.106　BST 棒、SRR 以及两者复合的 S_{21} 幅值曲线

有引入负有效介电常数介质，从而形成所谓“双负传输”，因而可以证明 BST 棒阵列的禁带是由负有效介电常数所造成的电磁波无法传播。

3.4.3 YIG 棒/BST 棒复合介质的左手传输

1. 样品结构

设计并构造了基于 YIG 棒和 BST 棒复合的全陶瓷基左手材料，如图 3.107 所示。图 3.107(a) 是 YIG 棒和 BST 棒的实物照片，YIG 棒的尺寸为 0.8mm×0.8mm×10mm，4 种 BST 棒的尺寸如前所述；图 3.107(b) 显示了复合结构示意图。我们先制备了 5 片空白 PCB 板，PCB 板厚度为 0.6mm；然后在每块板的两侧分别粘贴 YIG 棒和 BST 棒，两者的位置一一对应，在 PCB 板同一侧的棒之间间距为 5mm；最后将这 5 块 PCB 板排列成含有 5×5 对 YIG 棒/BST 棒结构单元的复合结构，排与排之间间距也为 5mm。使用 4 种不同尺寸 BST 棒，获得 4 种 YIG 棒/BST 棒复合结构。将样品置于 X 波段波导中测试外加静磁场下的 S_{21} 曲线。TE_{10} 型主模式电磁波沿 y 方向传播，其电场在 z 方向上偏振，为简化讨论，仍然近似认为磁场沿 x 方向偏振，如图 3.107(b) 所示。静磁场的方向为 z 方向。

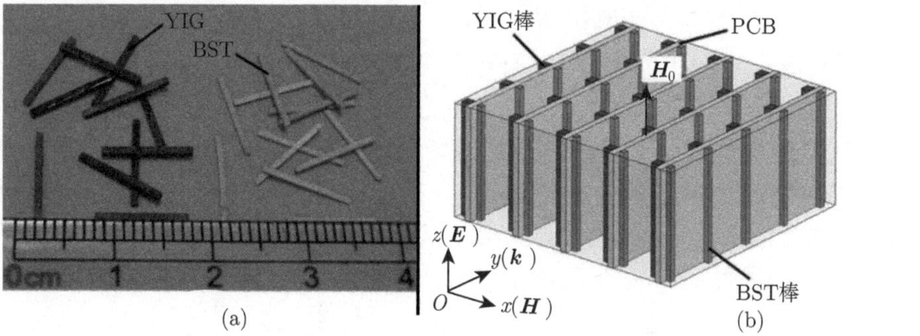

图 3.107 YIG 棒、BST 棒及其两者复合示意图

(a) YIG 棒、BST 棒照片；(b) 两者复合

2. 实验结果与讨论

我们测试了图 3.107(b) 所示的复合结构的透射曲线，如图 3.108 所示。从中可以发现，当只有 BST 棒阵列填充波导时，在 9.5~12GHz 频段内表现为透射禁带。这是由该频段内 BST 棒阵列具有负有效介电常数所导致的。在只有 YIG 棒阵列填充波导、外磁场为 2200Oe 测试时，在 10.24GHz 附近出现了一个透射禁带峰。在禁带峰附近，YIG 棒阵列的有效磁导率为负值，电磁波也无法传播。当把 YIG 棒和 BST 棒复合起来在 2200Oe 下测试时，我们观察到在 10.28GHz 附近出现了一个透射通带。该通带是在 BST 棒阵列透射禁带的基础上出现的，通带频率与单

独 YIG 棒阵列的禁带峰频率相对应，因而被确定为左手通带，从而也进一步说明 BST 棒阵列的禁带是由负有效介电常数造成的。

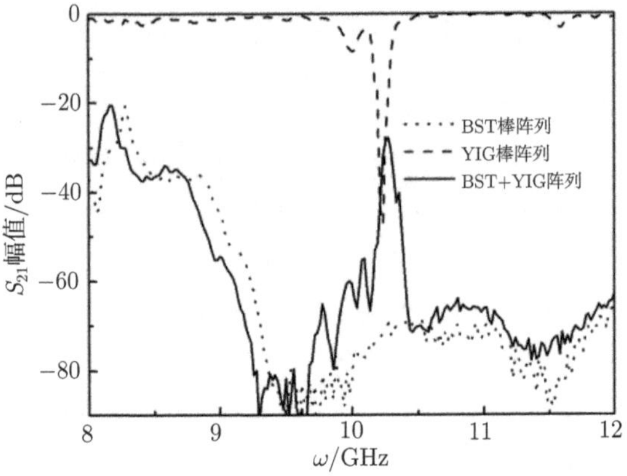

图 3.108　YIG 棒阵列、BST 棒阵列 (截面 0.5mm) 以及两者复合 S_{21} 幅值曲线

另外，我们测试了不同磁场下的 S_{21} 幅值曲线，图 3.109(a) 所示为截面边长为 0.5mm BST 棒复合的测试结果。从图中可以看出，左手通带频率随外磁场增加而逐渐升高。这是因为外磁场增加导致铁磁共振频率升高，从而使 YIG 棒阵列表现负有效磁导率的频率也随之升高，加之 BST 阵列在一个较宽的范围内具有负有效介电常数，因而样品的双负频段随磁场增加不断向高频移动。这样也进一步证明了 BST 棒阵列的禁带是由负有效介电常数引起的。图 3.109(b) 给出了左手通带频率随外磁场的变化，可以看出，当磁场从 2000Oe 升高到 2600Oe 时，通带频率由 9.6GHz 近似线性地升高到了 11.68GHz，调节速率达到了 3.47GHz/kOe。

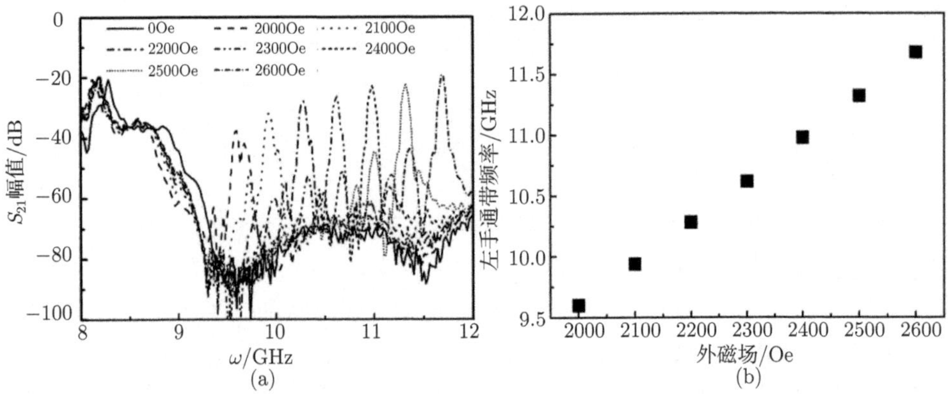

图 3.109　YIG 棒/BST 棒 (截面 0.5mm) 复合在不同磁场下的左手性质

(a) 不同磁场的 S_{21} 幅值；(b) 左手通带频率随磁场变化

我们进一步测试了另外 3 种尺寸 BST 复合的样品在不同磁场下的透射曲线，如图 3.110~图 3.112 所示。它们有一个共同特点：在一定磁场下都出现左手通带，并且通带频率随着外磁场的增加而近似呈线性升高。在 BST 截面边长为 0.7mm、0.9mm 和 1.1mm 时，通带频率的调节速率分别为 3.53GHz/kOe、3.47GHz/kOe 和 3.63GHz/kOe，不同间距下的调节速率基本相同，这是由 YIG 棒铁磁共振频率的磁调节速率所决定的。

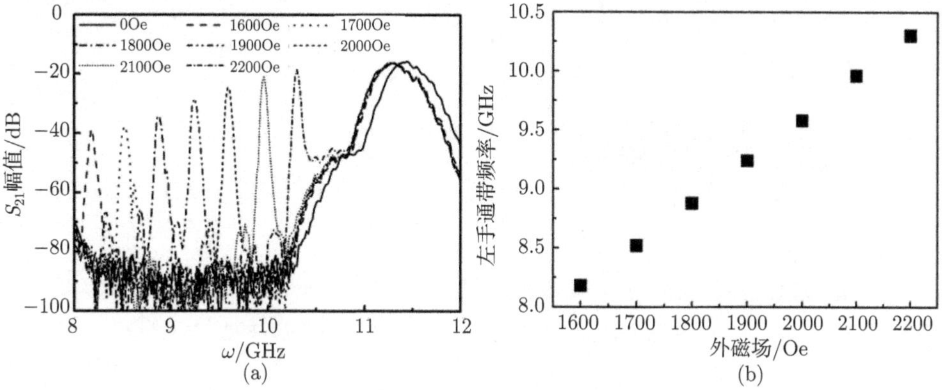

图 3.110 YIG 棒/BST 棒 (截面 0.7mm) 复合在不同磁场下的左手性质

(a) 不同磁场的 S_{21} 幅值；(b) 左手通带频率随磁场变化

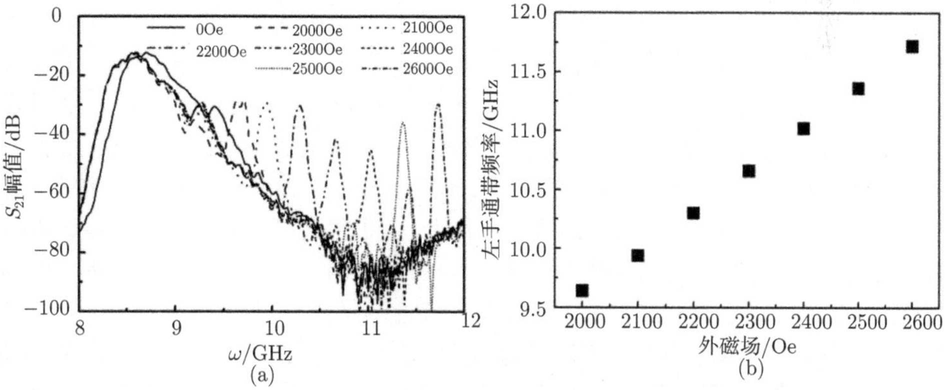

图 3.111 YIG 棒/BST 棒 (截面 0.9mm) 复合在不同磁场下的左手性质

(a) 不同磁场的 S_{21} 幅值；(b) 左手通带频率随磁场变化

通过比较图 3.109~3.112 我们还可以发现，不同截面尺寸的 BST 棒阵列在零场下的透射曲线有很大区别，主要体现在禁带所处的频段有所不同，以及与禁带紧邻的 BST 棒本身固有通带的频率位置有很大不同。由式 (3-28) 可知，介质棒有效介电常数不仅与材料本身的介电常数 ε_r 有关，还与圆柱体的半径 r 有关；另外，

式中的 $I_{\mathrm{e}}(r,R)$ 项也为 r 的复杂函数。因此，BST 棒电共振频率必然随着棒截面尺寸的不同而有很大，从而导致不同的有效介电常数频散曲线，进而导致不同形状的透射曲线。

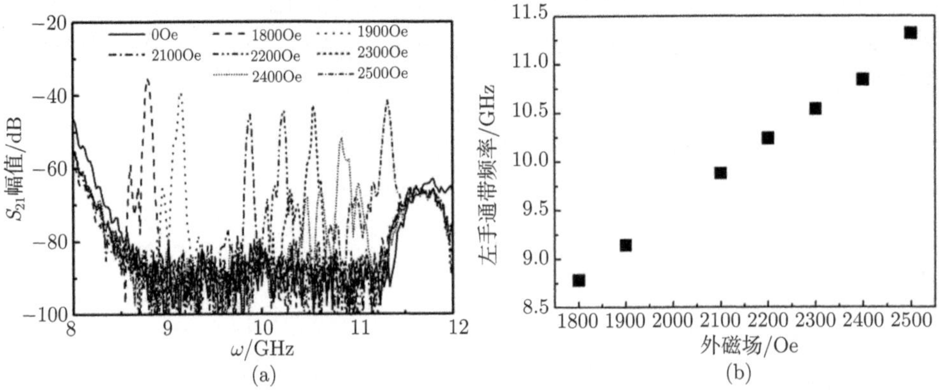

图 3.112　YIG 棒/BST 棒 (截面 1.1mm) 复合在不同磁场下的左手性质

(a) 不同磁场的 S_{21} 幅值；(b) 左手通带频率随磁场变化

3.5　铁氧体/金属线复合左手材料的负折射表征

在前面的讨论中第 3~6 章我们实现了 YIG/金属线以及 YIG/BST 两类基于本征铁磁性介质的左手材料，然而这些实验和模拟结果均是以微波透射作为左手性质的表征手段，因此仅仅证明了在这两类左手材料中存在一维方向的“双负传输”。而左手材料最独特的物理特性是负折射、完美聚焦等二维传播特性，因此我们需要通过这一类手段来进一步表征铁氧体基复合结构的左手特性。其中负折射的实验装置易于设计和构造，而且现象相对容易观察，分析简单，因此经常被用于左手特性的直观表征。在本课题的研究工作中，我们搭建了一套测量介质微波折射率的实验装置，结合电磁铁等相关设备，测量了 YIG 棒/金属线复合介质的二维传播特性，验证了该复合介质能够表现负折射特性。

本节首先介绍微波折射率测试的实验原理和研究背景，接着介绍我们所搭建的微波折射率的测试装置，最后通过测试在实验上观察了 YIG 棒/金属线复合结构的负折射现象，并对测试结果进行了进一步分析。

3.5.1　实验原理与背景

1. *微波折射率测量的实验原理*

介质折射率的测量根据的是斯涅耳定律，具体如图 3.113 所示。给定一个直角三角形棱镜，其介质折射率为 n_1，放置在折射率为 n_2 的环境介质 (一般为空气)

中。当一束波入射到棱镜的长直角边时，波方向不发生变化，而入射到斜边上时，将在棱镜与空气的界面上发生折射现象。根据斯涅耳定律，折射角 θ_2 和入射角 θ_1 的关系为：$n_1\sin\theta_1 = n_2\sin\theta_2$。如果棱镜介质为左手介质，则 n_1 为负值，根据该关系式可得 θ_2 为负值，即折射波与入射波将在法线的同一侧；如果棱镜介质为右手介质，则折射波与入射波将分列法线的两侧。由于入射角 θ_1 与三角形棱镜顶部的锐角相等，因此通过设计一定形状的棱镜，测试折射波的角度 θ_2，即可定量测试出介质的折射率 $n_1 = n_2\sin\theta_2/\sin\theta_1= \sin\theta_2/\sin\theta_1$。

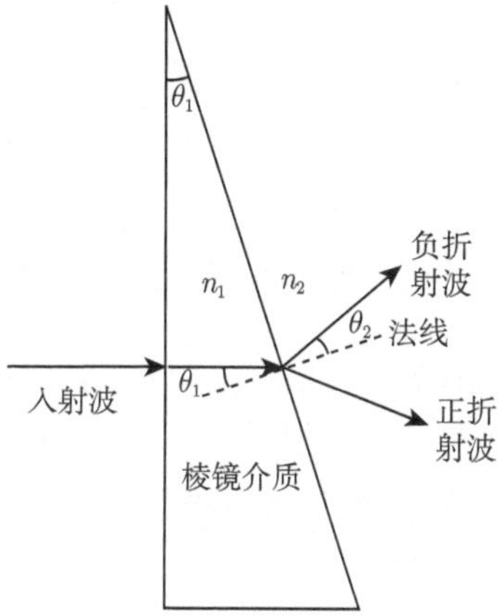

图 3.113 棱镜折射实验原理图

虽然该测试原理对于介质折射率的测量在整个电磁波段内具有普适性，但我们所熟悉的大多为光频段的实验测量，用于微波波段折射率的测量有很大难度。主要是由于微波波段电磁波波长较大，因而其方向性较差，需要合理设计一个系统将电磁波准直；另外大波长电磁波表现出明显的波动性 (如衍射等)，因此需要合理设计样品尺寸，以避免由于波动性所带来的测量误差。

2. 微波段负折射表征的实验背景

美国加州大学 San Diego 分校的 R. A. Shelby 和 D. R. Smith 等所在的研究组基于斯涅耳原理第一次设计了微波波段的棱镜折射实验装置，并通过实验在 X 波段内首次观察到了 SRRs/金属线复合介质中的负折射现象[17]。

该实验装置如图 3.114 所示，包括两部分：① 微波准直系统。该部分为一个长方形的平行板波导，由两块铝质的金属板正对构成。在平行板波导的一个端口通过一个标准的矩形波导口向平行板波导中导入电磁波，经过一个比较长的距离后到达平行板波导另一端的波基本与棱镜的长直角边垂直。为了防止其他方向的波的反射和漏射对准直电磁波的干扰，在两块平行铝板之间、入射波通道两侧铺设了一定宽度的吸波材料 (吸波海绵)。② 折射角测量系统。该部分为两块铝质圆盘构成的平行板波导，直角三角形棱镜放置在两块圆盘之间。上表面铝盘的圆心处安装转动轴，带动微波信号检测器沿圆盘侧面边缘测量任意角度处的微波透射功率。

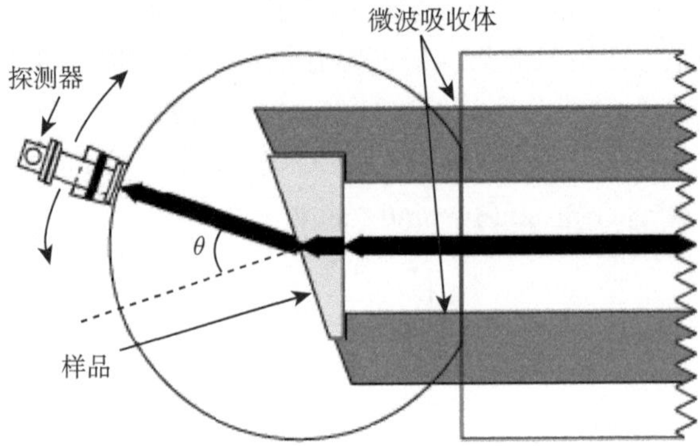

图 3.114　微波棱镜实验装置示意图

为了验证该实验装置的有效性，他们同时做了一个与 SRRs/金属线棱镜相同尺寸的 Teflon 材料的棱镜，进行了对比测量，如图 3.115 所示。图中“Teflon”所标示的曲线为 Teflon 材料的棱镜透射功率随角度变化的分布情况，而“LHM”所标示的曲线为 SRRs/金属线棱镜透射功率随探测角度的分布。角度 0 处表示棱镜斜边法线方向，正角度为正折射透射波方向，负角度为负折射透射波方向。由测量结果可知，Teflon 材料棱镜的折射角度约为 27°，通过计算可以得到其折射率为 n=1.4±0.1，符合 Teflon 材料的实际介电常数 $\varepsilon=n^2\approx 2$，因此可以验证该实验装置是有效的。同时测试了 SRRs/金属线棱镜的折射角度为 -61°，其折射率为 n=−2.7±0.1。由此可以看出，该人工设计的 SRRs/金属线结构单元所组成的介质具有负折射的特性，不同于普通材料所表现出的正折射性质。

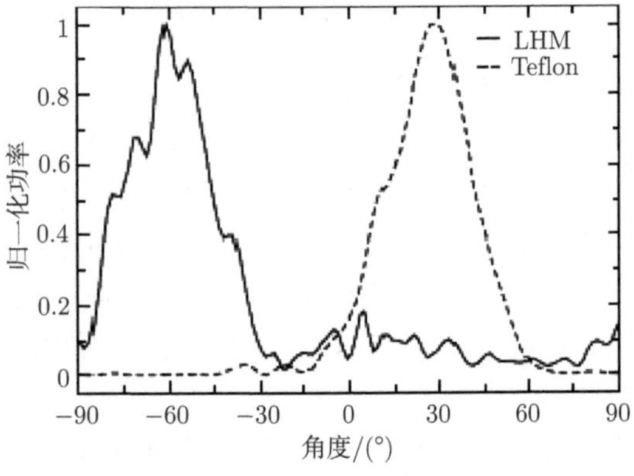

图 3.115　10.5GHz 处测试的左手材料和 Teflon 棱镜透射功率的角度分布

3.5.2 实验装置及检验

1. 实验装置的设计与实现

根据 Smith 等的设计，我们也设计了一套微波棱镜实验装置，如图 3.116 所示。该实验装置的目标工作频段同样是 X 波段，这与前面我们进行的矩形波导实验的主要频段相一致。长方形平行板波导的长度为 1m，宽度为 30cm，上下板之间的间距为 10mm 左右，平板中间的微波通道宽度为 9cm，圆盘的直径为 30cm。

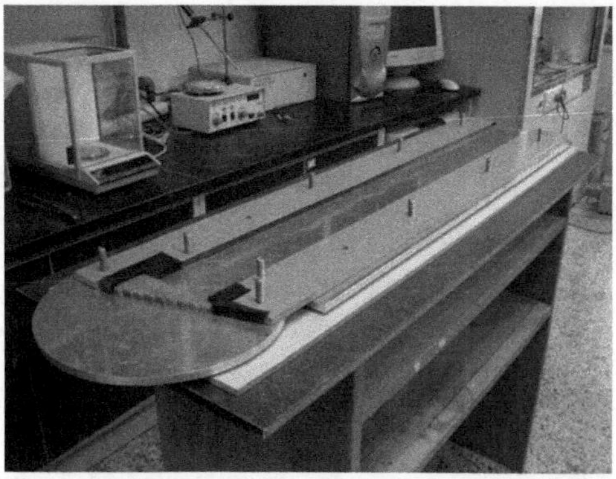

图 3.116 微波棱镜实验的平行板波导和圆盘装置

我们在设计该测试平台时，综合考虑了需要外加静磁场等特殊的实验条件，对 Smith 的测试装置在以下两个方面做了必要的改进。

(1) 在上下平行板之间填充两块长条形工程塑料作为支撑体，厚度为 10 mm。支撑体在靠近圆盘的一端伸出一截插入到上下圆盘之间，并用螺栓将两块圆盘、两块长方形平板以及支撑体固定在一起。这样做的目的是考虑到外加磁场时，必须将圆盘的一端伸出来放置在电磁铁的磁场工作区，因此支撑体的存在可以最大限度地减小由于悬空而造成的平板装置的翘曲变形。

(2) 微波通道两侧的吸波材料采用电阻片实现。由于在我们的装置中原本在通道两侧放置吸波海绵的位置被支撑体所占据，因此无法再在通道两侧安排较厚的吸波层，我们采取的办法是在支撑体靠近通道的侧壁上粘贴电阻片作为吸波层，而仅仅在放置棱镜样品的周围填充吸波海绵。由于电阻片的厚度有限，因此其电磁波反射率比相对较厚的吸波海绵来说要大一些，这可能会增加准直波中的杂波，从而在一定程度上影响测量结果。

做实验采用的信号源为 HP8720ES 矢量网络分析仪，其工作频率在 50MHz~20GHz，仪器灵敏度可以达到 −60dB，完全满足我们的测试要求。HP8720ES 配备有同轴线接口的两个端口，为了向平行板内导入电磁波，用一个 X 波段的同轴-波导转换接头与网络分析仪的一个端口相连接。转换接头的波导口内端面尺寸为

10.16mm×22.86mm，上下平行板间距为 10mm，因此转换接头与平行板之间能够很好对接。在信号接收端，将一个单极天线与网络分析仪的另一个端口相连接，用来探测不同角度方向上的透射波功率。为了研究方便，我们针对图 3.113 对探测角度做如下规定：垂直于棱镜斜边的方向 (即透射波的法线方向) 为零角度，负折射的方向为负角度，正折射的方向为正角度。由于我们所设计的所有棱镜的角度均为 θ_2=18.4°，因此圆盘正中间的角度为 18.4°，而并不是零角度。另外在测试过程中，圆盘部分要伸到电磁铁的上下极头之间，由于空间有限，无法设计自动测量数据的装置，只能靠手动测量，因此测试结果存在一定的测量误差。

实验所采用的电磁铁由计量科学院磁测室制造，极柱直径为 130mm，由于棱镜样品的斜边尺寸约为 158mm，为了使磁场工作区完全覆盖棱镜，我们加工了一对喇叭形极头，将磁场区直径由 130mm 扩大为 170mm。经过检验证明扩充后的磁场区内仍然为匀强磁场。励磁电源采用的是 MTP-500HB 型直流电源，最大输出电流为 30A。使用型号为 FD-TX-FA 的特斯拉计测量磁场强度，精度为 10Oe。整体测试装置如图 3.117 所示。

图 3.117　S 微波棱镜实验平板、圆盘装置及其信号源、电磁铁

2. 实验装置测量可靠性检验

实验分两大步骤进行，首先对测试装置的有效性进行检验，然后测量我们棱镜样品的微波折射率。

我们通过测试空平板波导和测试折射率已知的材料制作的棱镜来检验测试装置的有效性。图 3.118 为空平板波导的透射波强度随角度以及频率的二维分布图。该分布图包含了透射波强度在固定角度下的频率分布和在固定频率下的角度分布两方面信息。从该图可以看出，对于任何一个固定的频率，出射波的强度均在 18° 左右出现最大值，这说明入射波波束在经过平板和圆盘后并没有改变传播方向，直接透射出来。由出射功率的角度分布可以看出，出射波功率中间强，向两侧逐渐减弱，形成类似高斯波束的功率分布状态。图 3.120 显示了频率为 9GHz 下透射波功率这种高斯状的角度分布。这种波束具有一个明显的峰值，容易观察到波束经过介质后的偏转，适合做棱镜实验。

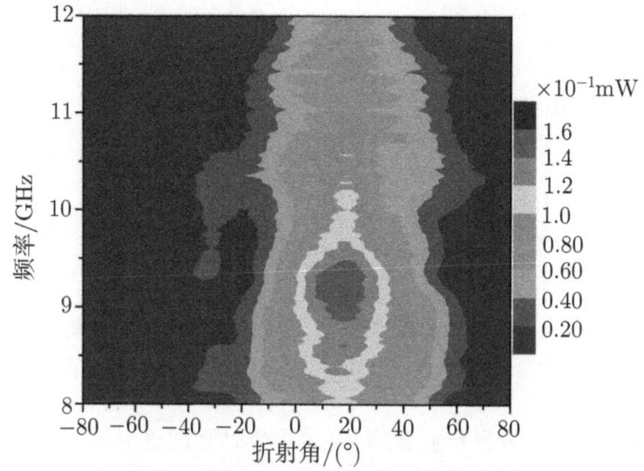

图 3.118　未放置任何样品时微波透射功率随探测角度和频率的强度分布图 (后附彩图)

接着我们用 Teflon 的直角三角形介质进行棱镜折射实验，根据测量透射波最大透射功率的角度来计算 Teflon 的折射率。由于 Teflon 材料在微波波段的介电常数是稳定的，一般为 1.8~2.0，因此其折射率就是已知的 (1.34~1.41)。通过对比测量的折射率和已知折射率可以判断所设计的实验装置是否有效。

图 3.119 为测试的 Teflon 棱镜的透射波功率随探测角度和频率的二维分布，对于任意固定的频率，透射波功率均在 26° 左右出现最大值，在该角度两侧透射功率逐渐降低。图 3.120 显示了频率为 9GHz 下透射功率的角度分布。这说明入射

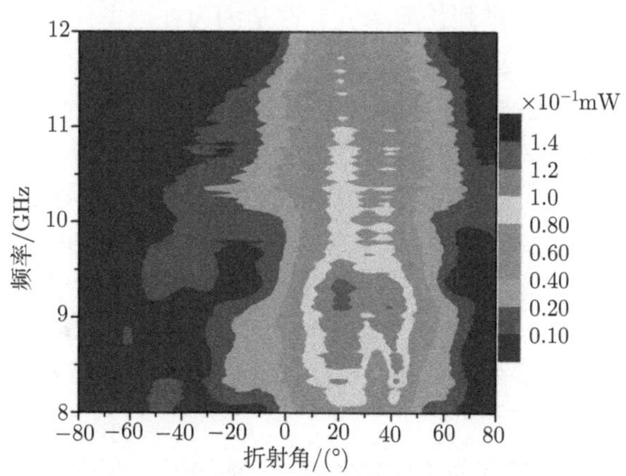

图 3.119　放置 Teflon 棱镜时微波透射功率随探测角度和频率的强度分布图 (后附彩图)

波波束在经过 Teflon 棱镜后发生了正折射，计算得到的折射率在 1.38 左右，与已知数值比较吻合，证明此实验装置在原理上是正确的，并在测试上也是可行的。

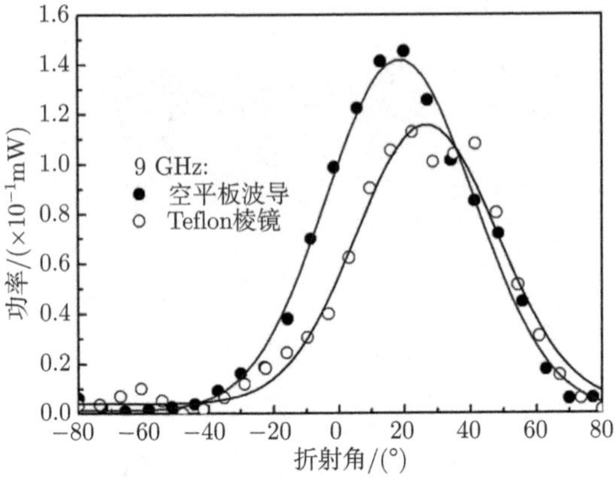

图 3.120　空平板波导和放置 Teflon 棱镜时微波透射功率的角度分布

3.5.3　实验结果与分析

1. 实验样品的设计与制作

实验中我们制作的三角形棱镜如图 3.121 所示，该棱镜的原型是 Smith 小组第一次报道微波负折射所用的结构。最初报道负折射的棱镜，其长直角边为 15cm，短直角边为 5cm。该棱镜的结构单元在波传播的二维平面内沿两个正交方向周期排列，周期长度为 5mm，因此沿棱镜的长直角边方向需要排列 30 个周期的单元，短直角边方向需要排列 10 个周期单元。我们制作的棱镜与报道的原型结构基本相同，唯一一点不同的是，我们仅在沿着长直角边的方向排列了 30 个周期的单元，而在沿短直角边方向没有排列任何单元。这是因为在原型结构中，由于单个 SRR 仅在垂直于环面的方向上表现出负磁导率，因而单个 SRR/金属线表现出的是一维方向上的负折射率；电磁波的折射属于波在二维平面内的传播行为，因此需要将负磁导率或负介电常数的其中之一变为二维方向上的负值，以获得二维平面内的负折射率。这里将 SRR 沿两个正交方向排列来获得二维负磁导率的办法是可行的。而前面的分析我们已经指出，单个铁氧体棒在沿着棒的方向上磁化时，在垂直于棒的平面内具有二维各向同性负磁导率，因此无需将铁氧体棒/金属线结构单元再沿两个正交方向交叉排列。图 3.108 所拍摄的为交叉排列的棱镜，测试后发现交叉棱镜和未交叉棱镜表现的折射性质相似，因此本章后面的实验结果均以未交叉棱镜为例进行讨论。

我们仍然选择 YIG 棒作为负磁导率介质，棒的尺寸为 0.8mm×0.8mm×10mm，电磁性能如 3.3.2 节所述。金属线阵列采用标准的电路板刻蚀技术制备，得到的铜线线宽为 0.5mm，长度为 10mm，厚度约为 0.03mm，线间距为 5mm。基板材料为 FR4，厚度为 0.3mm，介电常数约为 4.6，损耗角正切约为 0.01。

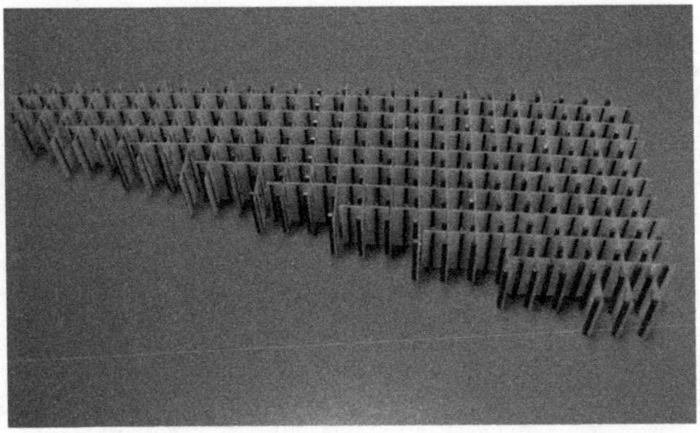

图 3.121 YIG 棒/金属线结构复合介质的直角三角形棱镜

2. 实验结果与讨论

实验中在每一个角度点的测量结果均是在一个频率范围内 (7~14GHz) 透射功率在不同频率下的分布，因此在 $-60°\sim+80°$ 角度范围内扫描测量完成后，会得到一个由频率范围、角度范围和透射功率值的三维结果。我们以角度值为横坐标，以频率值为纵坐标，以不同颜色代表不同的功率强度绘制了二维分布图，用来分析该复合结构的折射性质。另外，通过前面几章的讨论可知，左手通带的频率位置可以随着外磁场大小的变化而改变，因此我们又可以绘制出不同场强下微波透射功率强度随角度和频率的二维分布。

首先我们测试了 YIG 棒与金属线背靠背粘贴所组成的棱镜 (以下简称背靠背样品)，YIG 棒和金属线之间的间距为 0.3mm。

图 3.122(a) 和 (b) 分别显示了背靠背样品在外磁场为 2150Oe 和 2800Oe 时的功率分布。由图 3.122(a) 可以看出，该复合介质在 9GHz 频率附近，在负角度和正角度处分别出现了一个较强的透射功率峰，似乎说明在该频率附近同时出现了一个正折射和一个负折射。然而在我们的 YIG 棒/金属线复合介质中，在垂直于棒/线的二维平面内是各向同性的，因此即便是波在这个平面内沿不同方向传播，其折射率在该平面内的不同方向上应该是相同的，这取决于金属线方向上的介电常数和垂直于 YIG 棒方向上的磁导率的乘积。而在某一确定频率下，金属线方向上的等效介电常数和垂直于 YIG 棒方向上的磁导率均为固定的值，因此不可能同时出现两个不同的折射率，更不可能同时出现一个正折射率和一个负折射率。通过分析，我们得出一个可能的解释是，实验所观察到的一个正折射和一个负折射应该位于不同的频率处。通过仔细观察图 3.122，我们验证了这一推断。我们发现，在正

负两个角度处出现透射功率最强的频率并不完全重合，而是正折射的中心频率位于约 9GHz 处，负折射的中心频率位于约 9.3GHz 处，正负折射两者的中心频率之间相差约 300MHz。

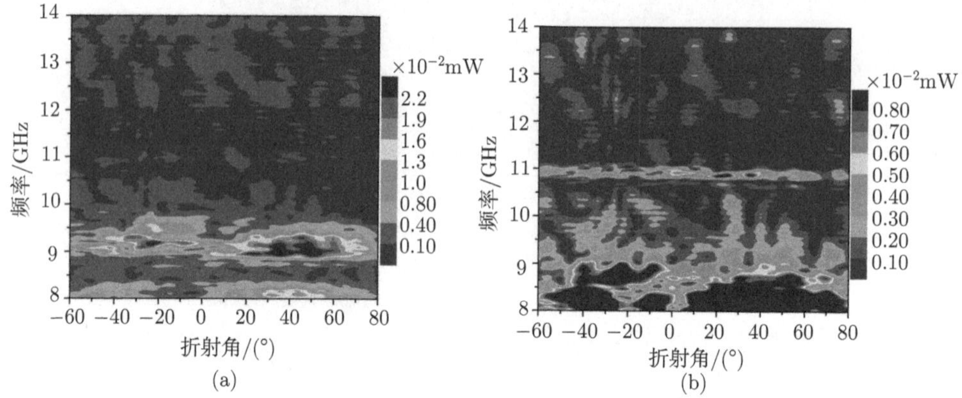

图 3.122　背靠背样品微波透射功率随角度和频率的分布 (后附彩图)

(a) 2150Oe; (b) 2800Oe

这种正负折射在不同频率处同时出现的现象虽然在其他左手材料中没有直接观察到，但在理论上，F. J. Rachford 等在 2007 年 PRL 上发表文章模拟铁氧体片/金属线结构的负折射时，报道了该复合介质可能在不同频率下同时出现正负折射的现象 [18]。该研究组给出的解释是，铁氧体发生铁磁共振时磁导率在磁等离子体频率附近具有强烈的频散，表现为在稍低于磁等离子体频率时 (可以称之为共振区) 具有较大的正磁导率，而在稍低于磁等离子体频率时 (可以称之为反共振区) 具有负磁导率。在共振区一侧，由于磁导率数值很大，金属线的自感会显著增加，电子有效质量增大，因此金属线电等离子体频率会降低到铁氧体磁等离子体频率以下，这时复合介质的介电常数和磁导率均为正值，因此表现出的是右手透射峰，对应正折射；而在较高频率的反共振区一侧，磁导率和介电常数均为负值，复合介质表现出的是左手透射峰，对应负折射。

为了进一步说明这种现象，我们分别截取了频率为 9.3GHz 和 9GHz 处微波透射功率的角度分布，如图 3.123 所示。

由图 3.123(a) 可以看出，9.3GHz 时透射功率在负角度和正角度各有一个峰出现，并且负角度处的峰强明显高于正角度处的峰强。因此，在该频率处，应该对应于 YIG 的反共振区，此时介质的磁导率和介电常数均为负值，复合介质表现出负折射的效应。其负角度处的最大值位于 −32° 左右，对应的折射率约为 −1.6。之所以在正角度处也出现一个透射峰，可能是由于实验所用的棱镜是一个有边界的样品，位于棱镜中的不同区域处的 YIG 棒所感受到的电磁环境不完全一致，因此不同区域 YIG 棒表现出的磁导率频散曲线也会有略微差别，从而在 9.3GHz 频率下可能有棱镜的部分区域处于正磁导率区 (共振区)，从而接收到正折射的信号。正折射微波透射功率的最大值位于 45° 左右，相应折射率约为 2.2。

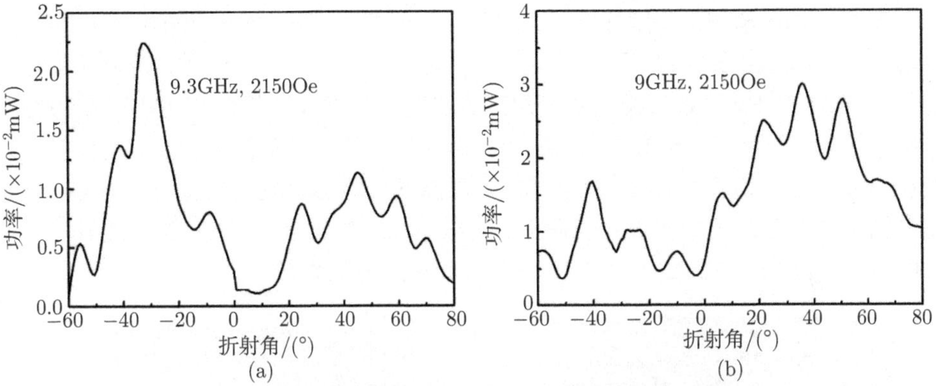

图 3.123 背靠背样品 2150 Oe 时透射功率的角度分布

(a) 9.3GHz；(b) 9GHz

由图 3.123(b) 可以看出，9GHz 时透射功率在负角度和正角度也各有一个峰出现，但负角度处的峰强明显低于正角度处的峰。因此在该频率处，应该对应于 YIG 的共振区，此时介质的磁导率和介电常数均为正值，复合介质表现出正折射的效应。其正角度处的最大透射功率位于 36° 左右，对应的折射率约为 1.8。之所以在负角度处也出现一个透射峰，也可能是由棱镜样品不同区域磁导率频散曲线有所差别造成的。负折射微波透射功率的最大值位于 −40° 左右，相应折射率约为 −2。

当提高磁场到 2800Oe 时，可以看出发生透射的频率升高到了 11GHz 左右，如图 3.122(b) 所示。但从透射峰位的角度来看，似乎正折射和负折射的角度均在减小，并且已经难以区分正负折射的角度，甚至无法说明该透射区是否仍然在稍微不同的频率下同时存在正负折射。但有一点是可以肯定的，那就是透射峰的峰位随着磁场的提高而明显向高频发生了移动，这也证明了该透射现象是紧密依赖于发生铁磁共振时出现的磁导率强烈频散区的。至于判断处于频散区的共振区还是反共振区，即判断该透射区的性质，需要通过进一步的实验和理论进行深入研究。

由于测试过程中为手动探测出射波信号，并且当圆盘放置到电磁铁磁场工作区后，探测空间十分有限，因此难免会引入比较大的测量误差。铁氧体/金属线复合介质在不同频率存在正负双折射的现象有待于通过改进测试方法来进一步确证。

接着，我们将 YIG 棒粘贴到金属线基板的正面，并组装成棱镜，在上下平行板间距为 10mm 的情况下 (简称面对面 −10 样品) 重新测试了复合介质的微波折射率。棱镜尺寸与背靠背样品相同，只是结构单元中 YIG 棒和金属线之间的间距由 0.3mm 变为小于 0.1mm。

图 3.124(a) 和 (b) 分别显示了面对面 −10 样品在外磁场为 3000Oe 和 3400Oe 时的功率分布。由图 3.124(a) 可以看出，在磁场强度为 3000Oe 时，透射功率最强的频率在 11.3GHz 附近。我们初步判断该透射区仍然为正折射和负折射在稍微不同频率下的共存区，正折射的角度在 24° 附近，但其角度范围比较宽；负折射的角度在 −5° 左右，其角度范围也比较宽。由于测试所能够达到的角度分辨有限，因此更加精确的折射角度需要进一步研究。当磁场强度提高到 3400Oe 时，透射功率最强的频率升高到了 12.8GHz 左右，但难以判断透射的性质。

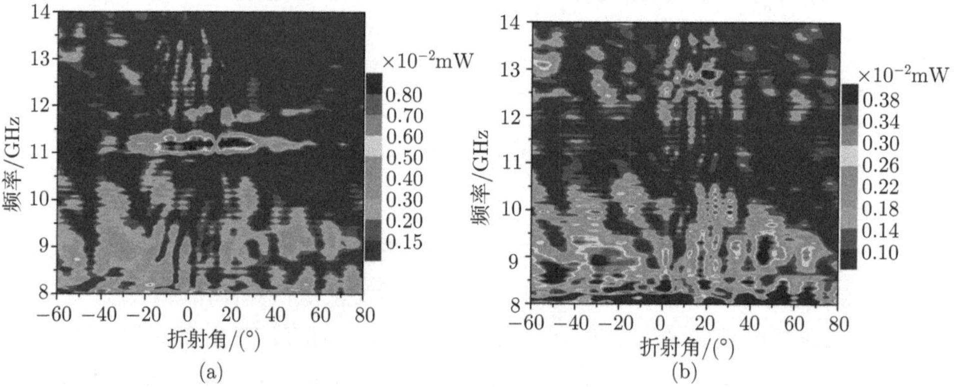

图 3.124　面对面 −10 样品微波透射功率随角度和频率的分布 (后附彩图)

(a) 3000Oe；(b) 3400Oe

最后，我们将实验装置中的上下平行板及圆盘的间距由 10mm 提高到 11mm(以下简称面对面 −11 样品)，测试了面对面 −11 样品的微波折射率。在这种情况下，棱镜的上表面不再与上圆盘的内壁接触，而是两者之间存在约 1mm 的缝隙，因而金属线的电连续性受到破坏。图 3.125(a) 和 (b) 分别显示了面对面 −11 样品在外磁场为 2900Oe 和 3200Oe 时的功率分布。由图 3.125(a) 可以看出，在磁场强度为 2900Oe 时，透射功率最强的频率在 11.2GHz 附近。我们同样可以判断该透射区为正折射和负折射在稍微不同频率下的共存区，正折射的角度在 50°∼60°，其角度范围仍然比较宽，负折射的角度在 −20° 左右；而当磁场提高到 3200Oe 时，透射功率最强的频率升高到了 11.8GHz 左右。

对比图 3.124 和图 3.125 我们发现，提高上下平行板间距对测试结果并没有明显的影响，我们认为信号探测的稳定性和灵敏性是影响实验结果的主要原因。

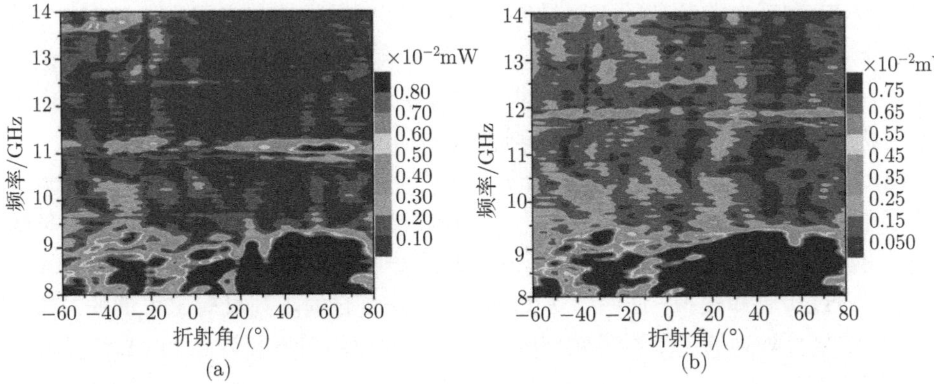

图 3.125　面对面 −11 样品微波透射功率随角度和频率的分布 (后附彩图)

(a) 2900Oe；(b) 3200Oe

3.6　小　　结

本章探讨了铁氧体基于铁磁共振机制实现负磁导率的理论基础，提出了通过铁氧体与金属线或电介质复合来制备左手材料的设计思路与实现方法，并在实验上实现了铁氧体基的可调左手材料。主要得到以下结论：

(1) 介绍了铁磁共振实现负磁导率的电磁波传播模式，着重讨论了旋磁介质横向传播非寻常波模式下的有效磁导率 μ_{eff} 的频散关系，推导出该模式下 μ_{eff} 的一般表达式。结果表明，该磁导率一般表达式在形式上具有洛伦兹型的函数关系，在磁等离子体频率 ω_{mp} 附近 μ_{eff} 具有负值。μ_{eff} 取决于三个变量：外磁场 $\boldsymbol{H}_0$、饱和磁化强度 $4\pi M_{\text{s}}$ 和阻尼系数 α。理论计算表明，随着 $\boldsymbol{H}_0$ 的增加，ω_{mp} 升高，但共振强度会随之下降；随着 $4\pi M_{\text{s}}$ 的增加，ω_{mp} 升高，同时共振强度会随之增强；而随着 α 的降低，ω_{mp} 不变，但共振强度会增强。形状各向异性和磁晶各向异性对铁磁共振频率的影响都较明显，结果表明，沿长度方向磁化的棒状样品更容易在较小外磁场作用下发生铁磁共振，而利用具有较高磁晶各向异性场的六角铁氧体有望在 THz 频段实现负磁导率。

(2) 实现了 YIG 片与金属线复合的可调左手材料；设计并制备了单片、双片或 3 片 YIG 与金属线 (柱) 阵列复合的左手材料，结果表明，这三种方式下的复合结构纵向填充波导时，均观察到磁可调的左手通带，但横向填充波导时并没有观察到左手通带。这可能是由于波传播方向上负磁导率介质 (即 YIG 片) 很薄，所提供的负磁导率在金属线填充空间上的分布不均匀造成的。设计了一种基于矩形波导的非互易左手传输的复合结构，该复合结构由 YIG 片、金属线和介质块组成。YIG 片放置在偏离波导中线的特定位置处，用以提供正向共振型频散的有效磁导率 (可以具有负值) 和反向非频散的正磁导率；金属线阵列提供填充空间内的负有效介电常数；介质块用以扩大波导内的纯圆极化区。在该复合结构中，观察到了正向较高强度的左手通带而反向仅表现出一个很弱的左手通带。这种正、反方向上左手通带的不对称性来源于两个方向上磁导率频散关系的不一致。

(3) 实现了 YIG 棒与金属线复合的可调左手材料。基于有效介质理论计算并反推了单独 YIG 棒沿着长度方向磁化、电磁波横向传播时非寻常波的磁导率频散曲线，证明了在磁等离子体频率附近、在垂直于棒的平面内具有二维各向同性的负磁导率。通过实验和模拟，证明了 YIG 棒/金属线复合的阵列具有磁可调的二维左手性质，该复合阵列的左手通带频率随着外磁场的增加而不断升高，调节范围覆盖了整个 X 波段。

(4) 研究了 YIG 棒和金属线之间的电磁耦合对复合结构左手传输的影响。结果表明，随着棒和线之间间距的增加，左手峰的强度不断降低，在棒与线紧密接触的样品中实验上获得了最大强度的左手通带，其损耗仅为 1.5dB/cm；通过分析认为，间距较小的样品具有较强的左手通带，是由棒与线之间具有较强的电磁耦合造成的，这种电磁耦合来源于金属线中的振荡电流在其周围所感生的磁场，因而棒/线复合的左手材料属于双各向异性介质。

(5) 设计了一种具有低损耗的铁氧体壳/金属线芯结构单元的左手材料。通过对该复合结构左手材料的模拟，我们发现了损耗仅为 0.58dB/cm 的左手通带，并且通带频率同样能够有效地被外磁场调节。

(6) 实现了 YIG 方块与金属线复合的可调左手材料。设计并制备了一根线对一块、一根线对三块和一根线对五块三种方式下 YIG 方块和金属线复合的结构，在三种复合下均在实验上观察到了磁可调的左手透射峰，并得到了模拟结果的验证。透射峰的强度并没有 YIG 棒和金属线复合的高，从而推断左手性质的强弱敏感地依赖于金属线长度方向上负磁导率介质的均匀性和连续性，采用 YIG 方块恰恰破坏了这种均匀性和连续性，因此 YIG 棒在构造左手材料上具有明显的优势。

(7) 实现了 S 波段下 YIG 片/金属线以及 YIG 棒/金属线复合的可调左手材料，但左手峰的强度明显低于 X 波段下的测试结果。该研究证明了用铁氧体和金属线复合的方法构造左手材料在不同频段内具有普适性。

(8) 当垂直波导窄边施加外磁场时，仍然在 YIG 棒/金属线以及 YIG 方块/金属线两种复合结构中观察到了磁可调的左手通带。这是由矩形波导传播的 TE_{10} 型的主模式电磁波的磁场分布所决定的。在垂直波导窄边施加外磁场时，仍然存在相对于外磁场方向来说右旋的电磁波磁场，因而仍然能够激励起铁磁共振，表现负磁导率，从而与金属线复合后能够表现出左手传输。

(9) 实现了 YIG 棒与 BST 棒复合的可调左手材料，提出了利用铁氧体和电介质复合制备左手材料的新机制。介绍了利用具有高介电常数的电介质棒实现负有效介电常数的理论，在这一机制中，电介质中较强的位移电流起到了与金属线中传导电流相类似的作用，在一定条件下能够激励起沿着棒方向上的电共振，从而表现负有效介电常数。通过 BST 与 SRR 复合，在 SRR 禁带峰位置处观察到了左手通带，证实了 BST 棒阵列具有负有效介电常数。最后在实验上设计并实现了基于 YIG 棒和 BST 棒阵列复合的全陶瓷基左手材料，在复合结构中观察到了磁可调的左手通带。

(10) 直接观察了 YIG 棒和金属线复合的左手材料的微波折射现象。结果表明，该复合左手材料具有频率可调的负折射现象，并且在稍低于负折射频率下观察到了正折射现象，YIG 棒强烈频散的磁导率曲线可能是导致正负折射在不同频率下同时存在的原因。

参 考 文 献

[1] Veselago V G. The electrodynamics of substance simultaneously negative values of ε and μ. Sov Phys Usp, 1968, 10(4): 509-514.

[2] 李荫远，李国栋. 铁氧体物理学, 北京: 科学出版社, 1978.

[3] 向仁生. 微波铁氧体线性器件原理, 北京: 科学出版社, 1979.

[4] Lax B, Button K J. Microwave Ferrite and Ferrimagnetics. New York: McGRAW-HILL, 1962.

[5] 周志刚. 铁氧体磁性材料, 北京: 科学出版社, 1981.

[6] Pendry J B. Comment on “Left-handed materials do not make a perfect lens”. Phys Rev Lett, 2003, 91(9): 099701.

[7] Wiltshire M C, Pendry J B, Young I R, et al. Microstructured magnetic materials for RF flux guides in magnetic resonance imaging. Science, 2001, 291(5505): 849-851.

[8] Shen J T, Platzman P M. Near field imaging with negative dielectric constant lenses. Appl Phys Lett, 2002, 80(18): 3286-3288.

[9] Smith D R, Schurig D, Rosenbluth M, et al. Limitations on subdiffraction imaging with a negative refractive index slab. Appl Phys Lett, 2003, 82(10): 1506-1508.

[10] 陈巧生. 微波与光磁性器件, 成都: 成都电讯工程学院出版社, 1988.

[11] Kafesaki M, Koschny T, Penciu R S, et al. Left-handed metamaterials: detailed numerical studies of the transmission properties. J Opt A-Pure Appl Op, 2005, 7(2): 12-22.

[12] Cai X B, Zhou X M, Hu G K. Numerical study on left-handed materials made of ferrite and metallic wires. Chinese Phys Lett, 2006, 23(2): 348-351.

[13] 张三慧，臧庚媛，华基美. 电磁学. 北京: 清华大学出版社, 1991.

[14] Pendry J B, Holden A J, Stewart W J, et al. Extremely low frequency plasmons in metallic mesostructures. Phys Rev Lett, 1996, 76(25): 4773-4776.

[15] Peng L, Ran L X, Chen H S, et al. Experimental observation of left-handed behavior in an array of standard dielectric resonators. Phys Rev Lett, 2007, 98(15): 157403.

[16] Zhao Q, Zhou J, Zhang F L, et al. Mie resonance-based dielectric metamaterials. Materials Today, 2009, 12: 60-69.

[17] Shelby R A, Smith D R, Schultz S. Experimental verification of a negative index of refraction. Science, 2001, 292(5514): 77-79.

[18] Rachford F J, Armstead D N, Harris V G, et al. Simulations of ferrite-dielectric-wire composite negative index materials. Phys Rev Lett, 2007, 99(5): 057202.

第 4 章　基于极性晶格振动的本征超常电磁介质

利用材料本征特性来实现超常电磁介质，不仅扩大了材料的性能空间，同时也为材料的功能设计和应用提供了新的途径。如第 3 章中利用铁氧体的铁磁共振实现负的磁导率等。然而，随着频率的提高，铁氧体的铁磁共振以及铁电体的电响应都会出现高频截止特性，也就是说其不能实现在红外或者可见光波段下的超常电磁特性，使得利用本征性质实现高频超材料遇到了极大的困难。

本章探讨利用晶体材料的极性晶格振动实现超常电磁响应的可行性。所谓晶格振动是指晶体中的原子在其平衡位置附近所做的热振动。在简谐近似的条件下，晶格振动可以分解为许多个具有确定频率ω和波矢 $\boldsymbol{q}$ 的简谐振动模，这些振动模也被称为声子，它是晶体中十分重要的元激发 —— 电磁激元[1]。在众多简谐振动模中，只有那些能够产生电偶极矩的横光学模，即极性晶格振动模，才能与电磁波相互作用，进而产生谐振型的介电色散以及超常介电常数。尽管对晶体中电磁激元的研究已经有了相当长的历史和相当完善的理论体系，但是利用其来实现超常电磁介质，特别是实现超常介电特性的研究，在本课题组的工作之前还鲜见报道。

4.1　极性晶格振动实现超常介电响应的机制与原理

本节从极性晶格振动模与电磁波的相互作用出发，以简单双原子立方晶体为例，介绍了由晶格振动引起的介电色散模型 —— 振子模型，并基于这种电磁波与晶格振动相互作用原理提出了实现红外超常电介质的一种新的机制。

4.1.1　极性晶格振动与介电谐振

早在 20 世纪 50 年代，黄昆等就考虑了极性晶格振动模与电磁波之间的耦合作用等问题，并描述了晶体中极性晶格振动的频谱关系[1]。

如果仅考虑双原子立方晶体这种简单情况，就可以用下式来描述离子的相对位移和极化场：

$$-\ddot{\boldsymbol{u}} = b_{11}\boldsymbol{u} + b_{12}\boldsymbol{E} \tag{4-1a}$$

$$\boldsymbol{P} = b_{21}\boldsymbol{u} + b_{22}\boldsymbol{E} \tag{4-1b}$$

其中，$\boldsymbol{u}$ 为正负离子之间的相对位移，$\boldsymbol{E}$ 和 $\boldsymbol{P}$ 分别是晶体的极化电场和极化强度。根据立方晶体各向同性的条件，这里的系数 b_{11}，b_{12}，b_{21} 和 b_{22} 均为标量，并且

$b_{12}=b_{22}$。式（4-1a）的解是频率为 ω 的简谐振动 $\ddot{\boldsymbol{u}}=-\omega^2\boldsymbol{u}$，在不考虑电场 $\boldsymbol{E}$ 的情况下，晶格振动就只由近程的弹性恢复力决定，其共振频率为 $\omega_T^2=-b_{11}$。考虑到在晶体中特定频率 ω 下的周期解，从式（4-1）中消去 $\boldsymbol{u}$，再将其与电位移定义 $\boldsymbol{D}=\boldsymbol{E}+4\pi\boldsymbol{P}=\varepsilon\boldsymbol{E}$ 进行比较，可以得到介电色散关系[1]

$$\varepsilon=1+4\pi b_{22}+\frac{4\pi b_{12}b_{21}}{-b_{11}-\omega^2}=\varepsilon_\infty+\frac{(\varepsilon_0-\varepsilon_\infty)\omega_T^2}{\omega_T^2-\omega^2} \tag{4-2}$$

其中，ε_0 和 ε_∞ 分别是晶体的静态和高频介电常数，ω_{T} 又被称为横向极性晶格振动模的谐振频率，简称横模频率。

上述理论只是将极性晶格振动引起的介电色散简单地与晶体的宏观性质（如静态、高频介电常数以及横模频率等）联系起来，但这是远远不够的。我们还希望得到这种介电色散与晶体中各微观量之间的关系。那么进一步从原子层面出发，仍然考虑双原子立方晶体，并且只考虑晶体中的每种离子都处于四面体对称环境中，这时其他离子对中心处离子产生的有效场为零。这时，离子的有效场可以表示为

$$\boldsymbol{E}_{\mathrm{eff}}=\boldsymbol{E}+\frac{4\pi}{3}\boldsymbol{P} \tag{4-3}$$

如果假设 $\boldsymbol{u}_\pm$、$\pm Ze$ 以及 $\alpha_\pm$ 分别为正、负离子的位移，离子有效电荷以及极化率。令 $\boldsymbol{u}=\boldsymbol{u}_+-\boldsymbol{u}_-$，$\alpha=\alpha_+-\alpha_-$，并且假设双原子晶体其原胞内只含有一个化学式的计量单元，也就是说其单位体积内有 $1/v_{\mathrm{a}}$ 个离子对，则晶体的宏观极化率可以表示成

$$\boldsymbol{P}=\frac{1}{v_{\mathrm{a}}}\left(Ze\boldsymbol{u}+\alpha\boldsymbol{E}_{\mathrm{eff}}\right) \tag{4-4}$$

此外，在正负离子相对位移时，作用在离子上的近程弹性力可表示为 $-k\boldsymbol{u}$，这里的弹性系数 k 为标量。再考虑到有效场作用于离子上的力，则正负离子的运动方程为

$$\overline{M}\ddot{\boldsymbol{u}}=-k\boldsymbol{u}+Ze\boldsymbol{E}_{\mathrm{eff}} \tag{4-5}$$

其中，$\overline{M}$ 为正负离子之间的约化质量。将式（4-4）和式（4-5）中的有效场 $\boldsymbol{E}_{\mathrm{eff}}$ 用式（2-3）代替，并将整理后的式子与唯象公式（4-1）比较，可以得到唯象公式中各系数与微观量之间的关系为

$$\begin{cases} b_{11}=-\omega_T^2=\dfrac{k}{\bar{M}}+\dfrac{4\pi}{3}\dfrac{(Ze)^2}{\overline{M}v_{\mathrm{a}}}\Big/\left(1-\dfrac{4\pi}{3}\dfrac{\alpha}{v_{\mathrm{a}}}\right) \\ b_{22}=\dfrac{\varepsilon_\infty-1}{4\pi}=\dfrac{\alpha}{v_{\mathrm{a}}}\Big/\left(1-\dfrac{4\pi}{3}\dfrac{\alpha}{v_{\mathrm{a}}}\right) \\ b_{12}=b_{21}=\left(\dfrac{\varepsilon_0-\varepsilon_\infty}{4\pi}\right)^{1/2}\omega_{\mathrm{T}}=\dfrac{Ze}{(\overline{M}v_{\mathrm{a}})^{1/2}}\Big/\left(1-\dfrac{4\pi}{3}\dfrac{\alpha}{v_{\mathrm{a}}}\right) \end{cases} \tag{4-6}$$

这时，可以得到极性晶格振动模的横模频率与微观参数之间的关系：

$$\omega_{\mathrm{T}}=\frac{2}{3}\left[\frac{\pi}{\overline{M}v_{\mathrm{a}}(\varepsilon_0-\varepsilon_\infty)}\right]^{1/2}Ze(\varepsilon_\infty+2) \tag{4-7}$$

从上式可以看出，晶格振动的横模频率主要与正负电子的性质（包括质量、电负性等）有着密切关系。上述结果是在理想状态下推导的，这时介电常数在谐振频率附近会达到无穷大。然而在实际情况下，介电常数在数值上不可能达到无穷大。理论与实际产生偏差的主要原因是没有考虑电磁波在晶体中的能量损耗。如果考虑到电磁波在晶体中的损耗，在运动方程中引入阻尼系数 γ，运动方程变为

$$\overline{M}\ddot{\boldsymbol{u}}=-k\boldsymbol{u}-\overline{M}\gamma\dot{\boldsymbol{u}}+Ze\boldsymbol{E}_{\mathrm{eff}} \tag{4-8}$$

这时，晶格振动的横模频率不变，而介电色散关系则变为[1]

$$\varepsilon=\varepsilon_\infty+\frac{(\varepsilon_0-\varepsilon_\infty)\omega_{\mathrm{T}}^2}{\omega_{\mathrm{T}}^2-\omega^2+\mathrm{i}\gamma\omega} \tag{4-9}$$

可以看出，当频率满足条件 $\omega_{\mathrm{T}}<\omega<\omega_L$ 时，晶体的介电常数小于零，其中 ω_{L} 为晶格振动的纵波频率，一般对应于色散曲线上介电常数为零的点，并且横模频率和纵模频率之间满足 LST（lyddane-sachs-teller）关系 $\omega_{\mathrm{L}}^2=\omega_{\mathrm{T}}^2\varepsilon_0/\varepsilon_\infty$。当频率略高于纵模频率 ω_{L} 时，材料的介电常数小于 1，如图 4.1 所示这部分区域（$\varepsilon<1$）正是我们所关心的超常介电常数区间。通过分析式（4-9）可知，横模频率 ω_{T} 主要控制介电谐振的频率位置，而 $(\varepsilon_0-\varepsilon_\infty)/\gamma$ 则控制谐振的强度。

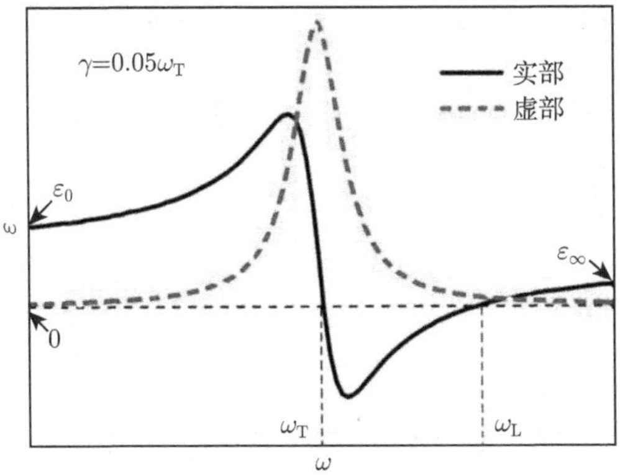

图 4.1 双原子立方晶体介电色散曲线

双原子立方晶体中，晶格振动可以简单近似成为简谐振子。将上述结论推广到一般的多原子极性晶体中也同样适用。对于多原子极性晶体，其晶格振动引起的介

电色散为多个振子加和的形式：

$$\varepsilon = \varepsilon_\infty + \sum_i \frac{\Delta\varepsilon_i \omega_{i\mathrm{T}}^2}{\omega_{i\mathrm{T}}^2 - \omega^2 + \mathrm{i}\gamma_i \omega} \tag{4-10}$$

其中，$\Delta\varepsilon_i$，$\omega_{i\mathrm{T}}$，γ_i 分别是第 i 个谐振模的谐振强度、横模频率以及损耗因子。该式子也被称为振子模型，并且包含了式 (2-9) 单振子的特殊情况。在多个振子的情况下，一般来说各个振子之间是相互影响的，宏观上晶体的介电常数是各个振子引起的介电色散叠加的结果，并有可能出现多个超常介电区间。但是，如果各个振子的谐振频率相隔足够远，也可以认为各个振子之间是保持相对独立的共振色散。

4.1.2　横模频率对超常介电特性的影响

为考察横模频率的影响，先将另外三个参数固定为ε_0=10、ε_∞=4、γ=0.02ω_T。在此基础上，改变横模频率 ω_T=200cm^{-1}、300cm^{-1}、400cm^{-1}，计算材料的介电色散曲线，分别对介电常数的实部 ε_r 和虚部 ε_i 作图，结果如图 4.2 所示。可以看出，随着横模频率的升高，色散曲线整体上向高频移动，这也同时意味着负介电常数的区间不断向高频移动。而负介电区间的相对宽度可以近似地表示为 $(\omega_\mathrm{L} - \omega_\mathrm{T})/\omega_\mathrm{T} = \sqrt{\varepsilon_0/\varepsilon_\infty} - 1$，其随横模频率变化不大。对于选定的晶体材料，其晶格振动的横模频率一般是明确的，但是可以通过一定的物理化学方法改变其晶格参数或者成分组成，进而影响晶格振动的横模频率，从而实现通过改变横模频率来调控负介电常数的区间。

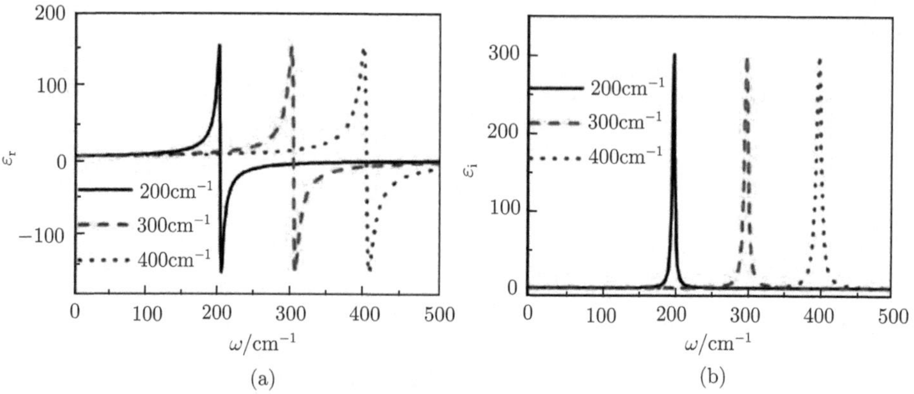

图 4.2　不同横模频率下介电色散曲线

(a) 实部；(b) 虚部

4.1.3　阻尼系数对超常介电特性的影响

为了考察晶格振动的阻尼系数，也就是振子模型中的损耗因子对超常介电特性的影响，固定参数 ε_0=10、ε_∞=4、ω_T=250cm^{-1}，改变损耗因子，令 γ/ω_T=0.01、0.03、0.05，分别对介电常数的实部 ε_r 和虚部 ε_i 作图，结果如图 4.3 所示。可以看出，阻尼系数的改变不会改变介电谐振的位置，但却改变了介电色散曲线的形状。当阻尼系数较小时，晶格振动受到的阻力较小，与电磁波强烈作用，表现出典型的谐振型特性，这时会在频率略高于横模频率的区域内表现出负的介电常数；而随着阻尼系数的增加，色散曲线的共振特性逐渐减弱，负介电常数的区间范围和绝对值不断减小；当阻尼系数增大到一定程度时，色散曲线将完全转变为弛豫特性，而且不再表现出负的介电常数。这也说明，选择较小介阻尼系数的晶体材料，或者从另一个角度看，具有无畸变或畸变较小晶格结构的材料，有利于负介电常数的获得。

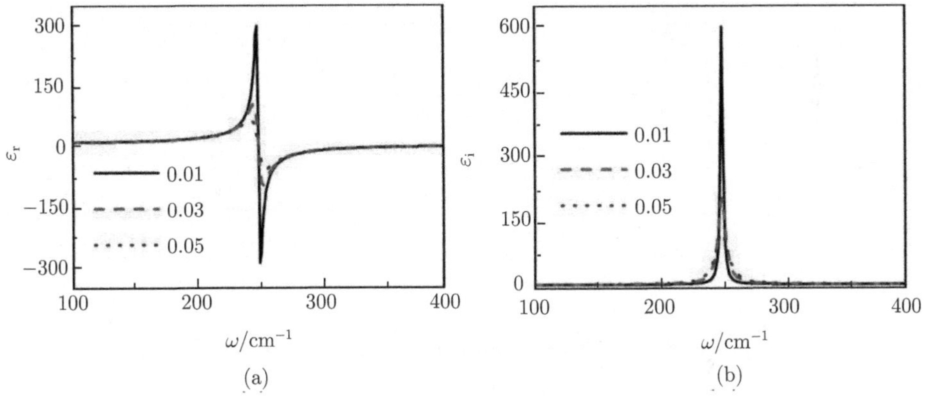

图 4.3　不同阻尼系数下介电色散曲线

(a) 实部;(b) 虚部

4.1.4　静态介电常数对超常介电特性的影响

为了考察静态介电常数的影响，固定参数 ε_∞=4、γ=0.02ω_T、ω_T=250cm^{-1} 不变，令静态介电常数 ε_0=10、15、20，分别对介电常数的实部 ε_r 和虚部 ε_i 作图，结果如图 4.4 所示。可以看出，随着静态介电常数的增加，色散曲线的谐振位置不变，但谐振强度不断提高，相应的负介电常数的有效区间加宽，同时负介电常数极值的绝对值也不断提高。而且，增大静态介电常数，材料的谐振强度增加，介电常数虚部也会相应增大。材料的静态介电常数主要与组成材料的原子的电子极化率和离子极化率有关，那么选择离子性更强的晶体材料有利于获得更负的超常介电常数。

4.1.5　高频介电常数对超常介电特性的影响

同样，为了考察高频介电常数的影响，固定参数 ε_0=10、γ=0.02ω_T、ω_T=250cm^{-1} 不变，令高频介电常数 ε_∞=4、6、8，分别对介电常数的实部 ε_r 和虚部 ε_i 作图，结果如图 4.5 所示。可以看出，高频介电常数对超常介电特性的影响与

静态介电常数的影响具有相似性，提高 ε_∞ 的效果相当于减小 ε_0。随着高频介电常数的增加，色散曲线的谐振位置不变，但谐振强度却不断减弱，相应的负介电常数的有效区间变窄，负介电常数极值的绝对值相应降低。增大高频介电常数会减小谐振位置附近介电常数的虚部。材料的高频介电常数主要由电子极化率控制，而对于大部分材料而言，其高频介电常数的数值都维持在一个比较低的水平 (< 5)，变化并不十分明显。也就是说，通过改变材料的高频介电常数仅能对负介电常数起到微调的作用。

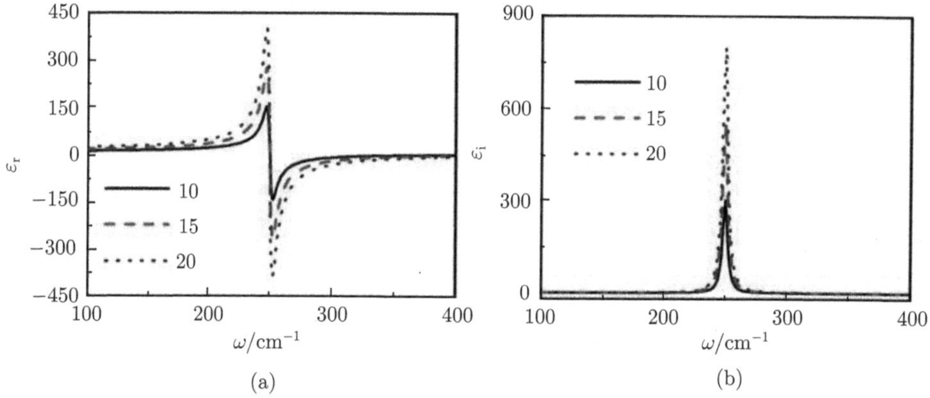

图 4.4　不同静态介电常数下晶体的介电色散曲线

(a) 实部; (b) 虚部

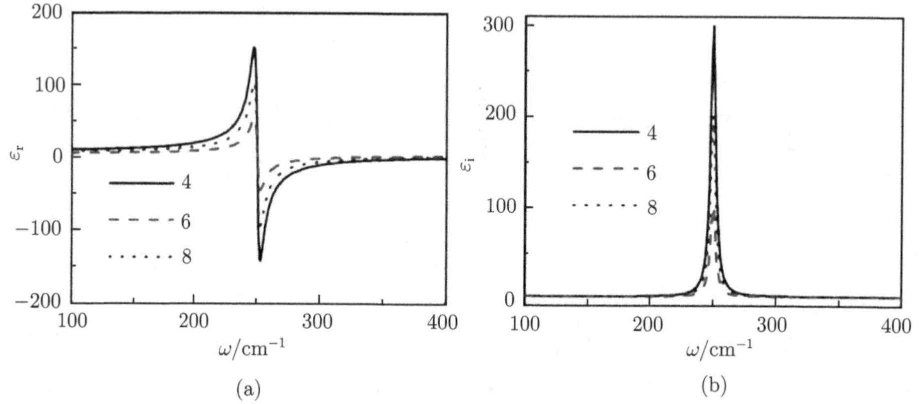

图 4.5　不同高频介电常数下晶体的介电色散曲线

(a) 实部; (b) 虚部

4.1.6　元素电负性对超常介电特性的影响

上述影响超常介电特性的因素都是基于材料的宏观性质考虑的，如果从组成材料原子的微观角度考虑，对介电色散影响最大的因素即为原子的电负特性，也可以理解为原子的离子性。原子的电负性对振子模型中参数的影响是多方面的，它不但会影响到晶体的宏观参数，如静态介电常数和高频介电常数，同时，还会对如离子半径、离子有效电荷以及晶格参数等微观参量产生影响。为了方便讨论，从最简单的情况出发，只考虑具有相同结构的简单离子晶体。由于阳离子或阴离子的电负性变化的影响结果是具有相似性的，所以只考虑具有相同阴离子而阳离子在同一主族内变化的一系列离子晶体的情况。也就是说，随着原子序数的增加，其阳离子半径越大，电负性数值相应减小，这时阳离子的有效电荷数则对应增加，离子性越强。图 4.6 定性地显示了这种情况下介电色散曲线随阳离子元素电负性 Z 变化曲线，可以看出，随着阳离子元素电负性的减弱，即原子序数的增加，离子性增加，晶体介电谐振的频率位置不断向低频移动。同时，介电谐振强度也随之提高，表现为介电实部 ε_{r} 在谐振频率附近跳跃幅度加大，并且虚部 ε_{i} 的峰值也不断提高。阴离子元素电负性提高与阳离子电负性减弱对晶体介电色散曲线具有相同的作用效果，这里不再赘述。

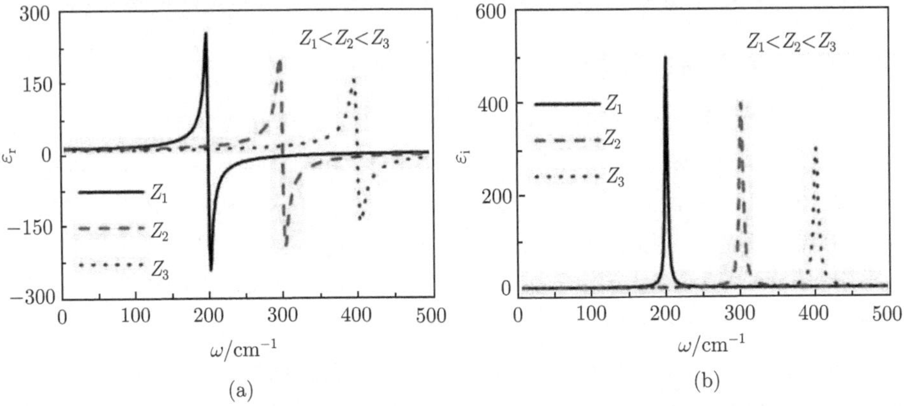

图 4.6　电负性对介电色散的影响

(a) 实部; (b) 虚部

由于材料的宏观特性都是与微观结构或组成相关联的，很难做到只改变一个宏观参数，如静态介电常数，而保持其他参数不变，来实现对材料超常介电特性的调节。而通过对材料成分或组成的调节，却可以十分容易地控制离子有效参数，所以上述离子特性对晶体超常介电常数的影响更具实用价值，为后面实现超常介电常数随晶体成分可调提供了理论基础。

4.2　介电常数成分可调的红外超常电介质

本节主要选择萤石结构材料作为对象，研究了该结构代位固溶体晶体基于极性晶格振动产生的超常介电常数随材料成分变化的基本规律；最后研究了萤石结构晶体的热扩散特性，为实现超常介电常数的空间分布提供了一定的理论基础。

4.2.1　材料体系确定

综上所述，极性晶格振动产生的介电谐振与晶体的宏观性质和微观参数相对应，也就是说可以采用掺杂或者固溶的形式，通过改变晶体中阳离子或者阴离子的有效参数来改变极性晶格振动的横模频率位置或者谐振强度，从而实现超常介电常数的可调。而且在晶体成分变化的同时，其应该维持原有晶体结构不变。在实现上述预期的条件下，晶体成分可调范围越大，对实现超常介电常数的可调越有利。

通过查阅文献资料，将材料体系定位在萤石结构晶体，包括 CaF_2、SrF_2 和 BaF_2 及其固溶体。选择萤石结构晶体主要出于以下两方面考虑：

（1）CaF_2 与 SrF_2 以及 SrF_2 与 BaF_2 之间能够形成无限代位固溶体；

（2）形成的固溶体与组成该固溶体的母体晶体之间具有相同的晶体结构，也就是说固溶体也属于萤石结构，这样不会改变固溶体晶体的晶格振动模态。

4.2.2　实验样品准备与表征

实验中应用到的萤石结构的 CaF_2、SrF_2、BaF_2 单晶体以及 $(Ca,Sr)F_2$、$(Sr,Ba)F_2$ 固溶体单晶均是在 1450~1500°C 下采用传统的坩埚下降法制备得到的，上述制备过程是在上海闵行新灵无机材料加工厂的协助下完成的。将无色透明的单晶样品切割成直径为 15mm，厚度在 1mm 左右的圆片，双面抛光成光学级表面后备用。另外，将一部分样品粉碎、研磨，过 200 目筛后得到粉末样品用作晶体结构和固溶体成分的表征。

在固溶体单晶生长过程中，由于阴、阳离子的挥发和生长速度不同，最终得到的单晶成分偏离初始原料的配比，因此需要对制备的固溶体单晶的成分进行重新确定。实验中采用等离子体发射光谱仪 IRIS Intrepid Ⅱ精细测定固溶体成分，测量结果分别列于表 4.1 和表 4.2 中。

表 4.1　$Ca_{1-x}Sr_xF_2$ 固溶体成分列表

编号	1#	2#	3#
x/%	25.714	39.508	70.395
$Ca_{1-x}Sr_xF_2$	$Ca_{0.74}Sr_{0.26}F_2$	$Ca_{0.60}Sr_{0.40}F_2$	$Ca_{0.30}Sr_{0.70}F_2$

表 4.2　$Sr_{1-x}Ba_xF_2$ 固溶体成分列表

编号	1#	2#	3#
x/%	35.341	60.055	72.867
$Sr_{1-x}Ba_xF_2$	$Sr_{0.65}Ba_{0.35}F_2$	$Sr_{0.40}Ba_{0.60}F_2$	$Sr_{0.27}Ba_{0.73}F_2$

从表中可以看出，制备的晶体样品其成分基本上实现了 CaF_2 向 SrF_2 以及 SrF_2 向 BaF_2 成分均匀过渡。单晶样品的晶体结构采用 X 射线粉末衍射（Rigaku D/max-2500）进行分析，结果如图 4.7 所示。

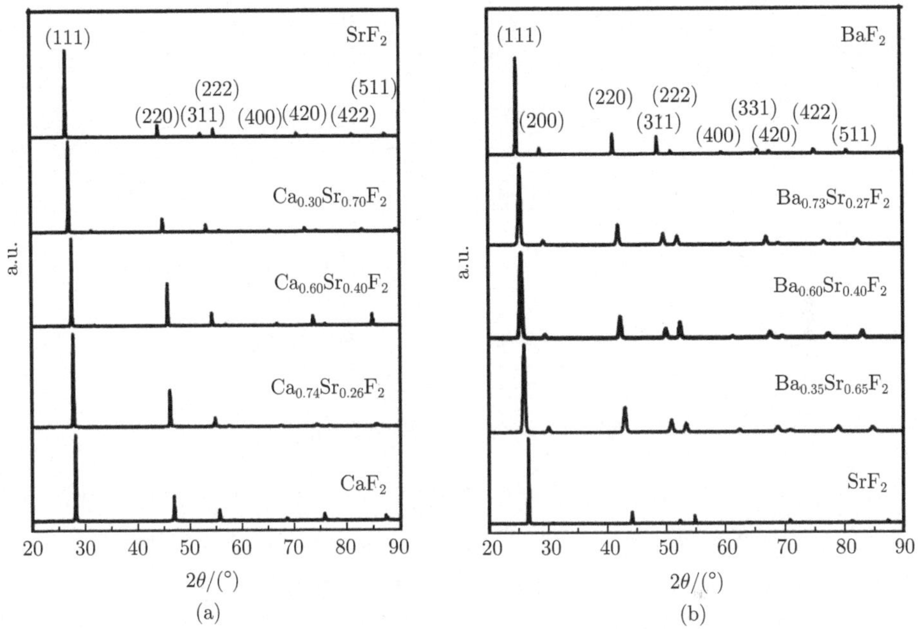

图 4.7 样品的 XRD 图谱

(a) $Ca_{1-x}Sr_xF_2$ 固溶体; (b) $Sr_{1-x}Ba_xF_2$ 固溶体

XRD 结果显示，制备的 $(Ca,Sr)F_2$、$(Sr,Ba)F_2$ 固溶体单晶与其母体结构相同均为萤石结构，没有其他杂相生成。由于晶体粉碎过程以及 X 射线粉末衍射样品制备过程中会产生一定的晶粒取向，所以造成 XRD 结果中 (111) 面的衍射峰很强。同时随着晶体成分由 CaF_2 向 SrF_2 以及 BaF_2 过渡，其晶胞参数逐渐增大，同一晶面对应的衍射峰的位置也很明显地向小角度方向移动。

4.2.3 测试方法

萤石结构晶体材料的横模频率均在远红外区域，因此，为了得到样品的在这个区域的介电色散曲线，需要测量样品在远红外波段的反射光谱。样品的反射光谱采用 ABB Bomem DA8 傅里叶变换红外光谱仪进行测量，探测器采用液氦冷却的 Si-Bolometer 探测器。整个测量过程都是在高真空（10^{-4}Pa）条件下完成，反射光谱的测量示意图如图 4.8 所示。

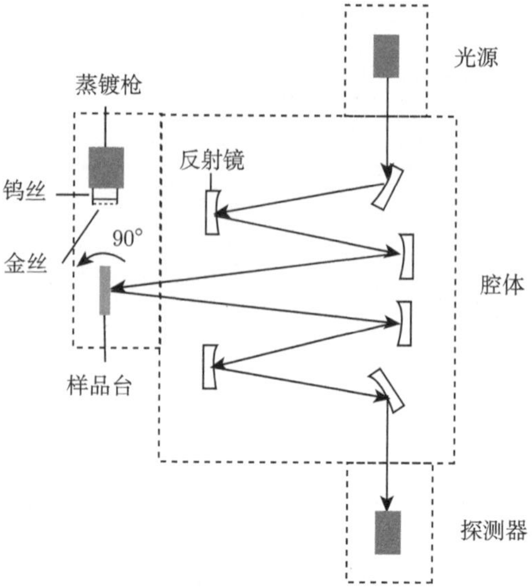

图 4.8　远红外反射测量示意图

在测量样品的反射率时，为了减少样品后表面处反射光对反射率的影响，将单晶样品的后表面做粗糙化处理。同时采用原位镀金后的样品作为参比样品，进而消除样品本身由于表面粗糙而引起的测量误差。样品表面蒸镀的金膜厚度在 1μm 左右，厚度足够薄因而不会改变样品表面结构，同时金膜的厚度又足够厚，大于 2 倍金属在该频率范围的趋肤深度，使得测量过程中不会出现多次反射的现象。

单晶样品的热扩散实验是在 HIGH-MULTI 5000 多用途高温炉中，选用氦气气氛保护条件下进行的。为了保证两晶片之间紧密接触，将样品放置在两块氧化铝薄片之间，如图 4.9 所示，通过上层氧化铝薄片自身的重量，消除样品之间的空隙。

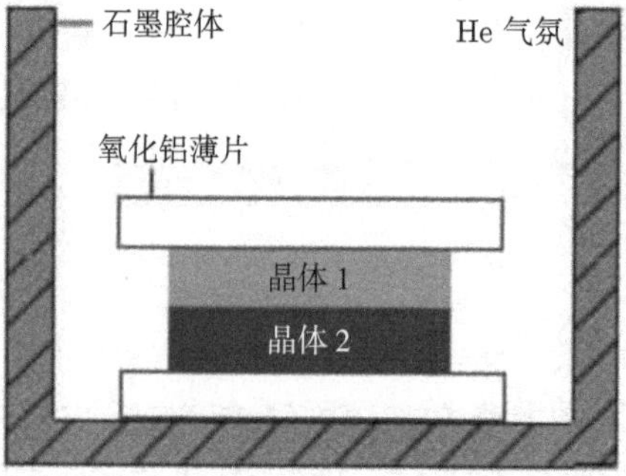

图 4.9　热扩散试验示意图

在高真空模式和加速电压 15.0kV 的条件下，通过 FEI QUANTA 200F 场发射

扫描电子显微镜 (SEM) 对热处理后样品界面处显微形貌进行观察，同时通过能谱成分分析 (EDS) 测量样品界面处的成分分布。

4.2.4 实验结果

1. 反射光谱测量和拟合结果

萤石结构晶体，以 CaF_2 为例，属于立方离子晶体，其空间群和点群分别表示为 F$m3m$ 和 O_h。根据因子群分析法[2,3]，萤石结构每个原胞中包含一个化学式的组成，即原子数为 3，因此具有 9 个振动自由度，也就是具有 9 个晶格振动模。其基本晶格振动模的对称性分类为 $2F_{1u}+F_{2g}$，如图 4.10 所示，其中一个 F_{1u} 为声学模，也就是正负离子之间的运动方向完全一致，振幅和相位都没有差别，其余一个 F_{1u} 和一个 F_{2g} 均为三重简并的光学模。在 F_{2g} 振动模中只存在 F^- 之间的相对运动，而 Ca^{2+} 不参加振动，因此该振动模态不会产生电偶极矩，不具有红外活性；余下的 F_{1u} 振动模中则存在 F^- 和 Ca^{2+} 之间的相对运动，会产生电偶极矩，具有红外活性，该振动模就是我们所关注的极性晶格振动模。

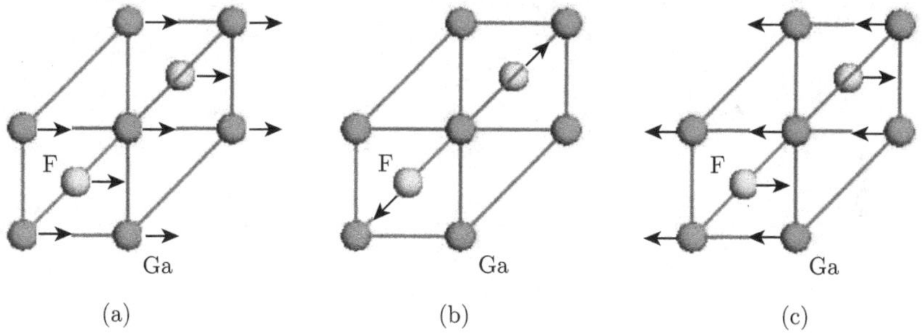

图 4.10 萤石结构晶体的晶格振动模

(a)F_{1u} 声学模; (b)F_{2g} 非红外活性模; (c)F_{1u} 红外活性模

图 4.11 给出了实验测量得到的反射率曲线及其振子拟合结果。从图中可以看出，不论是母体晶体还是固溶体，其反射率曲线均由唯一的剩余射线带组成。但是该剩余射线带并不是理想的形式，在射线带顶部有微扰存在。利用振子模型对图 4.10 中的红外光谱进行拟合，拟合得到的反射率曲线如图 4.11 中实线所示。拟合曲线与实验曲线在大部分频率区间内都吻合得很好，仅在低频段出现较大的偏离。这种偏差出现的原因主要是测试仪器探测器的测量灵敏度在低频截止频率附近会显著降低，因此在这一范围内测量结果要小于拟合结果。

拟合得到的晶格振动模的参数列于表 4.3，在拟合过程中，固溶体母体晶体的高频介电常数 ε_∞ 从光学手册中查得[4,5]，而固溶体的高频介电常数则根据介电常

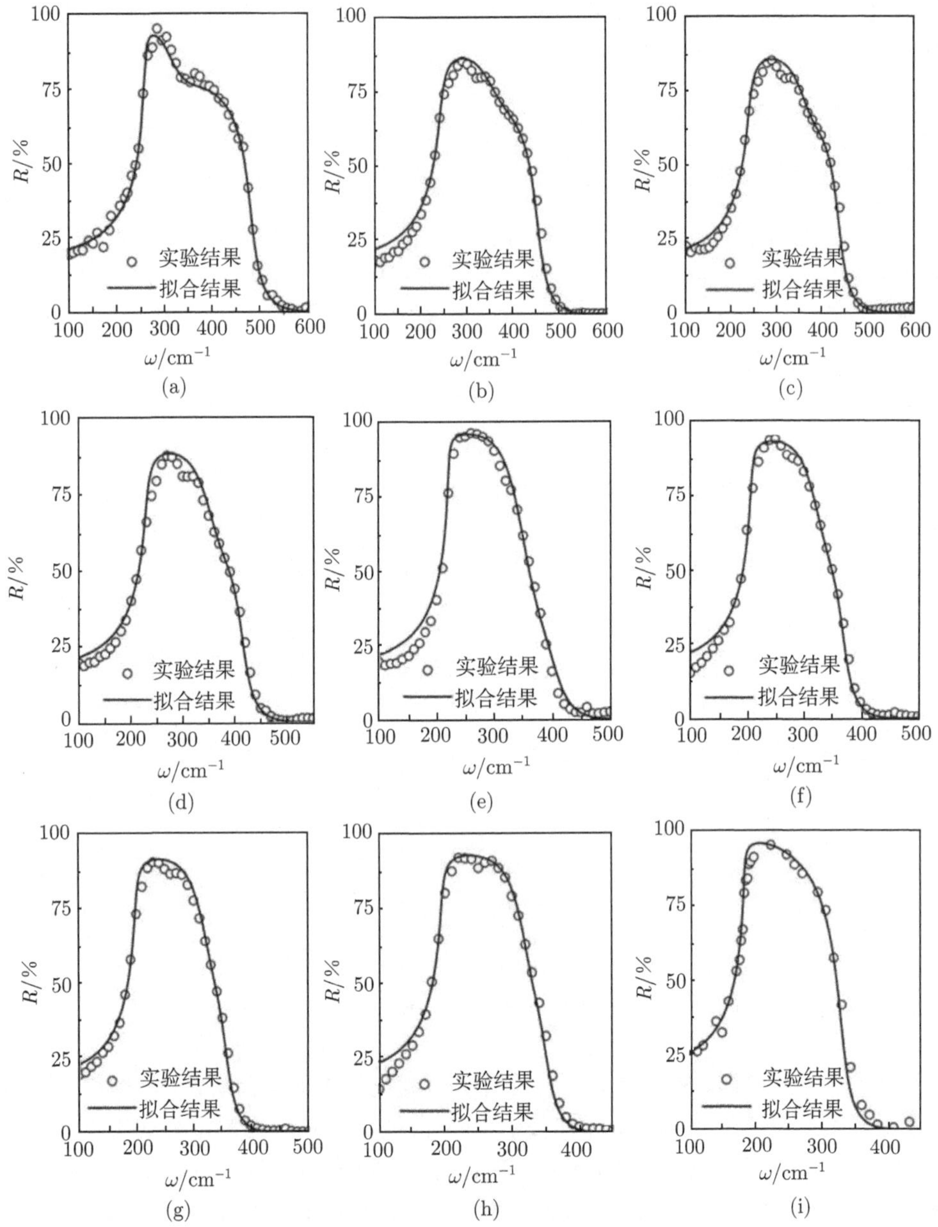

图 4.11　反射光谱测量和拟合结果

(a) CaF_2; (b) $Ca_{0.74}Sr_{0.26}F_2$; (c) $Ca_{0.60}Sr_{0.40}F_2$; (d) $Ca_{0.30}Sr_{0.70}F_2$; (e) SrF_2; (f) $Sr_{0.65}Ba_{0.35}F_2$; (g) $Sr_{0.40}Ba_{0.60}F_2$; (h) $Sr_{0.27}Ba_{0.73}F_2$; (i) BaF_2

数线性混合法则计算得到。从表 4.3 可知，每种晶体拟合后均得到两个晶格振动模，其中位于低频谐振强度较高的主振动模即为前面所说的 F_{1u} 模，而位于高频的振动模其谐振强度很弱，只有主振动模 F_{1u} 强度的 1%~2%，是二次声子，即由声子之间的相互作用产生。CaF_2、SrF_2 以及 BaF_2 晶体的振动模参数与文献中报道结果十分相近[6-8]，随着晶体成分由 CaF_2 向 SrF_2 以及 BaF_2 逐渐过渡，F_{1u} 模的横模频率也由 $260cm^{-1}$ 向 $183cm^{-1}$ 降低。

表 4.3 反射率振子拟合结果

样品标号	ω_{iT}/cm^{-1}	$\Delta\varepsilon_i$	γ_i	ε_∞
CaF_2	260	4.20	4.7	2.04(0)
	328	0.40	114.8	
$Ca_{0.74}Sr_{0.26}F_2$	244	4.70	17.1	2.048
	369	0.08	114.4	
$Ca_{0.60}Sr_{0.40}F_2$	241	4.70	16.9	2.052
	378	0.08	117.2	
$Ca_{0.30}Sr_{0.70}F_2$	231	4.30	12.7	2.061
	371	0.06	92.8	
SrF_2	221	4.30	3.8	2.07(0)
	355	0.01	106.5	
$Sr_{0.65}Ba_{0.35}F_2$	208	4.25	6.2	2.098
	339	0.06	88.1	
$Sr_{0.40}Ba_{0.60}F_2$	199	4.04	8.0	2.118
	328	0.04	98.4	
$Sr_{0.27}Ba_{0.73}F_2$	195	4.50	7.4	2.128
	333	0.03	66.6	
BaF_2	183	4.90	3.5	2.15(0)
	287	0.64	106.2	

双原子立方晶体横模频率的计算公式对于萤石结构晶体同样适用，根据式 (4-7) 可得到固溶体晶体横模频率的理论计算结果，公式中所涉及的固溶体的约合质量、原胞体积、静态介电常数以及有效电荷等，均按照组成固溶体两种母体晶体的相应参数做线性近似：

$$y_{A_xB_{1-x}F_2} = xy_{AF_2} + (1-x)y_{BF_2} \tag{4-11}$$

图 4.12 显示了晶体横模频率随成分变化曲线，可以看出，随着固溶体中重离子含量的增加，晶体的横模频率逐渐向低频移动。由于固溶体中阳离子并不是简单的线性叠加，计算值和拟合值之间存在着一定的差距，计算值下凹的趋势更明显一些。

2. 超常介电常数随成分可调

虽然理论上对萤石结构晶格振动模进行分析时，其只具有单一的红外活性模，但是实际拟合过程中却出现了二次声子，因此需要考虑二次声子对晶体的介电常数特别是超常介电部分的影响。图 4.13 以 CaF_2 为例，显示了在考虑和不考虑二次声子两种情况下晶体红外反射率曲线以及介电色散曲线。可以看出，考虑二次声子的存在能够更好地对反射率曲线进行拟合，使拟合结果更接近于测量值。同时，由于拟合得到的二次声子的强度相对较小，一般只有主声子强度的 1%左右，因此二次声子对介电常数的影响很小，介电谐振强度仍然由主声子控制。

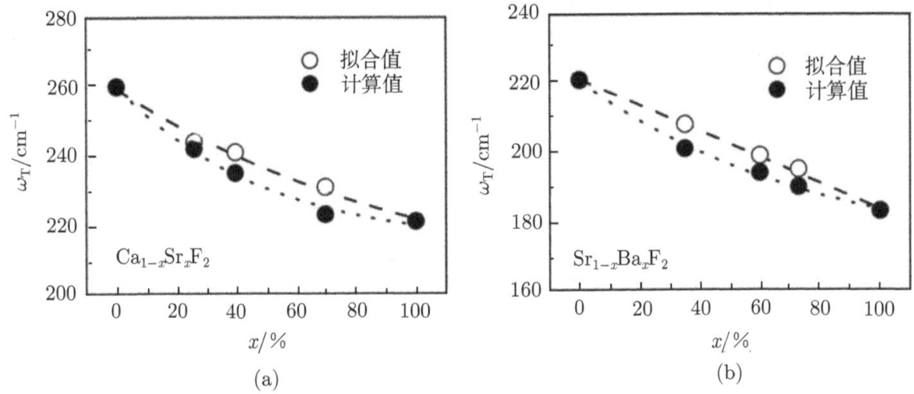

图 4.12　晶体横模频率随成分变化曲线

(a) $Ca_{1-x}Sr_xF_2$; (b)$Sr_{1-x}Ba_xF_2$

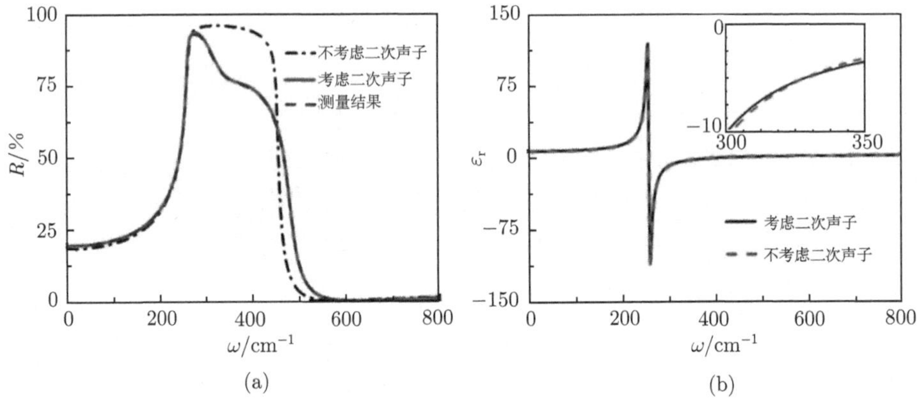

图 4.13　二次声子对反射率和介电谐振的影响

(a) 反射率曲线; (b) 介电常数实部

根据上节中得到的拟合参数，可以计算母体晶体及固溶体的介电色散曲线，如图 4.14 所示。从图中可以看出，由于极性晶格振动与电磁波的相互作用，样品的介电常数实部呈谐振型形式。随着晶体成分由 CaF_2 逐渐过渡到 SrF_2，再过渡到 BaF_2，介电谐振频率逐渐向低频移动。同时可以很明显地看到，对于母体晶体 CaF_2，SrF_2 和 BaF_2，其介电谐振强度很高，并且介电常数实部 ε_r 和虚部 ε_i 的极值依次增加。但是其两两之间形成的固溶体晶体的介电变化规律与母体晶体的规律略有不同。虽然固溶体的介电谐振频率也是随着成分中重离子含量的增加而向低频移动，但是其介电谐振强度明显减弱，当晶体中两种阳离子的比例接近 1:1 时，谐振强度最弱。

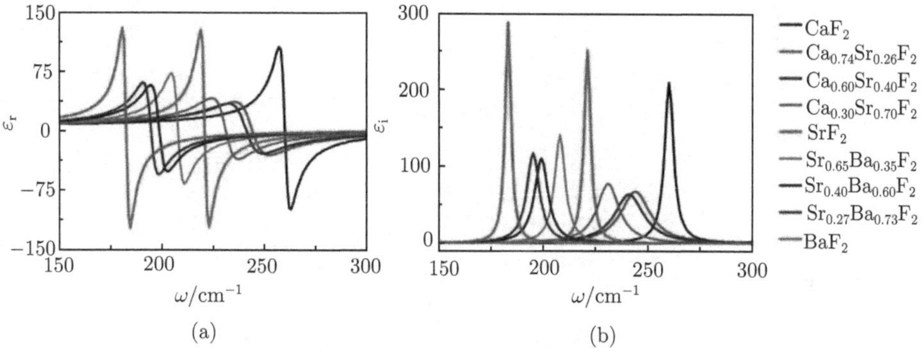

图 4.14　样品的介电色散曲线

(a) 介电常数实部; (b) 介电常数虚部

分析原因，首先从介电常数的理论模型入手，如果忽略二次声子，只考虑主声子，对式（2-9）中的振子模型关于频率求导，可以得到介电常数实部极值的表达式：

$$\varepsilon_{r\max}(\varepsilon_{r\min}) = \varepsilon_\infty \pm \frac{(\varepsilon_0 - \varepsilon_\infty)\omega_T^2}{2\gamma\omega_T - (\gamma\omega_T)^2} \approx \varepsilon_\infty \pm \frac{\varepsilon_0 - \varepsilon_\infty}{2\gamma} \tag{4-12}$$

其中，介电常数的极大值 $\varepsilon_{r\max}$ 取“+”号，极小值 $\varepsilon_{r\min}$ 取“−”号。可以看出，决定介电常数谐振强度的主要因素为晶体的静态、高频介电常数以及振动模的损耗因子。由于母体晶体和固溶体样品之间的 $(\varepsilon_0 - \varepsilon_\infty)$ 相差不大，因此对介电谐振强度起决定作用的主要是损耗因子 γ。当 CaF_2 与 SrF_2 以及 SrF_2 和 BaF_2 之间形成代位固溶体时，Sr（或 Ba）占据部分 Ca（或 Sr）的晶格位置。代位原子与基体原子之间的尺寸差别使固溶体内部产生晶格畸变，这种晶格畸变的存在阻碍了正负离子之间的相互运动，使晶格振动时的损耗因子增加。固溶体中两种阳离子的摩尔比接近 1:1 时，固溶体内部的晶格畸变达到最大，所以图 4.14 中 $Ca_{1-x}Sr_xF_2$ 或 $Sr_{1-x}Ba_xF_2$ 固溶体的介电谐振的强度会随着固溶体成分变化先减小后增大，呈 U 变化。同时，对于母体晶体 CaF_2，SrF_2 和 BaF_2 而言，其谐振模的损耗较小，但是随着阳离子原子序数的增加，其原子的电负性减弱，离子性增加，静态介电常数也随之增加，其对纯晶体的介电谐振起主导作用，因此，按照 CaF_2，SrF_2，BaF_2 顺序，介电谐振依次增强, 其负介电常数的极值也依次减小。

图 4.15 显示了样品超常介电常数区间（ε< 1）随成分变化的规律，可以看出，

随着成分按照 CaF_2，SrF_2，BaF_2 顺序依次过渡，超常介电区域逐渐收缩。对于固溶体而言，其区域收缩与成分之间并不是线性变化，而是呈现下凹的曲线变化规律，而且 $Sr_xBa_{1-x}F_2$ 固溶体超常介电区间收缩趋势较 $Ca_{1-x}Sr_xF_2$ 固溶体略有减缓。

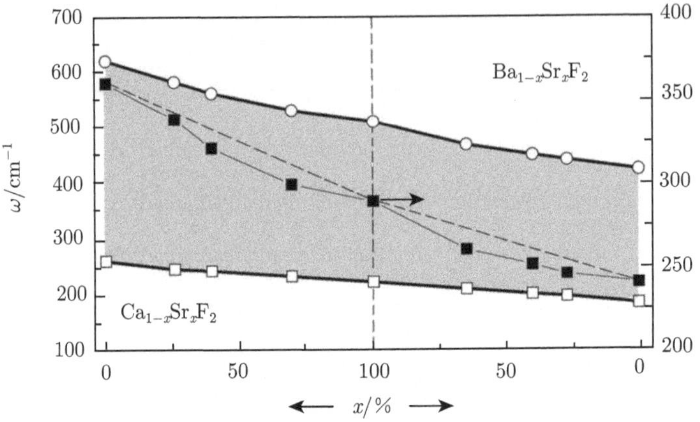

图 4.15　超常介电常数有效区间

根据图 4.14 的介电色散曲线，可以得到不同频率下，介电常数特别是超常介电常数随固溶体成分变化规律，图 4.16 中分别给出了 $330cm^{-1}$、$480cm^{-1}$ 以及 $620cm^{-1}$ 三个典型频率下样品介电常数变化曲线。可以看出，在 $Ca_{1-x}Sr_xF_2$ 和 $Sr_{1-x}Ba_xF_2$ 固溶体中，随着 x 值的增加，介电常数实部逐渐增加，而介电常数虚部则相应减小。如果考虑成分在 $Ca_{1-x}Sr_xF_2$ 和 $Sr_{1-x}Ba_xF_2$ 固溶体中连续变化，该体系可以实现负的介电常数（$\omega<330cm^{-1}$），在 $330cm^{-1}$ 时，其介电常数能够覆盖 $(-5\sim0)$ 区间。除此之外，提高操作频率，$Ca_{1-x}Sr_xF_2$ 和 $Sr_{1-x}Ba_xF_2$ 固溶体还能覆盖 0~1 超低介电区间（$620cm^{-1}>\omega>330cm^{-1}$），在 $480cm^{-1}$ 频率下，其介电常数覆盖范围为 0~1.4，可以实现超低介电常数随成分的连续可调。进一步对比不同频率下介电常数实部和虚部可以发现，越接近横模频率，介电损耗越大。较大的介电损耗会造成材料对电磁波的强烈吸收，对超材料的应用十分不利。所以在应用晶格振动原理实现超材料时，应该在满足超材料设计要求的前提下，使超材料或超材料器件的使用频率尽可能远离横模频率。

3. *热扩散对固溶体成分调控的实验结果*

在超材料的应用中，比如制备电磁隐身斗篷，经常需要材料的介电常数满足一定空间分布规律。由于传统的超材料主要是以人工周期单元来实现超常电磁参数的，因此在超材料器件中往往采用多层结构的形式，通过控制每一层中结构单元的

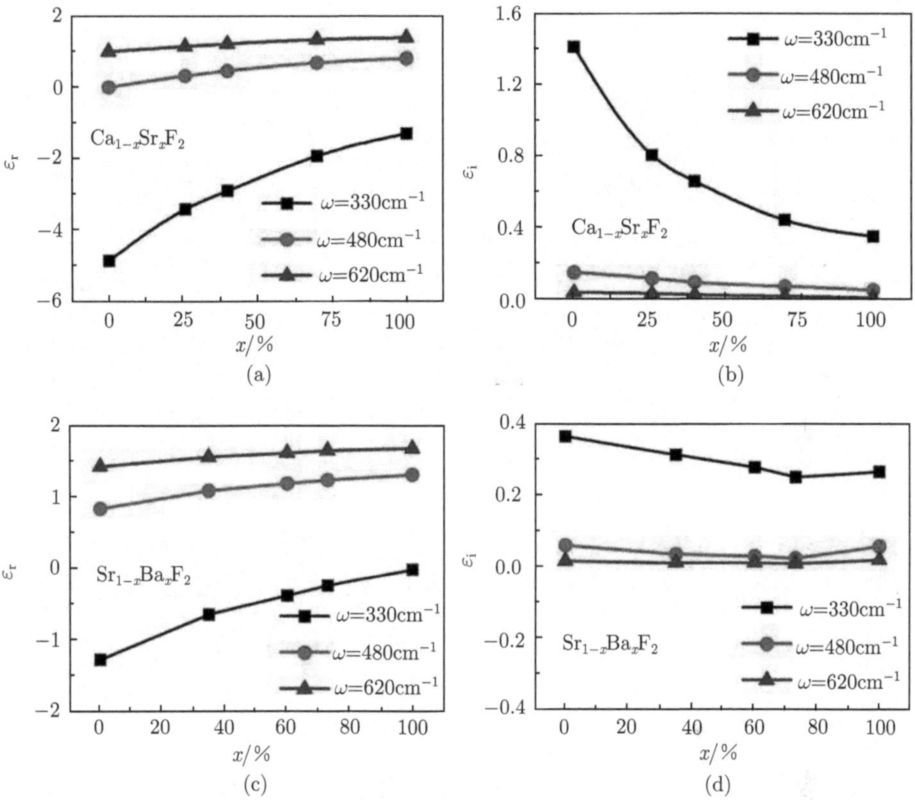

图 4.16 不同频率下介电常数随成分变化

$Ca_{1-x}Sr_xF_2$ 介电常数: (a) 实部, (b) 虚部; $Sr_{1-x}Ba_xF_2$ 介电常数: (c) 实部,(d) 虚部

尺寸来实现超常介电常数的空间分布[9−12]。但是，基于有效介质理论考虑，当频率上升到红外波段时，人工单元的尺寸则缩小到微米数量级甚至更小，这使得红外波段超材料器件的制备面临极大的困难。如前所述，利用晶体的本征特性即极性晶格振动，采用 Ca-Sr-Ba 系列萤石结构固溶体，可以通过改变固溶体中两种阳离子的相对含量来实现超常介电常数的连续可调。这将对材料介电常数空间分布的调控简单地转化成对材料成分空间分布的控制，极大地简化了超材料的制备工艺，降低了其制备难度。当然，也可以采用多层结构，通过控制每层材料的成分来实现介电常数的空间分布。但是对于这种自然存在的材料，可以采用更加简单的方法，如晶体相互之间的热扩散，来实现一些典型的成分分布。因此，研究晶体的热扩散特性对今后超材料的实际应用具有一定的指导作用。下面主要研究了萤石结构单晶在半无限大扩散偶模型下的热扩散特性。

通过查阅文献以及实验摸索，将热扩散的温度定为 1100 ℃，把足够厚的两种单晶圆片抛光面相对叠放在一起组成一维半无限大扩散偶。在氩气保护下热处理 30h 后，扩散偶界面处的显微照片如图 4.17 所示。

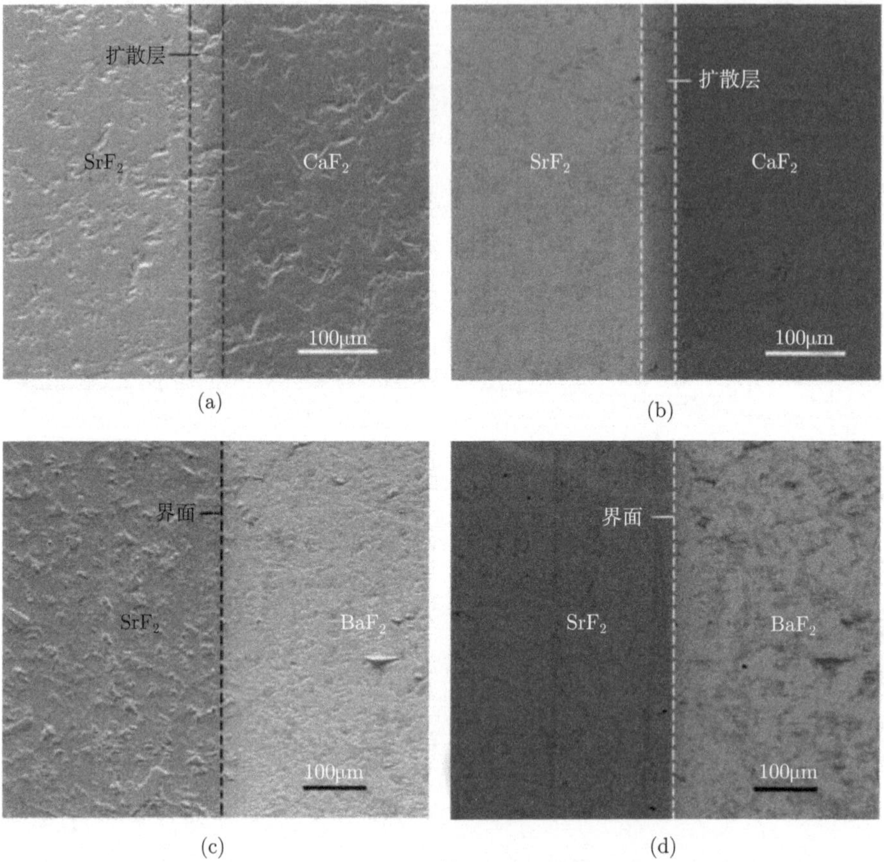

图 4.17　1100°C 热处理 30h 扩散偶界面处显微照片

(a) 和 (c) BSE 图像; (b) 和 (d) SEM 图像

可以看出，经过热处理后，CaF_2-SrF_2 扩散偶在界面处形成了一个比较明显的扩散层，而 SrF_2-BaF_2 扩散偶则观察不到明显的扩散区域。在扩散偶界面处进行成分分析，得到界面附近阳离子浓度相对于界面距离 L 的分布，如图 4.19 所示。可以看出 CaF_2-SrF_2 之间扩散层的厚度大约为 100μm，而 SrF_2-BaF_2 之间扩散层的厚度只有约 75μm，也就是说 Ca^{2+} 和 Sr^{2+} 之间的扩散速率要明显高于 Sr^{2+} 和 Ba^{2+} 的扩散速率，这与之前显微照片观察的结果相一致。这主要是由于 Ba^{2+} 的离子半径比 Ca^{2+} 的离子半径大得多，当 Ba^{2+} 进入 SrF_2 晶格中取代 Sr^{2+} 时将会引起更大的晶格畸变，其热扩散需要更大的激活能，因此相同条件下，Ca-Sr 之间的扩散速度要比 Sr-Ba 之间的扩散速度快，CaF_2-SrF_2 界面处扩散层厚度要大于

SrF_2-BaF_2 界面处扩散层厚度。

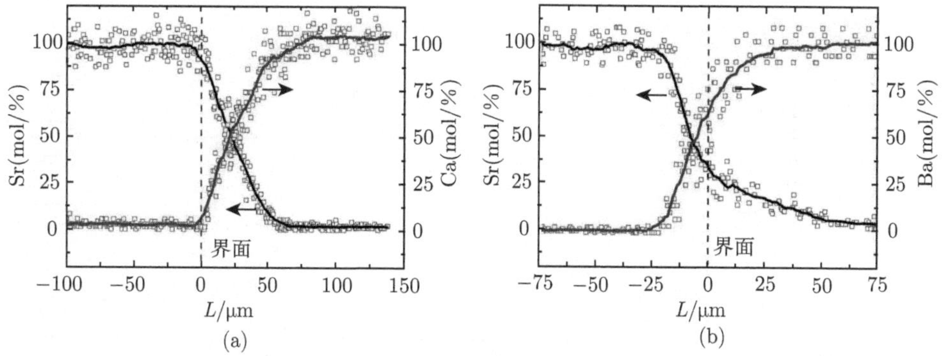

图 4.18 扩散偶界面处成分分布

(a)CaF_2-SrF_2; (b)SrF_2-BaF_2

同时，由于 Ca^{2+} 的离子半径比 Sr^{2+} 的离子半径要小，当 Ca^{2+} 取代 Sr^{2+} 时会引起晶格塌陷，造成原始界面向 SrF_2 一侧移动。同理，SrF_2-BaF_2 界面则向 BaF_2 一侧移动。当然，图 4.18 中所示的界面位置只是一个大概位置，并不能精确指示扩散后界面的位置，但是仍然可以粗略地显示界面的移动情况。

对于半无限大扩散偶来说，如果认为扩散过程中两种阳离子之间的互扩散系数不随离子浓度而变化，即认为互扩散系数为一定值，则扩散过程中其成分随时间以及与初始界面的相对位置之间的关系为[13]

$$C(x,t)=\frac{C_1+C_2}{2}-\frac{C_1-C_2}{2}\mathrm{erf}\left(\frac{x}{\sqrt{4Dt}}\right) \tag{4-13}$$

其中，C_1 和 C_2 分别为界面两侧扩散离子的初始浓度，t 为热扩散时间，D 为互扩散系数，erf() 为误差函数。互扩散系数 D 可以用下式进行求解：

$$D=-\frac{1}{2t}\frac{\displaystyle\int_{C_1}^{C'}x\mathrm{d}C}{\left(\dfrac{\mathrm{d}C}{\mathrm{d}x}\right)_{C=C'}} \tag{4-14}$$

其中，C' 即为吴野面（该面两侧扩散通量相等）处扩散原子浓度。那么根据上述模型，近似认为 Ca-Sr 以及 Sr-Ba 之间的互扩散系数为常量，通过计算可以得到 CaF_2-SrF_2 扩散偶中 Ca-Sr 以及 SrF_2-BaF_2 扩散偶中 Sr-Ba 之间的扩散系数，见表 4.4。

扩散系数的计算结果也表示出，Ca-Sr 之间的扩散系数大于 Ba-Sr 之间的扩散系数，与之前的分析基本一致。利用上述实验结果，计算了 SrF_2-CaF_2-SrF_2 单晶三明治结构扩散偶（两侧 SrF_2 层为无限长），在 1100℃热处理 30h 后其内部 Ca^{2+} 浓度分布及其对应在 $400cm^{-1}$ 频率下的介电分布，如图 4.19 所示，可以得到近似高斯函数形式的介电分布。

表 4.4　互扩散系数列表

扩散偶	互扩散系数 (1100℃)/($10^{-12}m^2/s$)
CaF_2-SrF_2	2.04×10^{-2}
BaF_2-SrF_2	8.18×10^{-3}

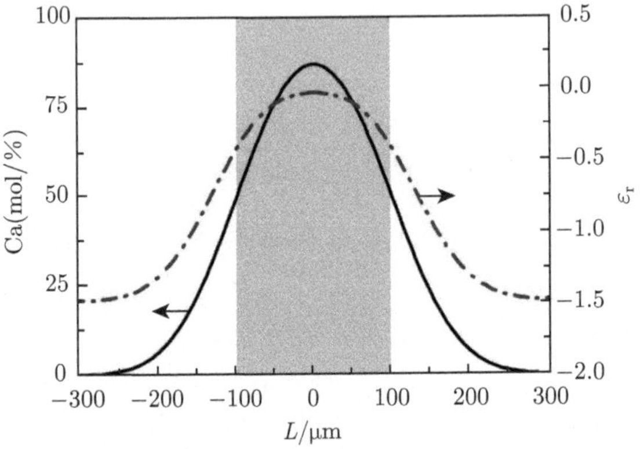

图 4.19　SrF_2-CaF_2-SrF_2 扩散偶中 Ca^{2+} 浓度分布及 $400cm^{-1}$ 对应介电分布 CaF_2 层厚 200μm，扩散时间 30h，热处理温度 1100°C

此外，还可以通过设计其他类型的扩散偶系统，如同心圆柱形扩散偶等，预测扩散偶中的成分分布，得到其他形式的介电分布，设计出所需要的超材料器件。上述实验结果，为今后利用热扩散方法实现材料成分的空间分布进而实现材料超常介电常数的空间分布提供了参考。

4.3　红外波段电磁隐身斗篷设计和模拟

超材料以其奇特的电磁传播特性，具有很广阔的应用前景，特别是在电磁隐身方面更具竞争力。如第 1 章所述，超材料电磁隐身斗篷（以下简称 cloak）是通过对其材料内部介电常数和磁导率的阶梯设计来控制电磁波在斗篷内的传播轨迹，使电磁波能够顺利地绕过目标物体，并使电磁波的波前恢复原状，从而达到电磁波隐身的效果。由于传统的超材料主要是以远小于电磁波波长的金属结构为单元的人工材料，因此，目前的电磁 cloak 也主要是基于这种传统的超材料，通过控制金属结构单元的尺寸来实现对材料介电常数或磁导率的控制，进而实现电磁隐身的[11,14,15]。在微波频段，超材料结构单元的尺寸相对较大，隐身斗篷实现起来比较容易。但是当频率升高到红外或者可见光波段，超材料结构单元的尺寸则需要减小到微米甚至更小的数量级，采用微加工工艺很难实现大尺度范围样品的加工，这也成为实现高频段电磁 cloak 的主要障碍[16,17]。

根据前一节的分析，基于极性晶格振动原理，利用萤石结构固溶体，通过改变固溶体中两种阳离子的相对含量来控制晶体中阳离子的有效参数，可获得了超常介电常数随成分可调的本征超常电介质。这种超常电磁介质摆脱了传统的人工周期单元，用常见的块体或者薄膜形式即可实现，大大简化了红外波段超材料的制备工艺，降低了该波段超常电磁特性的实现难度；同时，由于改变材料的成分可以轻而易举地实现对超常介电常数的调控，利用这种本征超常电介质来实现电磁 cloak 具有很大应用前景。因此，根据萤石体系固溶体的介电常数数据设计了两种电磁 cloak，并模拟了其与电磁波的相互作用。

本节首先介绍了高频区域内电磁场的计算方法和模拟手段；其次，基于几何光学原理，设计了二维环型介电 cloak 并模拟了其与电磁波的作用效果；最后，利用简单的坐标变换方法，设计了二维地毯式电磁 cloak，并模拟了其在红外波段的电磁隐身效果。

4.3.1 模拟方法

有限元方法（finite element method, FEM）是一种十分常用的电磁场计算方法。它是求解微分方程或积分方程数值解的一种离散化的方法，其基础是变分原理和剖分逼近。它的工作原理是通过互不重合的网格划分将连续的求解区域转化为一组离散的单元，即“元”或“有限元”。用假设的近似函数来表示求解区域上的未知函数，在每个单元内选择合适的结点作为求解函数的插值点，利用近似函数将微分方程中各变量改写成由变量或其导数的结点值与所选插值函数组成的线性表达式，从而将一个连续无限自由度的问题变成离散有限自由度问题进行求解。经过对每个单元进行反复迭代计算，再将每个单元的结果综合起来，就可以得到整个区域的解。由于有限元求解时是基于单元划分的，因此单元划分得越细，得到的近似解的精度就越高。采用不同的近似函数和插值函数，就可以构成不同的有限元方法。

基于 FEM 方法来进行电磁场计算的最常用的软件是 High Frequency Structure Simulator（以下简称 HFSS），它是 Anosoft 公司推出的一款三维电磁场仿真软件，是适用于高频电磁设计的解决方案[19]。同时，它也是一种全波解决方案，能计算出任意形状三维无源材料或结构的电磁参数以及全波电磁场的分布。

在本章的研究中，主要采用 HFSS 对所设计的 cloak 的电磁隐身效果进行模拟计算。采用 HFSS 进行电磁场仿真的一般步骤为：①建立仿真目标模型；②设置目标材料和结构的基本参数；③设置背景环境范围以及背景材料特征属性；④设置求解的边界条件；⑤设置激励源种类；⑥设置监测频率和精确度；⑦求解。

4.3.2　二维各向同性环形隐身斗篷设计和模拟

目前超材料电磁 cloak 的设计主要是基于坐标变换原理，利用该原理设计出的电磁 cloak 往往要求其组成材料具有各向异性的介电常数或者磁导率[20−22]，这无疑给隐身斗篷的实现增加了更大的困难。而近期研究表明[20−22]，采用各向同性的超常电磁介质，基于简单的几何光学原理，也可以实现具有较好隐身效果的电磁 cloak。因此，本节主要基于第 2 章的实验结果，从几何光学原理出发，根据萤石结构固溶体材料的电磁参数，设计了二维环形隐身斗篷，并模拟了其电磁隐身特性。

1. 设计思路和工作原理

首先，从理想的坐标变换原理所设计的环形电磁 cloak 出发，研究电磁波波束在斗篷内部的传播规律。

采用坐标变换原理所设计的环形电磁 cloak 是将初始的均匀网格划分的虚拟空间从一定体积压缩成相应实际空间的斗篷形状。这时，斗篷内部的隐身区域在变换后的空间中就好像“消失”了一样。在坐标变换过程中，Maxwell 方程在形式上不变，同时组成斗篷材料的电磁特性，如介电常数 ε 和磁导率 μ，可以在坐标变换过程中求得。图 4.21 显示了采用坐标变换法设计的理想环形电磁 cloak 中电磁波波束的走向。由于对虚拟空间压缩的各向异性，cloak 内部材料也不可避免地显示出电磁参数的各向异性，其对应的理想电磁参数分布如下[24]：

$$\begin{cases} \varepsilon_{\mathrm{r}} = \mu_{\mathrm{r}} = \dfrac{R_2}{R_2 - R_1}\dfrac{(r - R_1)^2}{r} \\ \varepsilon_\theta = \mu_\theta = \dfrac{R_2}{R_2 - R_1} \\ \varepsilon_\varphi = \mu_\varphi = \dfrac{R_2}{R_2 - R_1} \end{cases} \tag{4-15}$$

其中，下标 r，θ 和 φ 分别表示介电常数或者磁导率的径向、切线以及角度分量；R_1 和 R_2 分别是圆环的内、外半径；r 是平面内圆环区域中任意一点与中心点的距离。

由于参数的各向异性，特别是切线分量的存在，电磁波在 cloak 内部产生弯曲，像水流一样绕过目标物体。电磁波波前在经过 cloak 以后能够完全恢复到入射之前的状态，就像物体和斗篷都不存在一样。将入射到 cloak 上的电磁波按区域划分成两部分，即光线 I 和光线 II，如图 4.20 所示。可以看出，光线 II 中的光束不需要弯折太大的角度就可以绕过物体，并按照原来的方向传播；而光线 I 中的光束则需要先向两侧发生较大的偏折，然后再经过一个“急转弯”才能绕过中心区域的物体。很显然，在电磁参数各向同性分布的条件下，光线 I 这部分光束是很难发生大角度偏折然后再恢复到原始入射方向的。此外，如果这时的 cloak 是由环状多层结构组成，并且每一层均是各向同性介质时，就需要介质的折射率在此处发生突变才能实现这一区域光束的“急转弯”。

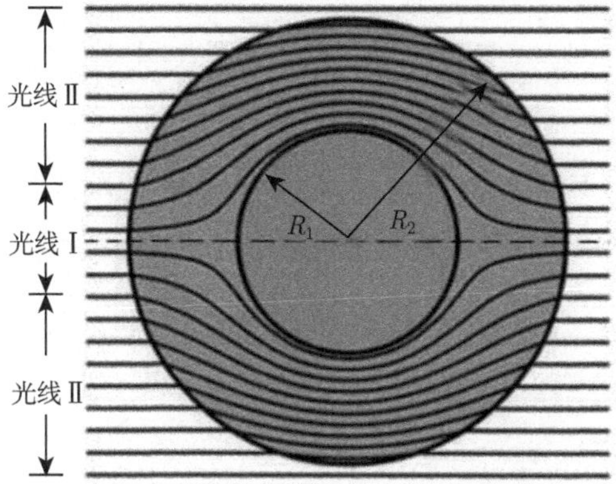

图 4.20 理想环电磁 cloak 原理图

因此，如上述分析，如果从几何光学出发，很显然不可能使每根光线都按照理想的走向传播。但是，可以通过设计 cloak 内部折射率梯度，以牺牲一小部分电磁波散射损耗为代价，而使大部分光线通过 cloak 后仍按原来方向传播，使产生的反向散射和前向阴影达到最小。按照上述入射电磁波的区域划分，也将 cloak 在结构上分成两部分，即区域 Ⅰ 和区域 Ⅱ，如图 4.21 所示。

经过区域 Ⅰ 的光线对应于图 4.21 中的光线 Ⅰ，考虑到如果让这部分光线平滑地绕过物体需要使原本连续的介电常数出现突变，以牺牲这个区域的隐身效果为代价，让这部分光线散射出去。不过这部分区域相对较小，其产生的后向散射基本可以忽略。但是由于这部分光线会散射到其他方向，势必会在 cloak 前侧产生阴影。为了消除这部分阴影的影响，让区域 Ⅱ 中的部分光线补充到区域 Ⅰ 中。而区域 Ⅱ 中的其余光线，通过对区域内介电常数分布的设计，可以让它们发生很小的偏折就绕过物体。此外，cloak 内部的介电常数应该整体上均匀连续变化，以尽量减少反向散射波；同时，cloak 最外层的介电常数应该与周围环境的介电常数相同，以便电磁波能够最大限度地进入斗篷而不产生明显的反射。

综合上述考虑，兼顾到后续模拟工作的可操作性，将 cloak 设计成环状同心多层结构。当层数足够大时，每层厚度将远小于操作频率下电磁波的波长，这时隐身斗篷可以被看成连续介质。图 4.22(a) 为所设计 cloak 的结构示意图，假设其内外半径分别满足 $a=\lambda$，$b=2\lambda$，λ 为电磁波波长，cloak 尺寸与电磁波波长可比，因此，

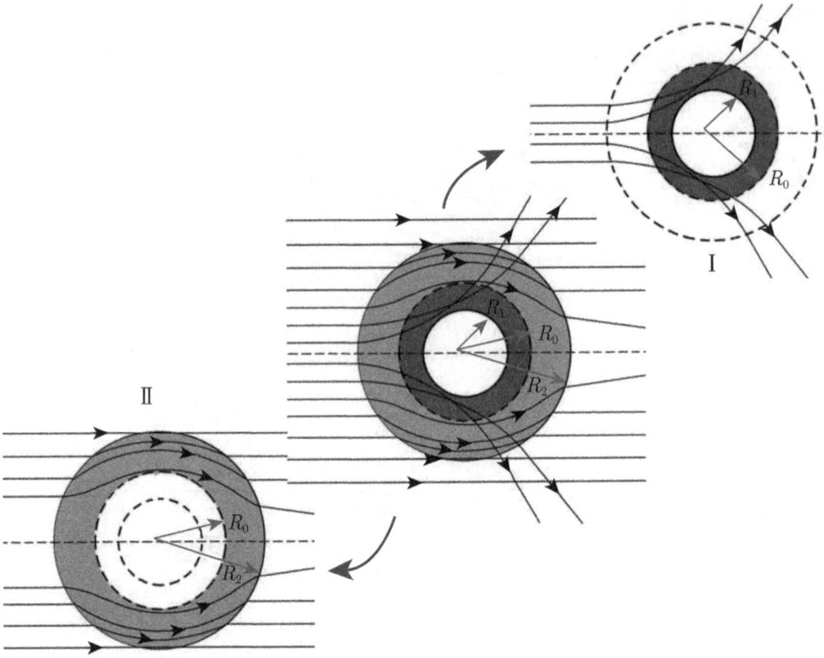

图 4.21　环形 cloak 结构分解示意图

后续的模拟结果对放大体积的 cloak 同样适用。考虑非磁性介质（μ=1），利用几何光学并运用计算机作辅助计算，可以得到所设计的 cloak 内部介电常数的空间分布，图 4.22(b) 显示了计算得到的连续结构以及 40 层近似两种情况下 cloak 内部介电常数的分布规律。

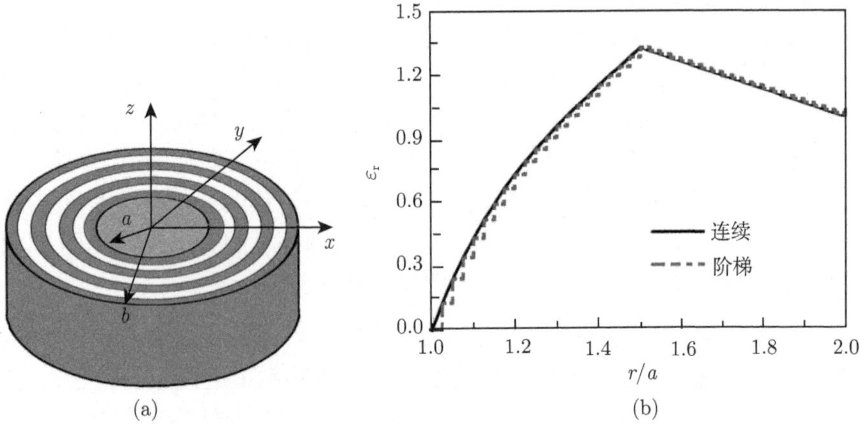

图 4.22　隐身斗篷示意图及其介电常数分布

(a) 多层结构示意图; (b) 介电常数分布

可以看出，随着半径的增加，cloak 内部介电常数由零逐渐增加，在半径为 $1.5a$ 处达到最大值约为 1.4。随后介电常数开始呈线性下降，在斗篷壳体的最外层下降到 1，与周围空气的介电常数相吻合，整个壳体的介电变化区间为 0~1.4。根据第 3 章的结果，通过曲线拟合的方式可以得到在某一频率下整个成分范围内萤石结构固溶体介电常数与成分之间关系的解析式，然后反推即可得到不同频率下某介电常数所对应的固溶体成分。通过计算，得到与 cloak 内部介电分布相对应的萤石结构固溶体在空间上的成分分布。当频率为 500cm^{-1} 时，萤石结构固溶体的介电常数实部刚好能覆盖（0~1.4）这个区间，其对应的成分分布如图 4.23 所示。

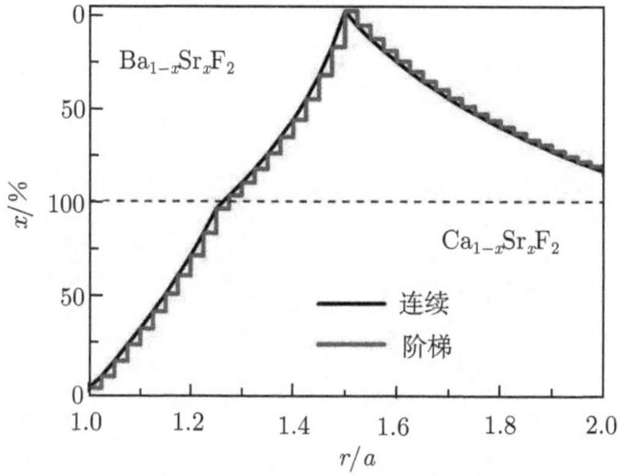

图 4.23 cloak 内部成分空间分布 (ω=500cm^{-1})

2. 模拟结果

根据上节中设计的环形 cloak 及其介电常数分布，利用 HFSS 软件模拟其在平面电磁波入射条件下的隐身效果。模拟过程中，入射平面电磁波的偏振方向以及边界设定如图 4.24 所示。由于设计过程中主要是对 cloak 内部介电常数的分布进行调控，因此，选择 TM 平面波作为电磁波激励源，这样电磁波在平面内的电场分量能够与 cloak 壳体充分作用，从而达到使电磁波偏折并绕过物体的效果。从实际应用时的周围边界情况出发，将 cloak 四周的边界均设置为开放边界，上下表面设置为理想磁壁。内部的隐身物体设置为理想导体（perfect conductor, PEC），将其填充到整个 cloak 壳体内部。在 cloak 内部每层材料参数的设置过程中，同时考虑了材料介电损耗的影响，将第 3 章的损耗数据也一并代入模拟过程，使最后的模拟结果更接近实际情况。

在未放置 cloak 时，平面电磁波照射到理想导体 PEC 上会产生强烈的散射，形成明显的后向反射波以及沿电磁波传播方向的散射波，这两种散射场与入射电磁波电磁场叠加以后，就会在 PEC 周围形成显著的后向反射波以及前向阴影区域，如图 4.25 所示。

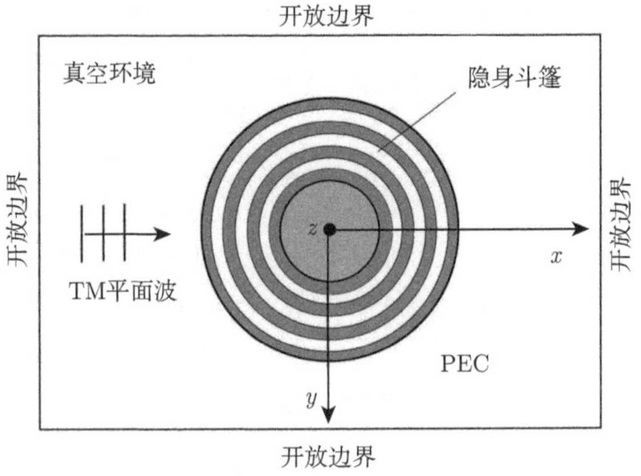

图 4.24　模拟区域示意图

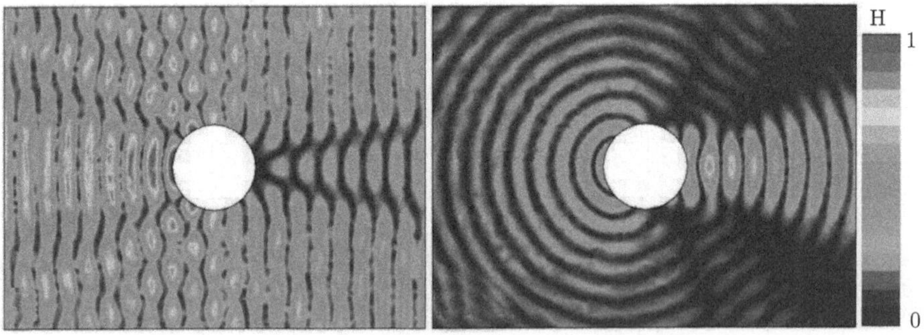

(a)　　(b)

图 4.25　PEC 周围磁场分布 (后附彩图)

(a) 磁场总场; (b) 磁场散射场

在 PEC 周围覆盖 cloak，在 500cm^{-1} 频率下其周围磁场总场以及散射场的分布如图 4.26(a) 和 (b) 所示。可以看出，电磁波波前在 cloak 内部发生明显的转向，绕着 PEC 传播，经过斗篷后基本恢复到之前的初始状态。对比电磁波与单独 PEC 作用的情况，覆盖 cloak 以后，原本向后的反射波基本消失，同时沿中轴线向前的阴影部分也被图 4.21 中区域 II 中的电磁波所弥补。由于图 4.21 所示的区域 I 中的波束被散射到其他方向，因此斗篷前侧两端仍有很浅的阴影存在，这也是采用几何光学设计的不足之处。通过观察 cloak 周围磁场散射场可以发现，由于斗篷能够起到对电磁波的导向作用，原本在 PEC 周围很强的后向反射场明显减弱，而且原来集中在中轴线附近的前向散射场也被前向均匀散射场所代替，刚好弥补了原本 PEC 在波传播方向上产生的阴影。总的来说，这一设计还是具有较好的隐身效果的。

图 4.26(c) 和 (d) 显示了单独 cloak 外壳周围的磁场分布，对比内部有 PEC

的情况，两者的磁场分布基本相同。因此可以推断，在传播过程中大部分电磁波主要是与 cloak 相互作用，并没有入射到内部的 PEC 上。覆盖以及没有覆盖 cloak 两种情况下 PEC 周围电磁波坡印亭矢量的分布，如图 4.27 所示，也从侧面说

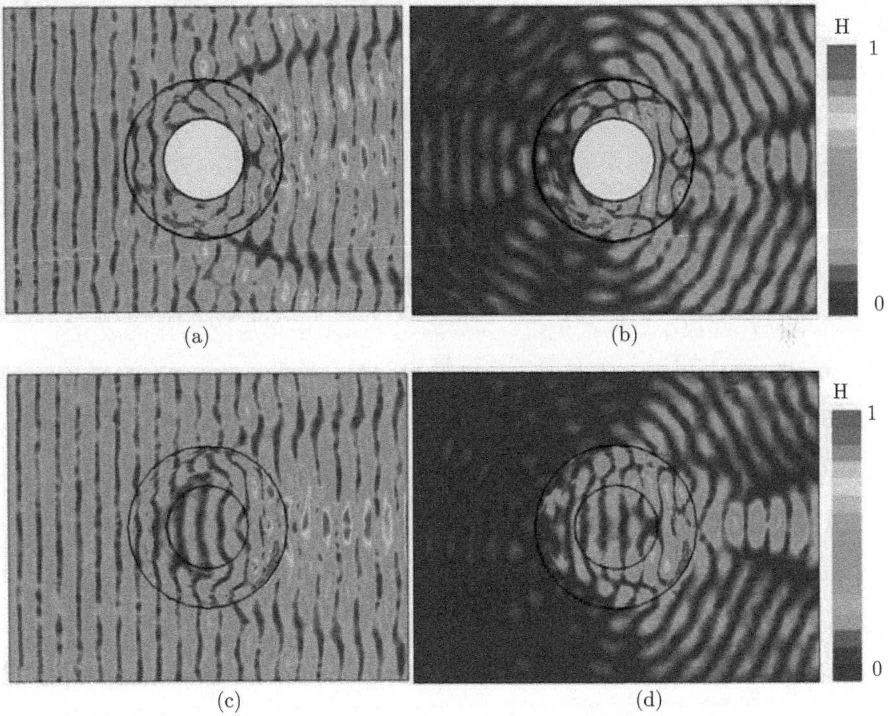

图 4.26 500cm^{-1} 频率下 cloak 隐身效果磁场总场 (a) 和磁场散射场分布 (b) 以及单独 cloak 壳体周围磁场分布 (c) 和磁场散射场分布 (d)(后附彩图)

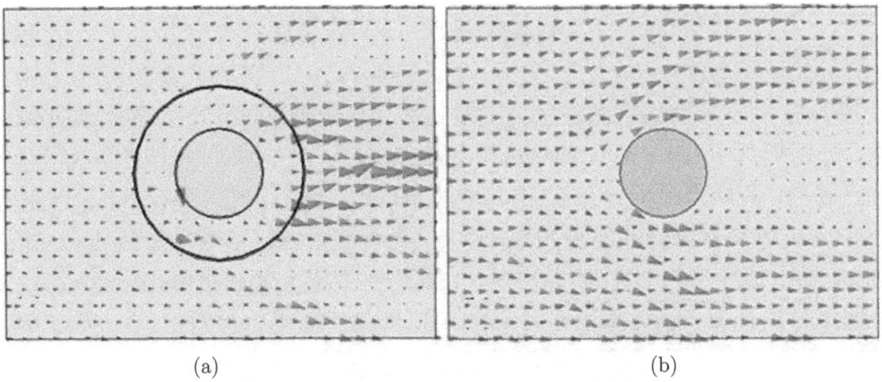

图 4.27 坡印亭矢量分布图 (后附彩图)

(a) 覆盖 cloak 情况; (b) 单独 PEC 情况

明了这一点。对于单独的 PEC 而言，由于其对电磁波强烈的散射作用，电磁波的能量主要在 PEC 两侧传播，无法到达物体的正前方，因此在物体的正前方会形成阴影。而覆盖 cloak 以后，电磁波的能量明显地进入到 cloak 内部，绕过 PEC 从而传播到 PEC 的正前方，而且没有明显能流向后传播。上述结果证明，cloak 内部介电常数的连续分布确实能够有效地使大部分电磁波波束按照预期的目标绕过物体向前传播，实现了对光波走向的控制。

上一节中，我们给出了与 cloak 内部介电常数分布相对应的萤石结构固溶体的成分分布。根据第 3 章的结论可知，当频率在远离谐振频率的微小区间内变化时，极性晶格振动产生的超常介电常数的变化不大。图 4.28 显示了在 500cm^{-1} 附近，不同频率下 cloak 内部介电分布曲线。可以看出，在 $480{\sim}520\text{cm}^{-1}$ 频率范围内，介电常数实部只有大约 0.2 的浮动；同时，由于该频率范围远离介电谐振频率，所以材料的介电损耗都很小。这就是说，如果固定 cloak 中每层固溶体的成分不变，可以实现在 500cm^{-1} 附近一个有限频率区域内的隐身特性。

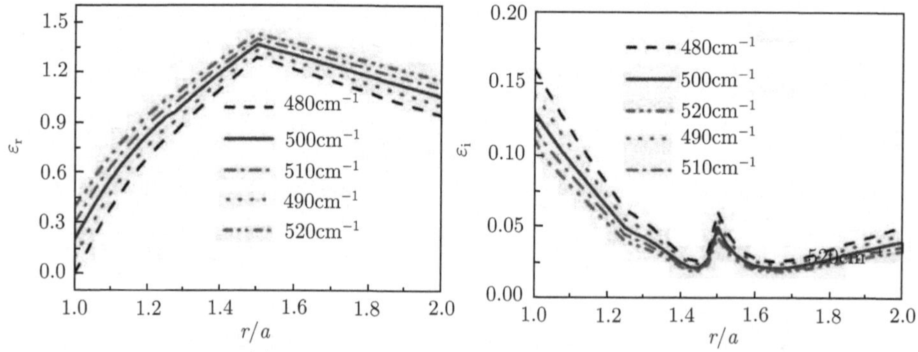

(a)　　(b)

图 4.28　不同频率下 cloak 内部介电分布

(a) 介电常数实部; (b) 介电常数虚部

基于图 4.28 中给出的萤石结构固溶体的介电数据，同样在考虑介电损耗的情况下，分别模拟了 480cm^{-1}，490cm^{-1}，510cm^{-1} 以及 520cm^{-1} 四个频率下 cloak 的隐身效果，其周围磁场分布如图 4.29 所示。可以看出，在 $480{\sim}520\text{cm}^{-1}$ 频率范围内，cloak 均具有较好的隐身效果。但是，当频率超出该范围，由于 cloak 内部介电分布已经大大背离了之前的参数设计，其隐身效果也就开始恶化。

需要指出的是，由于整个设计是利用超常电介质来实现对电磁波传播方向的控制的，所以将该 cloak 称为介电 cloak 更为合适，也就是说 cloak 内部的磁导率在对电磁波走向的控制上并没有贡献。当平面波的电场分量处在如图 4.24 所示的平面内时，cloak 才能与电磁波相互作用达到其隐身效果。因此，它对其他形式的平面波（如 TE 波）并不适用。另外，由于环形 cloak 是轴对称结构，并且具有各向同性的特点，因此，该设计对位于平面内任意方向入射的电磁波均可起到隐身作用。

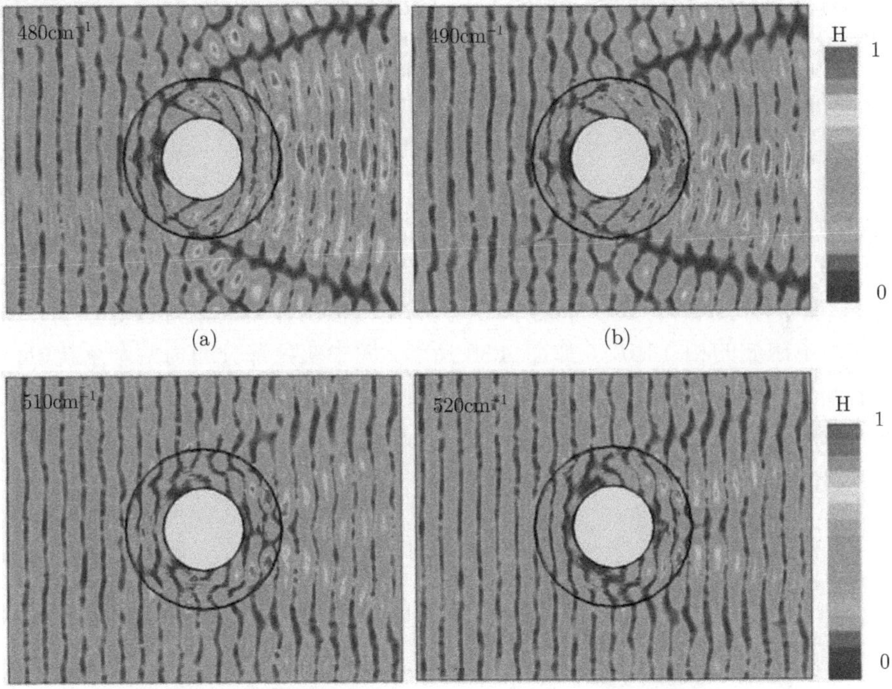

(a) (b) (c) (d)

图 4.29 其他频率下 cloak 的隐身效果 (后附彩图)

(a)480cm^{-1}; (b)490cm^{-1}; (c)510cm^{-1}; (d)520cm^{-1}

4.3.3 二维地毯式隐身斗篷设计和模拟

地毯式 cloak 最早由 Pendry 在 2008 年提出[24]，它是通过模拟光滑高反射平面的电磁波反射特性来达到隐藏其内部物体的目的。在 Pendry 的设计中，cloak 内部的介电常数在二维平面内非均匀分布。基于 Pendry 设计理念，研究者们采用金属人工结构以及具有一定图形排列的孔洞的硅片分别实现了微波段以及光频的地毯式[25,26]，而关于红外波段的地毯式 cloak 的报道则相对较少。由于在红外波段不容易实现超低介电常数（一般指 1 附近甚至更低的介电常数），因此，现有红外地毯式 cloak 一般是利用一个高介环境来实现了相对较低的介电常数的[27]。通过第 3 章的实验结果证明，利用萤石结构固溶体不但可以实现负介电常数随成分的调节，也可以实现超低介电常数随成分的调节。因此，本节采用比较简单的坐标变换方法，基于第 2 章中萤石结构材料的电磁参数，利用材料的本征超常介电特性，设计了二维地毯式 cloak 并模拟了其在不同电磁波入射角度以及不同偏振态电磁波作用下的隐身特性。

1. 设计思路和工作原理

为了简化计算，只考虑二维平面内的地毯式 cloak 与电磁波的相互作用，认为在 cloak 的厚度方向上电磁波具有相同的作用效果。

考虑一个实体系统，地平面为具有高反射率的金属表面，可以将其视为一种理想的导体材料 PEC。地毯式矩形 cloak 的下表面向上产生一定程度的凸起，以形成足够的空间放置所要隐身的物体。同时，为了达到平面反射的效果，cloak 下表面也涂覆了一定厚度的 PEC。假设一物体置于高反射率的地平面上，在 cloak 的包围下，整个体系就好像是一个伪平面，其与电磁波的作用效果可以等效成一个虚拟系统与电磁波的相互作用，如图 4.30 所示，图中灰色部分即为两个系统中相互转换的部分。

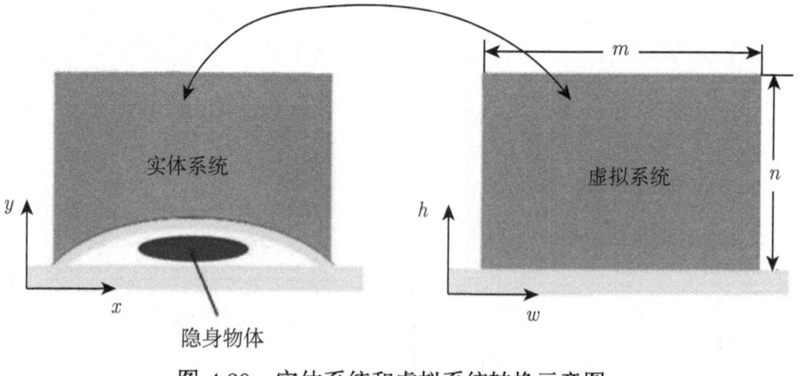

图 4.30　实体系统和虚拟系统转换示意图

如果实体系统中任意点的坐标用（x, y）来表示，而虚拟系统中的坐标则相应表示为（w, h）。仍然借鉴 Pendry 的设计理念，考虑采用坐标变换形式，将虚拟系统中的矩形物体（$0\leqslant w\leqslant m$, $0\leqslant h\leqslant n$）转换成实体系统中的 cloak 所占据的区域。首先，引入 Jacobian 矩阵 η

$$\eta_{i'}^{i}=\frac{\partial P^{i}}{\partial Q^{i'}} \tag{4-16}$$

其中，i=1 或 2，P^1，P^2 分别对应实体系统的坐标变量 x 和 y，而 Q^1，Q^2 分别对应虚拟系统的坐标变量 w 和 h。这时，定义协变矩阵 g 为

$$g=\eta^{\mathrm{T}}\eta \tag{4-17}$$

考虑两种系统均处于真空或者空气环境中，由于被实体系统所“欺骗”，观察

者感受到的实际上应该是介电常数和磁导率均为 1 的各向同性系统。那么，这时根据坐标变换所引入的实体介质，其电磁参数可以表示为[28]

$$\varepsilon = 1/\sqrt{\det g}, \quad [\mu^{ij}] = \eta\eta^{\mathrm{T}}/\sqrt{\det g} \tag{4-18}$$

考虑到使用非磁性材料（μ=1），将磁导率的变化也一并归结到介电常数中，采用所谓的简化参数，这时，

$$\varepsilon = \eta\eta^{\mathrm{T}}/\det g, \quad \mu = 1 \tag{4-19}$$

由于对实体体系进行了空间压缩，并且在两个主轴方向上压缩的程度不完全相同，势必会造成实体介质的各向异性，假设各向异性因子为 α。但是，通过选取合适的坐标变换以及网格划分方法，可以将这种各向异性降到最低。考虑一个十分精细的正方形网格划分，设划分后每个小单元的尺寸为 $\delta \times \delta$，每个小正方形最终都通过坐标变换成实体空间里的一个小平行四边形。假设这时单元两边的尺寸分别为 $w_0\delta$ 和 $h_0\delta$，w_0 和 h_0 是虚拟空间基矢在实体系统中的反映。有关研究证明，当变换空间的边界满足所谓的滑动边界条件时，各向异性因子 α 具有极小值[28]，这时，

$$\sqrt{\det g} = |w_0|\,|h_0| \tag{4-20}$$

当认为 α 足够接近于 1 时，每个小单元中的平均折射率可以近似地由该单元内的平均介电常数决定：

$$n = \sqrt{\varepsilon} = 1/\,|w_0|\,|h_0| \tag{4-21}$$

那么根据式（4-21）就可以得到 cloak 内部介电常数的空间分布情况。考虑如图 4.31 所示的 80μm×30μm 的矩形虚拟系统，将其分割成 80×30 的空间网格，每个网格的尺寸为 1μm×1μm。由于坐标变换前后的系统均关于竖直轴对称，因此图中只给出了半个平面的示意图。

将虚拟空间中矩形的下边沿 h 轴向上带动整个空间网格连续滑动，得到实体系统中 cloak 的空间模型。这时，矩形的下边界在实体空间中的坐标为

$$y_{\text{bottom}}(x) = \begin{cases} 4\cos(\pi x/80)^2, & -40\mu\text{m} \leqslant x \leqslant 40\mu\text{m} \\ 0, & \text{其他} \end{cases} \tag{4-22}$$

考虑一种简单的边界滑动方式，认为空间网格只沿着 y 轴方向线性压缩。虽然变换后网格在横纵两个方向的压缩是不完全相同的，但是由于网格足够小，可以用单元内的平均折射率来代表单元的整体性质。由于计算过程中使用了较多的近似，单纯采用这种坐标变换得到的 cloak，其隐身效果并不十分理想。因此，为了得

到更好的隐身效果，再对计算得到的参数进行局部微调，进而得到 cloak 内部介电常数沿 x 轴方向的分布，如图 4.32(a) 所示。

可以看出，cloak 主要由超低介电常数材料按一定空间分布组成，其内部介电分布同样关于 y 轴对称。从 cloak 左右两侧逐渐向中部过渡，介电常数由 1 逐渐增加到 1.4 左右，整个介电常数的空间分布呈近似于高斯分布的特征。根据第 3 章的结果，这一介电区间单纯用 $Ca_{1-y}Sr_yF_2$ 固溶体就可以实现。图 4.32(b) 给出了在 $620cm^{-1}$ 频率下与 cloak 内部介电分布所对应的固溶体的成分分布。

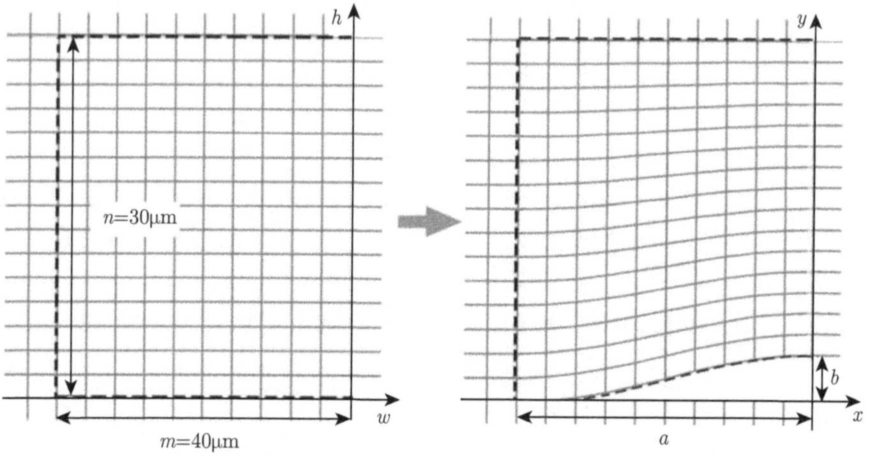

图 4.31 坐标变换示意图

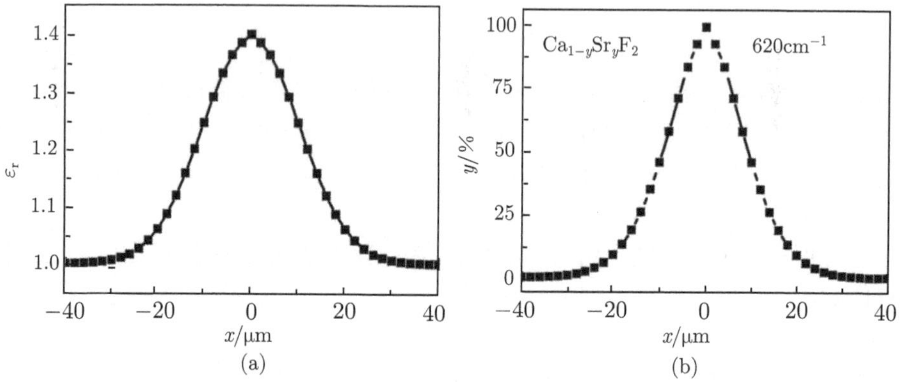

图 4.32 cloak 内部介电常数分布 (a) 及其对应的萤石结构固溶体成分分布 (b)

2. 模拟结果

根据上节中的计算结果，利用 HFSS 软件模拟在不同电磁波入射条件下该地毯式 cloak 的隐身效果。在模拟过程中，模型的建立、入射电磁波激励源以及边界设定如图 4.33 所示。为了方便参数设定，将 cloak 沿 x 轴均匀分割成 80 层，每层的厚度均为 1μm，远小于电磁波的波长（约为 20μm），这时 cloak 在整体上仍可以认为是连续介质。入射电磁波为高斯波，高斯波的束腰宽度为 30μm。整个模拟区域为真空环境，四周为开放边界，上下表面根据入射电磁波 TE（或 TM）模式设置为理想电壁（或理想磁壁）。由于坐标变换中，实际上考虑的是单元的折射率，仅仅是用介电常数对其进行简单近似，而且与上一节环形 cloak 不同，电磁波要经过物体和地平面的反射。因此，该 cloak 对电磁波的偏振态并不十分敏感，其对 TE 和 TM 波应该具有相同的作用，以下主要以 TE 波为例。地面上凸起物的横向宽度为 80μm，远大于模拟过程中电磁波的波长，所以模拟结果对尺寸更大的模型也具有一定的代表性。

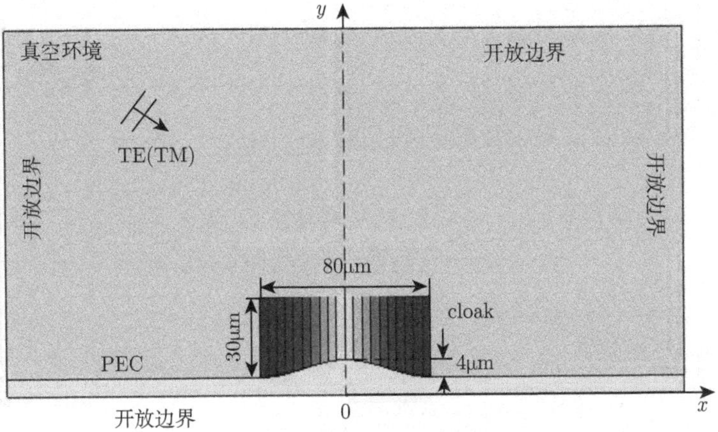

图 4.33 模拟区域示意图

在 620cm^{-1} 频率，45° 角入射的情况下，电磁波经高反射地平面反射后仍沿 45° 角出射，并且反射波具有很强的方向性，反射前后电磁波的损耗很小，如图 4.34 (a) 和 (b) 所示。但是，如果平面上放置一物体，这里用理想导体 PEC 组成的凸起表示，在没有 cloak 覆盖的情况下，电磁波在物体表面会形成强烈的散射，反射光明显地分成两束，并且两束光都偏离了 45° 角的出射方向，如图 4.34(c) 和 (d) 所示，而且由于凸起的散射作用，分裂的两束光线的强度有很明显的降低。

在物体上覆盖 cloak 后，如图 4.35 所示，图中虚线为 cloak 所在区域，电磁波经 cloak 入射到 PEC 层后被反射回去，原本分成两束的光线重新合并成一束。通过图 4.35(b) 所示电磁波的远场图可以更清楚地看到，cloak 外部的电磁场分布就如同理想的高反射平面周围的电磁场分布一样，基本上模拟了反射面的特性，达到了很好的隐身效果。同时，在 cloak 的左右及上面三个边界处，由于其附近介电常数与周围真空环境的介电常数十分接近，因此，在这三个界面处并没有明显的干扰反射波存在。

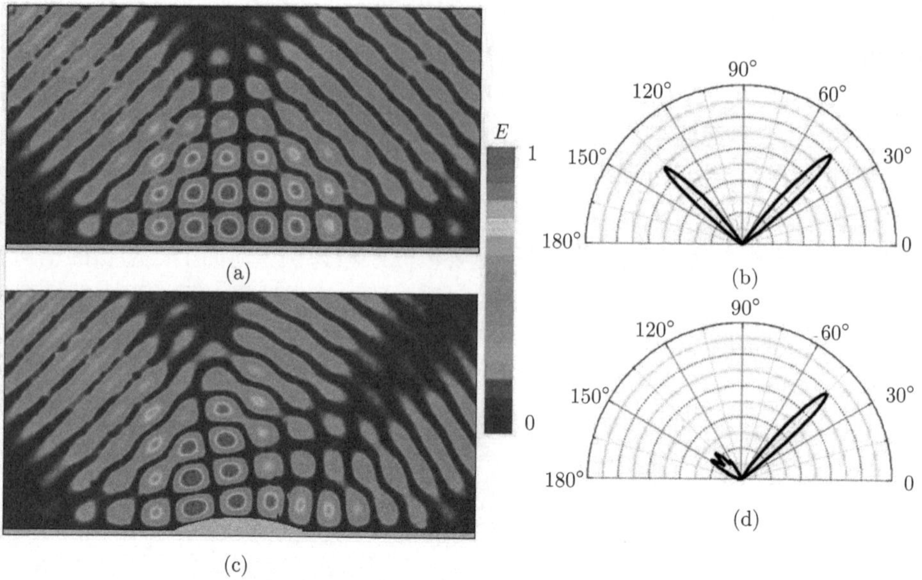

图 4.34　620cm^{-1} 电磁波 45° 入射到 (a)PEC 平面和 (c)PEC 凸起周围电场分布及其对应的电磁波远场方位图 (b) 和 (d)(后附彩图)

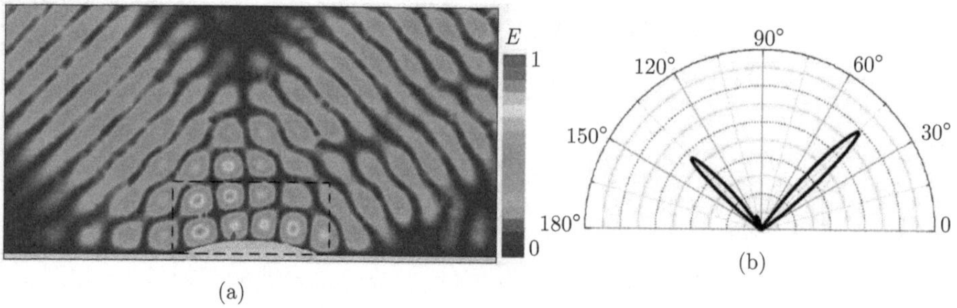

图 4.35　620cm^{-1} 电磁波 45° 入射情况下 cloak 的隐身效果 (后附彩图)

(a) 电场分布; (b) 电磁波远场方位图

改变 TE 波的入射方向，该设计仍然具有较好的模拟平面反射的效果，图 4.36 分别对比了电磁波在 30°，60° 以及 90° 三种角度入射的情况下，物体本身以及覆盖 cloak 后对电磁波的反射效果。为了能更明显地表现电磁波的反射效果，将这三种情况下高斯波的束腰宽度分别减小为 20μm、20μm 和 10μm。可以看出，在小角度入射（30°）情况下，电磁波经过物体的散射以后变得更加发散，但是经过 cloak 以后，基本恢复到标准的平面反射情况，只是在中轴线附近，由于反射波和入射波的叠加而存在些许干扰。在大角度入射，特别是近水平入射的情况下，该地毯式 cloak 也能起到一定的效果，使原本向上偏折的反射光偏折角度减小，更接近于水平出射。图 4.37 显示了在 30° 和 60° 入射情况下相应的电磁场总场远场图，可以看出，在不同入射角下，电磁波经过 cloak 后均能保持比较好的方向性和较高的强度。

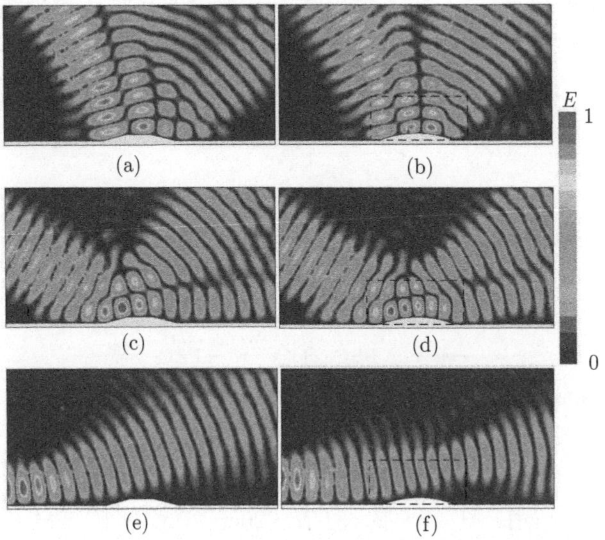

图 4.36 620cm^{-1} 频率，不同入射角条件下电场分布图 (后附彩图)

物体周围电场分布：(a)30°,(c)60°,(e)90°；覆盖 cloak 后周围电场分布：(b)30°,(d)60°, (f) 90°

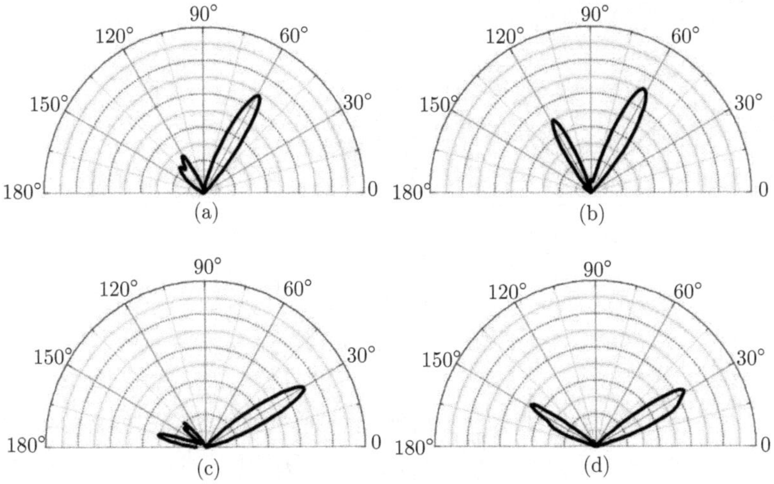

图 4.37 620cm^{-1} 频率电磁波远场方位图

电磁波 (a)30° 和 (b)60° 直接入射到物体的情况以及在 cloak 覆盖下电磁波 (a)30° 和 (b)60° 入射到物体的情况

对于 90° 大角度入射的情况，为了避免入射波的干扰，只给出了电磁波散射场的远场方位图，如图 4.38 所示。在大角度入射情况下，电磁波在 cloak 中需要偏折、弯曲很大的角度才能实现近平行出射，虽然采用的只是简单的坐标变换形式，但在变换过程中做了很多近似，并不是完全理想的设计。但是对于平行入射的情况，相比于单独物体的反射而言，在 cloak 的覆盖下反射波远场方位角更接近平行，因此该设计对近平行入射情况仍然可以起到隐身作用。

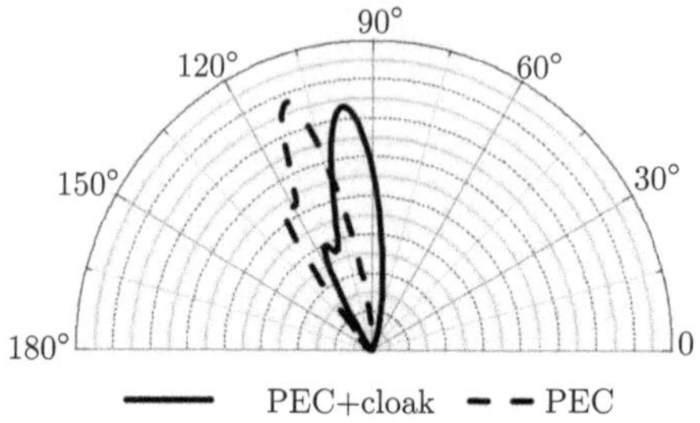

图 4.38　620cm^{-1} 频率 90° 入射时电磁波散射场的远场图

如前面所述，这种 cloak 对入射电磁波的偏振态并不十分敏感，因此，其对 TM 模式的电磁波也同样适用，图 4.39 显示了在 620cm^{-1} 频率下，TM 模式高斯波 45° 角入射时 cloak 周围的磁场分布以及电磁波远场方法图，其效果与 TE 波入射情况基本相同，这里就不再重复罗列 TM 波作用下的模拟结果了。

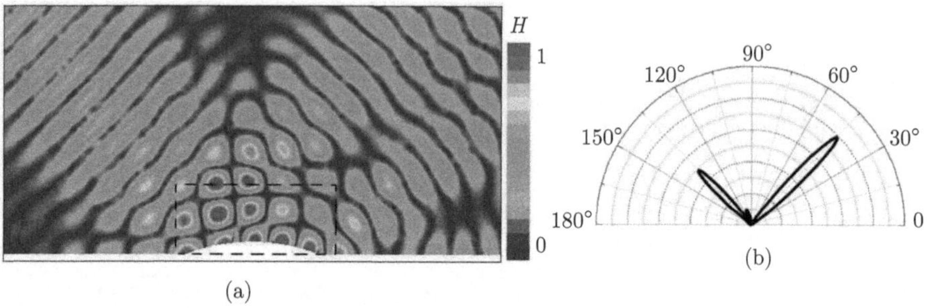

图 4.39　620cm^{-1} 频率下 TM 模式高斯波 45° 入射情况下 cloak 的隐身效果 (后附彩图)

(a) 磁场分布; (b) 电磁波远场方位图

同样的，当频率在一个较小的区间内变化时，$Ca_{1-x}Sr_xF_2$ 固溶体的介电常数变化不大，图 4.40 显示了 cloak 内部介电分布随频率变化曲线，可以看出，随着频率的增加，介电常数实部整体增加，而虚部则略有减小。当频率在 620cm^{-1} 附近 80cm^{-1} 区间内变化时，介电常数约有上下 0.1 的波动。由于在这个区域内介电常数变化较小，因此该 cloak 可以实现在该频率范围内的电磁隐身。

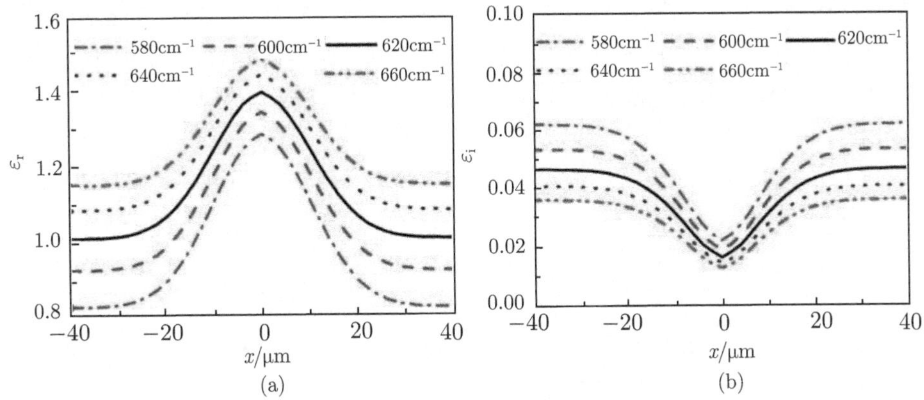

图 4.40 cloak 内部介电分布随频率变化曲线

(a) 介电常数实部; (b) 介电常数虚部

图 4.41 和图 4.42 分别显示了 580cm^{-1}、600cm^{-1}、640cm^{-1} 以及 660cm^{-1} 四个频率下 TE 模式高斯波 45° 入射条件下 cloak 周围电场分布及其对应的远场方位图。可以看出，电磁波经过 cloak 后仍具有较强的出射方向性，即该 cloak 在 580~660cm^{-1} 频率范围内都具有较好的隐身效果。

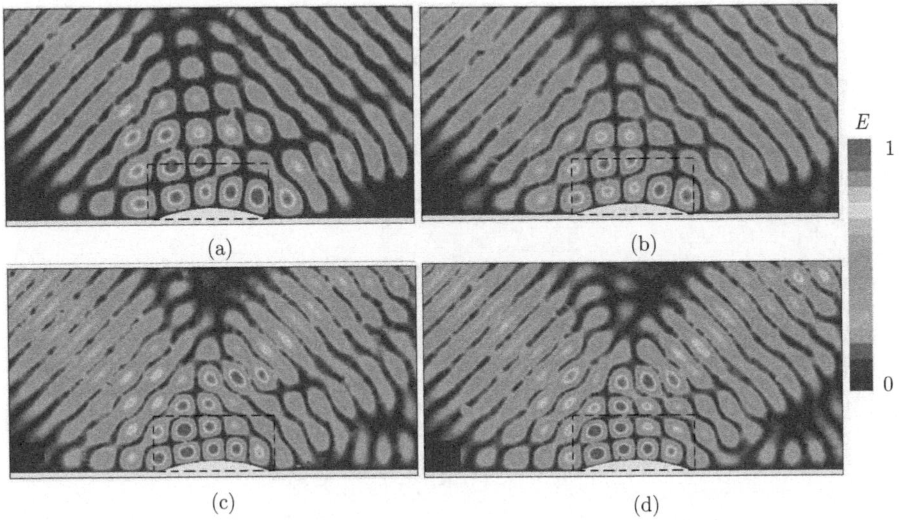

图 4.41 不同频率下 cloak 的周围电场分布 (后附彩图)

(a)580cm^{-1}; (b)600cm^{-1}; (c)640cm^{-1}; (d)660cm^{-1}

当频率进一步降低或提高时，由于 cloak 内部介电常数分布已经大大背离了原始设计，cloak 本身也就不再具有隐身特性，如图 4.43 所示。另外，通过观察 cloak

内对应固溶体成分的空间分布（图 4.32），可以发现，这种近似高斯分布的形式恰好可以采用第 3 章所述的三明治结构的热扩散偶，通过选择合适的中间层厚度以及热处理时间来实现，使这种红外地毯式 cloak 的实现成为可能。

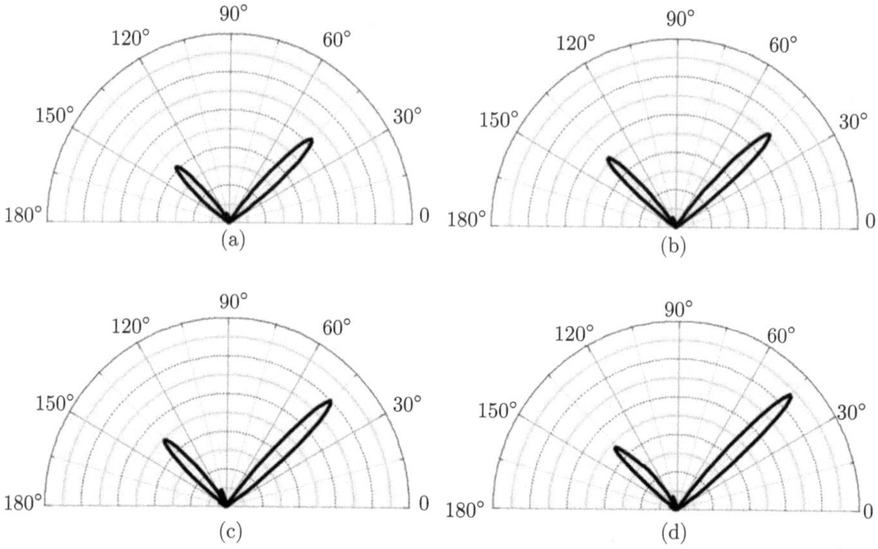

图 4.42　不同频率下电磁波远场方位图

(a)580cm^{-1}; (b)600cm^{-1}; (c)640cm^{-1}; (d)660cm^{-1}

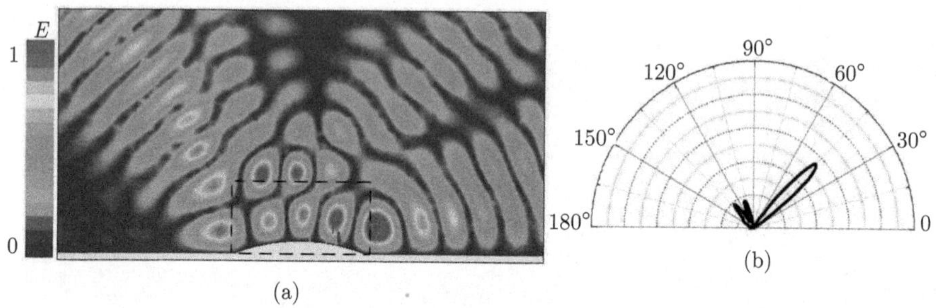

图 4.43　540cm^{-1}TE 模式高斯波 45° 入射时 cloak 周围电场分布

(a) 以及电场远场图 (b)(后附彩图)

4.4　红外全介质左手材料设计和模拟

目前，左手材料的理论和实验研究主要集中在人工金属周期结构上，例如，SRR 和金属线复合材料以及其衍生结构，利用金属线组成的电单元和 SRR 构成的磁单元，通过单元的结构谐振特性分别提供负的有效介电常数和负的有效磁导率，从而实现左手特性。但是，随着左手材料使用频率的提高，这种方法对微加工工艺提出了很高的要求，而且也面临着结构单元难以小型化，难以实现大尺寸左手样品等困难。因此，利用具有本征特性的超常电磁介质来替代传统左手材料中的电或磁单元实现全介质的左手材料，已成为红外或光频左手材料发展的一个必然趋势。

前面的研究表明，利用晶体的极性晶格振动与电磁波的相互作用获得了红外波段的负介电常数，并且通过选择合适的材料或者改变材料的组成，可以实现在远红外、中红外区域范围内的超常电介质。如果将其作为左手材料中的电单元，再选择合适的磁单元，如基于 Mie 磁谐振的高介电颗粒，与之复合，就可以实现在红外波段的全介质左手材料，而将基于极性晶格振动的负介电常数引入到左手材料中的设计还未见报道。

本章以红外波段全介质左手材料为最终实现目标，以基于极性晶格振动而产生负介电常数的介质棒作为电单元，将其与基于 Mie 谐振的介质球复合实现了红外波段的左手特性。首先介绍了模拟手段以及有效介质电磁参数的反推方法；然后分别确定了电、磁单元的材料体系，并模拟了独立单元以及复合材料的电磁传输特性；之后研究了电、磁单元之间的耦合效应及其对复合材料左手特性的影响；最后，采用棱镜折射实验模拟了这种全介质左手材料的电磁波折射行为。

4.4.1 红外全介质左手材料

1. 电、磁单元设计

在红外频段，由于负磁导率的实现手段有限并且负磁导率区间相对较窄，而极性晶格振动提供的负介电常数则可以通过材料的选择在较大的频率范围内实现。因此，我们首先确定磁单元，然后根据磁单元的负磁导率区间来选择合适的电单元。

1）磁单元的设计

除了人工金属结构以外，实现高频负磁导率最有效的手段就是利用高介电颗粒的 Mie 磁谐振，Mie 谐振产生负磁导率的理论基础参见 2.1 节，这里就不再赘述。根据文献[29] 报道，基于 Mie 磁谐振，$LiTaO_3$（以下简称 LTO）介质球在 3.5THz 附近会产生负的磁导率。因此，采用文献中的数据，选择 LTO 作为磁单元。在对其周期性结构的处理上，为了简化模型，通常只对样品的结构单元进行模拟。模拟过程中，单元的周期设置为 10μm，电磁波由 y 方向入射，垂直于 y 方向的两个面设置为电磁波激励波口；将其余四个面设置为周期性边界条件，其中垂直于 x 方向的两个面设置为理性磁壁，垂直于 z 方向的两个面设置成理想电壁，如图 4.44 所示。模拟过程中涉及的 LTO 材料的介电色散参数为：ε_0=41.4，ε_∞=13.4，ω_T=4.25THz，γ=0.15THz[30]。

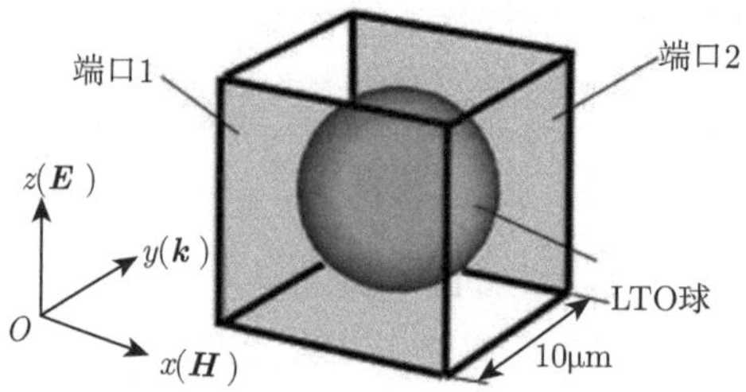

图 4.44　LTO 介质球模拟单元示意图

图 4.45 显示了具有不同半径 r 的 LTO 介质球的透射曲线，可以看出，由于 Mie 磁谐振的存在，透射曲线中出现了明显的透射禁带，同时在禁带相对应频率附近透射电磁波的相位也发生了跃变，相位跃变的大小则由磁谐振的强度而定。在远离 Mie 谐振的区域，S_{21} 的幅值则表现为平直的通带，在 4.2THz 附近透射曲线上的微扰则是由 LTO 材料本征晶格振动所引起的介电谐振而产生的。由于 Mie 磁谐振的频率和强度均与颗粒的尺寸等相关，随着 LTO 介质球尺寸的增加，其谐振位置逐渐向低频移动，谐振强度也有所增加。

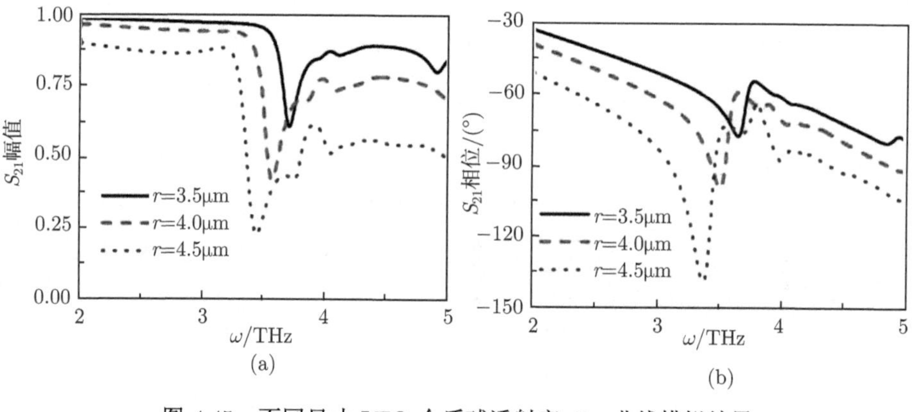

图 4.45　不同尺寸 LTO 介质球透射率 S_{21} 曲线模拟结果

(a) 幅值; (b) 相位

根据模拟得到的电磁波 S 参数反推后可以得到不同尺寸 LTO 介质球的有效磁导率随频率的色散曲线，如图 4.46 所示。可以看出，在 Mie 谐振的作用下，LTO 球表现出谐振型的磁导率频散特性，磁导率虚部在谐振频率处则表现出一个比较尖锐的峰。随着介质球尺寸的减小，其磁谐振频率逐渐向高频移动，而且磁谐振强度逐渐减弱。当颗粒半径减小到 3.5μm 时，其磁谐振已经很弱以致没有小于零的有效磁导率产生。这主要是由于频率越接近 LTO 块体材料的本征介电谐振频率 (4.25THz) 时，其介电损耗越大。而介质球内部 Mie 磁谐振则可以看成是其内部环形位移电流产生的感应磁场与电磁波磁场产生共振的结果，过大的介电损耗则会极大地削弱颗粒内部位移电流的强度，进而削弱了磁谐振的强度。因此，随着 LTO 介质球的尺寸减小，其磁谐振频率越接近其本征的介电谐振频率，磁谐振强度越弱。当颗粒尺寸减小到一定程度时，颗粒的 Mie 谐振便不能够再提供负的有效磁导率了。

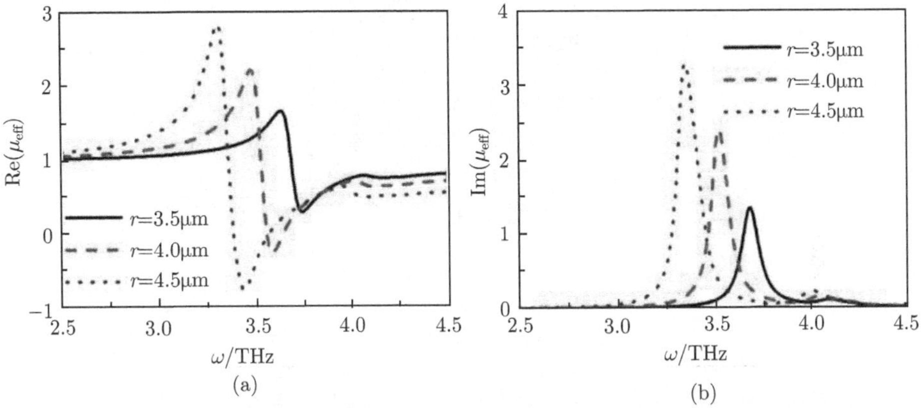

图 4.46 反推后得到的不同尺寸 LTO 介质球的有效磁导率随频散的色散曲线

(a) 磁导率实部; (b) 磁导率虚部

在上述模拟过程中，单元尺寸为 10μm，而电磁波的中心频率在 3.5THz 左右，其对应的电磁波波长约为 85μm，远大于单元的尺寸，满足有效介质假设条件，也就是说上述反推结果是有效的。根据上述反推结果，并考虑到模拟单元中应该留有足够的空间放置电单元，因此，将 LTO 介质球的最终半径确定为 4μm。这时，LTO 球在 3.53THz 附近发生磁谐振，其有效负磁导率区间为 3.56~3.64THz，在 3.58THz 时磁导率达到最小，最小值为 −0.26。

2）电单元的设计

磁单元确定后，根据磁单元的负磁导率区间，选择极性晶格振动的横模频率略低于该负磁区间的材料作为电单元。通过查阅有关文献，将材料确定为 $CaTiO_3$（以下简称 CTO）。CTO 是典型的钙钛矿结构，对于立方的钙钛矿结构，其空间群和点群分别为 $Pm3m$ 和 O_h^1，具有三个红外活性的晶格振动模：110cm^{-1} 附近 Ca-TiO_3 之间的晶格振动，180cm^{-1} 附近 Ti-O-Ti 键的弯曲振动以及 550cm^{-1} 附近 Ti-O 的伸缩振动。由于三个晶格振动模谐振频率之间相距较远，同时后两个振动模的强度很弱，只有 Ca-TiO_3 之间晶格振动强度的 1%~2%[31,32]。因此，为了简化模型，忽略较弱的振动模对介电色散的影响，模拟中采用的 CTO 的介电色散参数为：$\varepsilon_0=190$，$\varepsilon_\infty=5.6$，$\omega_{\rm T}=3.3$THz，$\gamma=0.8$THz。考虑到电场方向的电连续性以及与磁单元之间的空间配置，选择 1μm×1μm×10μm 的 CTO 介质棒作为电单元，单元的周期仍然保持 10μm 不变。电磁波沿 y 方向入射，其电场方向与介质棒的轴线相平行，垂直于 y 方向的两个面设置为波口，垂直于 x 方向的两个面和垂直于 z 方向的两个面分别设置为理想磁壁和理想电壁以模拟周期性边界条件，如图 4.47 所示。

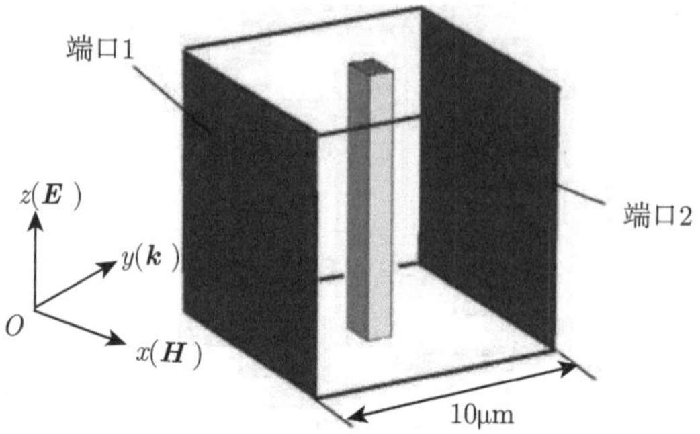

图 4.47　CTO 介质棒模拟单元示意图

图 4.48(a) 显示了 CTO 棒透射系数（S_{21}）幅值和相位的模拟结果，可以看出，S_{21} 的幅值在 3THz 附近出现了明显的禁带，而远离该频率区域则逐渐恢复到透射通带状态；相应地，透射电磁波的相位在透射禁带附近则发生了由 $-60°$ 到 $0°$ 的跃变。S_{21} 透射禁带和相位跃变的出现正是 CTO 内部晶格振动与电磁波电场共同作用的结果。图 4.48(b) 是根据模拟结果反推得到的 CTO 介质棒的有效介电常数的色散曲线，插图部分为 CTO 体块材料介电色散曲线。可以看出，CTO 棒的介电色散曲线仍然呈谐振形式，在 2.9~5THz 频率区间内，其介电常数的实部是小于零的，极小值 -3 发生在 3.2THz 左右。

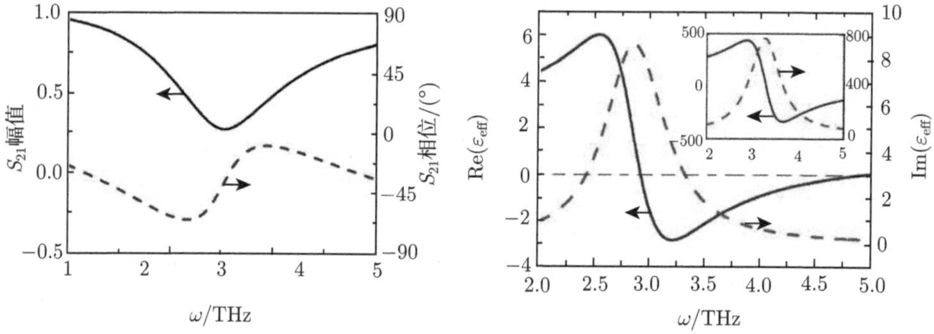

(a)　(b)

图 4.48　CTO 介质棒透射率 S_{21} 曲线模拟结果 (a) 以及有效介电常数反推结果 (b)

CTO 棒尺寸为 1μm×1μm×10μm，插图为 CTO 块体材料的介电色散曲线通过对比 CTO 块体和 CTO 棒的介电色散曲线，可以发现，CTO 棒的谐振频率（约为 2.9THz）明显低于块体材料的谐振频率（3.3THz），似乎 CTO 棒的介电谐振是发生在其块体材料的高介电常数区域。有报道表明[33]，基于 Mie 谐振（这里指第二级 Mie 谐振，一般为电谐振），高介电的棒状颗粒也可以产生谐振型的介电色散，而这种 Mie 电谐振的谐振频率一般会随着颗粒介电常数的增加而升高。为了证明 CTO 介质棒所产生的负介电常数是基于其本征的晶格振动产生的，我们人为地提高了 CTO 材料晶格振动损耗因子 γ 的数值，使其由 0.8THz 增加到 1.6THz，这样相应的块体材料的介电常数会明显降低。然后，重新模拟了 CTO 棒的电磁传输行为，反推其有效介电常数。如果 CTO 棒的介电谐振是由 Mie 谐振产生的，那么后面反推得到的介电谐振位置应该会明显地向低频移动。

图 4.49 对比了前后两次反推得到的 CTO 棒的有效介电常数，插图部分是相应的 CTO 块体材料的介电色散曲线。可以看出，CTO 棒的介电谐振频率并没有改变，只是谐振的强度略有减小。因此可以证明，CTO 棒所产生的负介电常数是由其块体材料的极性晶格振动与电磁波作用的结果，是材料的本征特性。而 CTO 棒介电谐振位置相比于晶格振动的横模频率略有降低，分析其原因，应该是在有效介质的近似下，将局限在 CTO 棒内部的正负离子电荷中心的相对位移而产生的电偶极矩平均到了整个单元中，相当于降低了离子的有效质量以及有效离子电荷，同时稀释了单位体积内有效离子对的数量，这三方面共同作用的结果使得 CTO 棒的谐振频率偏离块体材料的介电谐振位置。

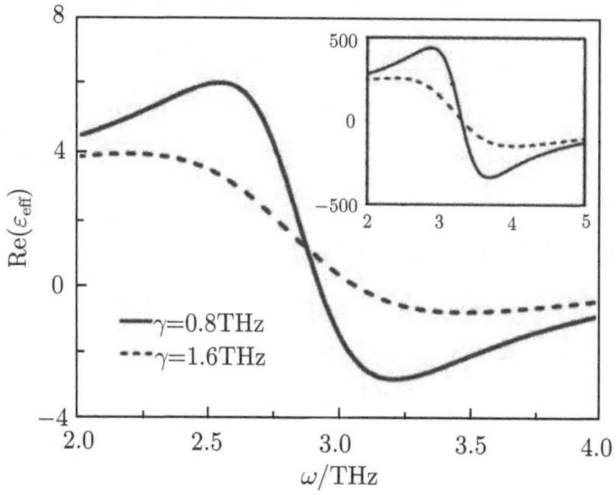

图 4.49 不同损耗情况下 CTO 棒有效介电常数反推结果

插图为相应的 CTO 块体材料的介电色散曲线

2. 全介质左手材料电磁传输特性模拟结果

将上述设计的电、磁单元复合在一起，把 CTO 棒沿 x 方向等间距放置在 LTO

介质球的两侧，复合后单元的周期尺寸仍为 10μm，每个 CTO 棒都被左右两侧的单元共用，相当于每个复合单元由一个 CTO 棒和一个 LTO 球组成。电磁波沿 y 方向传播，其电场沿 z 方向偏振，磁场沿 x 方向偏振。垂直于 y 方向的两个面设置为电磁波激励端口，垂直于 z 方向两个面设置为理想电壁，而垂直于 x 方向两个面则设置成理想磁壁，图 4.50 显示了 4×4 矩阵排列的复合结构以及模拟过程中结构单元的示意图。

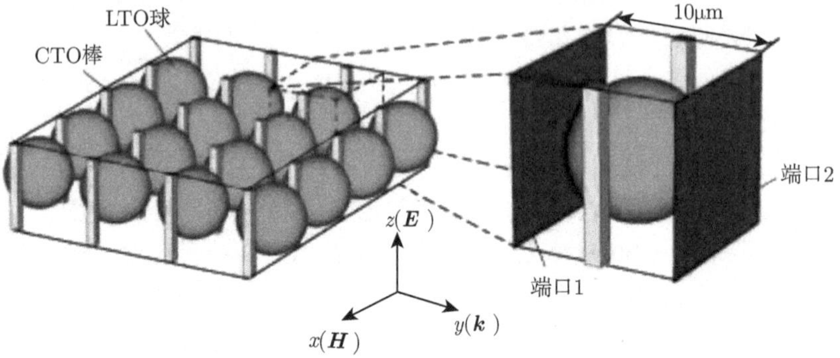

图 4.50　LTO 球/CTO 棒复合结构模拟单元示意图

模拟 LTO 球/CTO 棒复合结构的电磁传输特性，结果如图 4.51(a) 所示。可以看出，对于单独的 CTO 棒，由于晶格振动与电磁波的相互作用形成介电谐振产生了负介电常数，因此在很宽的频率区间内，电磁波在该频段内无法传播，导致其透射系数均很低；同样的，对于单独的 LTO 球而言，在 3.5THz 附近会出现由 Mie 磁谐振而产生的透射禁带，在透射禁带附近，LTO 球的有效磁导率为负，电磁波也无法在该频段内传播。然而，当把 CTO 棒和 LTO 球复合后，在原本各自透射禁带的重合位置处出现了一个透射通带，该通带的频率范围在 3.5~3.6THz 附近。因为这个透射通带处于 CTO 棒与 LTO 球各自透射禁带的重合位置，因而被确定为介电常数和磁导率同时小于零的左手通带。

根据模拟得到的 S 参数反推复合材料的有效电磁参数，也充分证明了这一结论，如图 4.51(b)~(d) 所示。可以看出，在透射通带区域范围内，复合结构的有效介电常数、有效磁导率以及折射率均小于零，在 3.54THz 附近折射率达到最小值约为 -1。通过仔细对比复合结构的有效参数区间可以发现，其负的有效介电常数区间为 2.98~3.71THz，负的有效磁导率区间为 3.53~3.64THz，而其负折射率区间为 3.51~3.64THz，并不完全是负介电常数和负磁导率的重合区间 3.53~3.64THz，而是略大于两者的重叠区间。类似的情况在其他左手材料的研究中也有报道[34]，这部分更宽的负折射率区间主要是由于单负参数（负介电常数或者负磁导率）及其在谐振频率附近很大的虚部而产生的。也就是说，实际上 3.51~3.53THz 区间内负的折射率并不是所谓“左手行为”的结果。

此外，观察 LTO 球/CTO 棒复合结构的有效介电常数曲线（图 4.51(d)），除了 CTO 棒本身的介电谐振外，在 3.5THz 附近，曲线上还出现了一个反谐振型的微扰。该微扰是由于 LTO 球在该频率发生磁谐振，相应地影响到复合材料的介电性质，在介电谱上则表现为反谐振形式。

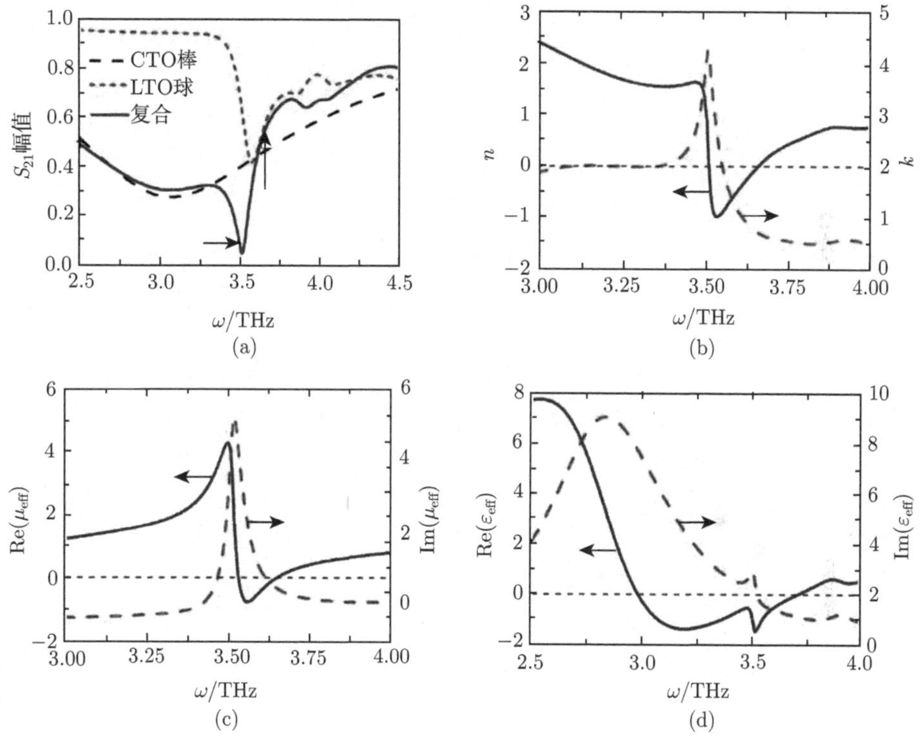

图 4.51　LTO 球/CTO 棒复合结构电磁传输特性模拟结果

(a)S_{21} 幅值; (b) 折射率; (c) 有效磁导率; (d) 有效介电常数

4.4.2　电、磁单元间耦合效应对左手特性影响

在传统的人工金属周期结构组成的左手材料中，电、磁单元之间的耦合作用会对复合材料的左手特性产生影响。因此，我们同样讨论了这种全介质左手材料中 CTO 棒与 LTO 介质球之间电磁耦合作用对其左手性质的影响。

1. 单元间距离对左手特性影响

首先研究 CTO 棒/LTO 球之间的距离对左手特性的影响，如图 4.52 所示，不断减小棒和球之间距离 a，并模拟单元内部 z 方向磁场的分布。单元的周期仍然保持 10μm 不变，模拟过程中电磁波的偏振状态以及模拟单元的边界设置见图 4.50。

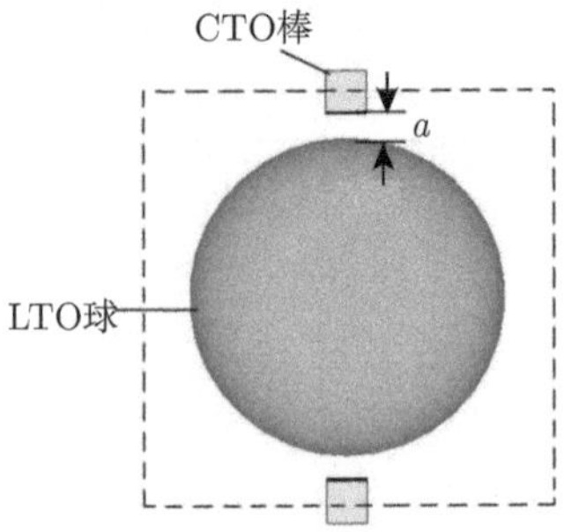

图 4.52　LTO 球/CTO 棒不同间距复合示意图

图 4.53 显示了在 LTO 球的磁谐振频率（3.53THz）下，单独介质球周围的磁场分布以及该频率下复合结构不同 a 值情况下单元内部的磁场分布。可以看出，对

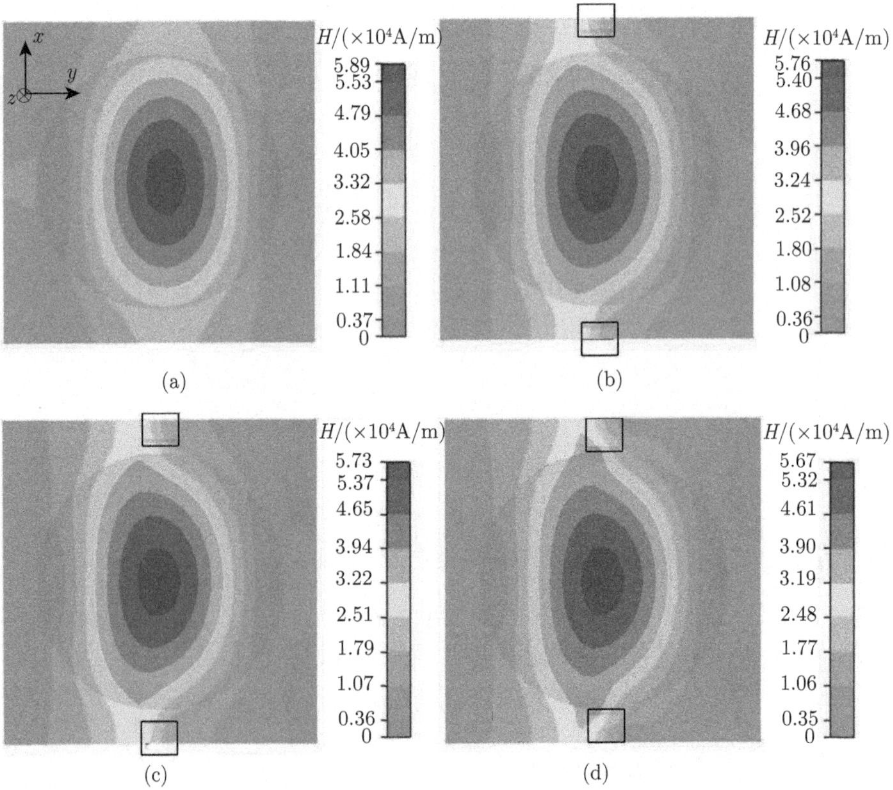

图 4.53　磁谐振频率下，LTO 球周围磁场分布 (a) 以及 LTO 球/CTO 棒之间不同 a 值情况下复合单元内部磁场分布：(b)a=0.5μm, (c)a=0.25μm, (d)a=0μm(后附彩图)

于单独的 LTO 球来说，发生 Mie 磁谐振时，电磁波磁场主要集中在介质球内部。由于在电场作用下，其内部会产生平行于 yz 面的环形位移电流，该位移电流产生的感应磁场与电磁波磁场频率和相位均相同，因此，在 LTO 球内部产生沿 x 方向磁场谐振。然而，当在 LTO 球两侧放置 CTO 棒后，介质球内部的磁场开始发生变形，并且不再完全集中于介质球内部，而是开始向两侧的 CTO 棒处延伸。随着 LTO 棒和 CTO 球之间距离的减小，谐振磁场的强度略有降低。当两者紧挨在一起的时候，介质球内部的磁场已经明显地延伸到 CTO 棒左侧。根据模拟的电磁参数，反推得到电、磁单元不同复合间距情况下复合材料的有效磁导率，如图 4.54 所示。可以看出，当 LTO 棒和 CTO 球之间距离减小到一定程度时，复合结构便不再具有谐振形式的有效磁导率，并且其有效磁导率也不再具有负值区间，这时，复合材料也就不再具备左手特性。

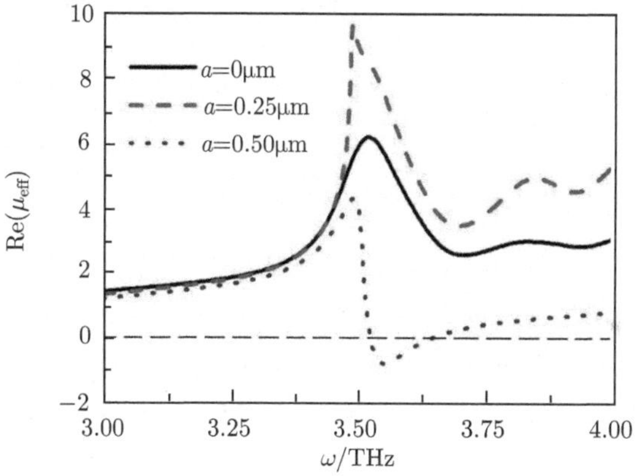

图 4.54 CTO 棒/LTO 球之间不同距离情况下复合结构的有效磁导率

分析其原因，可以用电、磁单元之间的耦合作用来作定性的解释，如图 4.55 所示。基于 Mie 理论，当 LTO 球发生磁谐振时，其内部形成沿 x 方向的交变谐振磁场 $\boldsymbol{H}_{\mathrm{s}}$。而在电磁波交变电场 $\boldsymbol{E}$ 作用下，CTO 棒内部由于极性晶格振动而产生正负电荷分离，形成沿 z 轴的往复位移电流 I，其大小可以近似地表示成 $\varepsilon_0\varepsilon_{\mathrm{r}}\mathrm{d}E_z/\mathrm{d}t$。该往复的位移电流会在其周围形成一个环形感应磁场 $\boldsymbol{H}_{\mathrm{r}}$，类比金属中交变电流形成感应磁场的原理，给出位移电流产生的感应磁场的大小：

$$H_{\mathrm{r}} = \frac{I}{2\pi r}\hat{\boldsymbol{z}} \times \hat{\boldsymbol{r}} = \frac{\varepsilon_0\varepsilon_{\mathrm{r}}\mathrm{d}E_z}{2\pi r dt}\hat{\boldsymbol{z}} \times \hat{\boldsymbol{r}} \tag{4-23}$$

也就是说，复合材料内部总的磁场不仅来自 LTO 内部磁谐振场的贡献，同时还来源于 CTO 棒周围产生的感生磁场。由于 CTO 本征的介电谐振频率与 LTO 的磁谐振频率十分接近，这使得在 3.53THz 附近 CTO 本身介电常数 ε_{r} 的绝对值很大，因此，CTO 棒周围感生的磁场也具有较高的强度。这部分感生磁场的出现使原本

沿 x 方向谐振的磁场变成沿图 4.55 虚线所示的轨迹运动，从而破坏了介质球本身的磁谐振，并且 LTO 球与 CTO 棒之间的距离越近，两者之间的耦合作用就越强。当距离接近到一定程度时，电磁耦合作用完全破坏了介质球本身的磁谐振，这时复合材料也就不再具有负的磁导率，进而不再具备左手特性了。

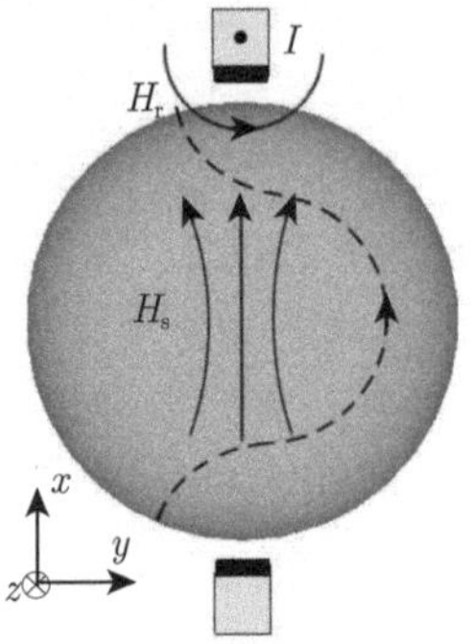

图 4.55　CTO 棒/LTO 球之间电磁耦合示意图

2. 电单元本征谐振频率对左手特性影响

为了研究 CTO 材料本征介电谐振频率对复合材料左手特性的调控行为，人为地改变了 CTO 块体材料其晶格振动模的横模频率，使其逐渐接近 LTO 介质球的磁谐振频率，如图 4.56 所示，模拟了在不同横模频率下复合材料的电磁传输特性。模拟中电磁波偏振方向及模拟单元边界条件参照 5.3.2 节。

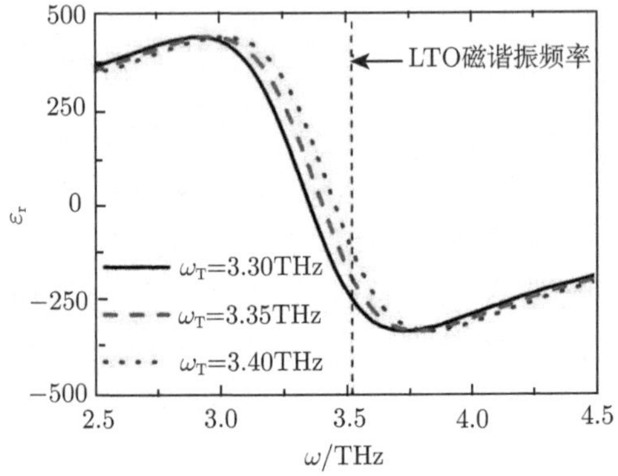

图 4.56　不同谐振频率 CTO 块体的介电色散曲线

图 4.57(a)~(c) 显示了在不同个电谐振频率复合单元内部磁场分布的模拟结果。可以看出，当 CTO 块体材料的晶格振动模的横模频率由 3.30THz 逐渐增加到 3.40THz 时，复合结构内磁场的分布并没有发生十分明显的变化，只是磁场强度略

有降低。但是，根据模拟得到的 s 参数反推复合材料的有效磁导率，如图 4.57(d) 所示，可以看到，虽然结构内部磁场分布并没有显著变化，但当横模频率增加到 3.40THz 时，复合材料的有效磁导率已经不再具有负值区间，因而也就不再具备左手特性。这主要是因为，当 CTO 体块材料的横模频率越接近 LTO 介质球的磁谐振频率时，在 LTO 磁谐振频率附近 CTO 的晶格振动越强烈，其介电常数的绝对值也越大，根据上节所述，在 CTO 棒内部产生的位移电流就越大，其周围感生的磁场就越强烈。随着感应磁场的增强，影响到原本集中在 LTO 球内部的磁谐振场，使其不再沿着 x 方向做直线运动，相当于破坏了介质球内部的磁谐振场。因此，虽然电、磁单元之间的距离并没有改变，但是随着 CTO 的横模频率逐渐接近 LTO 的磁谐振频率，CTO 棒和 LTO 球之间的电磁耦合作用也会越强烈，这种电磁耦合作用最终导致复合结构不再具有左手特性。

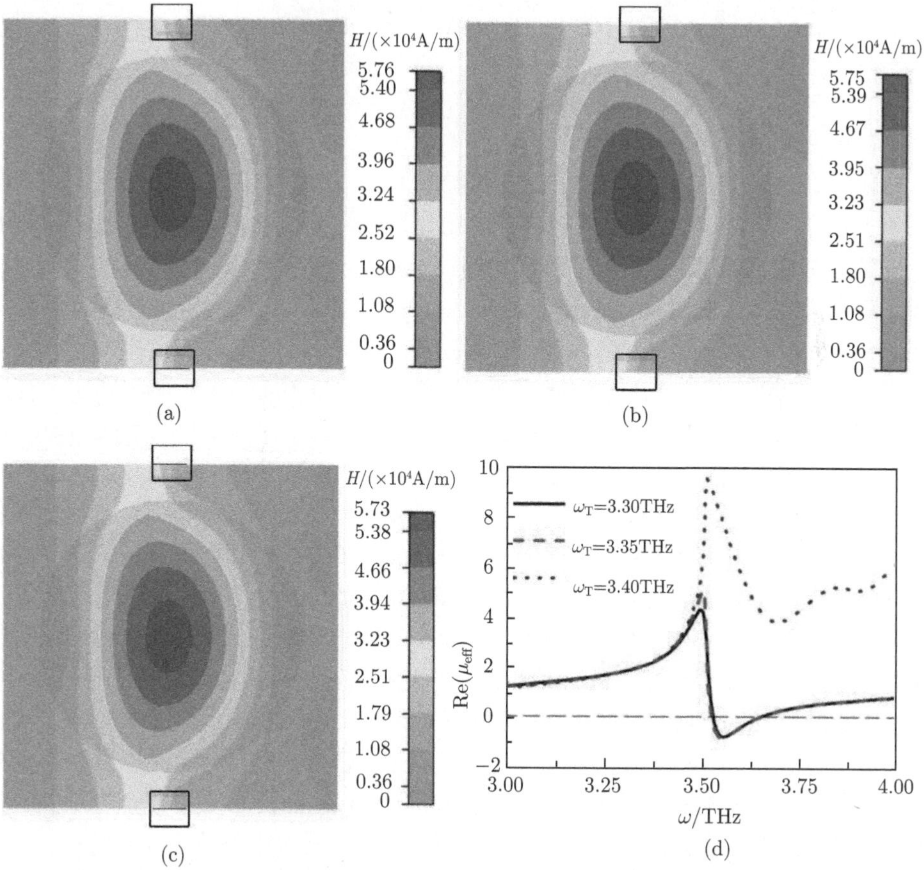

图 4.57 不同介电谐振频率复合单元内磁场分布：(a)ω_{T}=3.30THz, (b) ω_{T}=3.35THz, (c) ω_{T}=3.40THz 及其有效磁导率曲线 (d)(后附彩图)

3. 电磁波传播方向对左手特性影响

为了研究电磁波传播方向对复合材料左手行为的影响，改变电磁波的传播方向，使其沿 x 方向传播，如图 4.58 所示，单元的周期仍然为 10μm。将垂直于 x 方向的两个面设置为波口，垂直于 z 方向的两个面设置为理想电壁，垂直于 y 方向的两个面设置为理想磁壁，以完成对周期性结构的模拟。

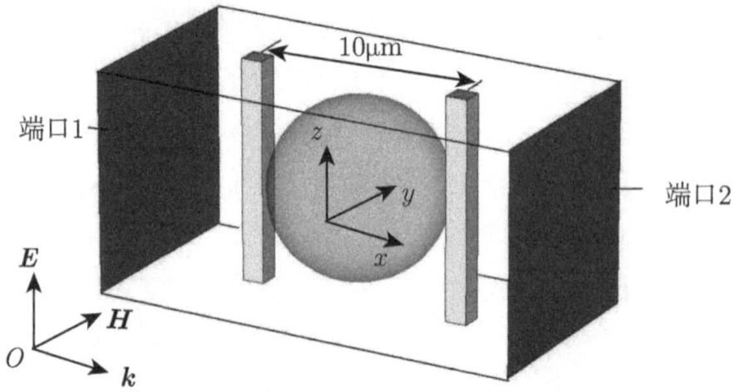

图 4.58 电磁波平行于 CTO 棒所在平面传播

图 4.59 显示了在 LTO 介质球的磁谐振频率（3.53THz）下，电磁波沿 x 方向传播时，随着相位角增加复合结构内部磁场分布的模拟结果。可以看出，由于 CTO 棒内部位移电流的存在，其周围的磁场明显呈环状分布；而 LTO 的磁谐振场主要沿着 y 方向并集中在介质球内部。但是，通过对比不同相位角条件下棒和球周围的磁场分布，可以发现，CTO 棒周围的感应磁场和 LTO 内部的磁谐振场在相位上是不同步的，也就是说，在这种情况下电磁波对 CTO 棒和 LTO 球的感应是有先后顺序的。虽然复合结构的单元尺寸远小于电磁波的波长，可以将其看成均匀的有效介质，但是由于电、磁单元各自均处于谐振状态，相当于将电磁波的能量压缩到一个很小的空间内，使电磁波的有效波长迅速减小。在这种传播模式下，电磁波在复合材料中传播时也就能够分辨得出 CTO 棒和 LTO 球的相对位置，这时电磁波会先与 CTO 棒作用然后再通过 LTO 球。对比图 4.44 所示单独 LTO 球其内部的磁场强度分布可以发现，当电磁波沿 x 方向传播时，复合单元内部磁场强度明显减小。这主要是由于介电谐振时 CTO 棒的损耗效应增加，电磁波在先通过 CTO 棒后其能量会有所下降，这时 LTO 球所感应到的交变磁场强度减小，使得在其他条件相同的情况下，其磁谐振的强度也有所降低。在这种传播模式下，虽然复合结构仍然具有谐振型的有效磁导率，如图 4.60 所示，但是由于磁谐振强度不够，有效磁导率仍然没有负值区间，在这种情况下，该复合材料也不具备左手特性。

总的来说，这种复合材料实际上是一种各向异性系统，只有电磁波沿着特定方向入射，即垂直于两个 CTO 棒所在平面入射，该复合材料才具备左手特性。

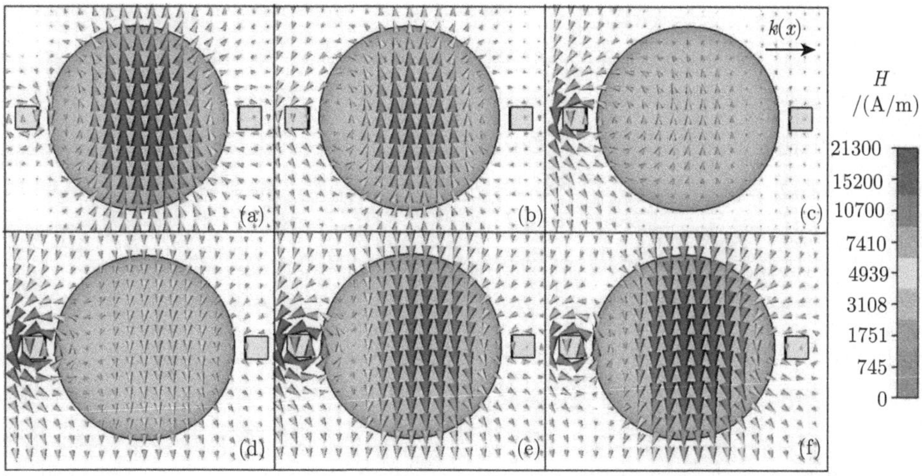

图 4.59 3.53THz 频率电磁波沿 x 方向传播条件下模拟磁场分布 (后附彩图)
(a)θ=0°; (b)θ=30°; (c)θ=60°; (d)θ=90°; (e)θ=120°; (f)θ=150°

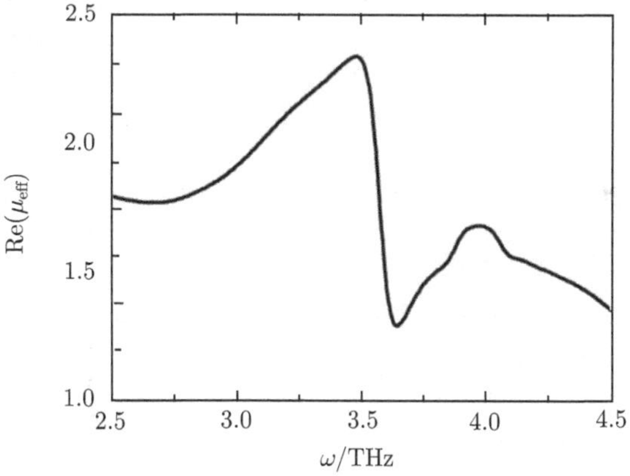

图 4.60 电磁波沿 x 方向传播时复合结构的有效磁导率实部

4.4.3 全介质左手材料折射行为研究

在前面两节我们利用模拟结果证明了基于材料本征介电特性的 CTO 棒/LTO 球复合材料的左手特性。但是，这些模拟结果和反推参数都是以电磁波透射为表征手段，并不能直接表现这种复合材料的左手特性。因此，在本节中我们设计了复合材料的棱镜模型，通过模拟其负折射行为直接表征复合材料的左手特性。

1. 模型的设计

微波段的负折射棱镜实验最早是由 Shelby 等基于 Snell 原理设计的。由于在红外以及更高频段开展棱镜实验比较困难，因此，主要用模拟结果代替实验结果。棱镜折射实验测量介质折射率的原理如图 4.61(a) 所示，将一折射率为 n_1 的直角三角形棱镜放置在折射率为 n_2 的环境（一般为空气或真空）中，当一束电磁波垂直入射到棱镜的长直角边上时，电磁波的传播方向不会发生变化，进而穿过棱镜入射到其斜边上，在棱镜斜边与环境的界面处产生折射。如果棱镜为右手材料，则折射波与入射波会分居法线两侧；如果棱镜为左手材料，即 $n_1 < 0$，则折射波和入射波会出现在法线同侧。这时，材料的折射率仍可以根据 Snell 定律求出。

根据上述棱镜折射实验原理，设计 CTO 棒/LTO 球复合介质的棱镜模型，如图 4.61(b) 所示。该棱镜由 5 排复合单元组成，第 1 排有 17 个复合单元，以后每排依次减少 4 个单元，计算得到该棱镜的顶角 θ=arctan(40/160)=14°。电磁波激励波口宽为 120μm，其到棱镜直角边的距离为 200μm。波口激励出的高斯波沿 x 轴传播，其电场沿 z 方向偏振。为了防止入射电磁波波束向两侧宽化，在波口和棱镜之间电磁波传播路径以外的空间中填充吸波材料。整个模型均处于真空环境中，其周围边界均设置为开放边界条件。

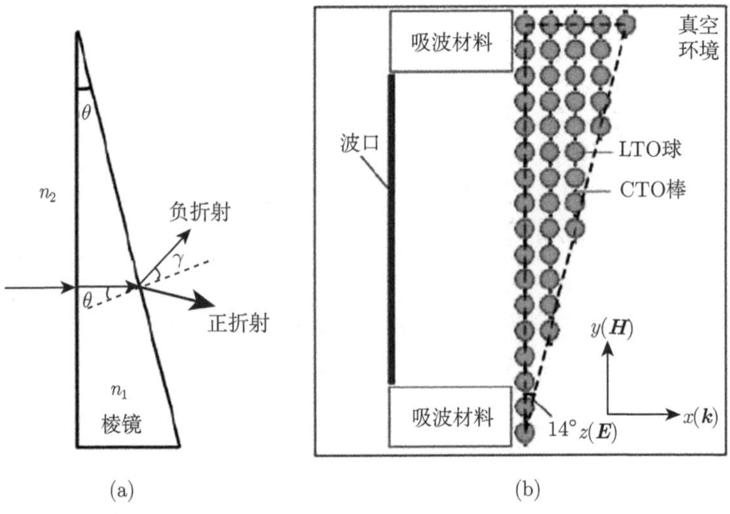

图 4.61　棱镜折射实验原理 (a) 及 CTO 棒/LTO 球复合结构折射行为模拟 (b) 示意图

2. 折射行为的模拟结果

图 4.62 分别显示了在 3.55THz、3.60THz、3.75THz 以及 4.00THz 四个频率下棱镜周围 z 方向的电场分布。可以看出，在复合材料折射率的负值区间（3.53~3.64THz）内，电磁波通过 CTO 棒/LTO 球组成的棱镜后发生了明显的负折射现象，而当频率升高到 3.75THz 和 4.00THz 时，超出了复合材料的负折射频率区

间，电磁波通过棱镜后则产生正折射。同时，观察通过棱镜后电磁波电场强度可以发现，当频率接近电、磁单元的谐振频率时，复合材料的电磁损耗增加，电磁波通过棱镜后其强度迅速衰减；而当频率远离电、磁单元的谐振频率时，材料的损耗减小，折射电磁波的强度则逐渐增强。基于 Snell 定律，根据模拟结果计算 3.55THz、3.60THz、3.75THz 以及 4.00THz 频率下复合材料棱镜的折射率分别为 −1，−0.7，0.4 和 1，与之前折射率的反推结果基本吻合（图 4.51(b)）。

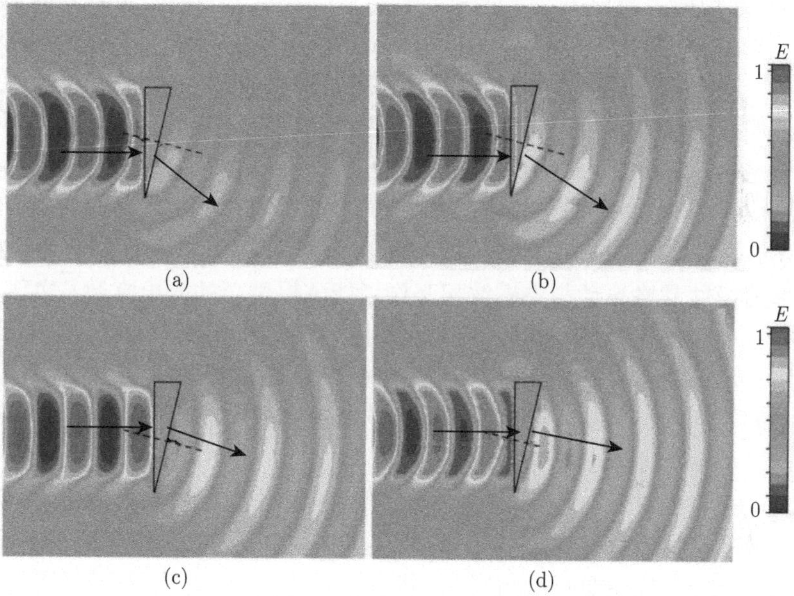

图 4.62 不同频率下 CTO 棒/LTO 球复合材料棱镜折射模拟结果 (后附彩图)
(a)3.55THz; (b)3.60THz; (c)3.75THz; (d)4.00THz

4.5 基于晶格振动的强各向异性介质及其负折射特性

电磁波的负折射是指当电磁波由一种介质入射到另一种介质中时，在界面处折射光和入射光分别位于法线同侧的特殊现象。长期以来，电磁波的负折射现象一直被认为是左手材料的典型特性之一，利用左手材料的负折射实现亚波长成像从而制备完美透镜已经成为可能[35]。

左手材料的实现一般是基于人工金属结构单元与电磁波之间的电磁谐振行为来同时实现负的介电常数和磁导率，从而得到负折射率的。这种有效介质要求其结构单元的尺寸远小于操作频率下电磁波的波长，同时，由于材料的有效电磁参数是通过结构的谐振特性得到的，其在工作时会伴有很大的电磁损耗。鉴于这种人工周期结构在使用上的局限性，人们迫切地希望能够通过人工结构之外的超常电磁介质或者自然材料来实现电磁波的负折射特性。

Lindell 等[36] 研究了单轴各向异性介质的光学特性，提出了一种强各向异性介质（indefinite medium）来实现非左手特性的电磁波负折射。所谓强各向异性介质，其实也是一种广义的超材料，它是一种单轴各向异性介质，在描述该介质介电常数 ε 和磁导率 μ 的四个电磁分量中，只有一个分量为负值，其他分量均大于零。这时，介质中电磁波的等频线是双曲线的形式，得到的折射光的相速度和群速度的方向相反，可以实现所谓的电磁波 "光线负折射"，而且这一理论也已经被实验所验证。但是，目前这种强各向异性介质的实现仍然依赖于人工周期结构，比如金属/介质多层结构，金属纳米线阵列[37] 等，并不是材料的本征特性。虽然，Zhang 等通过研究特殊条件下光学晶体的折射特性发现，在一定条件下钒酸钇（YVO_4）孪晶体界面处由于光学各向异性可以发生负折射现象。但是，这种负折射对入射光的角度有一定限制（0~12°），并不是全角度的负折射。因此，如果能利用材料的本征特性来实现上述的强各向异性介质，无疑将为负折射的研究和应用提供巨大的推动作用。

晶体的极性晶格振动与电磁波相互作用能够提供负的介电常数，实现具有本征特性的超常电介质。如果将其从各向同性晶体推广到单轴晶体中，由于晶格参数在平行和垂直于轴向两个方向的差异，必将引起其晶格振动的各向异性，在一定条件下，就有可能使材料具备强各向异性介质的特征，从而在自然存在的材料中获得负折射。

因此，本节主要研究利用单轴晶体中极性晶格振动的各向异性来实现强各向异性介质及其负折射特性。首先，结合各向异性晶体中光的传播理论，阐明了强各向异性晶体界面处发生负折射的原理；然后，以 $\alpha\text{-}Al_2O_3$ 为例，研究了其各向异性的极性晶格振动，证明了介电常数强各向异性区间的存在，并通过模拟证明了这种自然材料的负折射效应。

4.5.1　强各向异性材料实现负折射的基本原理

1. 各向异性介质的光学基础

当电磁波在介质中传播时，电位移矢量可以用介质的本构方程 $\boldsymbol{D} = \varepsilon\boldsymbol{E}$ 来表示。其中，ε 为材料的介电常数。对于各向同性的介质而言，ε 为标量；而对于各向异性的晶体，ε 为张量，必须考虑其对应的本构方程的各向异性，如果以 $\bar{\varepsilon}$ 来表示物质的介电张量，则

$$\boldsymbol{D} = \bar{\varepsilon}\boldsymbol{E} \tag{4-24}$$

在晶体中可以找到一组坐标系 xyz 使介电张量 $\bar{\varepsilon}$ 对角化。一般来说，x、y、z 三个方向对应于晶体的三个主轴方向，假设 ε_x、ε_y 和 ε_z 分别为晶体的介电张量的主值。对于单轴晶体，假设其光轴沿 z 方向，则有 $\varepsilon_x=\varepsilon_y \neq \varepsilon_z$，晶体中主折射率也

是各向异性并满足 $n_x = n_y = n_\mathrm{o} \neq n_z = n_\mathrm{e}$ 条件。在晶体光学中，当 $n_\mathrm{o} > n_\mathrm{e}$ 时，晶体一般被称为负单轴晶体，而 $n_\mathrm{o} < n_\mathrm{e}$ 时，晶体被称为正单轴晶体。

下面进一步考虑电磁波在各向异性晶体中的传播特性，根据 Maxwell 方程，可以得到电磁波各矢量关系：

$$\frac{1}{\omega}\boldsymbol{k} \times \boldsymbol{E} = \mu_0 \boldsymbol{H} \tag{4-25a}$$

$$\frac{1}{\omega}\boldsymbol{k} \times \boldsymbol{H} = -\bar{\varepsilon}\boldsymbol{E} \tag{4-25b}$$

从上述式中可以看出，由于各向异性晶体中 $\boldsymbol{D}$ 和 $\boldsymbol{E}$ 的方向一般不同，因此电磁波的波矢 $\boldsymbol{k}$ 的方向和坡印亭矢量 $\boldsymbol{S}=\boldsymbol{E}\times\boldsymbol{H}$ 的传播方向一般也不相同。考虑非磁性材料（μ=1），通过式（4-25）和介电张量表达式，可以得到单轴晶体中平面波的色散关系：

$$\left(\frac{\omega}{c}\right)^2 = \frac{k_x^2}{n_\mathrm{o}^2} + \frac{k_y^2}{n_\mathrm{o}^2} + \frac{k_z^2}{n_\mathrm{e}^2} \tag{4-26}$$

其中，ω 为电磁波的角频率；c 为真空中的光速；k_x、k_y 和 k_z 分别为波矢 $\boldsymbol{k}$ 在 x、y、z 三个方向的分量。可以看出，此时波矢 $\boldsymbol{k}$ 在晶体中的等频率面（equifrequency surface，EFS）是一个椭球面。这时，晶体中有两种光波存在，即 o 光和 e 光。o 光的偏振方向垂直于主平面，其在晶体中的传播行为与在各向同性介质中相同；而 e 光的折射率则随着波矢与光轴的夹角而改变，其偏振方向在主平面内。

如果只考虑电磁波波矢 $\boldsymbol{k}$ 在 xz 平面内传播的 e 光，则上述电磁波的色散曲线可以表示成

$$\left(\frac{\omega}{c}\right)^2 = \frac{k_x^2}{\varepsilon_z} + \frac{k_z^2}{\varepsilon_x} \tag{4-27}$$

该方程描述的波矢 $\boldsymbol{k}$ 在 xz 平面内的 EFS 是一个椭圆。图 4.63 显示了在 xz 平面内 e 光由真空中入射到单轴晶体时，波矢 $\boldsymbol{k}$ 的 EFS 描述示意图。可以看出，在各向同性介质中，EFS 为圆形，电磁波在其中传播时，其波矢量 $\boldsymbol{k}_\mathrm{i}$ 和坡印亭矢量 $\boldsymbol{S}_\mathrm{i}$ 的方向相同；而当电磁波折射入单轴晶体中时，由于晶体介电常数张量的存在，其 EFS 变为椭圆形，折射电磁波的波矢 $\boldsymbol{k}_\mathrm{r}$ 和坡印亭矢量 $\boldsymbol{S}_\mathrm{r}$ 一般不在同一条直线上，而是相互之间呈一定角度。这时，$\boldsymbol{k}_\mathrm{r}$ 的方向可以根据折射前后电磁波波矢在平行界面方向守恒求得，而 $\boldsymbol{S}_\mathrm{r}$ 的方向可根据 $\boldsymbol{\nu}_\mathrm{g} = \mathrm{d}\boldsymbol{k}/\mathrm{d}\omega$ 确定。一般情况下，在单轴晶体中折射电磁波 $\boldsymbol{k}_\mathrm{r}$ 和 $\boldsymbol{S}_\mathrm{r}$ 虽然不在一条直线上，但仍然是同向的，也就是仍在在法线的一侧。

图 4.63 实际上给出的是晶体的光轴与 x 轴（或 z 轴）重合的特殊情况，对于光轴与坐标轴不重合的情况，也可以用类似方法进行分析。有研究表明，在一定的光轴取向以及电磁波入射角条件下，e 光也可以发生负折射现象。但是，这种情况比较复杂，其负折射特性并不涉及负的有效参数。同时，这种负折射行为对电磁波

的入射角度很敏感，无法实现所谓的全角度负折射[42]，并不是我们所关心的研究范围，因此，这里不再对光轴与坐标轴之间有一定夹角的情况作详细说明。以下如无特殊说明，均指单轴晶体的光轴与某一坐标轴平行。

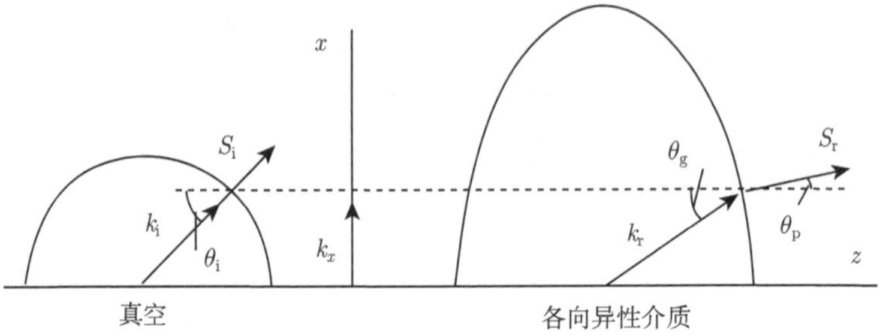

图 4.63　真空与单轴晶体界面处电磁波 EFS 描述

2. 强各向异性介质界面处负折射的原理

如本章引论中所述，强各向异性介质也是一种单轴介质，在描述其电磁特性的四个参数 ε_x，ε_z，μ_x 和 μ_z 中，有一个为负，其余三个为正。如果考虑非磁性的介电材料，并假设其介电常数满足 $\varepsilon_x > 0$，$\varepsilon_z < 0$ 条件时，式（4-27）所示的 EFS 方程可以改写成

$$\left(\frac{\omega}{c}\right)^2 = \frac{k_z^2}{|\varepsilon_x|} - \frac{k_x^2}{|\varepsilon_z|} \tag{4-28}$$

这时，方程描述的在强各向异性介质中波矢 $\boldsymbol{k}$ 的 EFS 则变成双曲线的形式，如图 4.64 所示。波矢 $\boldsymbol{k}$ 的方向以及坡印亭矢量 $\boldsymbol{S}$ 的方向可以分别用相速度 $\boldsymbol{\nu}_{\rm p}$ 和群速度 $\boldsymbol{\nu}_{\rm g}$ 的方向来表示。可以看出，在满足折射前后电磁波波矢平行界面分量 $\boldsymbol{k}_x$ 守恒的条件下，实际上会得到折射电磁波的两组解。根据以下两点判定规则：① $\boldsymbol{\nu}_g = \nabla_k \omega_k$，群速度的方向应该平行于 EFS 的法线方向，并且指向 ω 增加一侧；②能量不能在界面处堆积，也就是折射波的群速度 $\boldsymbol{\nu}_{\rm g}$ 应指向该远离界面一侧。可以得出图中实心的箭头所示方向才是折射光中相速度 $\boldsymbol{\nu}_{\rm p}$ 和群速度 $\boldsymbol{\nu}_{\rm g}$ 的最终方向。这时在强各向异性介质中电磁波的 $\boldsymbol{\nu}_{\rm p}$ 和 $\boldsymbol{\nu}_{\rm g}$ 方向不同并且分居法线两侧，出现了能量的负折射，为了与左手材料的负折射相区别，这种强各向异性晶体中电磁波能量的负折射又被称为“光线负折射”。

根据 Maxwell 方程，这时坡印亭矢量 $\boldsymbol{S}$ 沿 x 和 z 两个方向的时间平均值可以表示为

$$S_x = \frac{k_x}{\varepsilon_z}\frac{H_y^2}{2\omega\varepsilon_0}, \quad S_z = \frac{k_z}{\varepsilon_x}\frac{H_y^2}{2\omega\varepsilon_0} \tag{4-29}$$

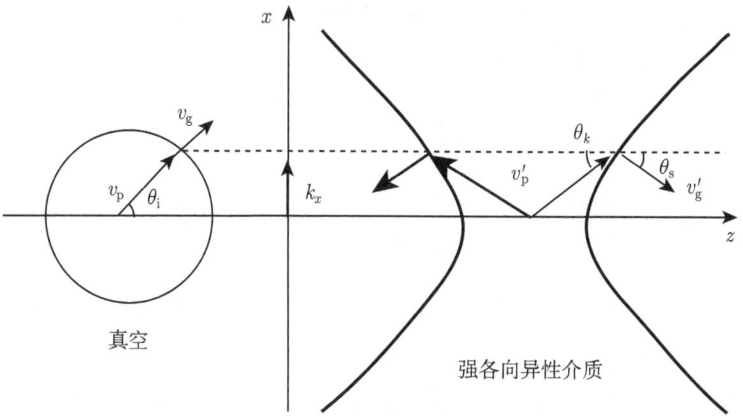

图 4.64 真空与强各向介质界面处电磁波 EFS 描述

那么，可以得到电磁波的波矢 $\boldsymbol{k}$ 和坡印亭矢量 $\boldsymbol{S}$ 的折射角分别为

$$\theta_k = \arctan\left(k_x/k_z\right) \tag{4-30a}$$

$$\theta_{\mathrm{s}} = \arctan\left(S_x/S_z\right) = \arctan\left(k_x\varepsilon_x/k_z\varepsilon_z\right) \tag{4-30b}$$

这里为了区分电磁波波矢和光线（能量）在界面处发生的折射，分别称为“光波折射”和“光线折射”，那么，其对应的与界面法线的夹角则分别称为“光波折射角”和“光线折射角”。根据式（4-28）和式（4-30），强各向异性介质的有效折射率可以表示为

$$n = \sin\theta_{\mathrm{i}}/\sin\theta_{\mathrm{s}} \tag{4-31}$$

下面简单介绍利用单轴晶体极性晶格振动的各向异性实现这种强介电各向异性晶体的思路。以双原子晶体 AB 为例，当 AB 为各向同性立方结构时，由晶格振动引起的介电色散曲线及其横模频率可以根据式（4-30）和式（4-29）计算得到。当将 AB 晶格沿某一晶轴方向拉伸或压缩时，其晶体结构则由立方结构变为四方或者六方的单轴晶体，同时，其介电常数也由原来的标量形式变成具有两个独立主分量的张量形式，$\varepsilon_{//}$ 电场 $\boldsymbol{E}$ 平行于光轴（c 轴）和 $\varepsilon_{\perp}$ 电场 $\boldsymbol{E}$ 垂直于 c 轴。这时，由于 AB 的晶格常数在两个方向上的差异，对应同一晶格振动模，如 A-B 之间的伸缩振动，其横模频率在两个方向上也将有所差异。那么，通过选择合适的单轴晶体，在其介电色散曲线上就会出现一个或几个频率区间，在该区间内晶体介电张量的两个主分量的符号相反，如图 4.65 中阴影所示。在这些区间内，单轴晶体可以被看成是强各向异性介质，并将其纳入超常电磁介质的领域。

利用上述原理，可以很容易地实现所谓的强各向异性介质，从而摆脱人工结构单元在制备和实用方面的束缚。下面将以 α-Al_2O_3 为例，来研究这种基于材料本征特性的强各向异性介质的电磁特性。

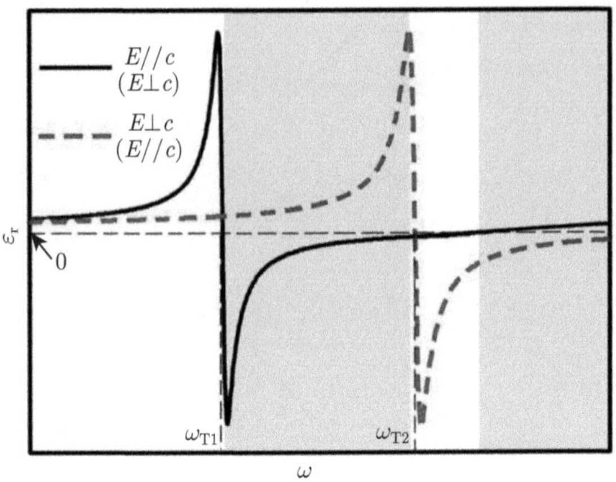

图 4.65　简单结构单轴晶体介电色散示意图

4.5.2　样品准备、测试方法和模拟手段

1. 样品的准备与表征

实验中使用的 α-Al_2O_3 单晶是从中国科学院上海光学精密机械研究所晶体中心购买的，晶片尺寸为 10mm×10mm×0.5mm，上下表面均抛光为光学级表面。为了测量不同偏振态下晶体的介电常数，选择样品的表面与晶体的 (100) 晶面平行。单晶晶片以及部分粉碎样品的晶体结构采用 X 射线衍射（Rigaku D/max-2500）进行分析，XRD 结果如图 4.66 所示。可以看出，购买的 Al_2O_3 单晶确实为 α 相，单晶样品只显示出十分尖锐的 (100) 面族的衍射峰，从而证明了晶体的 (100) 晶面严格平行于晶体表面。

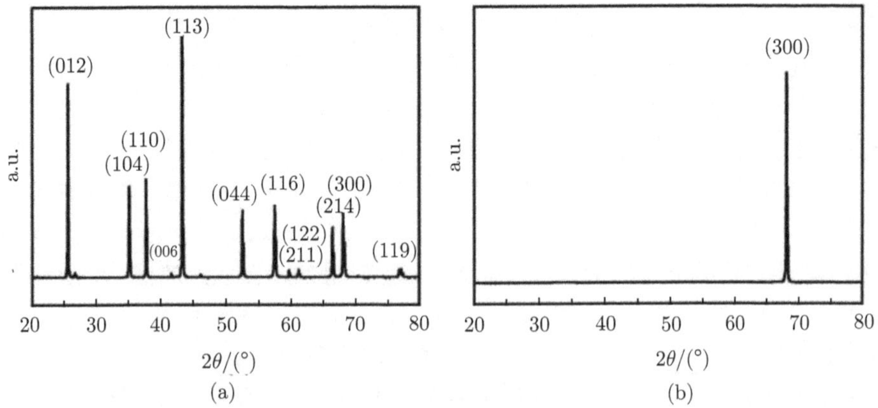

图 4.66　样品 XRD 测试结果

(a) 粉末；(b) 单晶

2. 测试方法

为了得到样品在不同偏振态下的介电色散曲线，需要测量样品在红外区域的反射光谱。样品的反射光谱采用 Perkin Elmer Spectrum GX 傅里叶变换红外光谱仪进行测量，测量频率范围为 350~1500cm^{-1}。测量过程中，在光源发射端和反射镜之间放置偏振片来得到不同偏振态的入射电磁波，反射光谱的测量示意图如图 4.67 所示。同时，在反射率测量时，为了减小样品后表面处反射光对反射率的影响，将单晶样品的后表面进行粗糙化处理，并采用高品质的 Al 镜作为参比样品。

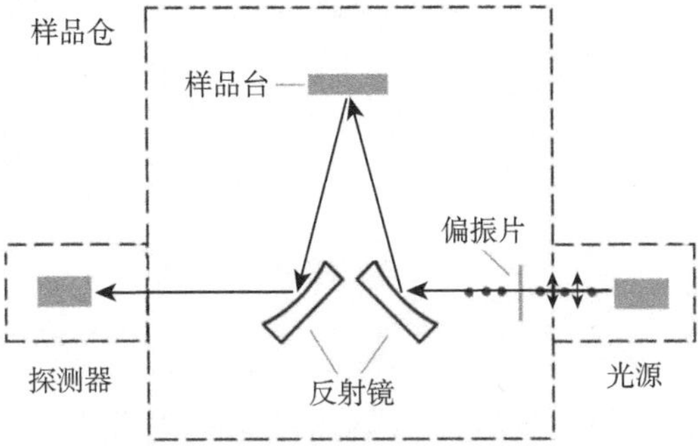

图 4.67 不同偏振态红外反射测量示意图

3. 模拟手段

在本章研究中，为了全面地获得材料的电磁波折射特性，采用 HFSS 电磁场模拟软件对单晶体在强介电各向异性频率区间内的折射行为进行了模拟研究。HFSS 是基于有限元 FEM 方法设计的电磁场计算软件，通过对模型的设计、建立以及边界条件的设置，能够方便地获得界面内电磁波的场分布等多种电磁参数。HFSS 已经被广泛应用于超材料的研究当中，其准确性已经被大量的实验工作所证实。因此，本章的以模拟为主要结果而得到的结论仍然具有一定的说服力和代表性。

4.5.3 基于极性晶格振动的强介电各向介质

1. 强各向异性介电常数的实验结果

α-Al_2O_3 属于六方结构晶体，其点群表示为 D_{3d}^6[44]。为了区分晶体晶轴和坐标轴，将晶体内三个主轴方向分别标记为 a、b 和 c，其中 c 轴为晶体的光轴。根据因子群分析法，当电场 $\boldsymbol{E}$ 垂直于 c 轴时，α-Al_2O_3 具有四个红外活性晶格振动模；而当 $\boldsymbol{E}$ 平行于 c 轴时，其具有两个红外活性模。在电磁波不同偏振状态下，α-Al_2O_3 单晶反射率的测量结果以及振子拟合结果如图 4.68 所示。可以看出，在大部分频率区间，拟合曲线和测量曲线之间均吻合得很好。当 $\boldsymbol{E}\perp c$ 轴时，反射曲线上明显存在四个剩余射线带；而当 $\boldsymbol{E}//c$ 轴时，反射曲线上则出现两个剩余射线带。剩余射线带与振动模相对应，与之前对 α-Al_2O_3 晶格振动模态的分析基本一致。

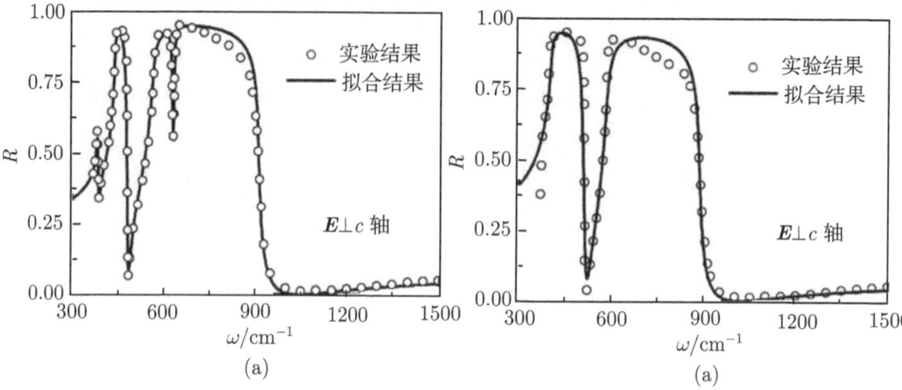

图 4.68 反射光谱测量和拟合结果

(a)$\boldsymbol{E}\perp c$ 轴; (b)$\boldsymbol{E}//c$ 轴

在振子模型拟合过程中，α-Al_2O_3 晶体的高频介电常数从光学手册中查得[4,5]。拟合得到的振动模各参数列于表 4.5，实验拟合结果与文献中报道的结果十分相近[39]，从而证明了该结果的有效性。从表 4.5 所示的结果中可以看出，$\boldsymbol{E}\perp c$ 轴时，频率为 440cm^{-1} 和 565cm^{-1} 的两个振动模与 $\boldsymbol{E}//c$ 轴时的两个晶格振动模的频率十分接近，它们分别对应 Al—O 键的弯曲和伸缩振动。正是由于晶体在平行于 c 轴和垂直于 c 轴两个方向上晶格常数的差异，在两个方向上同一类型振动模的频率发生位移，这也正是本章实现强介电各向异性介质的核心所在。

表 4.5 反射率振子拟合结果

电场偏振方向	ω_{iT} /cm^{-1}	$\Delta\varepsilon_{\mathrm{i}}$	$\gamma_{\mathrm{i}}/\omega_{\mathrm{iT}}$	ε_∞
$\boldsymbol{E}\perp c$	384	0.40	0.014	3.10
	440	2.90	0.010	
	565	3.20	0.025	
	633	0.14	0.010	
$\boldsymbol{E}//c$	403	6.75	0.020	3.10
	581	1.70	0.030	

根据拟合得到的振子参数，可以计算 α-Al_2O_3 晶体其介电张量中两个主轴分量的介电色散曲线，结果如图 4.69 所示。可以看出，$\boldsymbol{E}\perp c$ 轴和 $\boldsymbol{E}//c$ 轴两种情况下，由于晶格振动模频率的不同，色散曲线中出现了四个特殊的频率区间（阴影部分所示），分别为 400~440cm^{-1}，480~515cm^{-1}，565~580cm^{-1} 以及 885~910cm^{-1}，在这四个区间中，α-Al_2O_3 晶体介电分量主值的符号相反。如果分别用 $\varepsilon_{//}$ 和 $\varepsilon_\perp$ 表示 $\boldsymbol{E}$

平行和垂直 c 轴两种情况下晶体介电常数，则在 400~440cm^{-1} 和 480~515cm^{-1} 区间中，$\varepsilon_{//} < 0 < \varepsilon_{\perp}$；而在 565~580cm^{-1} 和 885~910cm^{-1} 两个频率区间内，$\varepsilon_{\perp} < 0 < \varepsilon_{//}$。也就是说，在这四个频率区间内，$\alpha$-$Al_2O_3$ 晶体可以被看成强各向异性介质而纳入超常电磁介质的范畴。

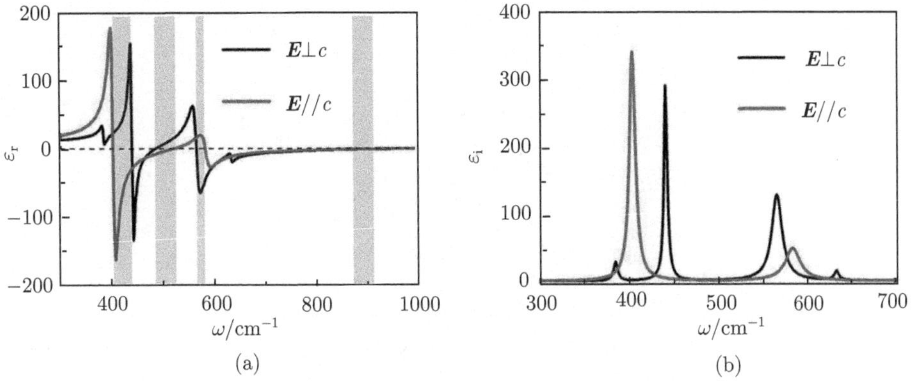

图 4.69 α-Al_2O_3 单晶的介电色散曲线

(a) 介电常数实部;(b) 介电常数虚部

根据第 6.1 节中的分析可知，要在强各向异性介质中实现负折射，要求与介质表面垂直方向的介电常数为负。结合 α-Al_2O_3 单晶的实际情况，也就是说，在 400~440cm^{-1} 和 480~515cm^{-1} 频率区间，c 轴垂直于晶体表面；在 565~580cm^{-1} 和 885~910cm^{-1} 频率区间，c 轴平行于晶体表面这两种情况下，α-Al_2O_3 单晶可以实现对电磁波的负折射。下面将对其负折射特性进行模拟。

2. 负折射的模拟结果

根据上节中对 α-Al_2O_3 单晶的强介电各向异性的分析结果，并考虑到介电损耗因素，我们选择了两个代表频率，即 500cm^{-1} 和 900cm^{-1}，模拟了 α-Al_2O_3 单晶对电磁波的折射特性。在这两个频率点，晶体的介电常数分别为：$\varepsilon_{\perp}$=7.56+1.90i，$\varepsilon_{//}$=−3.14+1.30i（500cm^{-1}）以及 $\varepsilon_{\perp}$=−0.12+0.06i，$\varepsilon_{//}$=0.17+0.07i（900cm^{-1}）。模拟过程中模型的建立以及边界的设置如图 4.70 所示，α-Al_2O_3 单晶被放置于界面的下方。电磁波激励源为高斯波，其束腰宽度为 20μm。电磁波与界面法线成一定角度入射到晶体上，由于需要电磁波的电场与介质相互作用，因此高斯波的电场在纸面内偏振，而磁场则垂直于纸面偏振。同时，为了消除界面处反射波的干扰，在电磁波入射路径两侧的空间中填充吸波材料。整个模型放置在真空环境中，其四周边界均设置成开放边界，这样更接近于电磁波折射测量的实际情况。为了满足强各向异性介质实现负折射的参数配置要求，当 500cm^{-1} 时，将 α-Al_2O_3 单晶的 c 轴垂直于界面放置；而当 900cm^{-1} 时，晶体则按 c 轴平行于界面放置。

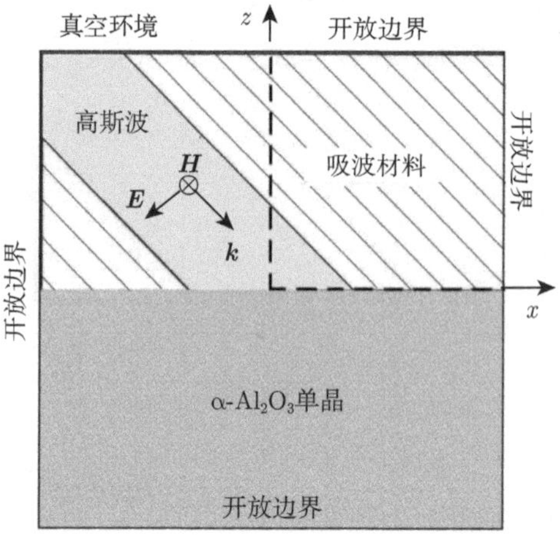

图 4.70　电磁波折射模拟示意图

图 4.71 显示了在考虑和不考虑介电损耗两种情况下，500cm^{-1} 频率下不同入射角度的电磁波在真空和晶体界面处折射时电磁波磁场分布的模拟结果，插图部分是相应的坡印亭矢量分布的模拟结果。可以看出，电磁波在界面处发生折射后，其波矢为 $\boldsymbol{k}$，其方向可以简单地看成电磁波磁场波峰波谷的传播方向，明显地发生正折射；而折射波的坡印亭矢量 $\boldsymbol{S}$ 则发生负折射。由于晶体的介电常数绝对值大于真空的介电常数，因此，在晶体中电磁波的波长被明显压缩。同时，随着入射角度的增加，电磁波的光线折射角和光波折射角也随之增加。

在不考虑晶体的介电损耗时，电磁波可以理想地在晶体里传播，其强度损耗很小。但是实际上，由于晶体的强各向异性区间存在于部分介电谐振的重合区间内，在该区间中晶体的介电损耗相对较大，一般其损耗的正切值会达到 0.3~0.5，甚至更高。这时，电磁波在入射到实际晶体中时，由于其高介电损耗的存在，电磁波在晶体中只能传播几个波长的距离，如图 4.71(d)~(e) 所示。也正因为如此，这种基于极性晶格振动的强各向异性介质中的负折射现象才很难被试验所观察到。

图 4.72 显示了 900cm^{-1} 频率下电磁波在 60° 入射情况下，真空界面处电磁波折射的模拟结果。这时，晶体的 c 轴平行于 x 轴，以满足强各向异性介质负折射的条件。从图 4.72(a) 中的磁场的分布来看，模拟结果与之前的分析结果不同，电磁波似乎是发生了正折射。但是，通过分析折射波的能流密度即坡印亭矢量的传播方向发现（图 4.72(b)），实际上折射波的能量仍然发生了负折射，其传播方向与入射电磁波同居界面法线一侧。只是由于电磁波的光线折射角和光波折射角均很大，导致折射电磁波波矢和坡印亭矢量之间的夹角超过 90°，因而造成了光线正折射的假象。

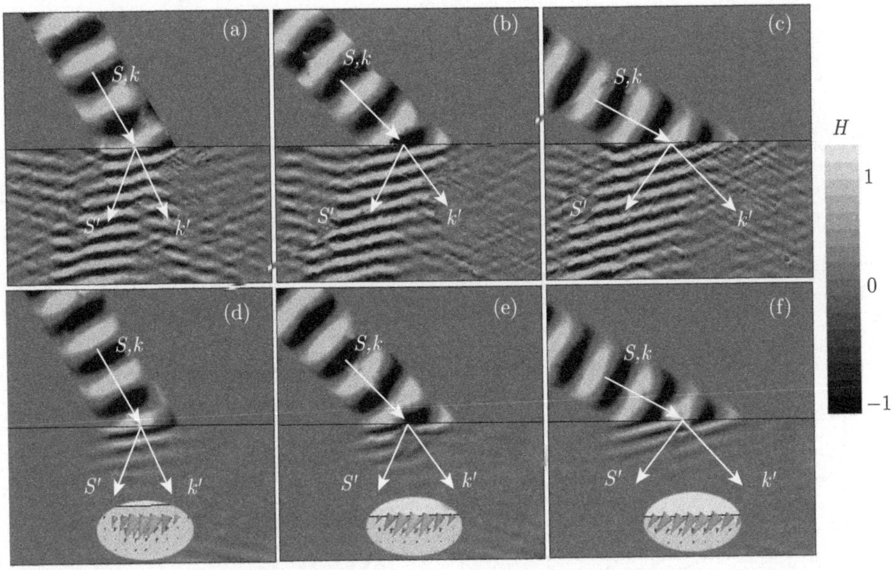

图 4.71 不同角度入射条件下 500cm^{-1} 频率电磁波在单晶界面处折射模拟结果 (后附彩图)

不考虑介电损耗 (a)30°、(b)45° 和 (c)60° 以及考虑介电损耗 (d) 30°、(e)45° 和 (f)60° 晶体光轴 c 轴垂直于界面

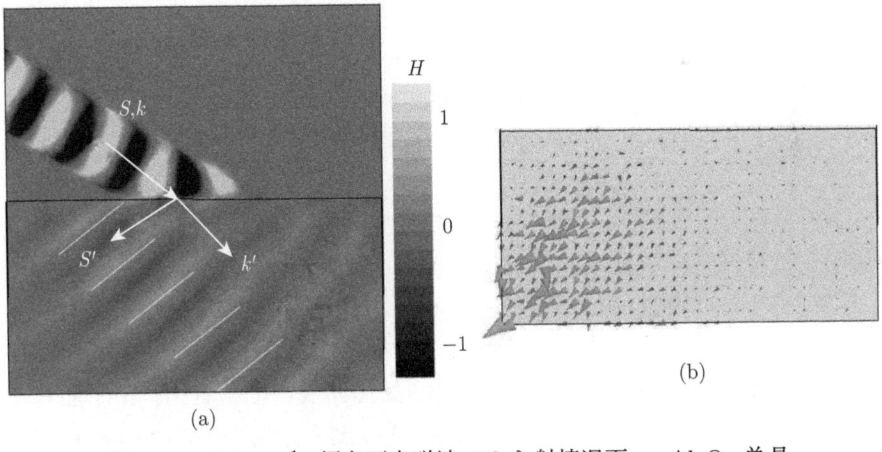

图 4.72 900cm^{-1}- 频率下电磁波 60° 入射情况下，α-Al_2O_3 单晶与真空界面处电磁波折射的模拟结果 (后附彩图)

(a) 磁场分布; (b)α-Al_2O_3 晶体内坡印亭矢量分布，晶体的 c 轴平行于界面

根据式(6-7)，分别计算了 500cm^{-1} 和 900cm^{-1} 两个频率下，电磁波在 α-Al_2O_3 晶体中的光线折射角 θ_S 和光波折射角 θ_k，结果如图 4.73 所示。可以看出，随着电磁波入射角度 θ_i 的增加，其折射波的 θ_S 和 θ_k 随之呈非线性增加。在 900cm^{-1} 频率下，折射波的 θ_S 和 θ_k 开始增加得很快，当 θ_i 大于 50° 以后，θ_S 和 θ_k 就基本趋

于不变了，而在 500cm^{-1} 频率下，折射波的 θ_S 和 θ_k 则增加得比较缓慢，θ_i 大于 80° 以后才基本保持不变。电磁波折射角的变化趋势主要与晶体中电磁波的等频面 EFS 在 xz 面的双曲线的形状有关，更确切地说是和介电常数 ε_x 和 ε_z 的绝对值及两者之间的比值有关。总的来说，ε_x 和 ε_z 的绝对值越大，折射波的 θ_S 和 θ_k 越小。同时，$\varepsilon_x/\varepsilon_z$ 的绝对值越小，EFS 双曲线的开口越大，电磁波 θ_S 越接近常数；而 $\varepsilon_x/\varepsilon_z$ 的绝对值越接近于 1，折射电磁波的 θ_S 和 θ_k 曲线的形状越趋于对称，随入射角的变化也越均匀；当 $\varepsilon_x/\varepsilon_z$ 的绝对值继续增大时，折射波的 θ_S 和 θ_k 曲线的形状又开始不对称，并且当入射角超过某一很小的数值后，θ_S 就基本不变了。

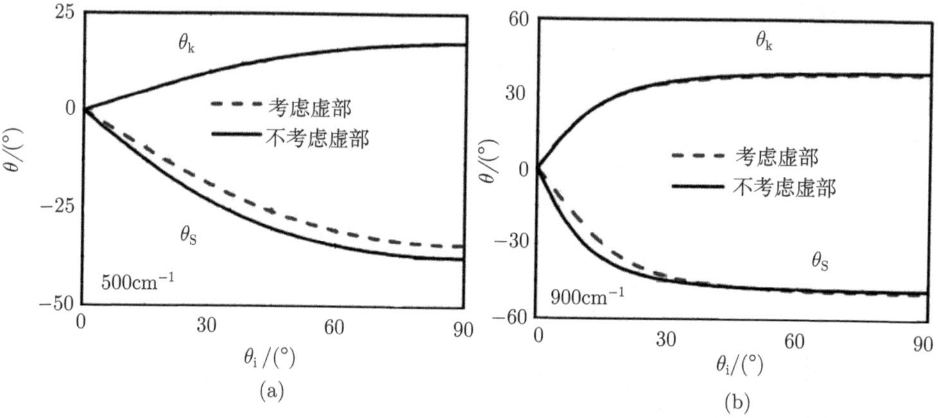

图 4.73　不同频率下波矢折射角θ_k 和坡印亭矢量的折射角θ_S 计算结果

(a) 500cm^{-1}; (b) 900cm^{-1}

此外，从图 4.73 中可以发现，介电损耗的存在会对强各向异性介质的负折射产生影响。随着材料介电损耗的增加，在相同入射角的情况下，电磁波的光线折射角 θ_S 会减小，而光波折射角 θ_k 则基本上不变。这也就意味着，随着介电损耗的增加，介质的负折射率的绝对值也将减小。图 4.74 显示了上述两个频率下，计算得到的 α-Al_2O_3 晶体负折射率随电磁波入射角的变化曲线。可以看出，由于晶体本身介电的强各向异性，其折射率并不是一定值，而是随着入射角的增加其绝对值逐渐增大。在 500cm^{-1} 频率下，由于 ε_x 和 ε_z 的绝对值均大于 1，晶体的负折射率的绝对值均大于 1，并且当入射角在 0~90° 范围内变化时，其折射率在 −1.5~1.8 变化；而在 900cm^{-1} 频率下，入射角在 0~90° 范围内变化时，其折射率则在 −0.5~1.3 变化。

需要指出的是，虽然对于 α-Al_2O_3 单晶体而言，其强各向异性频率区间只覆盖部分 400~900cm^{-1} 红外区间，但是可以通过选择其他的单轴晶体，如 SiC 等，利用其晶格振动频率位置的不同，调整这种强介电各向异性区间的位置，进而在红外频段实现更宽范围的负折射特性。

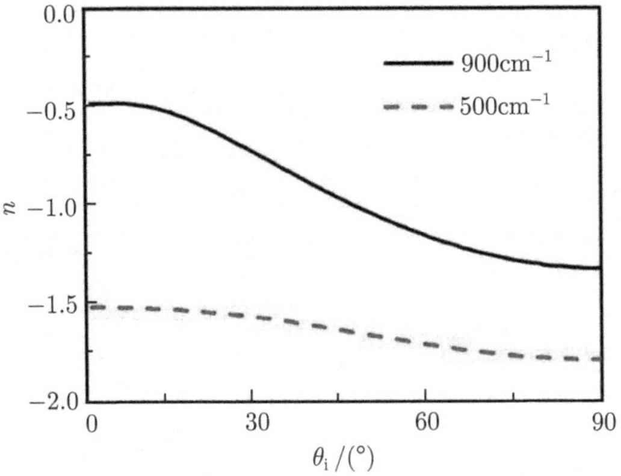

图 4.74 介质负折射率计算结果

4.6 小 结

针对目前超材料普遍为利用人工金属周期结构而实现并非是材料本征特性，并且随着操作频率提高，在红外和光频段制备困难等缺陷，本书主要利用晶体极性晶格振动这一材料本征特性来实现红外频段的超常电磁介质，讨论了晶体中成分的变化对超常介电特性的调控行为、红外环形和地毯式介电 cloak 的设计、红外全介质左手材料的设计以及利用单轴晶体中晶格振动的各向异性实现强介电各向异性介质四方面内容，并分别在理论研究的基础上进行了实验验证和电磁场的模拟研究。主要得到了以下结论：

(1) 从经典的晶格动力学出发，理论上研究了晶体极性晶格振动与电磁波相互作用而实现超常介电特性的原理，提出并证明了利用极性晶格振动实现红外波段的本征超常电磁介质的构想。

(2) 基于晶格振动所产生的谐振型介电色散与晶体中正负离子的有效参数相关，定性地提出利用固溶体形式，通过改变晶体中阳离子的成分来实现对晶格振动横模频率的调控，进而实现对其产生的谐振型介电色散中超常介电常数部分的调控。

(3) 选择萤石结构固溶体作为研究对象，通过远红外反射光谱的测量和介电色散振子模型的拟合，证明了随着固溶体成分由 CaF_2 过渡到 SrF_2，再逐渐过渡到 BaF_2，材料的介电常数可以在部分负介电常数区间以及整个（0~1）超低介电常数区间调节。并且研究了晶体的热扩散特性，证明了利用扩散偶的形式，可以实现对材料成分分布的调控，进而实现对材料介电常数空间分布的控制。此外，可以通过选择其他类型的固溶体系，将这种超常电磁介质的实现频段扩展到其他远红外或者中红外频率区间。

(4) 基于萤石结构固溶体的介电参数，利用几何光学原理，设计了环形二维各向同性的介电 cloak，给出了 cloak 内部介电常数的空间分布以及对应的萤石结构固溶体的成分分布，并模拟了该 cloak 的电磁隐身特性。结果表明，cloak 内部介电分布能够很好地控制电磁波的走向，使其顺利绕过内部隐身物体。在 480~520cm^{-1} 频率范围内，该 cloak 均能明显地减轻前向阴影和后向反射波，具有较好的隐身效果。

(5) 基于 $(Ca,Sr)F_2$ 固溶体的介电参数，利用单方向线性压缩的坐标变换方法，设计了二维地毯式 cloak，给出了 cloak 内部介电常数的一维分布以及对应的固溶体成分分布，并且模拟了该地毯式 cloak 的隐身效果。结果表明，在 580~660cm^{-1} 频率范围内，对于不同的入射角度，不同偏振状态的电磁波，该 cloak 均能起到模仿理想反射平面的作用，使经过 cloak 的电磁波如同被金属平面反射回去一样，具有很好的隐身效果。

(6) 通过模拟证明，基于本征极性晶格振动，CTO 介质棒具有负的有效介电常数。将其与基于 Mie 谐振的 LTO 介质球复合，通过电磁传播特性的模拟和有效参数的反推，实现了红外波段的全介质左手材料。研究结果表明：该复合材料的有效负折射率区间为 3.53~3.64THz，在 3.56THz 左右，折射率达到极值，极小值约为 -1。

(7) 通过模拟手段研究了 CTO 介质棒和 LTO 介质球之间电磁耦合作用对复合材料左手特性的影响。结果表明：在电磁波电场的作用下，CTO 介质棒内部产生位移电流，进而感应出环形磁场，正是由于该磁场的存在，影响了 LTO 介质球内的磁谐振场。随着电、磁单元之间距离的减小，或者 CTO 本征介电谐振频率向 LTO 磁谐振频率的靠近，这种电磁耦合作用越强。当电、磁单元之间距离减小到一定程度，或者 CTO 本征介电谐振频率与 LTO 的谐振频率接近到一定程度时，复合材料也就不再具备左手特性。同时，模拟结果表明，当电磁波平行于 CTO 棒所在平面传播时，由于电、磁单元本身的谐振特性，电磁波能够感应电、磁单元的先后顺序，这时 LTO 球感应的磁场强度明显减小，其 Mie 谐振将不能提供负的有效磁导率，因此，电磁波的传播方向也会对左手特性产生影响。

(8) 设计了 CTO 棒/LTO 球复合材料组成的棱镜模型，模拟了该棱镜对电磁波的折射特性。模拟结果直观地显示了该复合材料的负折射特性。在 3.5~4THz 范围内，该复合材料不仅能够实现负的折射率，同时还可以实现超低折射率（$0< n <1$）。

(9) 基于单轴晶体各向异性的极性晶格振动，以 α-Al_2O_3 单晶为例，实现了红外波段的强介电各向异性介质，并模拟了单轴晶体的电磁波折射特性。结果表明：在强介电各向异性频率区间内，α-Al_2O_3 单晶能够实现全角度的负折射，并且晶体的负折射率随着入射角的增加而呈非线性变化。同时研究表明，晶体中折射波的波矢发生正折射，而坡印亭矢量发生负折射，因此单轴晶体的这种负折射实际上是光线负折射。此外，同样可以通过选择合适的单轴晶体材料，将这种强各向异性频率区间扩展到其他红外波段。

参考文献

[1] 玻恩 M, 黄昆. 晶格动力学理论, 葛惟锟, 贾惟义, 译. 北京: 北京大学出版社, 2006.

[2] 张光寅, 蓝国祥. 晶格振动光谱学, 北京: 高等教育出版社, 1992.

[3] Rousseau D L, Bauman R P. Porto. Normal mode determination in crystals. J Raman Spectroc, 1981, 10: 253–290.

[4] Palik E D. Handbook of Optical Constant of Solid Ⅱ. New York: Academic Press, 1991.

[5] Palik E D. Handbook of Optical Constant of Solid Ⅲ. New York: Academic Press, 1998.

[6] Kaiser W, Spitzer W G, Kaiser R H, et al. Infrared properties of CaF_2, SrF_2, and BaF_2. Phys Rev, 1962, 127(6): 1950–1954.

[7] Verleur H W, Barker Jr A S. Long-wavelength optical lattice vibrations in $Ba_ySr_{1-y}F_2$ and $Sr_yCa_{1-y}F_2$. Phys Rev, 1967, 164(2): 1169–1184.

[8] Bosomworth D R. Far-infrared optical properties of CaF_2, SrF_2, BaF_2, and CdF_2. Phys Rev, 1967, 157(3): 709–715.

[9] Pendry J B, Schurig D, Smith D R. Controlling electromagnetic fields. Science, 2006, 312(5781): 1780–1782.

[10] Schurig D, Mock J J, Justice B J, et al. Metamaterial electromagnetic cloak at microwave frequencies. Science, 2006, 314(5801): 977–980.

[11] Li J, Pendry J B. Hiding under the Carpet: A new strategy for cloaking. Phys Rev Lett, 2008, 101(20): 203901.

[12] Liu R, Ji C, Mock J J, et al. Broadband ground-plane cloak. Science, 2009, 323(5912): 366–369.

[13] 潘金生, 仝健民, 田民波. 材料科学基础. 北京: 清华大学出版社, 1998.

[14] Pendry J B, Schurig D, Smith D R. Controlling electromagnetic fields. Science, 2006, 312(5781): 1780–1782.

[15] Schurig D, Mock J J, Justice B J, et al. Metamaterial electromagnetic cloak at microwave frequencies. Science, 2006, 314(5801): 977–980.

[16] Kanté B, Lustrac A, Lourtioz J M, et al. Infrared cloaking based on the electric response of split ring resonators. Opt Express, 2008, 16(12): 9191–9198.

[17] Xu X, Feng Y, Hao Y, et al. Infrared carpet cloak designed with uniform silicon grating structure. Appl Phys Lett, 2009, 95(18): 184102.

[18] 胡于进, 王璋奇. 有限元分析与应用. 北京: 清华大学出版社, 2009.

[19] 谢拥军, 王鹏, 李磊, 等. Ansoft HFSS 基础与应用. 西安: 西安电子科技大学出版社, 2007.

[20] Wood B. Structure and properties of electromagnetic metamaterials. Laser & Photon Rev, 2007, 1(3): 249–259.

[21] Chen H, Wu B I, Zhang B, et al. Electromagnetic wave interactions with a metamaterial cloak. Phys Rev Lett, 2007, 99(6): 063903.

[22] Cai W, Chettiar U K, Kildishev A V, et al. Desighs for optical cloaking with high-order transformations. Opt Express, 2008, 16(8): 5444-5452.

[23] Sun J, Zhou J, Kang L. Homogenous isotropic invisible cloak based on geometrical optics. Opt Express, 2008, 16(22): 17768–17773.

[24] Li J, Pendry J B. Hiding under the carpet: A new strategy for cloaking. Phys Rev Lett, 2008, 101(20): 203901.

[25] Liu R, Ji C, Mock J J, et al. Broadband ground-plane cloak. Science, 323(5912): 366–369.

[26] Valentine J, Li J, Zentgraf T, et al. An optical cloak made of dielectrics. Nature Mater, 2009, 8(7): 569–571.

[27] Kanté B, Lustrac A, de Lourtioz J M, et al. Infrared cloaking based on the electric response of split ring resonators. Opt Express, 2008, 16(12): 9191–9198.

[28] Knupp P, Steinberg S. Fundamentals of Grid Generation. Boca Raton: CRC Press, 1994.

[29] Zhao Q, Zhou J, Zhang F L, et al. Mie resonance-based dielectric metamaterials. Materials Today, 2009, 12: 60–69

[30] Wheeler M S, Aitchison J S, Mojahedi M. Three-dimensional array of dielectric spheres with an isotropic negative permeability at infrared frequencies. Phys Rev B, 2005, 72(19): 193103.

[31] Perry C H, Khanna B N. Infrared studies of perovskite titanates. Phys Rev, 1964, 135(2A): A408–A410.

[32] Železný V, Cockayne E, Petzelt J, et al. Temperature dependence of infrared-active phonons in CaTiO3: A combined spectroscopic and first-principles study. Phys Rev B, 2002, 66(22): 224303.

[33] Holloway C L, Kuester, E F, Baker-Jarvis J, et al. IEEE Trans Antennas Propag, 2003, 51(10): 2596–2603

[34] Zhang S, Fan N, Panoiu N C, et al. Experimental demonstration of near-infrared negative-index metamaterials. Phys Rev Lett, 2005, 95(13): 137404.

[35] Pendry J B. Negative refraction makes a perfect lens. Phys Rev Lett, 2000, 85(18): 3966–3969.

[36] Lindell I V, Tretyakov S A, Nikoskinen K I, et al. BW media-media with negative parameters, capable of supporting backward waves. Micro Opt Tech Lett, 2001, 31(2):

129–133.

[37] Yao J, Liu Z, Liu Y, et al. Optical negative refraction in bulk metamaterials of nanowires. Science, 2008, 321(5891): 930.

[38] Yao Y, Huang J P, Liu Y M, et al. Optical negative refraction in ferrofliuds with magnetocontrollability. Phys Rev Lett, 2010, 104(3): 034501.

[39] Gervais F, Piriou B. Anharmonicity in several-polar-mode crystals: adjusting phonon self-energy of LO and TO modes in Al_2O_3 and TiO_2 to fit infrared reflectivity. J Phys C: Solid State Phys, 1974, 7(13): 2374–2386.

第 5 章　基于电子共振跃迁的光频超常电磁响应

稀土元素一般是指元素周期表中排序为 57（La）~71（Lu）的 15 种镧系元素，这类元素的原子具有未满的 4f 电子壳层，化学性质相似。在化合物中，稀土元素的价态以 +3 价为主。三价稀土离子具有丰富的能级结构，不同能级之间的跃迁可以吸收或者辐射特定波长的光。此外，由于内层电子的屏蔽效应，稀土离子 4f 电子的理化性质与自由电子接近，而且相比于过渡金属元素的 3d 电子，4f 电子的能级结构受晶体场影响较小，辐射波长比较稳定。因此稀土离子常被掺入到透明晶体（如 $Y_3Al_5O_{12}$（YAG）、$YAlO_3$（YAP）、Y_2O_3、$LiYF_4$ 和 YVO_4 等）中，作为可见和近红外激光器的工作介质[1]。

本章以稀土掺杂的 YAG 晶体为原料，从理论和实验两种角度研究了稀土离子中的电子共振跃迁与晶体电磁响应的关系。理论方面，在二能级近似和弱场近似的前提下，采用半经典电磁理论分析了稀土离子中的二能级电偶极跃迁和磁偶极跃迁，建立了稀土离子浓度、跃迁参数与晶体电磁参数的数学关系。实验方面，以椭圆偏振光谱仪为测试手段，表征了稀土离子掺杂晶体的电磁参数，并与理论结果进行对比，讨论了两者的差异及其原因。

5.1　稀土掺杂晶体的电子跃迁行为

根据电子对外场的响应类型不同，可以分为电偶极相互作用（电偶极跃迁）、磁偶极相互作用（磁偶极跃迁）和电四偶极相互作用（电四偶极跃迁）等。通常，电偶极跃迁矩阵元比磁偶极矩阵元大两个数量级，因此大部分情形下可以采用电偶极近似，尤其到了光频，材料的磁响应基本可以忽略。然而，在稀土离子中，电偶极矩阵元和磁偶极矩阵元大小可以比拟，特别是当电偶极跃迁禁戒时，磁偶极跃迁等高次项的作用就显得重要了。

在自由稀土离子中，根据选择定则，$4f^N$（N 为 4f 电子的数目）组态之间的磁偶极跃迁是允许的，而电偶极跃迁是禁戒的，这是因为这些组态具有相同的宇称，因此电偶极跃迁矩阵元为零。而在晶体场环境中，由于有部分 $4f^{N-1}5d$ 组态的混入，打破了宇称禁戒条件，电偶极跃迁可以进行[2]。

在经典的电磁理论中，通常运用极化理论来分析电子对外场的响应，电磁响应参数也可根据电子位移极化的模型来获得。在量子光学领域，则将电磁场与电子系统分别量子化，通过求解薛定谔方程得到电子的波函数。经典理论在处理电子共振跃迁过程有其局限性，尤其是磁偶极跃迁过程；量子理论处理多粒子系统十分复杂。因此，本工作采用了一种折中的方法，即将粒子系统量子化，而电磁场仍为经典场，这就是“半经典理论”[3]。

下面分别讨论二能级体系中的电偶极跃迁和磁偶极跃迁情形。

5.2 电偶极跃迁型超常介电响应

5.2.1 电偶极跃迁的物理模型

如图 5.1 所示的一组二能级体系，能态 $|1\rangle$ 和 $|2\rangle$ 分别表示激发态和基态，且两者满足电偶极跃迁选择定则；一束角频率为 ω 的单色光入射到二能级体系中，若入射光的频率与二能级体系的共振跃迁频率接近，则将与之发生耦合并激发电偶极跃迁。此时，无论是二能级体系的状态还是入射光本身，都发生了变化。因此，可以通过分析密度矩阵元、跃迁矩阵元、能级的衰减常数等特征参数以获得二能级体系的电磁响应参数[3]。

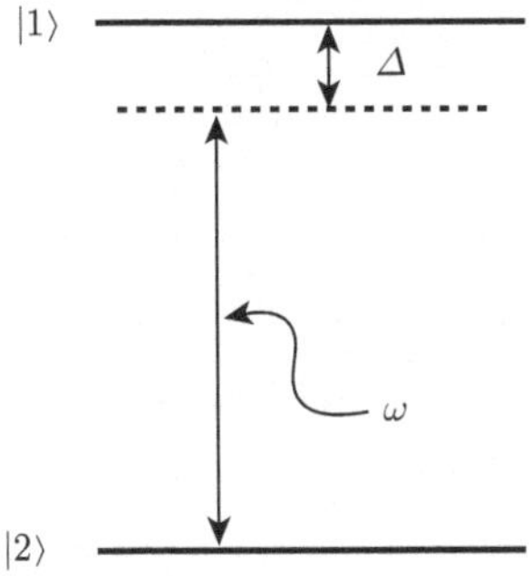

图 5.1 二能级体系与外场的电偶极相互作用示意图

$|1\rangle$ 与 $|2\rangle$ 分别指激发态和基态，ω 是外场的频率，Δ 是频率失谐，即外场频率二能级共振跃迁频率的差值

对于图 5.1 所示的二能级体系，其态函数可以表示为

$$|\psi(t)\rangle = C_1(t)|1\rangle + C_2(t)|2\rangle \tag{5-1}$$

其中，$C_1(t)$ 和 $C_2(t)$ 分别表示原子处于能态 $|1\rangle$ 和能态 $|2\rangle$ 的概率（即各能态的权重系数）。则相应的薛定谔方程为

$$\left|\dot{\psi}(t)\right\rangle = -\frac{\mathrm{i}}{\hbar}H|\psi(t)\rangle \tag{5-2}$$

其中，$H = H_0 + H_1$，H_0 和 H_1 分别是哈密顿算符的非微扰部分和相互作用部分，且满足

$$H_0 = \hbar\omega_1|1\rangle\langle 1| + \hbar\omega_2|2\rangle\langle 2| \tag{5-3}$$

$$H_1 = -\left(\wp_{12}\left|1\right\rangle\left\langle 2\right| + \wp_{21}\left|2\right\rangle\left\langle 1\right|\right)E\left(t\right) \tag{5-4}$$

其中，ω_1 和 ω_2 分别是 $|1\rangle$ 与 $|2\rangle$ 的本征频率，$\wp_{12} = \wp_{21}^* = e\langle 1|x|2\rangle$ 是电偶极矩阵元，$E(t) = E\mathrm{e}^{-\mathrm{i}\omega t} + \mathrm{c.c.}$ 是外场。

对于一些物理系统，很多时候并不知道态函数，而只知道体系处于态 $|\psi\rangle$ 上的概率 P_ψ。对于这样的体系，为了获得某方面的信息，不仅要对其求量子力学平均，还要对由许多这样的等同体系组成的系综求平均，即

$$\left\langle\langle O\rangle_{\mathrm{QM}}\right\rangle_{\mathrm{ensemble}} = \mathrm{Tr}\left(O\rho\right) \tag{5-5}$$

其中密度矩阵 ρ 的定义如下：

$$\rho = \sum_\psi P_\psi\left|\psi\right\rangle\left\langle\psi\right| \tag{5-6}$$

根据式 (5-6)，密度矩阵的运动方程可以表示为

$$\dot{\rho} = -\frac{\mathrm{i}}{\hbar}[H, \rho] \tag{5-7}$$

式 (5-7) 即为密度矩阵的 Liouville 方程或 Von Neumann 方程。该方程用密度算符代替某个特殊的态矢量，能够在给出量子力学信息的同时，给出统计信息，因此是比薛定谔方程更一般的方程形式。该方程没有考虑由于自发辐射引起的原子能级衰变，原子能级的有限寿命可以通过增加衰变项来描述。

在此定义弛豫矩阵 $\boldsymbol{\Gamma}$ 为

$$\boldsymbol{\Gamma} = \begin{bmatrix} \gamma_1 & 0 \\ 0 & \gamma_2 \end{bmatrix} \tag{5-8}$$

引入衰变常数后，式 (5-7) 可以表示为

$$\dot{\rho} = \frac{\mathrm{i}}{\hbar}[H, \rho] - \frac{1}{2}\{\Gamma, \rho\} \tag{5-9}$$

其中 $\{\Gamma, \rho\} = \boldsymbol{\Gamma\rho} + \boldsymbol{\rho\Gamma}$。

对于二能级体系，其密度矩阵可以表示为

$$\boldsymbol{\rho} = \begin{pmatrix} \rho_{11} & \rho_{12} \\ \rho_{21} & \rho_{22} \end{pmatrix} \tag{5-10}$$

其中，ρ_{11} 和 ρ_{22} 分别表示原子处于上下两个能级的概率，且有 $\rho_{11} + \rho_{22} = 1$，而非对角元则与原子的极化相关。根据 Maxwell-Boltzmann 分布，假设有 $\rho_{11} = 0$ 及

$\rho_{22}=1$，那么下面只需考虑 ρ_{12} 随时间的变化。如果原子非相干地以恒定速率在 $|1\rangle$ 和 $|2\rangle$ 间跃迁，且 $\rho_{12}^{(0)}=\rho_{21}^{(0)}=0$，则有

$$\dot{\rho}_{12}=-\left(\mathrm{i}\omega_{21}+\gamma_{12}\right)\rho_{12}-\frac{\mathrm{i}}{\hbar}\wp_{12}E\left(t\right)\left(\rho_{11}-\rho_{22}\right) \tag{5-11}$$

其中，$\omega_{21}=\omega_2-\omega_1$，$\gamma_{12}=\left(\gamma_1+\gamma_2\right)/2$。根据旋转波近似，即 $\rho_{12}=\tilde{\rho}_{12}\mathrm{e}^{-\mathrm{i}\omega t}$，式 (5-11) 可以改写为

$$\dot{\tilde{\rho}}_{12}=-\left(\mathrm{i}\varDelta+\gamma_{12}\right)\tilde{\rho}_{12}-\frac{\mathrm{i}}{\hbar}\wp_{12}E\left(\rho_{11}-\rho_{22}\right) \tag{5-12}$$

其中，$\varDelta=\omega_{21}-\omega$ 表示频率失谐。式 (5-12) 的稳态解为

$$\tilde{\rho}_{12}=-\frac{\mathrm{i}}{\hbar}\wp_{12}E\frac{\rho_{11}-\rho_{22}}{\mathrm{i}\varDelta+\gamma_{12}} \tag{5-13}$$

介质的极化强度可以表示为 $\tilde{P}=\wp_{21}\tilde{\rho}_{12}$，且满足 $\tilde{P}$ 随时间缓慢变化。另外 $\tilde{P}=\varepsilon_0\alpha_{\mathrm{e}}E$，则单个原子的极化率 α_{e} 的表达式如下：

$$\alpha_{\mathrm{e}}=-\frac{\mathrm{i}}{\varepsilon_0\hbar}\left|\wp_{12}\right|^2\frac{\rho_{11}-\rho_{22}}{\mathrm{i}\varDelta+\gamma_{12}} \tag{5-14}$$

在此，继续探讨稀土离子掺杂晶体中的 4f-4f 电子跃迁情形。基态 $4\mathrm{f}^NJM$（$|2\rangle$）与激发态 $4\mathrm{f}^NJ'M'$（$|1\rangle$）之间满足电偶极跃迁条件。根据 Judd-Ofelt 理论，振子强度可以表示为[2,4,5]

$$f_{\mathrm{ed}}=\frac{8\pi^2m\nu}{h}\chi_{\mathrm{ed}}|\langle 4\mathrm{f}^NJM|D_q^1|4\mathrm{f}^NJ'M'\rangle|^2 \tag{5-15}$$

其中，m 是电子的有效质量；ν 是入射光的频率，h 是普朗克常量，χ_{ed} 是折射率因子，且满足 $\chi_{\mathrm{ed}}=\left(n^2+2\right)/9n$，而 eD_q^1 $(q=0,\ \pm1)$ 是电偶极算符 eD^1 的分量。另外，$\wp_{12}=\langle 1\left|er\right|2\rangle=e\left|\left\langle 4\mathrm{f}^NJM\left|D_q^1\right|4\mathrm{f}^NJ'M'\right\rangle\right|$，则式 (5-15) 的等效形式为[6]

$$f_{\mathrm{ed}}=\frac{8\pi^2m\nu}{3h\left(2J+1\right)}\chi_{\mathrm{ed}}\sum_{\lambda=2,4,6}\varOmega_\lambda U\left(\lambda\right) \tag{5-16}$$

其中，$U\left(\lambda\right)=\left\langle 4\mathrm{f}^NJM\left\|U^\lambda\right\|4\mathrm{f}^NJ'M'\right\rangle^2$ 是体系的单位张量算符；$\varOmega_\lambda$ 是振子强度参数。因此 $\wp_{12}$ 也可以表示为

$$\wp_{12}=\frac{e}{\sqrt{3\left(2J+1\right)}}\sqrt{\sum_{\lambda=2,4,6}\varOmega_\lambda U\left(\lambda\right)} \tag{5-17}$$

结合式 (5-14) 和式 (5-17)，并考虑到局域场效应，引入 Clausius-Mossotti 关系[7]，可以得到体系的极化率为

$$\chi_{\mathrm{e}}=N\alpha_{\mathrm{e}}\left(1-\frac{N\alpha_{\mathrm{e}}}{3}\right)^{-1} \tag{5-18}$$

其中，N 是稀土离子的掺杂浓度。考虑到基质晶体的极化，总的（有效）介电常数可以表示为[8]

$$\varepsilon_{\mathrm{eff}}=\varepsilon_{\mathrm{c}}+N\alpha_{\mathrm{e}}\left(1-\frac{N\alpha_{\mathrm{e}}}{3}\right)^{-1} \tag{5-19}$$

其中，ε_{c} 是基质晶体的介电常数。

5.2.2　稀土掺杂晶体的介电响应

在此，以 Er^{3+} 掺杂 YAG 晶体（$(Er_xY_{1-x})_3Al_5O_{12}$）为例，来说明稀土离子掺杂晶体的介电响应与跃迁参数、掺杂浓度的关系。铒是一种重稀土元素（在所有镧系元素中，原子序数较大），Er^{3+} 的 4f 电子结构为 $4f^{11}$，所以基态能级为 $^4I_{15/2}$。在 660nm（4.545×10^{14}Hz）附近存在从基态到激发态 $^4F_{9/2}$，其相关参数如下[2]：当 λ=2，4，6 时，Ω_λ 分别为 $0.66\times10^{-24}\mathrm{m}^{-2}$、$0.81\times10^{-24}\mathrm{m}^{-2}$、$0.71\times10^{-24}\mathrm{m}^{-2}$，而 $U(\lambda)$ 分别为 0、0.5354、0.4618；γ_{12} 的量级为 1×10^6 Hz。基质晶体 YAG 的介电常数 ε_{c} 为 3.410，且其虚部可以忽略；另外，由于谐振区范围很小（约为 100MHz，相比于 10^{14}Hz 要小得多），其介电色散也可以忽略[9]。为了分析掺杂浓度的影响，此处设定掺杂量分别为 x=0.01、0.05 和 0.10，即 Er^{3+} 的原子数密度分别为 $1.384\times10^{28}\times0.01\mathrm{m}^{-3}$、$1.384\times10^{28}\times0.05\mathrm{m}^{-3}$、$1.384\times10^{28}\times0.10\mathrm{m}^{-3}$。

根据式 (5-14)、式 (5-17) 和式 (5-19)，可以计算得到掺杂晶体的相对介电常数，结果如图 5.2 和图 5.3 所示。其中图 5.2 给出的是介电常数实部和频率失谐的关系。当 x=0.01 时，在频率失谐为 $-0.049\times10^8\sim0.199\times10^8$Hz 的范围内，可以获得超常的介电响应（实部小于 1 或者为负数），其中负介电常数的频率区域为 7.9 MHz。随着掺杂浓度增大，谐振频率略微红移，谐振强度得到增强，且负介电区域明显展宽，x=0.05 和 x=0.10 时的带宽分别为 88 MHz 和 177 MHz。这可以由式 (3-18) 很好地解释。考虑到局域场相互作用，在计算介电参数时引入了 Clausius-Mossotti 关系，因此谐振频率将受掺杂浓度的影响；随着稀土离子浓度的增加，其碰撞概率增加，相互作用增强，谐振频率出现红移，且浓度越高，红移现象越明显。另外，谐振幅度与掺杂浓度是正相关关系，因此 N 越大，谐振越明显，这也有益于得到更宽的负介电区域。负介电频宽越大、可操作性越好，因此对于应用而言就越有利。当然，上述推导过程的前提条件是低浓度掺杂，如果稀土离子浓度过高，物理模型将不成立，且跃迁参数也将发生变化，所以掺杂浓度 x 保持在 0.10 以下是比较合适的。

图 5.3 反映的是介电常数虚部与频率失谐的关系，虚部代表材料的吸收，即损耗。由图可知，在谐振频率位置，虚部有最大值，而远离该频率，虚部先是快速下降，然后缓慢减小直至趋于零。由于这种超常介质的工作原理是介电谐振，因此如果把工作频率选在谐振频率处，尽管可以得到幅值很大（可正可负）的介电常数，

但是损耗同样很高，并不实用，所以一般会兼顾实部和虚部，选择一个最优的频率点或频率区间。

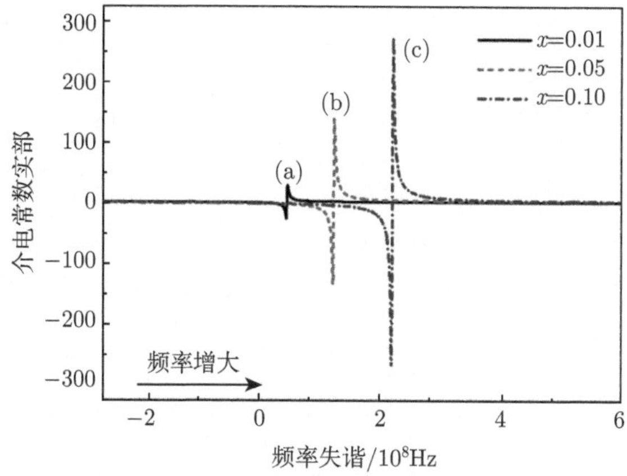

图 5.2 Er^{3+} 掺杂 YAG 晶体的介电常数实部与频率失谐的关系

(a) x=0.01；(b) x=0.05；(c) x=0.10

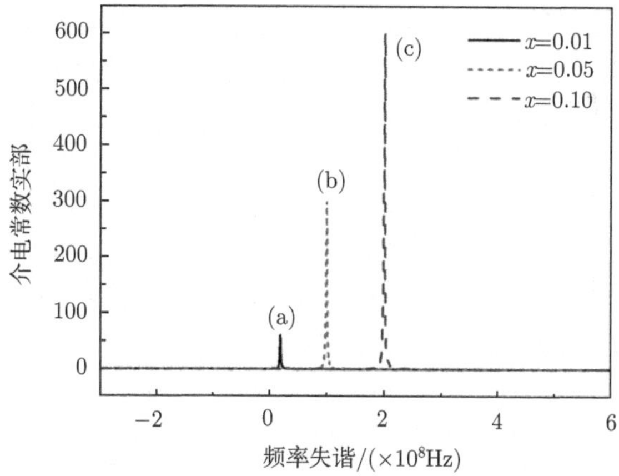

图 5.3 Er^{3+} 掺杂 YAG 晶体的介电常数虚部与频率失谐的关系

(a) x=0.01；(b) x=0.05；(c) x=0.10

为了兼顾实部和虚部，在此，定义优值参量 FOM (figure of merit)，即实部和虚部比值的绝对值。超常介电响应区内的 FOM 计算结果如图 5.4 所示。由图可知，尽管掺杂浓度有差别，但是曲线的形状相似，均可以分为两个部分。在第一部分，介电常数实部小于 1，逐渐接近谐振频率时，FOM 数值减小；在第二部分，FOM 有极大值。x=0.01、0.05 和 0.10 时，对应 FOM 的极大值分别为 4.359、22.07 和 44.15，频率失谐为 0.112×10^8Hz、0.561×10^8Hz 和 1.123×10^8Hz，介电常数的实部

为 −3.305、−3.384 及 −3.396。因此，相对较好的工作条件可以选择 x=0.10，频率失谐约 112 MHz，此时的复介电常数为：−3.396+0.077i。

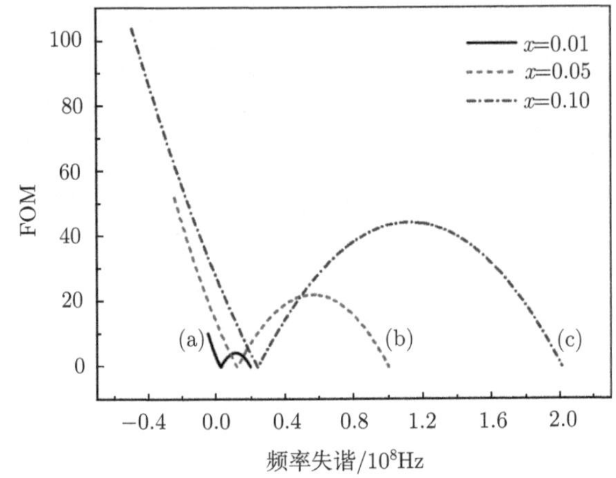

图 5.4　Er^{3+} 掺杂 YAG 晶体超常响应区的 FOM 函数

（a）x=0.01；（b）x=0.05；（c）x=0.10

运用相同的方法研究 Sm^{3+} 掺杂 YAG 晶体的介电响应。钐元素是一种轻稀土元素，其三价离子一共有 5 个 4f 电子，因此其基态能级为 $^6H_{5/2}$。从基态到激发态 $^6F_{11/2}$ 的跃迁波长约为 960nm，且满足电偶极跃迁条件。该跃迁对应的参数如下：$\Omega_\lambda(\lambda=2)=1.20\times10^{-24}\ m^{-2}$、$\Omega_\lambda(\lambda=4)=2.08\times10^{-24}\ m^{-2}$、$\Omega_\lambda(\lambda=6)=1.72\times10^{-24}m^{-2}$，$U(2)=0$、$U(4)=0.001$、$U(6)=0.052$[10,11]。$\gamma_{12}$ 设定为 10^6Hz。ε_c 为 3.31 并忽略虚部[12]。图 5.5 给出了浓度为 2 at%的 Sm:YAG 晶体的介电常数光谱，在跃迁频率处观察到了明显的电谐振行为。当频率失谐为 0.1~6.3 MHz 时，介电常数实部为负值；实部最小值为 −6.34，对应虚部为 9.61。

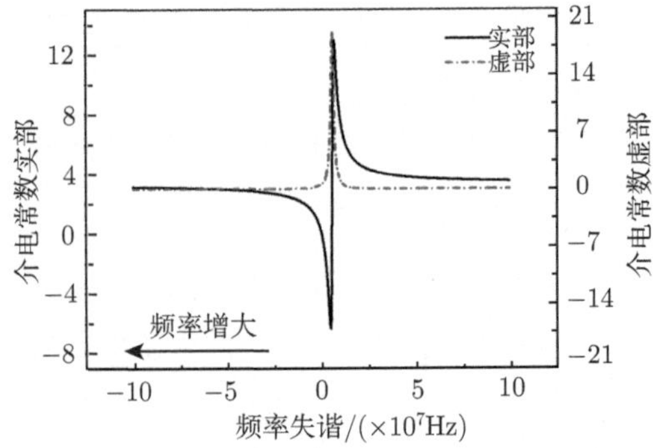

图 5.5　Sm^{3+} 掺杂 YAG 晶体 $[(Sm_{0.02}Y_{0.98})_3Al_5O_{12}]$ 的介电响应光谱

5.3 磁偶极跃迁型超常磁响应

5.3.1 磁偶极跃迁的物理模型

如前所述，在大部分原子中，磁偶极跃迁矩阵元相比电偶极矩阵元小了将近两个数量级，则其强度小了 4 个量级，因此采用电偶极近似是可靠的。在包含稀土离子的体系中，两者的强度可以相比拟，尤其是电偶极跃迁禁戒的情形下，磁偶极跃迁对电磁响应的贡献变得显著。三价稀土离子中具有丰富的磁偶极跃迁能级对，例如 Er^{3+} 在 1.54μm 的跃迁：$^4I_{15/2} \rightarrow {}^4I_{13/2}$；$Tm^{3+}$ 在 1.22 μm 的跃迁：$^3H_6 \rightarrow {}^3H_5$；$Yb^{3+}$ 在 0.96μm 的跃迁：$^2F_{7/2} \rightarrow {}^2F_{5/2}$。这些跃迁均处于近红外波段。

此处仍以二能级跃迁模型为例，来说明磁偶极跃迁与光频磁响应的关系。如图 5.1 所示的二能级体系，当基态与激发态满足磁偶极跃迁条件时，体系将与外场的磁分量产生耦合，外场能量被吸收，电子产生磁共振跃迁。在弱场近似下，根据半经典理论，与磁化相关的密度矩阵元可以表示为[3,8]

$$\rho_{12} = \frac{-\mathrm{i}}{\hbar}\mu_{12}B\frac{\rho_{11}-\rho_{22}}{\mathrm{i}\varDelta+\gamma_{12}} \tag{5-20}$$

其中，μ_{12} 是磁偶极矩阵元；B 是探测光磁场分量的振幅；ρ_{11} 和 ρ_{22} 分别是激发态与基态的密度矩阵元，在 Maxwell-Boltzmann 分布近似下，分别取 0 和 1；$\varDelta$ 是频率失谐；γ_{12} 是能级衰退常数。

另外，由于 $m = \rho_{12}\mu_{21}$ 且 $m = \mu_0\alpha_{\mathrm{m}}B$，则原子磁化率 α_{m} 的表达式如下：

$$\alpha_{\mathrm{m}} = \frac{-\mathrm{i}}{\mu_0\hbar}\left|\mu_{21}\right|^2\frac{\rho_{11}-\rho_{22}}{\mathrm{i}\varDelta+\gamma} \tag{5-21}$$

此处，m 是单个原子或者离子的磁化强度；μ_0 是真空磁导率，$\mu_{21} = \mu_{12}^*$。另外，由于基质晶体没有光频磁响应，所以高斯制下的相对磁导率可以表示为

$$\mu_{\mathrm{r}} = 1/\left(1-4\pi N\alpha_{\mathrm{m}}\right) \tag{5-22}$$

下面进一步推导磁偶极矩阵元 μ_{21} 的表达式。对于稀土离子的 4f 电子组态，设定其初态和终态分别为 $\left|4\mathrm{f}^N SLMJ\right\rangle$ 和 $\left|4\mathrm{f}^N S'L'M'J'\right\rangle$，其中 N 是 4f 电子的数目，S、L 和 J 分解为自旋、轨道和总的角动量，M 是 J 在 z 轴上的投影。根据 Wigner-Eckart 理论可得[10]

$$\mu_{21} = (-1)^{J+M}\frac{e\hbar}{2mc}\begin{pmatrix} J & 1 & J' \\ -M & q & M' \end{pmatrix}\left\langle 4\mathrm{f}^N SLMJ\left\|L+2S\right\|4\mathrm{f}^N S'L'M'J'\right\rangle \tag{5-23}$$

对于磁偶极跃迁, 有 $\Delta S = 0$、$\Delta L = 0$ 且 $J' = J - 1$，则约化矩阵元可以表示为

$$\begin{aligned}&\left\langle 4f^N SLMJ \left\| L + 2S \right\| 4f^N S'L'M'J' \right\rangle \\ &= \left[\begin{array}{l} (S + L + J + 1)(S + L - J + 1) \\ (S - L + J)(-S + L + J)/4J \end{array} \right]^{1/2}\end{aligned} \tag{5-24}$$

结合式 (5-22)~ 式 (5-24)，可以求得稀土掺杂晶体在跃迁频率附近的磁导率。

5.3.2　稀土掺杂晶体的磁响应

作为一个典型的例子，下面分析 Yb^{3+} 掺杂 YAG 晶体的磁响应。Yb^{3+} 的 4f 电子组态为 $4f^{13}$，因此该组态只有两个能级，即基态 $^2F_{7/2}$ 和激发态 $^2F_{5/2}$，两能级的宽度约为 940nm，或者 $10600cm^{-1}$[13]。根据选择定则，两个能态之间的磁偶极跃迁是允许的。设定 $M=M'=1/2$ 且 $q=0$，衰变常数 γ_{12} 大小为 1×10^5Hz，样品组成为 $(Yb_xY_{1-x})_3Al_5O_{12}$。

Yb^{3+} 掺杂 YAG 晶体的磁导率计算结果如图 5.6 和图 5.7 所示。由图可知，在共振跃迁频率附近，磁导率呈现显著的谐振特征。随掺杂浓度升高，谐振频率略有红移、谐振区展宽、谐振幅度增大。这一趋势与电偶极跃迁情形类似，可以由式 (3-22) 得到解释。下面详述各浓度下的磁响应行为。当 x=0.01 时，在 −10~0.31 MHz 的频率区域内可以获得超常的磁响应（磁导率小于 1 或为负值），其中具有负磁导率的频率宽度为 0.28 MHz。磁导率最小可达到 −0.74，此时的频率失谐为 0.25MHz，对应的磁导率虚部为 1.73（图 5.7）。x=0.02 时，负磁导率带宽为 0.66MHz，其最小值可达 −2.47，对应虚部为 3.48；x=0.05 时，负磁导率带宽为 1.73MHz，其最小值可达 −7.69，对应虚部为 8.66。

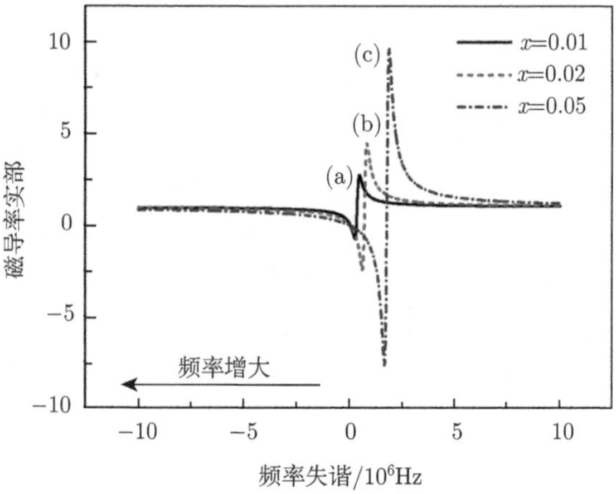

图 5.6　Yb^{3+} 掺杂 YAG 晶体的磁导率实部

（a）x=0.01；（b）x=0.02；（c）x=0.05

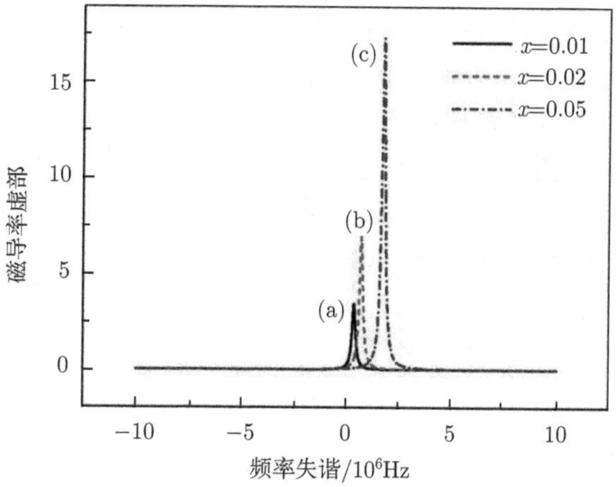

图 5.7 Yb^{3+} 掺杂 YAG 晶体的磁导率虚部

(a) x=0.01; (b) x=0.02; (c) x=0.05

为选择合适的工作频率，进一步计算了 FOM 函数，结果如图 5.8 所示。当 x=0.01、0.02 和 0.05 时，对应 FOM 的极大值分别为 0.87、1.59 和 4.29，对应的频率失谐为 0.17MHz、0.35MHz 和 0.87MHz，磁导率的实部为 −0.50、−0.85 及 −0.97。因此，相对较好的工作条件可以选择 x=0.05，频率失谐约为 0.87MHz，此时的复磁导率为：−0.97+0.23i。

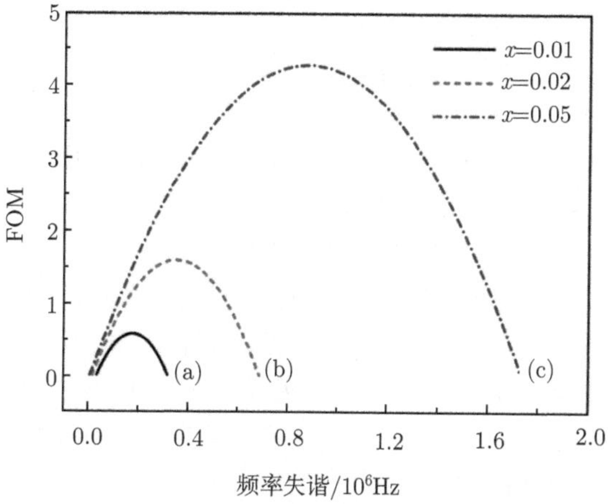

图 5.8 Yb^{3+} 掺杂 YAG 晶体的 FOM 函数

(a) x=0.01; (b) x=0.02; (c) x=0.05

另外，以相同方法研究 Tm^{3+} 掺杂 YAG 晶体的磁响应。Tm:YAG 晶体也是一种常见的激光晶体，多用于产生 2μm 的红外激光。Tm^{3+} 有 12 个 4f 电子，其基态

能级为 $^3H_6$。由基态向激发态 $^3H_5$ 的跃迁满足磁偶极跃迁条件，其波长约 1.22μm。以掺杂浓度为 5 at%的 Tm:YAG 晶体为例，计算跃迁频率附近的磁导率参数，结果如图 5.9 所示。当频率失谐处于 −0.003∼3.13MHz 的范围时，磁导率实部小于零，因此其负磁导率的频宽为 3.13MHz。另外，当频率失谐为 3.03 MHz 时，负磁导率的数值达到最大，其值为 −14.67，对应的虚部为 15.70；当频率失谐为 1.58MHz 时，FOM 的数值达到最大值 7.80，此时的复磁导率为 −1.00+0.13i。

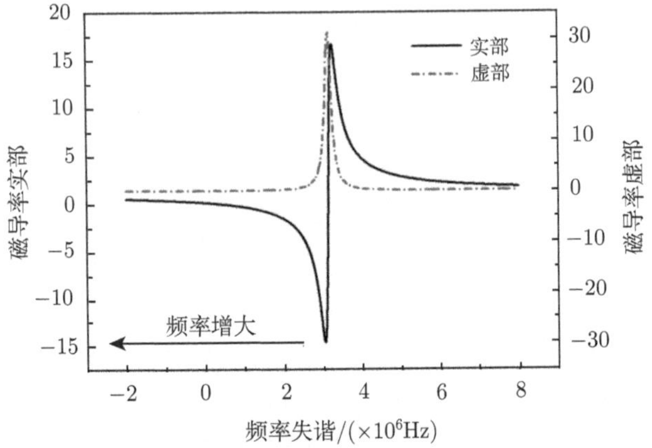

图 5.9　Tm^{3+} 掺杂 YAG 晶体 [$(Tm_{0.05}Y_{0.95})_3Al_5O_{12}$] 的磁导率

5.4　负折射行为与左手通带

在一组二能级体系中，若宇称相同，则满足磁偶极跃迁条件，若宇称相反，则满足电偶极跃迁条件。因此，在一个复合体系中，若存在两组能级，分别满足电共振和磁共振条件，且两组能级简并或近似简并，则有可能在同一束光的激发下，同时产生电谐振和磁谐振，从而获得负折射性质。这就要求诱导的电偶极矩和磁偶极矩相互垂直，因此对晶体的对称性提出了要求。YAG 晶体属于立方晶系，具有各向同性的光学性质；稀土离子处于较高对称性的八面体场中，且由于内层电子的屏蔽作用，4f 电子近似于自由电子。因此，可以假定：在稀土掺杂 YAG 晶体中，4f 电子沿各个方向的跃迁概率是相同的，即跃迁类型与强度（或者偶极矩的种类与大小）仅与能级结构本身有关，而与激发光的偏振方向无关，且诱导的偶极矩的取向与激发电（磁）场的方向一致。因此可以得到 $\boldsymbol{e}//\boldsymbol{E}$ 且 $\boldsymbol{\mu}//\boldsymbol{B}$，其中 $\boldsymbol{e}$ 和 $\boldsymbol{\mu}$ 分别是电偶极矩和磁偶极矩，$\boldsymbol{E}$ 和 $\boldsymbol{B}$ 分别是激发光的电场和磁场分量。因为 $\boldsymbol{E}\perp\boldsymbol{B}$，所以 $\boldsymbol{e}\perp\boldsymbol{\mu}$。因此，只要在 YAG 晶体中同时掺入两种稀土元素，且分别具有同一（或者相近）频率处的电和磁偶极跃迁，理论上就有可能实现负折射行为。

在第 5.2.2 节采用 Sm^{3+} 掺杂的 YAG 晶体实现了 960nm 附近的电谐振，获得了频宽为 6.3MHz 的负介电响应区域；在第 5.3.2 节采用 Yb^{3+} 掺杂的 YAG 晶体实现了 960nm 附近的磁谐振，得到了负值的磁导率。因此，如果将两种离子同时掺入 YAG 晶体中，在单频光的激发之下，电偶极跃迁（$^6H_{5/2} \rightarrow {}^6F_{11/2}$）和磁偶极跃迁（$^2F_{7/2} \rightarrow {}^2F_{5/2}$）可以同时发生，因此就有可能实现负折射率。此处选取组成为 $[(Sm_{0.02}Yb_{0.02}Y_{0.96})_3Al_5O_{12}]$ 的 Sm^{3+}、Yb^{3+} 共掺杂 YAG 晶体作为例子来说明。结合图 5.7 和图 5.9 的结果，计算得到晶体的复折射系数（图 5.10）。结果表明，当频率失谐为 $-0.10\sim0.67$MHz 时，复合晶体具有负折射率，其负折射带宽为 0.57MHz（图 5.10 阴影部分）。FOM 的计算表明：当频率失谐为 0.45MHz 时，FOM 有最大值 0.54，此时的复折射系数为：$-0.56+1.03i$。

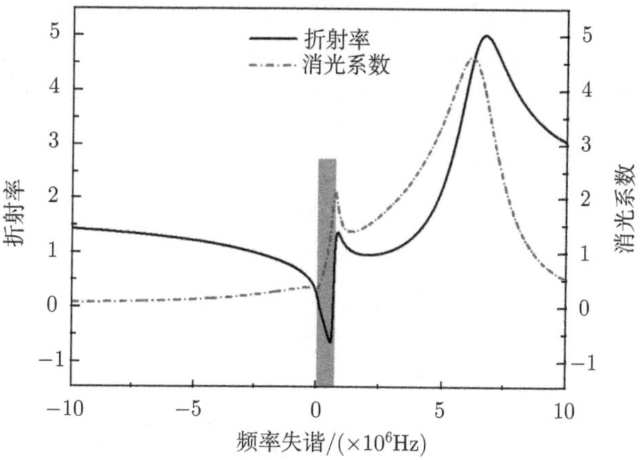

图 5.10　Sm^{3+}、Yb^{3+} 共掺杂 YAG 晶体 $[(Sm_{0.02}Yb_{0.02}Y_{0.96})_3Al_5O_{12}]$ 的负折射行为

通过上述的分析发现，稀土掺杂晶体可以实现超常的电磁响应，包括负折射效应。但是，负折射的频带太小，离实际应用还有些距离。根据前文的分析，增加掺杂浓度可以增大频宽，因此在上述推导过程成立的前提下，适当增加掺杂浓度是有利的。另外，在实际的晶体中，稀土离子的吸收谱线也会有一定的带宽，所以操作频率范围会相应拓宽。

5.5 小　　结

本章分别采用半经典理论和椭圆偏振光谱研究了稀土掺杂晶体的二能级电子跃迁过程，得到了材料的电磁响应参数，其主要的结论如下：

(1) 半经典理论研究表明，稀土离子中的电偶极矩和磁偶极矩可以分别与激发电磁波的电场分量和磁场分量发生相互作用，实现电偶极跃迁和磁偶极跃迁。在跃迁频率附近，介电常数或者磁导率呈现显著的谐振特性；另外，随着稀土离子浓度增大，谐振强度与谐振区宽度均增大，有利于在较宽的频率范围内实现负介电常数或负磁导率。

(2) 当电谐振和磁谐振满足近似简并条件时，可以用同一束光来激发，因此可以同时实现负值的介电常数和磁导率，从而实现左手性质。在 Sm^{3+}、Yb^{3+} 共掺杂 YAG 晶体中，利用 960nm 附近的电偶极和磁偶极共振跃迁实现了复折射，其优化的折射系数为：$-0.56+1.03i$。

(3) 椭偏仪测试表明，相比于纯 YAG 晶体，Er^{3+} 掺杂 YAG 晶体在 640~660nm 的较宽范围内有一定的介电异常，这与 Er^{3+} 的 4f 电子从基态 $^4I_{15/2}$ 到激发态 $^4F_{9/2}$ 的电偶极跃迁有关。当然，由于室温下的谱带展宽，并未观察到谐振现象。

(4) 对比理论和实验的结果，可以发现，由于 Stark 分裂和声子干扰导致谱带展宽，电磁谐振被大大削弱，所以未能在实验条件观察到明显异常的光频电磁响应。选取轻稀土中的窄带跃迁、并在低温条件下测试有利于增大谐振强度，从而有可能实现超常电磁响应。

参考文献

[1] Gschneidner Jr K A, Eyring L. Handbook on the physics and chemistry of rare earths. Vol 5. Amsterdam: North Holland Publishing Company, 1982.

[2] 张思远. 稀土离子的光谱学: 光谱性质和光谱理论. 北京: 科学出版社, 2008.

[3] Scully M O, Zubairy M S. Quantum Optics. Cambridge: Cambridge University Press &Beijing World Publishing Corporation, 2009.

[4] Judd B R. Optical absorption intensities of rare-earth ions. Phys Rev, 1962, 127(3): 750–761.

[5] Ofelt G S. Intensities of crystal spectra of rare-earth ions. J Chem Phys, 1962, 37(3): 511–520.

[6] Nieboer E, Jørgensen C, Peacock R, et al. The Intensities of Lanthanide f↔f Transitions. Berlin/Heidelberg: Springer, 1975.

[7] Jackson J D. Classical Electrodynamics. New York: Wiley, 1999.

[8] Krowne C M. Multi-species two-level atomic media displaying electromagnetic left handedness. Phys Lett A, 2008, 372(13): 2304–2310.

[9] Palik E D. Handbook of Optical Constants of Solids. San digo, CA: Academic Press, 1998.

[10] Kaczkan M, Frukacz Z, Malinowski M. Infrared-to-visible wavelength upconversion in Sm^{3+}-activated YAG crystals. J Alloy Compd, 2001, 323-324: 736–739.

[11] Malinowski M, Wolski R, Frukacz Z, et al. Spectroscopic studies of YAG:Sm^{3+} crystals. J Appl Spectrosc, 1995, 62(5): 840–843.

[12] Zare R N. Angular Momentum: Understanding Spatial Aspects in Chemistry and Physics. New York: Wiley, 1988.

[13] Lacovara P, Choi H K, Wang C A, et al. Room-temperature diode-pumped Yb:YAG laser. Opt Lett, 1991, 16(14): 1089–1091.

第 6 章　基于层状化合物的天然非正定介质

长期以来，全角负折射现象目前仍被看成是无法从天然材料中获取的奇异现象，无论是左手型负折射还是右手型负折射，只能通过由人工结构组成的超材料来获得电磁左手性能或强各向异性。微加工技术在超材料的制备方面得到广泛应用的同时，也更加强化了“负折射是一种超自然现象”这一观念。因此，如果能够从自然材料中获得负折射现象，将彻底改变人们对负折射的传统观念，摆脱超材料的限制，使该领域的研究视野得到极大拓展。

非正定介质 (indefinite medium) 是指材料介电张量或磁导率张量的主对角元的符号不一致的一类介质，因其非正定的介电常数或磁导率矩阵而得名。也就是说，这类介质在不同方向上的介电常数或磁导率是异号的，因此也被称为强各向异性介质。研究表明，由于非正定介质电磁参数的强各向异性，其等频线呈双曲线型，使之具有全角负折射、传导倏逝波等特性。这些特性也是实现具有亚波长分辨率的超透镜的必要条件。目前，这种强各向异性电磁性能主要是通过具有异向性人工结构的超材料 (metamaterial) 来获得。与其他负折射材料 (如左手材料、光子晶体) 中的负折射行为相比，基于非正定介质的负折射具有损耗低、光频行为易实现的特点，因此，在超透镜的设计与制备方面受到广泛关注，是负折射研究领域的重要研究方向。我们在国际上率先发现并研究了自然材料的非正定介质及其负折射行为。

6.1　非正定介质

6.1.1　非正定介质及其电磁参数

非正定介质最早是在负折射材料的研究中提出的。Smith 等通过研究电磁波在具有不同电磁参数的材料，包括各向同性左手材料、各向同性右手材料以及强各向异性材料中的传播行为发现，当电磁波入射到介电常数张量或磁导率张量的主对角元数值符号不一致的介质时，会发生负折射现象，并根据这种材料的电磁参数张量的非正定性定义这种材料为非正定介质 [1]。

根据晶体学原理 [2]，介质张量或磁导率张量是对称张量，经过主轴变换后，可以将张量矩阵对角化：

$$\tilde{\varepsilon}=\begin{pmatrix}\varepsilon_{xx} & 0 & 0\\ 0 & \varepsilon_{yy} & 0\\ 0 & 0 & \varepsilon_{zz}\end{pmatrix},\quad \tilde{\mu}=\begin{pmatrix}\mu_{xx} & 0 & 0\\ 0 & \mu_{yy} & 0\\ 0 & 0 & \mu_{zz}\end{pmatrix} \tag{6-1a}$$

根据非正定介质的定义，式 (6-1a) 的矩阵是非正定的，即主轴的介电常数：ε_{xx}、ε_{yy}、ε_{zz} 或磁导率 μ_{xx}、μ_{yy}、μ_{zz} 的符号是不一致的。考虑的制备的因素，目前已知的非正定介质均属于单轴晶体介质，即只有一个光轴电磁。设光轴为 z，则 $\varepsilon_{xx}=\varepsilon_{yy}\neq\varepsilon_{zz}$ 或 $\mu_{xx}=\mu_{yy}\neq\mu_{zz}$，如图 6.1 所示。

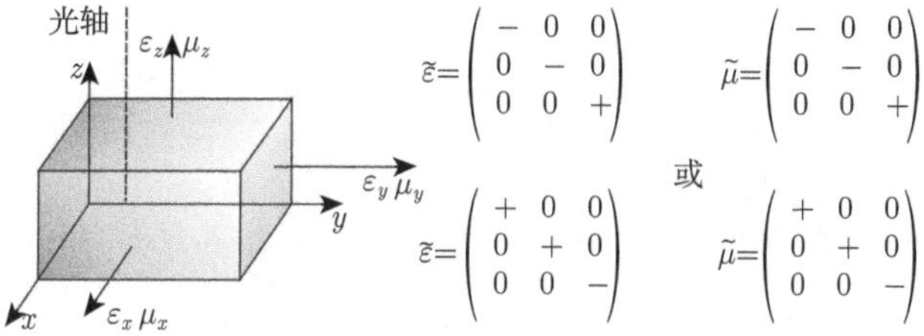

图 6.1 非正定介质的电磁参数

以介电非正定介质为例，常见的非正定介电张量有两种形式，即$\varepsilon_{xx}=\varepsilon_{yy}<0$，$\varepsilon_{zz}>0$ 与 $\varepsilon_{xx}=\varepsilon_{yy}>0$，$\varepsilon_{zz}<0$。参照偏振光学中的定义，可以设$\varepsilon_{xx}=\varepsilon_{yy}=\varepsilon_{\mathrm{o}}$，$\varepsilon_{xx}=\varepsilon_{\mathrm{e}}$。

6.1.2 非正定介质的特性

由于电磁张量的非正定性，使电磁波在入射到非正定介质后产生许多奇异的行为。非正定介质最重要的特性就是可以使具有合适偏振态的光产生负折射行为。此外，非正定介质还可以支持倏逝波的传播。下面以具有非正定介电常数的单轴介质为例介绍这两个特性。

1. 负折射行为

非正定介质中负折射是由于电磁参数的各向异性产生的右手型负折射。设非正定介质的光轴为 z 轴，$\varepsilon_{xx}=\varepsilon_{yy}<0$，$\varepsilon_{zz}>0$，介电常数张量为

$$\tilde{\varepsilon}=\begin{pmatrix}\varepsilon_{xx} & 0 & 0\\ 0 & \varepsilon_{yy} & 0\\ 0 & 0 & \varepsilon_{zz}\end{pmatrix} \tag{6-1b}$$

设一束频率为 ω，波矢为 $\boldsymbol{k}$ 的 TEM 电磁波入射到该晶体上，电磁波的电、磁矢量

分别是

$$\boldsymbol{E}(r) = E_0 \mathrm{e}^{\mathrm{j}(\boldsymbol{k}\cdot\boldsymbol{r}-\omega t)}, \quad \boldsymbol{H}(r) = H_0 \mathrm{e}^{\mathrm{j}(\boldsymbol{k}\cdot\boldsymbol{r}-\omega t)} \tag{6-2}$$

如果入射面为 x-z 平面，磁场 $\boldsymbol{H}$ 偏振方向是 y 方向, 则根据 Maxwell 方程组：

$$\nabla \times \boldsymbol{E} = -\frac{\partial \boldsymbol{B}}{\partial t} \tag{6-3}$$

$$\nabla \times \boldsymbol{H} = \frac{\partial \boldsymbol{D}}{\partial t} \tag{6-4}$$

可得到晶体中传播的电、磁矢量分别是

$$\boldsymbol{E} = \frac{1}{\omega\varepsilon_0}\left(\frac{k_z \cdot H_0}{\varepsilon_{xx}}\widehat{u}_{xx} - \frac{k_x \cdot H_0}{\varepsilon_{zz}}\widehat{u}_{zz}\right)\mathrm{e}^{\mathrm{j}(\boldsymbol{k}_{xx}\widehat{u}_{xx}\cdot x+\boldsymbol{k}_{zz}\widehat{u}_{zz}\cdot z-\omega t)} \tag{6-5}$$

$$\boldsymbol{H}(r) = H_0\widehat{u}_{yy}\mathrm{e}^{\mathrm{j}(\boldsymbol{k}_{xx}\widehat{u}_{xx}\cdot x+\boldsymbol{k}_{zz}\widehat{u}_{zz}\cdot z-\omega t)} \tag{6-6}$$

其中，$\widehat{u}_{xx}$，$\widehat{u}_{yy}$，$\widehat{u}_{zz}$ 分别是沿 x，y，z 方向的单位矢量。

再将式 (6-5)、式 (6-6) 代入式 (6-3) 中，可得到如下方程

$$\frac{k_x^2}{\varepsilon_{zz}} + \frac{k_z^2}{\varepsilon_{xx}} = \frac{\omega^2}{c^2} \tag{6-7}$$

这是一个二次曲线方程的形式，描述在特定频率下电磁波的波矢在两个晶向的分量与两个晶向介电常数之间的关系，即等频率下电磁波的折射率角度色散关系，所以称之为等频线方程。

由式 (6-7) 可以得到折射光的波矢折射角正切为

$$\tan\theta_{\mathrm{r,k}} = \frac{\sqrt{\varepsilon_{zz}\left(\dfrac{\omega^2}{c^2} - \dfrac{k_z^2}{\varepsilon_{xx}}\right)}}{k_z} \tag{6-8}$$

利用式 (6-5)、式 (6-6) 得到折射后的坡印亭矢量 $\boldsymbol{S}_{\mathrm{r}}$ 为

$$\boldsymbol{S} = \frac{1}{2}\boldsymbol{E}\times\boldsymbol{H}^* = \frac{1}{2}\frac{1}{\omega\varepsilon_0}\left(\frac{k_x \cdot H_0^2}{\varepsilon_{zz}}\widehat{u}_x + \frac{k_z \cdot H_0^2}{\varepsilon_{xx}}\widehat{u}_z\right)$$

坡印亭矢量在 x、z 方向的两个分量为

$$S_{\mathrm{r}x} = \frac{k_x \cdot E_0^2}{2\omega\varepsilon_{zz}}, \quad S_{\mathrm{r}z} = \frac{k_z \cdot E_0^2}{2\omega\varepsilon_{xx}}$$

于是，可以得到折射光的坡印亭矢量折射角的正切值为

$$\tan\theta_{\mathrm{r,S}} = \frac{S_x}{S_z} = \frac{\varepsilon_{xx}k_x}{\varepsilon_{zz}k_z} \tag{6-9}$$

而入射光的坡印亭矢量与波矢的入射角正切相同：

$$\tan\theta_{\rm i} = \frac{k_x}{k_z} \tag{6-10}$$

由于 $\varepsilon_{xx} < 0$，$\varepsilon_{zz} > 0$，通过对比式 (6-8)、式 (6-9) 与式 (6-10) 可以发现，折射光坡印亭矢量的折射角 $\theta_{\rm r,S}$ 相对于任意入射角 θ_i 都是负值，而折射光波矢的折射角 $\theta_{\rm r,k}$ 相对于任意入射角 $\theta_{\rm i}$ 都是正值，即非正定介质中电磁波的负折射是右手型的全角负折射 [8]。

上述过程也可以通过等频线图像进行分析。入射光由空气入射到各向异性介质，根据式 (6-7)，空气的介电常数为 1，对应的等频线为圆型，对于强各向异性材料，$\varepsilon_{xx} < 0$，$\varepsilon_{zz} > 0$，其等频线方程是双曲线型。而根据界面处边界条件，入射波矢与折射波矢在沿界面方向上的分量保持连续 ($\boldsymbol{k}_{iz} = \boldsymbol{k}_{{\rm r}z} = K$)，可以确定折射波矢 $\boldsymbol{k}_{\rm r}$ 的折射方向。通过对比式 (6-7) 等频线的外法线方向 $\mathrm{d}\boldsymbol{k}_x/\mathrm{d}\boldsymbol{k}_z$ 与坡印亭矢量的折射方向式 (6-9) 得到如下关系：

$$-\left(\frac{\mathrm{d}k_x}{\mathrm{d}k_z}\right)^{-1} = \frac{\varepsilon_{xx}k_x}{\varepsilon_{zz}\varepsilon_{zz}} = \frac{S_x}{S_z} \tag{6-11}$$

即坡印亭矢量的方向与等频线的外法线方向是一致的。由此可以确定折射波的坡印亭矢量 $\boldsymbol{S}_{\rm r}$，如图 6.2(a) 所示，对于任意入射角，双曲线的外法线 ($\boldsymbol{S}_{\rm r}$) 都将与入射光线 ($\boldsymbol{S}_{\rm i}$) 处于界面法线同侧，即发生所谓全角负折射。

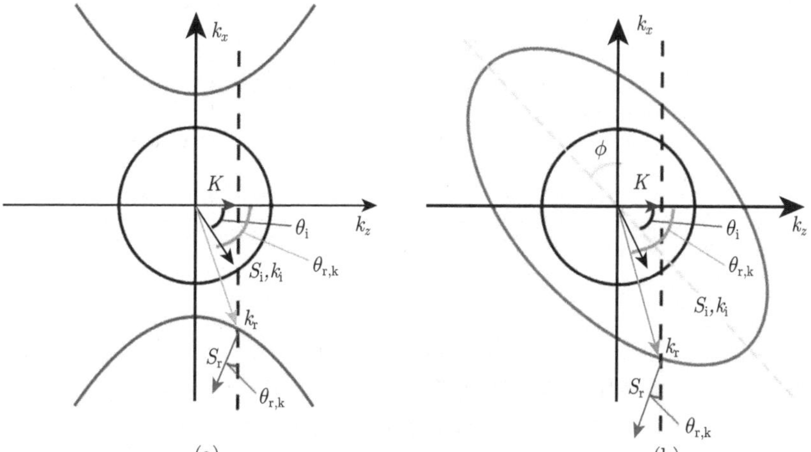

图 6.2 各向异性负折射原理示意图

(a) 双折射晶体材料的椭圆型等频线是 (b) 强各向异性材料的双曲线型等频线

对于 $\varepsilon_{xx} >0$ 且 $\varepsilon_{zz} > 0$ 的晶体，其等频线方程 (6-8) 是椭圆型的，如图 6.2(b)

所示，此时的介质对应于普通的双折射晶体，当晶体主轴倾角 ϕ 与入射角 θ_i 满足一定的条件时，也可以得到右手负折射现象。

2. 非正定介质中的倏逝波

根据 Maxwell 方程，倏逝波的部分指的是电磁波的横向波矢对应的传播模式。考虑传播方向为 $\boldsymbol{k}_x$ 电矢量在 xz 面内偏振的电磁波，其电矢量的傅里叶级数为 [2]

$$E(r,t)=\sum_{\sigma,k_z}E_\sigma(k_z)\times\exp(\mathrm{i}k_x x+\mathrm{i}k_z z-\mathrm{i}\omega t)$$

式中，k_x，k_z 分别为波矢 $\boldsymbol{k}$ 在 x，z 方向的分量。

将上式代入 Maxwell 方程可得到 x 方向波矢 k_x 的表达式为

$$k_x=\sqrt{\omega^2c^{-2}-k_z^2} \tag{6-12}$$

若电磁波在空气中传播，对于传导模：

$$k_x=\sqrt{\omega^2c^{-2}-k_z^2},\quad \omega^2c^{-2}>k_z^2 \tag{6-13}$$

对应的电磁波场可振荡传播；对于倏逝模：

$$k_x=\pm\mathrm{i}\sqrt{k_z^2-\omega^2c^{-2}},\quad \omega^2c^{-2}<k_z^2 \tag{6-14}$$

由于电磁波沿 x 轴正向传播，上式开方后取正值，$k_x=\mathrm{i}\sqrt{k_z^2-\omega^2c^{-2}}$，对应的电磁波场的系数为 $\exp(-x\sqrt{k_z^2-\omega^2c^{-2}})$，振幅随着 x 方向传播距离的增加而呈指数衰减，无法传播。这也是普通透镜成像极限约为波长量级的原因。

若电磁波在图 6.2 所示的非正定介质中传播，根据式 (6-7) 计算得到的 x 方向的波矢为：$k_x=\sqrt{\varepsilon_{zz}\left(\dfrac{\omega^2}{c^2}-\dfrac{k_z^2}{\varepsilon_{xx}}\right)}$，由于 $\varepsilon_{xx}<0$，$\varepsilon_{zz}>0$，对于任何 $\boldsymbol{k}_z$，$\boldsymbol{k}_x$ 是恒大于零的，因此，对于空气中 $\omega^2c^{-2}<k_z^2$ 的倏逝波也将以传播模的形式在非正定介质中振荡传播，对应于图 6.2(a) 中双曲线上 $\boldsymbol{k}_z>\omega/c$ 的部分 [3]。

6.1.3　非正定介质的应用

基于非正定介质的负折射与支持倏逝波传播的特性提出的应用主要集中在具有超分辨性能的完美透镜。传统的光学透镜中 ($\varepsilon>0$，$\mu>0$)，由于携带物体亚波长信息的倏逝波在其传播过程中会随传播距离呈指数衰减，因此到达像平面的电磁波将失去物的细节信息，使透镜分辨率无法突破波长的限制。目前，倏逝波信息只有通过近场扫描的方式才能收集到。

由于独特的电磁学性质，不论是基于左手型负折射的左手材料还是基于右手型负折射的非正定介质，都可以使携带物体亚波长信息的倏逝波在其内部传播过程中不发生衰减。此外，负折射的现象使透镜的成像不再需要球状镜面成像而实现平板聚焦，从而避免了傍轴条件的限制。

Pendry 教授首先提出了基于折射率为 -1 的左手材料的负折射与对倏逝波的放大作用的超透镜 [4]，如图 6.3 所示，倏逝波中所包含的亚波长信息将全部被保留并参与成像，使突破衍射极限成像成为可能。折射率恰好为 -1 且无损耗的左手材料是一种理想化的材料，实际制备过程中利用具有负折射率的左手超材料的平板聚焦与对倏逝波的放大作用也可以实现亚波长成像，称这种左手材料的超透镜为 Superlens[5−10]。

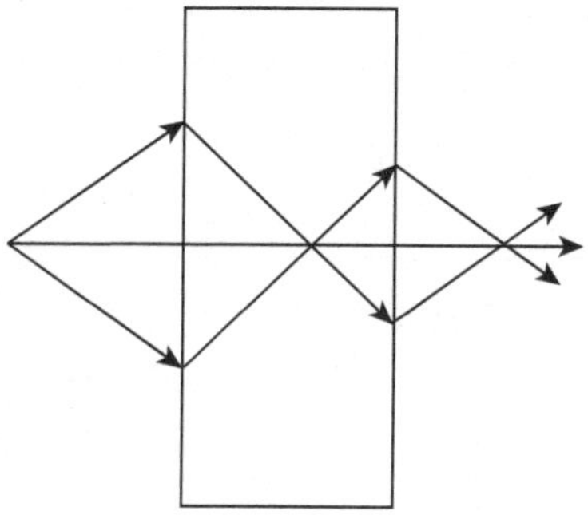

图 6.3 超透镜聚焦示意图

右手型负折射中电磁波的波矢没有发生反向，但在非正定介质中传播的电磁波，由于其非正定的电磁常数张量，正折射中的倏逝波部分在非正定介质中以传导模的形式振荡传播。利用非正定介质的平板聚焦与对倏逝波的放大作用制成的超透镜又被称为 Hyperlens[5,11−15]。

Jacob 等 [5] 认为左手材料虽然可以是倏逝波放大，但出射后倏逝波又会衰减 (图 6.4(a))，因此 Superlens 仍需要进行近场成像。如果光学材料能将电磁波中的倏逝波部分转化为传导模，就可以使之离开该材料后仍可以传播，或是被普通光学元件调制并进行远场收集或成像 (图 6.4(b))。经过理论计算，Jacob 证明了非正定介质可以实现上述预想功能。

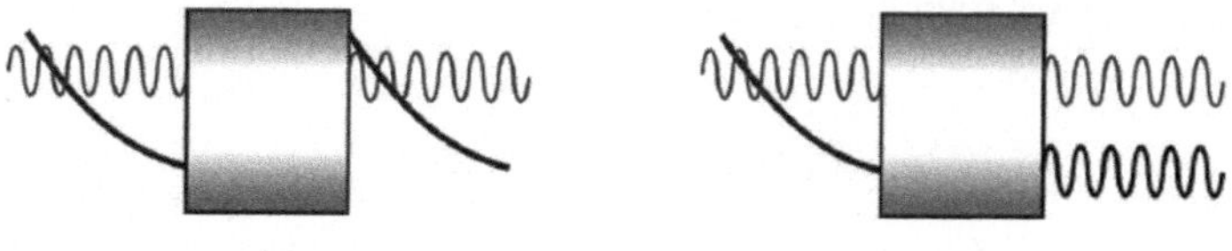

(a) (b)

图 6.4 传导波与倏逝波在三种透镜中传播示意图 [5]

(a) 左手材料制备的 Superlens；(b) 非正定介质制备的 Hyperlens

通过材料的各向异性导致的异常双折射是实现负折射现象的重要途径。自 2003

年 Smith 等 [1] 提出非正定介质，并设计了基于双 SRR 环阵列非正定介质超材料的微波段平板透镜 [16]，人们在很多具有强各向异性结构的超材料中得到了负折射现象。2008 年，美国加州大学伯克利分校的 Zhang Xiang 教授课题组 [17] 以阳极氧化铝为模板, 制备了直径为 60nm，间距为 110nm 的银纳米线阵列超材料，并利用波束位移实验验证了波长为 660nm 和 780nm 的光在这种超材料中的负折射行为。如图 6.5 所示，这种尺度的银纳米线沿其轴向的介电常数 $\varepsilon_{\parallel}$ 可以用 Drude 模型来描述，且其相应等离子体频率为 1.5×10^{16}rad/s；而沿纳米线径向的介电常数 $\varepsilon_{\perp}$ 则表现出一种局域化的表面等离子体谐振行为。通过混合介质模型计算发现，这种超材料在 500nm 以上的波段具有介电强各向异性。此外，由于负折射光的波长 (660nm 和 780nm) 远离超材料的横向介电常数的谐振中心波长 (424nm)，避免了由电谐振产生的高损耗 [17]。

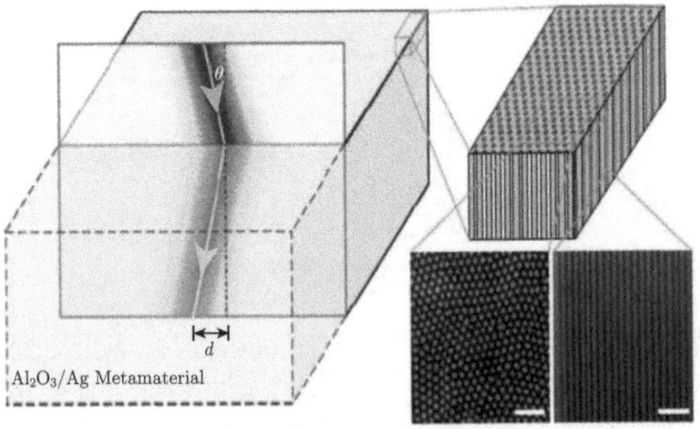

图 6.5　AAO 基银纳米线阵列结构 [54]

非正定介质虽然可以实现全角负折射，但材料的强各向异性目前还是要通过超材料的方式来获得，其组成单元的尺寸仍需满足远小于波长的要求。因而，对于光频非正定介质而言，在制备时仍需借助 “巧夺天工” 的微加工工艺。因此，可以说复杂的加工工艺是目前所有负折射超材料的制备与应用所面临的重要问题。从这一角度上看，双折射晶体中的负折射虽然是有限制的，却可以避免复杂的微加工技术，不失为一种得到负折射材料的潜在捷径。

6.2　单晶石墨的非正定介电性质及负折射行为

本节主要利用椭圆偏振测量术研究了石墨单晶材料在紫外频段的全角负折射行为。首先，从石墨的晶体结构与电子结构出发，分析了石墨单晶的介电色散行为，确定可能出现非正定性的频段；其次，利用光谱式椭偏仪在可能波段对石墨的不同晶向的介电常数进行测试，得到石墨的非正定介电张量；再次，通过椭偏仪的变角度测量得到石墨单晶在不同取向下的等频率线，进而根据等频率线的类型确定石墨的折射行为，并利用计算机模拟的方法研究了介电常数的虚部对折射行为的影响；最后，总结上述实验提出了一种通过椭圆偏振测量术对材料折射行为进行验证的实验方法。

6.2.1 石墨介电性能

单晶石墨属六方晶系，$P63/mmc$ 空间群，其晶体结构是典型的层状结构，同一层内的每个碳原子与相邻的三个碳原子等距相连，组成六方环排列，相邻的碳原子层沿平行于原子面的方向相互位移，再叠置形成层状结构。层内碳原子之间的间距是 1.42Å，碳原子层的间距为 3.45 Å，密度：2.09~2.23g/cm^3。

由于层状的晶体结构，石墨单晶常呈片状，黑色有金属光泽，不透明，莫氏硬度 1~2，沿 {001}方向完全解理。

天然的单晶石墨是鳞片石墨，如图 6.6(a) 所示，其外形似鱼磷状，具有良好的耐高温、导电、导热、润滑、可塑及耐酸碱等性能，但大块的结晶、完好的鳞片石墨是不存在的。通过热解石墨经高温高压处理后可以制得的一种新型石墨材料，即高定向热解石墨 (HOPG)，其性能接近单晶石墨，如图 6.6(b) 所示。

(a) (b)

图 6.6 天然的单晶石墨和人工合成的单晶石墨

(a) 鳞片石墨；(b) 高定向热解石墨

由于层状的晶体结构，HOPG 的力学、热学、电磁学、光学等性能都具有强烈的各向异性。沿碳原子层方向，HOPG 表现为抗拉伸性、导热性、导电性、反光性极强的材料；而在垂直于碳原子层的方向，HOPG 则是一种抗压、绝热、绝缘、高抗磁的材料。利用 HOPG 的强各向异性所制备的器件，如超硬模具、石墨坩埚、高功率电子管的栅极、X 射线单色器与磁阻尼装置等，在机械制造、电子工业、仪器仪表以及航空航天等方面均有广泛应用。此外，HOPG 是制备石墨烯的原始材料。

标准的 HOPG 基底的尺寸为 10mm×10mm×1mm(有时可能是 12mm×12mm×1mm)。常见的镶嵌度 (Mosaic Spread) 的值为 $0.4° \sim 0.8°$。

石墨是一种半金属材料，石墨中的碳原子通过 sp2 杂化轨道与相邻 3 个碳原子以 σ 键结合，形成正六边形蜂巢状的平面层状结构，而每个碳原子还有一个 2p 电子，这些 p 轨道又互相平行，并在垂直于碳原子 sp2 杂化轨道构成的平面形成 π 键，如图 6.7 所示。因此，这些 π 电子可以在整个碳原子平面上活动，类似金属键的性质。而平面结构的层与层之间则是依靠范德瓦耳斯力结合，导电性近似绝缘体。

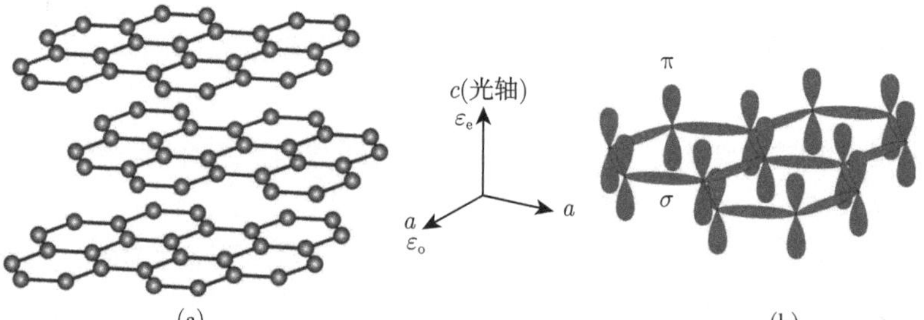

图 6.7　石墨的晶体结构及电子结构

(a) 晶体结构，(b) 电子结构

层状的晶体结构使石墨的介电性能表现出强烈的各向异性。定义石墨对电矢量平行于碳原子层的电磁波表现出的介电常数为寻常介电常数 ε_o；对电矢量垂直于碳原子层的电磁波表现出的介电常数为非寻常介电常数 ε_e。Philipp 等利用真空光栅单色仪对 HOPG 样品在不同晶向的反射率进行了表征，并利用 K-K 关系计算得到 HOPG 的介电常数 [18–20]，如图 6.8 所示，在小于 0.9eV(1.4μm) 的频段，

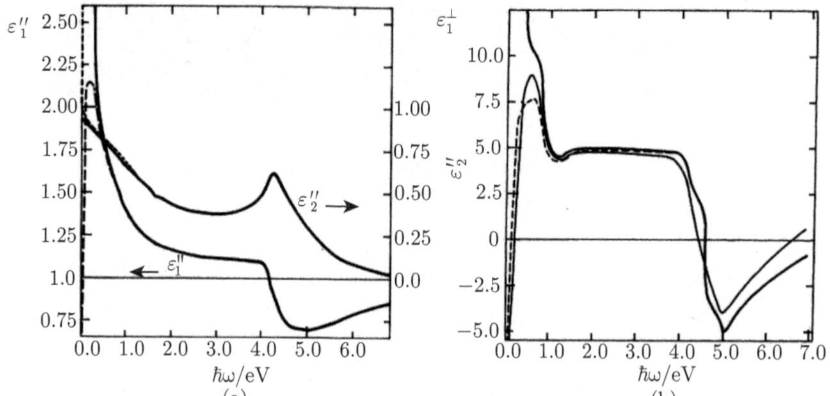

图 6.8　单晶石墨各向异性的介电常数 [18]

(a) 碳原子面方向的介电常数；(b) 垂直碳原子面方向的介电常数

二维碳原子面上自由移动的 π 电子是影响 ε_o 的主要因素，ε_o 表现为金属性，可以用 Drude 模型描述，等离子体频率在 0.9eV 附近 [20]。在高于 0.9eV 的频段，出现 $(\sigma-\pi)$ 带间跃迁，三个 σ 电子中的一个将会参与谐振 [18]，表现为 Lorentz 谐振行为，这个 Lorentz 谐振与 Drude 色散相叠加，因此，这一频段的介电常数可以用修正 Lorentz 模型来描述 [21]。这个修正 Lorentz 模型在 5eV 附近出现负值，其等离子体频率在 7eV 附近 [18]。而对于 ε_e，由于电子在两个 π 层之间的跃迁始终是禁止的 [22]，所以这一方向石墨介电常数表现为介质性，是正值，如图 6.8 所示。

上述分析表明，在 0~0.9eV 与 5~7eV 两个频段，$\varepsilon_o<0$，$\varepsilon_e>0$，石墨是非正定介质。考虑到低频时石墨的损耗很大 [18,23]，所以选择紫外频段进行负折射的研究。

6.2.2 基于椭偏法的单轴各向异性晶体介电常数测试理论

1. 椭偏仪的测试原理

光谱型椭偏仪是通过检测被测样品对偏振光的偏振态的改变来探测薄膜厚度、光学常数以及材料微结构的光学测量设备。其工作原理如图 6.9 所示，偏振态任意的入射光从一种介质 (ε_1) 入射到被测样品 (ε_2)，发生折射和反射，折射角为 θ_1，反射角为 θ_2，反射后光的偏振态发生变化并导致 p 光与 s 光的菲涅耳系数不同 $(r_p\neq r_s)$。

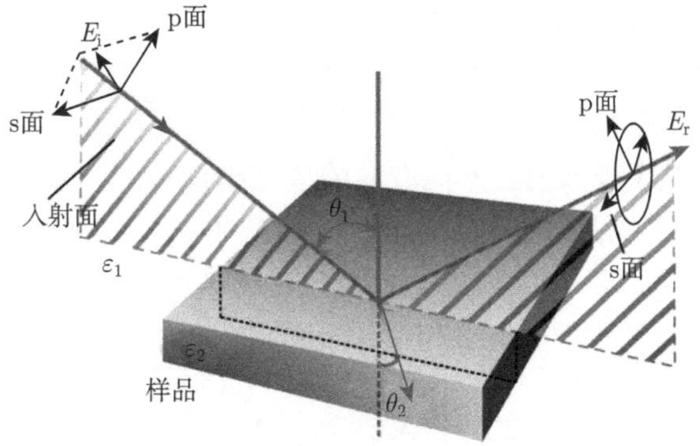

图 6.9 反射式光谱型椭偏仪测试原理示意图

根据菲涅耳定律，p 光与 s 光的反射系数为

$$r_p=\frac{\varepsilon_2^{1/2}\cos\theta_1-\varepsilon_1^{1/2}\cos\theta_2}{\varepsilon_2^{1/2}\cos\theta_1+\varepsilon_1^{1/2}\cos\theta_2} \tag{6-15}$$

$$r_s=\frac{\varepsilon_1^{1/2}\cos\theta_1-\varepsilon_2^{1/2}\cos\theta_2}{\varepsilon_1^{1/2}\cos\theta_1+\varepsilon_2^{1/2}\cos\theta_2} \tag{6-16}$$

通过测量两种偏振反射系数的比可以得到反射波的偏振态变化：

$$\rho = \tan\psi \mathrm{e}^{\mathrm{i}\varDelta} = \frac{r_{\mathrm{p}}}{r_{\mathrm{s}}} \tag{6-17}$$

其中；$\tan\psi = \left|\frac{r_{\mathrm{p}}}{r_{\mathrm{s}}}\right|$；$\varDelta = \delta_{r_{\mathrm{p}}} - \delta_{r_{\mathrm{s}}}$；$\psi$ 是反射后 p 光与 s 光的电矢量振幅；$\varDelta$ 是反射后 p 光与 s 光的相位差。

然后，根据菲涅耳反射系数 r_{p}，r_{s}，并结合斯涅耳定律 $n_1 \sin\theta_1 = n_2 \sin\theta_2$，即可求得样品的介电常数 [24]：

$$\langle\varepsilon\rangle = \varepsilon_0 \sin^2(\theta)\left[1 + \left(\frac{1-\rho}{1+\rho}\right)^2 \tan\theta\right] \tag{6-18}$$

2. 单轴各向异性晶体的测试方法

对于各向同性的均匀介质，$\langle\varepsilon\rangle$ 就是介质的真实介电常数。如果被测样品是各向异性介质或者混合物 (如多层膜结构)，$\langle\varepsilon\rangle$ 只是被测材料的表观介电常数，称之为伪介电常数 (pseudo-permittivity)，而材料的真实介电常数则需要计算机建模并通过数值拟合的办法来计算各向异性介质在不同晶向上的介电常数，或混合物中各成分的介电常数及组分 (如多层膜结构中各层材料的光学常数及膜厚度)。

本实验中的测试样品高定向热解石墨 (HOPG) 是一种单轴各向异性晶体，在光轴方向与垂直光轴方向具有不同的介电常数。因此，对于 HOPG 样品，经椭偏仪直接输出的介电常数 $\langle\varepsilon\rangle$ 是伪介电常数，而不是 HOPG 的实际介电常数，需要通过研究偏振光与单轴晶体之间的相互作用得到其真实的各向异性的介电常数。

首先，考虑偏振光入射到不同取向的单轴晶体时的菲涅耳反射系数。设入射光的入射角为 θ，单轴晶体光轴方向的介电常数是 ε_{e}，垂直光轴方向的介电常数是 ε_{o}，并且令

$$\eta_{\mathrm{o}} = (\varepsilon_{\mathrm{o}} - \sin^2\theta)^{1/2} \tag{6-19}$$

$$\Delta\varepsilon = \varepsilon_{\mathrm{e}} - \varepsilon_{\mathrm{o}} \tag{6-20}$$

将式 (6-19)、式 (6-20) 代入式 (6-18)，可得

$$\langle\varepsilon\rangle = \sin(\theta)\left[1 + \frac{\sin^2\theta(1-\rho)^2}{\eta^2(1+\rho)^2}\right] \tag{6-21}$$

按照入射光、晶体样品表面与晶体光轴方向的关系，分三种情况对样品的伪介电常数进行研究。

1) 光轴 ⊥ 样品表面

如图 6.10 所示，晶体的光轴 c 与样品表面垂直，探测光以 θ 角入射到被测晶体的表面。对于 p 光而言，晶体是各向异性的，受到 ε_e 和 ε_o 两个介电常数的调制；而对于 s 光而言，晶体是各向同性的，只受到 ε_o 的调制。

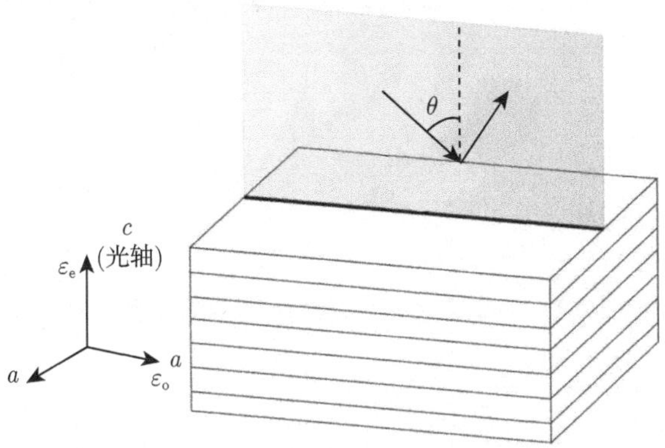

图 6.10 光轴垂直于单轴晶体的样品

定义

$$\eta_e = \left\{ \frac{\varepsilon_o[\varepsilon_e - \sin^2\theta]}{\varepsilon_e} \right\}^{1/2} \tag{6-22}$$

则两种偏振反射系数为 [25]

$$r_p = \frac{\varepsilon_e \cos\theta - \eta_e}{\varepsilon_o \cos\theta + \eta_e} \tag{6-23a}$$

$$r_s = \frac{\cos\theta_1 - \eta_o}{\cos\theta_1 + \eta_o} \tag{6-23b}$$

代入式 (6-21)，即可得到这种取向下单轴晶体的伪介电常数为

$$\langle\varepsilon\rangle = \sin^2\theta \left[1 + \sin^2\theta \left(\frac{\varepsilon_o\eta_o - \eta_e}{\varepsilon_o\eta^2 - \eta_e\eta_o} \right)^2 \right] \tag{6-24}$$

2) 光轴//样品表面，光轴//入射面

如图 6.11 所示，晶体的光轴 c 与样品表面、入射面平行，探测光以 θ 角入射到被测晶体的表面。对于 p 光而言，晶体是各向异性的，受到 ε_e 和 ε_o 两个介电常数的调制；而对于 s 光而言，晶体是各向同性的，只受到 ε_o 的调制。

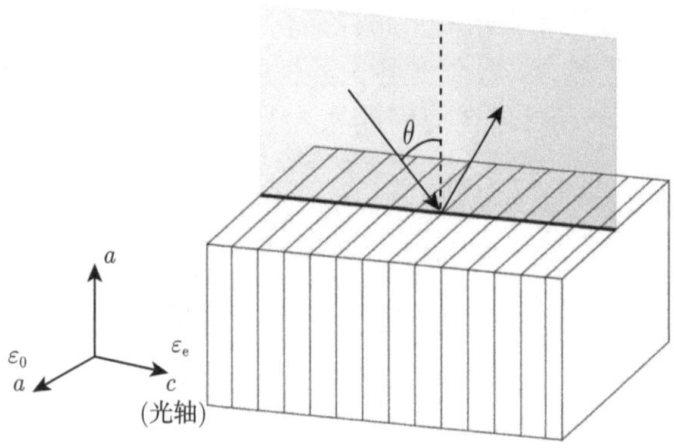

图 6.11　光轴平行于入射面和单轴晶体的样品表面

定义

$$\eta_{\mathrm{e}}=\left\{\frac{\varepsilon_{\mathrm{e}}[\varepsilon_{\mathrm{o}}-\sin^2\theta_1]}{\varepsilon_{\mathrm{o}}}\right\}^{1/2}=\frac{\varepsilon_{\mathrm{ave}}\eta_{\mathrm{o}}}{\varepsilon_{\mathrm{o}}},\quad \varepsilon_{\mathrm{ave}}=(\varepsilon_{\mathrm{o}}\varepsilon_{\mathrm{e}})^{1/2} \tag{6-25}$$

则两种偏振反射系数为 [25]

$$r_{\mathrm{p}}=\frac{\varepsilon_{\mathrm{ave}}\cos\theta_1-\eta_{\mathrm{o}}}{\varepsilon_{\mathrm{ave}}\cos\theta_1+\eta_{\mathrm{o}}} \tag{6-26a}$$

$$r_{\mathrm{s}}=\frac{\cos\theta_1-\eta_{\mathrm{o}}}{\cos\theta_1+\eta_{\mathrm{o}}} \tag{6-26b}$$

将式 (6-26a)、式 (6-26b) 代入式 (6-21)，即可得到该取向下单轴晶体的伪介电常数：

$$\langle\varepsilon\rangle=\sin^2\theta\left[1+\sin^2\theta\eta_{\mathrm{o}}^2\left(\frac{\varepsilon_{\mathrm{ave}}-1}{\varepsilon_{\mathrm{ave}}\eta^2-\eta_{\mathrm{o}}^2}\right)^2\right] \tag{6-27}$$

3) 光轴//样品表面，光轴 ⊥ 入射面

如图 6.12 所示，晶体的光轴 c 与样品表面平行，但与入射面垂直，探测光以 θ 角入射到被测晶体的表面。对于 p 和 s 光而言，晶体都是各向同性的，p 光只受到 ε_{o} 的调制；而对于 s 光而言，只受到 ε_{e} 的调制。

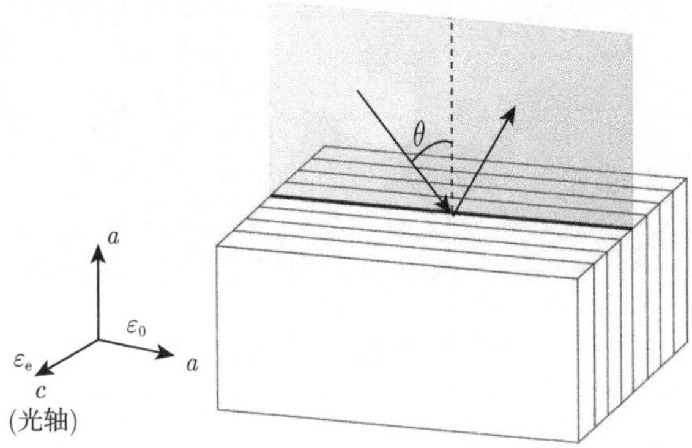

图 6.12 光轴平行于单轴晶体的样品表面，垂直于入射面

定义

$$\eta_e = (\varepsilon_e - \sin^2\theta_1)^{1/2} \tag{6-28}$$

则两种偏振反射系数为 [25]

$$r_p = \frac{\varepsilon_o \cos\theta_1 - \eta_o}{\varepsilon_o \cos\theta_1 + \eta_o} \tag{6-29a}$$

$$r_s = \frac{\cos\theta_1 - \eta_e}{\cos\theta_1 + \eta_e} \tag{6-29b}$$

将式 (6-29a)、式 (6-29b) 代入式 (6-21)，即可得到该取向下单轴晶体的伪介电常数：

$$\langle\varepsilon\rangle = \sin^2\theta\left[1 + \sin^2\theta\left(\frac{\varepsilon_o\eta_e - \eta_o}{\varepsilon_o\eta^2 - \eta_e\eta_o}\right)^2\right] \tag{6-30}$$

利用式 (6-24) 和式 (6-30) 可以求解 ε_o，再利用式 (6-27)，就可以得到另一个介电常数 ε_e。

6.2.3 石墨的介电测试

1. 样品制备与表征

由于自然界中大块的单晶石墨是不存在的，因此本实验中使用的样品是由中国科学院沈阳金属研究所提供的高温定向热解石墨 (HOPG)，利用 XRD Discovery 8 对样品的结晶程度进行测试表明，该样品内部石墨原子层的取向程度很高，样品可近似看成是单晶。如图 6.13 所示的是 10mm×10mm×3mm 的 HOPG 样品，将该样品沿光轴方向切割得到 1mm×10mm×3mm 的小块，用于不同晶向的测试。

本实验中所使用的椭偏仪是 J. A. Walloom 光谱式椭偏仪，波长的最大测试范围为 240~1100nm，角度变化范围为 20° ~ 90°，配套 WVASE 32 计算程序。

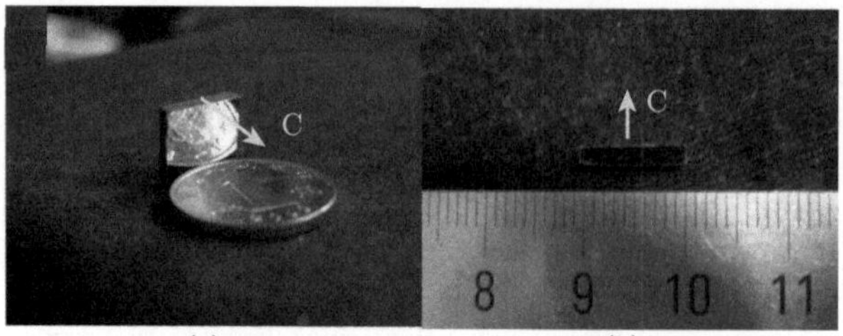

图 6.13　实验中所用的石墨样品

(a) 10mm×10mm×3mm 样品；(b) 10mm×3mm×1mm 的样品

2. 石墨介电常数的测试实验及结果

利用椭偏仪测试三种取向下的伪介电常数，计算出 HOPG 的介电常数。通过对石墨的电子结构与介电色散关系的分析，可以确定在紫外波段 (<400nm) 出现了非正定介电常数。因此，介电常数的测试选择在 240~400nm 的紫外波段进行。测试方法如图 6.14 所示。

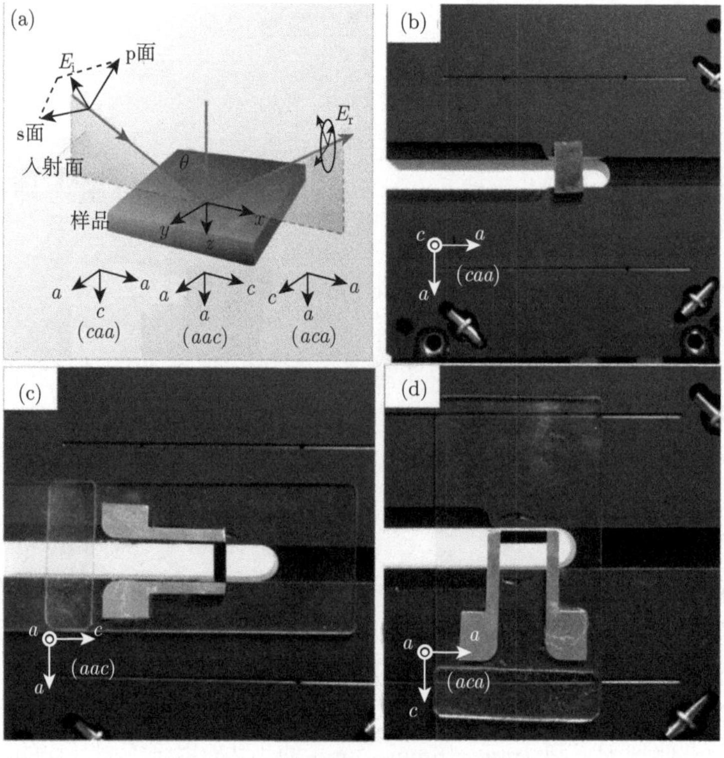

图 6.14　石墨介电常数的测试意图

(a) 样品在测试时的三种取向；(b) 光轴垂直于样品表面 [caa]；(c) 光轴平行于样品表面和入射面 [acc]；(d) 光轴平行于样品表面，垂直于入射面 [aca]

第一，用标准硅片对椭偏仪的光学系统进行调试与校正，保证仪器运转正常。

第二，测试三种不同取向下的石墨介电常数。

(1) *caa* 取向将石墨样品 (10mm×5mm×2mm) 吸附在椭偏仪样品台上，石墨样品测试表面 (10mm×5mm) 与光轴 *c* 垂直。设定测试范围：240~400nm，步长 0.5nm；设定入射角：75°。测试时使用自动相位延迟 (auto retard) 以提高测试精度。测试结束后，存储数据。

(2) *aac* 取向将石墨样品 (10mm×2mm×1mm) 吸附在椭偏仪样品台上，石墨样品测试表面 (10mm×2mm) 与光轴 *c* 平行。设定测试范围：240~400nm，步长 0.5nm；设定入射角范围：50° ~ 70°，间隔 5° 测试。测试时使用自动相位延迟以提高测试精度。测试结束后，存储数据。

(3) *aca* 取向将石墨样品 (2mm×10mm×1mm) 吸附在椭偏仪样品台上，石墨样品测试表面 (2mm×10mm) 与光轴 *c* 平行。设定测试范围：240~400nm，步长 0.5nm；设定入射角：75°。测试时使用自动相位延迟以提高测试精度。测试结束后，存储数据。

第三，测试结果与数据处理。测试结果如图 6.15 所示。

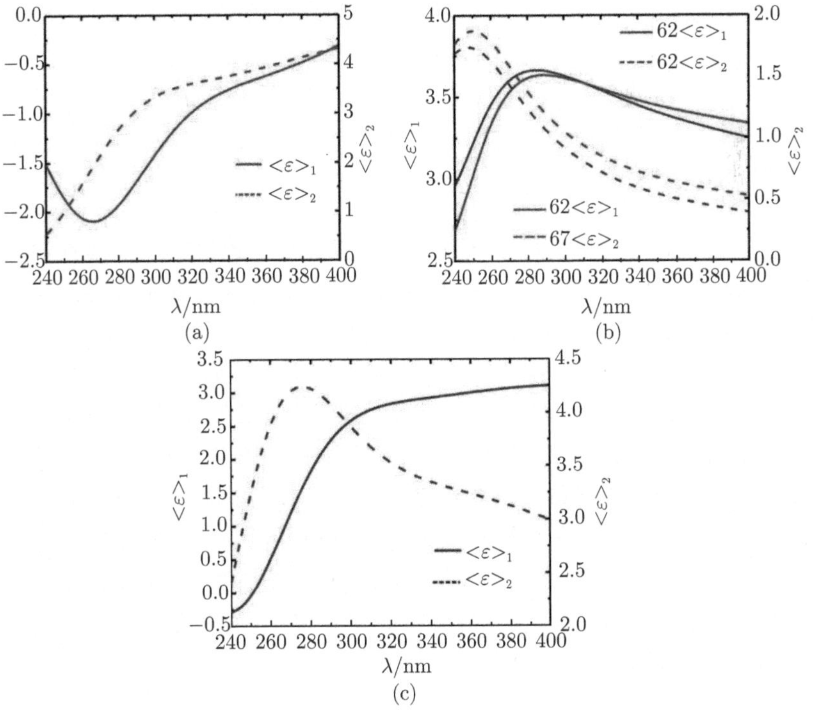

图 6.15 不同取向下石墨的伪介电常数测试结果

(a) [*caa*] 取向的测试结果；(b) [*aac*] 取向的测试结果；(c) [*aca*] 取向的测试结果

根据式 (6-24)、式 (6-27)、式 (6-30)，对上述结果进行处理，石墨在不同晶向的介电常数谱，如图 6.16 所示。

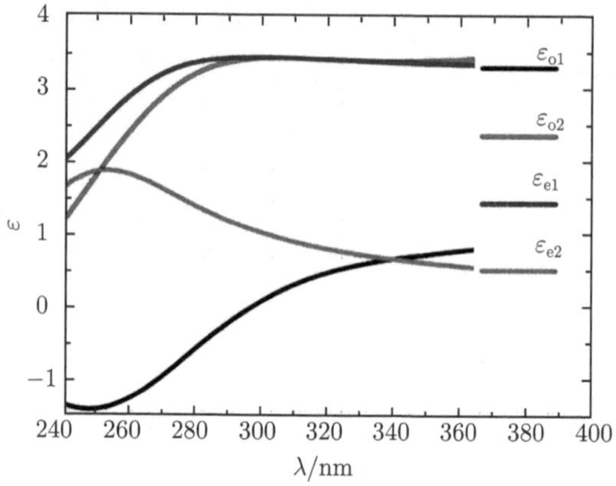

图 6.16　紫外波段 HOPG 样品的介电常数测试结果

从图 6.16 可以看出，在 280nm 以下的波段，石墨的寻常光介电常数 $\varepsilon_o < 0$，异常光介电常数 $\varepsilon_e > 0$，石墨在这一波段是非正定介质，其介电常数张量为

$$\begin{Bmatrix} \varepsilon_e & 0 & 0 \\ 0 & \varepsilon_o & 0 \\ 0 & 0 & \varepsilon_o \end{Bmatrix} \tag{6-31}$$

6.2.4　石墨的负折射行为测试

光在材料中的折射行为可以通过等频线来研究。通过对各向异性材料负折射行为的基本原理的研究表明，非正定介质双曲线型的等频线是能够产生全角负折射的根本原因。因此，只要能够说明材料等频线的形状，就可以确定折射光坡印亭矢量的折射方向，进而判定光入射到该材料后的折射行为。

由于等频线是描述某个频率下介质折射率的角度色散关系的，所以，可以通过不同角度入射的偏振光与材料之间的相互作用来获得等频线的信息。这里，我们利用椭偏仪变角度研究测量得到不同角度下的偏振光的偏振态变化与反射系数之间的关系，并由此得到材料的等频线，进而判定材料的折射行为。根据 6.2.3 中的测试结果，在 240~280nm 波段内石墨的介电常数张量是非正定的，因此，测试波长也要在这一波段内选择，为了使实验结果具有代表性，这里选择汞灯在紫外区的特征谱线 254nm 为测试波长。

1. 变角度测试

第一，用标准硅片对椭偏仪的光学系统进行调试与校正，保证仪器运转正常。

第二，变角度测试两种取向下的介质对光的偏振态的影响。

(1) 将石墨样品 (10mm×2mm×1mm) 按照图 6.14(c) 中 aac 取向吸附在椭偏仪样品台上，石墨样品测试表面 (10mm×3mm) 与光轴 c 平行。设定测试波长：254nm，步长 0.5nm；设定入射角范围：20° ~70°，步长 1°。测试时使用自动相位延迟以提高测试精度。测试结束后，存储数据。

(2) 将石墨样品 (2mm×10mm×1mm) 按照图 6.14(d) 中 aca 取向吸附在椭偏仪样品台上，石墨样品测试表面 (10mm×3mm) 与光轴 c 平行。设定测试波长：254nm，步长 0.5nm；设定入射角范围：20° ~70°，步长 1°。测试时使用自动相位延迟以提高测试精度。测试结束后，存储数据。测试装置及方法如图 6.17 所示。

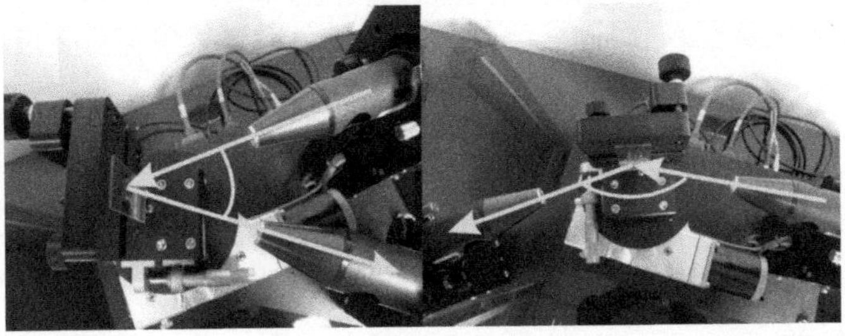

(a) (b)

图 6.17 变角度测试的实验照片

(a) 20° 入射；(a) 70° 入射

2. 等频线

图 6.18 给出了石墨样品在不同取向下的变角度的测试结果。$\varPsi$ 和 $\varDelta$ 是椭偏仪测试的原始结果，从这个结果出发，可以计算出菲涅耳反射系数与入射角之间的关系，再根据两种取向下的菲涅耳反射系式 (6-23)、式 (6-26)，即可得到不同取向下的等频线。

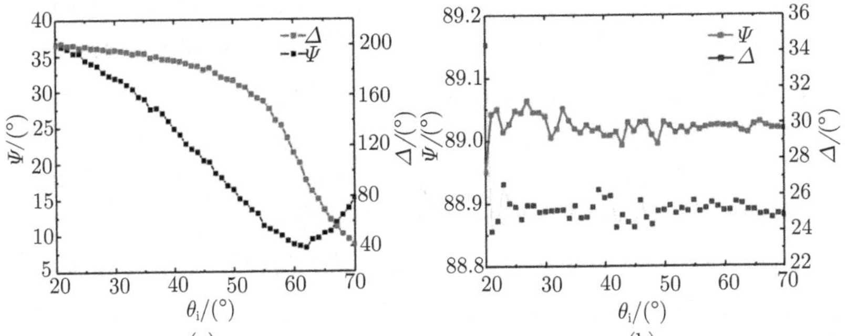

(a) (b)

图 6.18 两种取向的石墨的椭偏仪测试的原始结果

(a) aac 取向；(b) aca 取向

3. 折射行为分析

图 6.19 给出了由石墨样品在 aac 取向下 (图 6.19(a)) 的测试结果得到的等频线。这段等频线是在 20° ~70° 的入射角范围内关于入射角正弦值 ($\boldsymbol{k}_z$) 的双曲线型二次函数的一支。如图 6.19(c) 所示，黑色半圆是空气的等频线，蓝色曲线对应于图 6.18(b) 的测试结果，入射波矢与折射波矢在 z 方向的分量相等，此时折射光的波矢量 $\boldsymbol{k}_\mathrm{r}$ 与入射光的波矢量 ($\boldsymbol{k}_\mathrm{i}$) 分别位于法线的两侧，即波矢折射角是正的；而对于折射光的坡印亭矢量 $\boldsymbol{S}_\mathrm{r}$，根据 Maxwell 方程组的推导结果，折射光的坡印亭矢量是等频线的外法线方向，与入射光的坡印亭矢量 ($\boldsymbol{S}_\mathrm{i}$) 位于法线的同侧，即坡印亭矢量的折射角是负的。因此，可以确定当石墨的光轴平行于入射面和样品表面时，可以使电矢量在入射面 ($x-z$ 面) 偏振的入射光发生全角能量负折射。

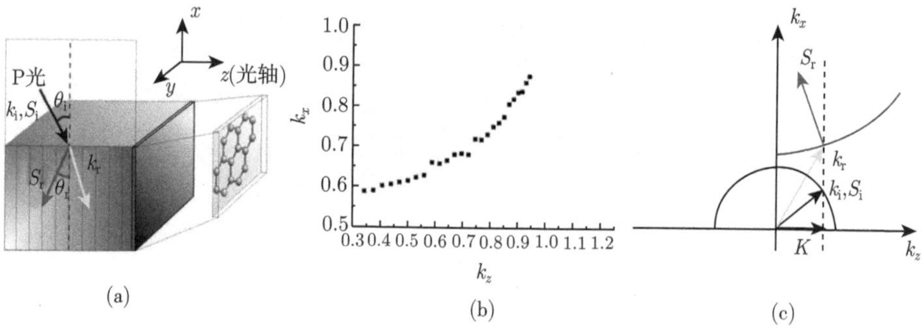

图 6.19　石墨 aac 取向的负折射原理与等频线

(a) aac 取向石墨的负折射原理；(b) aac 取向下石墨等频线的测试结果；(c) 折射光的波矢、坡印亭矢量与等频线的关系

图 6.20 给出了由石墨样品在 aca 下取向 (图 6.20(a)) 的测试结果得到的等频线。这段是等频线在 20° ~70° 入射角范围内的关于入射角正弦值 ($\boldsymbol{k}_z$) 的圆型二次函数的一支。如图 6.20(c) 所示，黑色半圆是空气的等频线，蓝色曲线对应于图 6.20(b) 的测试结果，按照前面的分析可知，此时折射光的波矢量 $\boldsymbol{k}_\mathrm{r}$，坡印亭矢量 $\boldsymbol{S}_\mathrm{r}$ 与入射光的波矢量 ($\boldsymbol{k}_\mathrm{i}$)，坡印亭矢量 ($\boldsymbol{S}_\mathrm{i}$) 分别位于法线的两侧，即波矢折射角与坡印亭矢量的折射角都是正的。因此，可以确定当石墨的光轴平行于样品表面但垂直于入射面时，对于电场在入射面 (x-z 面) 偏振的入射光将发生正折射。

上述结果也可以通过分析石墨的介电常数张量与入射光偏振态之间的关系得到验证。如图 6.18 所示，当电场在 x-z 面偏振的入射光 (TM 波) 入射到 aac 取向下的石墨时，电场在介质内受到 x 方和 z 方向上的两个介电常数 ε_o，ε_e 的作用，其等频线方程为

$$\frac{k_x^2}{\varepsilon_\mathrm{e}}+\frac{k_z^2}{\varepsilon_\mathrm{o}}=\frac{\omega^2}{c^2}$$

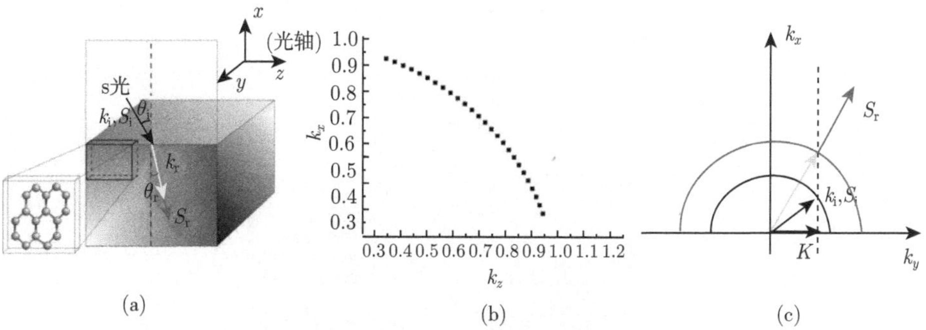

图 6.20 石墨 aca 取向的正折射原理与等频线

(a) aca 取向石墨的正折射原理；(b) aca 取向下石墨等频线的测试结果；(c) 折射光的波矢、坡印亭矢量与等频线的关系

对于 254nm 的电磁波，石墨呈现介电强各向异性：$\varepsilon_o < 0$，$\varepsilon_e > 0$，因此其等频线方程是双曲线型的，由等频线的外法线方向得到的折射光坡印亭矢量 $\boldsymbol{S}_r$ 与入射光的坡印亭矢量位于法线同侧。根据之前的讨论，波长为 254nm 的 TM 波在石墨中发生全角负折射。

同理，图 6.20 给出的 aca 取向下的石墨，当电场沿 z 偏振的入射光入射到石墨时，电场在石墨内只受到 z 方向上的介电常数 ε_e 的作用，也就是说，此时的石墨对于该偏振态的入射光而言是各向同性的，其等频线方程为

$$\frac{k_x^2}{\varepsilon_e} + \frac{k_y^2}{\varepsilon_e} = \frac{\omega^2}{c^2}$$

z 方向介电常数为 $\varepsilon_e > 0$，因此其等频线方程是圆型的，电磁波在石墨中发生正折射。

6.2.5 石墨负折射的模拟结果

1. 石墨负折射行为的模拟

利用 HFSS 软件模拟 254nm 的偏振光在石墨中的负折射行为。如图 6.21 所示，设置石墨样品的尺寸为 6μm×2μm×0.4μm，入射光为电场矢量在 x-z 面内偏振，磁场矢量沿 y 轴偏振的 Gauss 光。垂直于 y 轴的两个面的边界条件为 Perfect H，其余四个方向的边界条件是开放边界。根据图 6.16，254nm 波长对应的介电常数为：$\varepsilon_o = -0.94+2.34i$，$\varepsilon_e = 2.88+2.12i$。对于光轴平行于样品表面和入射面的情况，软件中石墨在 254nm 的介电常数设置为 $\varepsilon_x = \varepsilon_y = -0.94+2.34i$，$\varepsilon_z = 2.88+2.12i$。

设置入射角分别为 30°，45° 和 60° 进行模拟，并利用软件做出模拟区域内磁场在 x-z 面内的强度分布。由图 6.22 给出的模拟结果可见，不同角度入射的 TEM 波在石墨中均发生了能量负折射，而对于折射光的波矢量仍然是正折射。

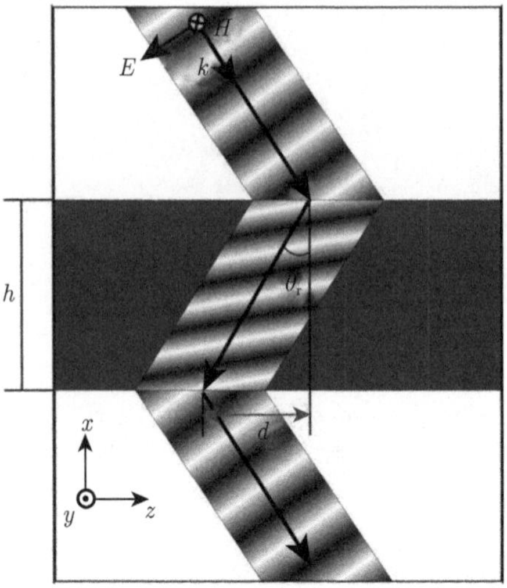

图 6.21　HFSS 模拟示意图

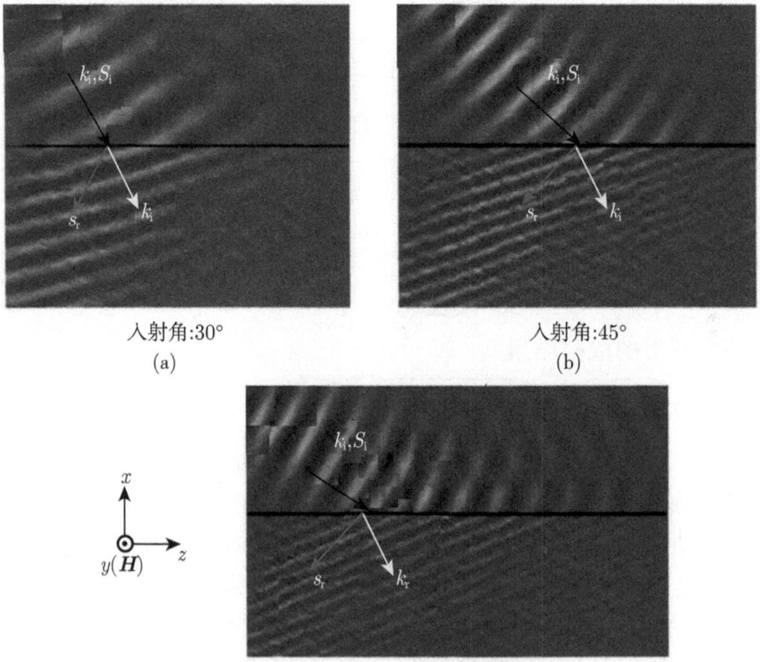

入射角:30°
(a)

入射角:45°
(b)

入射角:60°
(c)

图 6.22　HFSS 计算得到的不同入射角的 TEM 波在石墨中的折射情况

(a) 30°；(b) 45°；(c) 60°

2. 折射率虚部对折射行为的影响

图 6.22 中不同入射角的电磁波入射到石墨中，由于石墨本身的损耗，电磁波的强度随电磁波的传播而减弱，因此，利用 HFSS 模拟得到的折射角是考虑了损耗因素的结果。通过计算等频线的外法线方向与界面法线之间的夹角可以得到折射角，但由于双曲线的作图是不考虑介电常数虚部的，所以这个折射角是忽略了介电常数虚部计算得到的。将通过等频线得到的折射角度与上一节中 HFSS 仿真模拟得到的折射角进行对比，如图 6.23 所示，由 HFSS 计算得到的值低于等频线计算得到的折射角值。可见，材料的介电常数的虚部不仅使光在材料中传播时强度减弱，同时还会使负折射角度变大。

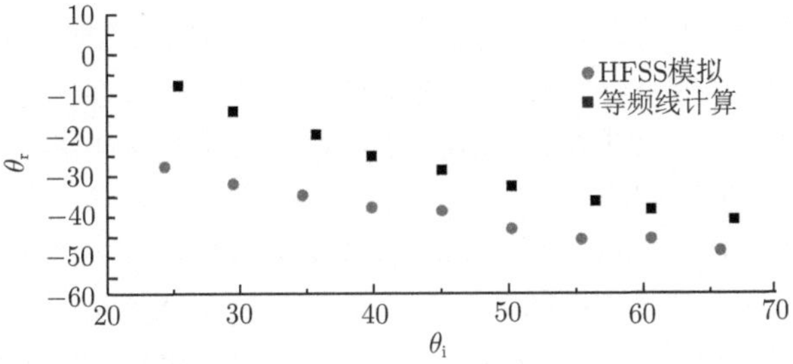

图 6.23 通过等频线计算和 HFSS 模拟仿真得到的折射率角度色散关系

3. 基于石墨负折射的超透镜模拟结果

利用 HFSS 软件模拟石墨晶体对 254nm 偏振光的平板聚焦效应 (图 6.24)，设置石墨样品的尺寸为 6μm×1.6μm×0.4μm，光源是位于石墨左侧 0.8μm 处的 Gauss 光源，电矢量在 x-z 面内偏振，磁场矢量是沿 y 轴偏振的。垂直于 y 轴的两个面的边界条件为 Perfect H，其余四个方向的边界条件是开放边界。软件中石墨介电常数设置为 $\varepsilon_x = \varepsilon_y = -0.94 + 2.34\mathrm{i}$，$\varepsilon_z = 2.88 + 2.12\mathrm{i}$。

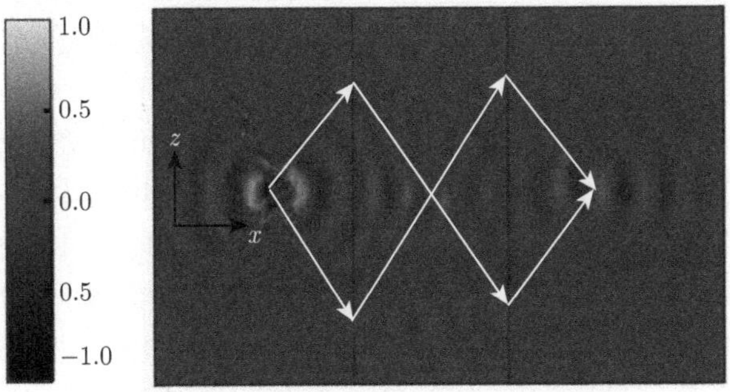

图 6.24 石墨的平板聚焦特性 (后附彩图)

6.3 其他层状化合物中的非正定介质

许多化合物材料具有层状的晶体结构，如高温超导材料，包括 MgB_2、铜基超导材料；Ruddlesden-Popper 系列的 $Sr_{n+1}Ru_nO_{3n+1}$ 材料等。由于晶体结构的各向异性，这类材料的介电常数在不同晶向上的色散性质也是不同的。如果不同晶向上的介电常数在某些特定频段出现一正一负的现象，晶体的介电常数张量就是非正定的，可以实现负折射行为。

MgB_2 是一种典型的类石墨材料，其晶体结构与石墨插层材料晶体结构极其相似。由于其在 39K 时具有超导性能，多年来人们关注其高温超导现象，而很少关注其层状的晶体结构带来的介电各向异性。经过调研发现，MgB_2 单晶属于单轴各向异性晶体，其介电常数可以由两个等离子体频率不同的 Drude 模型分别描述，在蓝紫光频段具有非正定介电常数张量。因此，我们提出并证明了 MgB_2 在这一频段的群速负折射现象。

铜基超导材料具有钙钛矿型的层状结构，从晶体学的角度上讲，这类材料的单晶也属于各向异性晶体。经调研发现这类材料的晶体结构中都含有导电性良好的 Cu-O 层状，在 Cu-O 层方向上表现为的金属介电常数，基本满足 Drude 色散模型，而在垂直于 Cu-O 层方向的导电性很差，呈介质性。Ruddlesden-Popper 系列的 $Sr_{n+1}Ru_nO_{3n+1}$ 材料的晶体结构与铜基超导材料的晶体结构相似，也含有层状钙钛矿结构，但在钙钛矿层方向及与之正交的晶向的介电常数是由两个等离子体频率不同的 Drude 色散模型来描述的。通过这类材料的反射谱对其介电性质进行深入研究，可以预测这些材料中可以发生负折射行为的频段。

第 5 章中介绍的石墨单晶在紫外频段，平行于碳原子层与垂直于碳原子层两个方向上的介电色散模型分别以 Drude-Lorentz 混合模型与 Lorentz 模型描述，从而表现出介电非正定性，而本章中研究的化合物超导材料的各向异性的介电常数则是由其他机制产生的，总结与归纳各种天然介质中非正定性的产生机理，将会对以后的研究有着重要的指导意义。

本章主要研究了具有层状结构的化合物超导材料的介电常数特征，首先，研究了 MgB_2 材料的介电常数张量，并通过椭偏法证明了 MgB_2 材料在可见光频段的负折射现象；其次，通过研究铜基超导材料、$Sr_{n+1}Ru_nO_{3n+1}$ 材料的反射谱验证了这类材料的介电常数的非正定性及在对应频段的负折射现象，并通过软件对这类材料的负折射行为进行了仿真模拟；最后，对目前发现的天然非正定介质的机理进行了分类。

6.3.1 MgB_2 材料的非正定介电性质及负折射行为

1. MgB_2 的晶体结构

早在 1954 年，MgB_2 由美国科学家 M. E. Jones 等最先合成，并对其晶体结构进行了细致地表征 [26]。2001 年，日本科学家 Nagamatsu 等发现 MgB_2 具有超导性能，转变温度高达 39K[27]。此后，MgB_2 作为一种重要的超导材料而被人们广泛关注。

MgB_2 晶体是六方晶系，$P3/mmm$ 空间群，其晶体结构是典型的层状结构。如图 6.25 所示，每个硼原子与相邻的三个硼原子等距相连，组成类似石墨的六方环排列，硼原子层之间是六方密堆积的镁原子，镁原子对应于上下两层硼原子环构成的六方柱体的中心。晶格常数为：a=3.083Å，c=3. 521 Å[27]，密度：2.57g/cm^3。

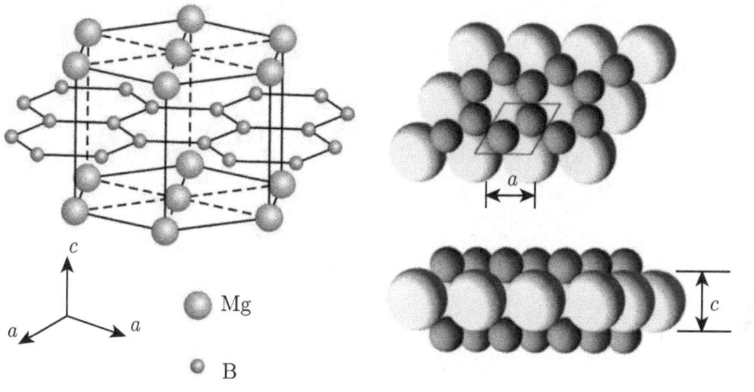

图 6.25 硼化镁的晶体结构

(a) 晶胞；(b) 晶体结构 [28]

2. MgB_2 的晶体结构与介电行为

MgB_2 晶体结构与石墨层间化合物的晶体结构十分相似，硼原子占据碳原子的位置，镁原子层相当于插层材料。硼原子通过 sp_xp_y 杂化与相邻的三个硼原子以 σ 键结合，形成正六边形蜂巢状的平面层状结构，原子层间通过 p_z 杂化的 π 键相连 [29,30]。π 电子在原子层方向自由移动，表现出金属导电性。而 MgB_2 中的 σ 键虽然是共价键，由于大量空穴的存在，也表现为金属性 [31]，如图 6.26(a) 所示。因此，MgB_2 晶体介电常数是单轴各向异性的，晶体晶轴即与原子层垂直的 c 轴，在原子层方向与晶轴方向的介电色散行为可以用两个 Drude 模型来描述 [30]。

文献 [28] 中给出了通过椭偏法测试通过六方压砧技术制备的 MgB_2 晶体样品在 100~900THz 频段的介电常数谱 [31]。如图 6.26(b) 所示，硼原子层方向的介电常

数 (ε_a) 与 c 轴方向的介电常数 (ε_c) 相近，基本满足 Drude 色散模型，但两个介电常数的等离子体频率是不同的。随着频率的增加，ε_a 也不断增大并在 490THz 附近频段接近 0，但频率继续增加时，ε_a 又有所下降，此后恢复增长趋势，直到 900THz 附近，等离子体频率才变为正值；而 ε_c 在 100~900THz 频段内是单调递增函数，等离子体频率为 627THz。因此，在 627~900THz 频段，$\varepsilon_c > 0$，$\varepsilon_a < 0$，MgB_2 晶体的介电常数具有强各向异性。也正是因为这种各向异性的介电常数，单晶 MgB_2 对不同的偏振光呈现出不同的颜色，如图 6.27 所示。

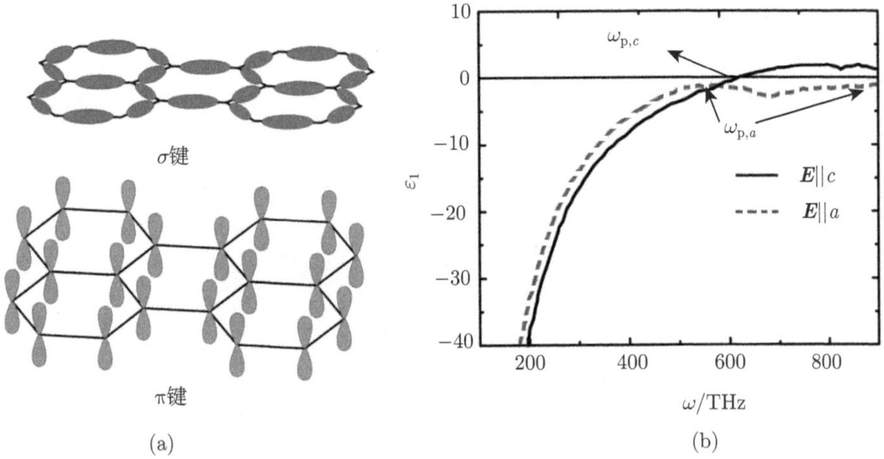

图 6.26　MgB_2 的电子结构与介电常数

(a) 电子结构；(b) 介电常数 [28]

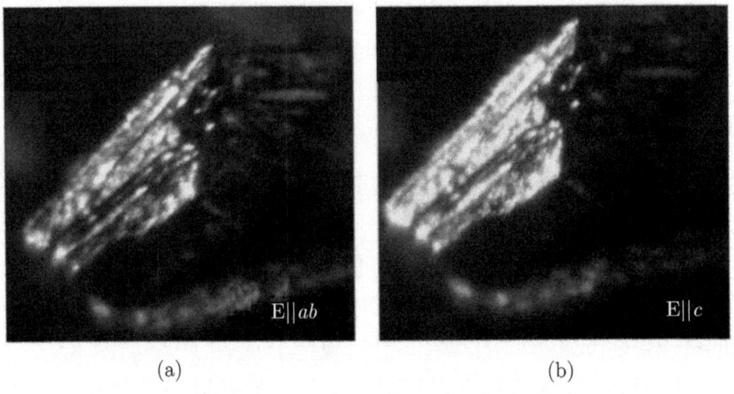

图 6.27　MgB_2 对偏振光的反射 [28]

(a) 电场平行于 ab 面；(b) 电场平行于晶轴 c

3. MgB_2 中的负折射行为验证

根据文章中所提供的椭偏仪测试数据，按照第 2 章中介绍的测试方法可以确定上述 MgB_2 晶体样品的折射行为。图 6.28 给出了椭偏法的变角度测试示意图以及在 150~900THz 频段内测得的 60° ~80° 的椭偏仪原始数据 (Δ, Ψ)，根据上一节中的讨论，MgB_2 晶体在 627THz 以上的波段是非正定介质，因此，取 702THz、720THz、738THz 等三个频率下的数据绘制 MgB_2 晶体在取向下 60°~80° 部分的等频线。

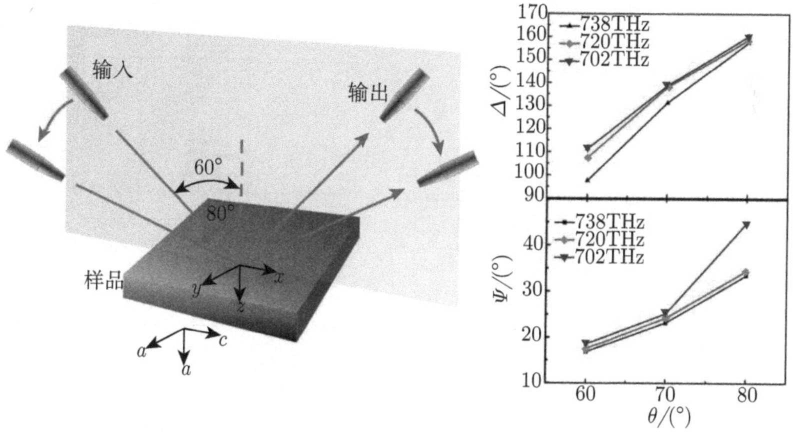

图 6.28 MgB_2 的椭偏法测试示意图与测试结果

(a) 变角度测试; (b) 不同角度下 Δ 和 Ψ 的测试结果

根据第 5 章中对椭偏法验证材料折射行为的论述，通过等频线的类型可以判断折射光的坡印亭矢量。对于任意材料的等频线，不论是普通介质的圆型或椭圆型的等频线，还是非正定介质的双曲线型的等频线，都是二次曲线型。在如图 6.29(a) 所示的晶体取向及入射方向对于等频线的第二象限部分，圆型或椭圆型的等频线是关于入射角正弦值 ($\boldsymbol{k}_z$) 的单调减函数，此时对应的外法线方向与光线入射方向分居入射面法线的两侧，即发生了正折射；而对于双曲线型的等频线则是关于入射角正弦值 ($\boldsymbol{k}_z$) 的单调增函数，外法线方向与入射方向均位于入射面法线同侧。根据二次函数的数学性质，任意象限内的二次线都是单调的。因此，利用等频线上任意一部分的增减性就能够确定等频线在整个第二象限部分的单调性，进而确定折射光的坡印亭矢量方向以及材料的折射行为。

利用图 6.28 中的数据计算得到的 MgB_2 在取向下的等频线如图 6.29(c) 所示。k_z 在 sin60° ~sin80° 区间的等频线是单调增函数，对应于图 6.29(b) 中双曲线的一部分，也就是说，对于 sin0° ~sin90° 区间，$\boldsymbol{k}_x$ 都是 $\boldsymbol{k}_z$ 的单调增函数，这个单调增函数对应的外法线方向与入射光线皆位于入射面法线的同侧，即此时电磁波发生了群速负折射，如图 6.29(a) 和 (c) 所示。

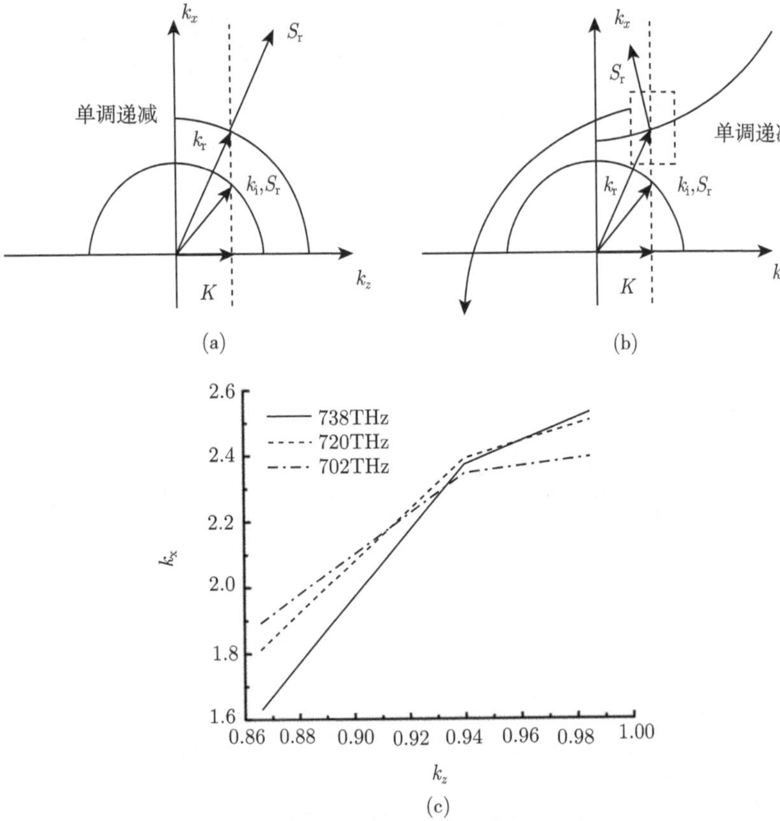

图 6.29 折射行为与等频线类型的关系

(a) 单调递减的圆型等频线；(b) 单调递增的双曲线型等频线；(c) 通过椭偏仪测试得到的 MgB_2 的等频线

4. MgB_2 负折射的模拟

利用 HFSS 对上述三个频率的偏振光在 MgB_2 中的负折射现象进行模拟。设置入射光的电矢量在 x-z 面内偏振，入射角为 30°，晶体的取向如图 6.30(a) 所示。图 6.30(b)～(d) 分别给出了 702THz、720THz、738THz 的光在 MgB_2 中的传播的磁场分布模拟结果，受非正定的介电常数的作用，这三个频率的光都发生了能量负折射。由于 MgB_2 材料本身的损耗，光在 MgB_2 中的强度随传播距离而衰减，因此另一端的出射波强度很低。图 6.30(c) 给出了 702THz 的光在 MgB_2 晶体中的平板聚焦现象。

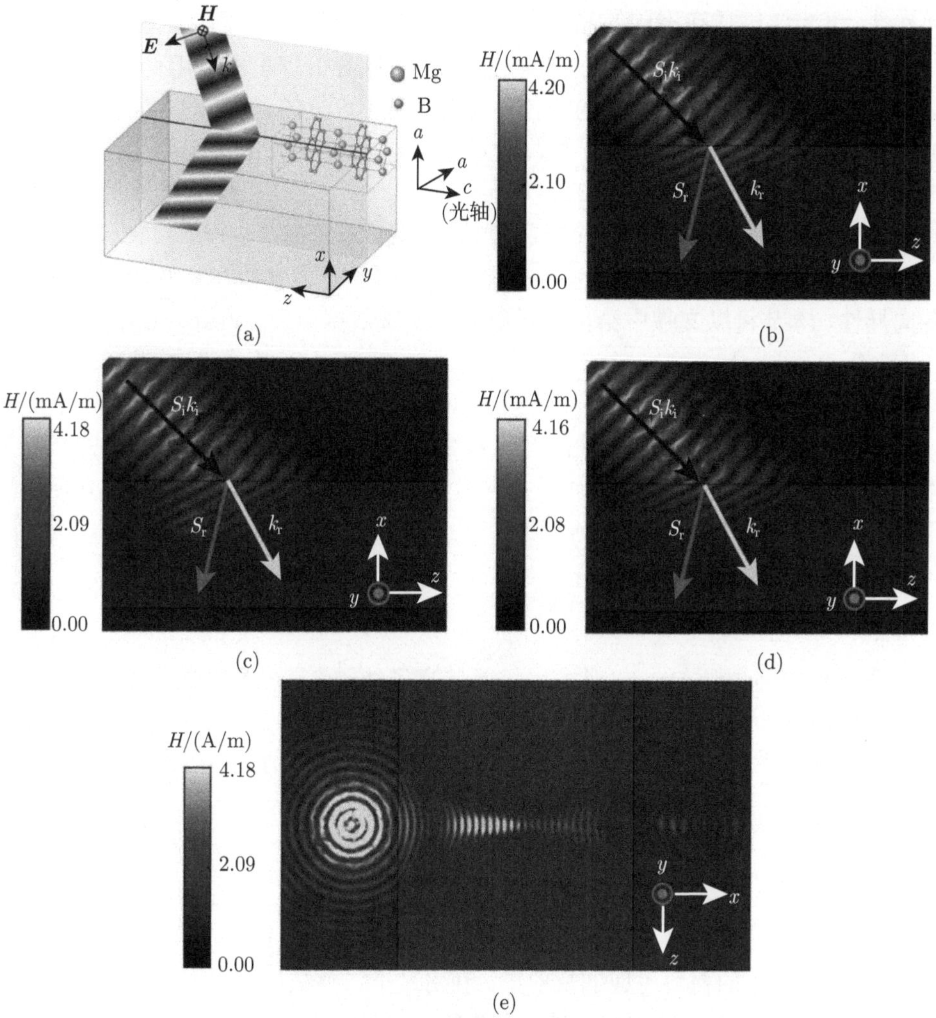

图 6.30 MgB_2 的模拟仿真结果 (后附彩图)

(a) MgB_2 的取向；(b) 702THz 的负折射模拟结果；(c) 720THz 的负折射模拟结果；(d) 738THz 的负折射模拟结果；(e) MgB_2 平板聚焦特性的模拟结果

6.3.2 铜基超导材料中的非正定介电性质

目前已知的铜基高温超导材料晶体结构都属于层状钙钛矿结构，可以看成是由绝缘层和导电层的组合层构成的多层结构。由一层或几层 CuO_2 平面构成了导电层，电导和超导主要都发生在这些 CuO_2 层上；绝缘的组合层主要是向 CuO_2 平面提供载流子，因而被称为载流子库层。理论上可以近似地把铜基高温超导材料作为二维导电系统来进行研究，因此，不仅铜基超导材料的超导性质都具有强烈的各向异性，其光学性质在不同的晶向上也具有强各向异性。

铜基超导材料都具有很高的超导临界温度，超导机理也不能用传统的 BCS 理论解释，但其机理与其层状结构的各向异性是密不可分的。因此，人们在铜基超导的各向异性的电学、光学性质方面做了大量的研究工作，其中对主要几种铜基超导材料的反射谱表征及其光电导的计算均有报道。由于这些工作的目的是研究各向异性的导电性与高温超导机理的关系，所以并没有对介电常数谱进行测试与研究。

对铜基超导材料反射谱的分析表明这类材料的介电常数在某些频段也具有强各向异性，本节将以文献中给出的反射光谱测试数据出发，得到 $YBa_2Cu_3O_{7-x}$、$GdBa_2Cu_3O_{7-x}$、$La_{2-x}Sr_xCuO_4$、$Bi_2Sr_2Ca_{n-1}Cu_nO_{2n+4+x}$ 等单晶材料在不同晶向上的介电常数，进而确定可以出现负折射现象的波段。上述四种材料中，除 $YBa_2Cu_3O_{7-x}$ 单晶的各向异性的介电常数有所报道外，其他几种晶体的介电常数均需要通过介电常数模型的计算与反射谱拟合得到。拟合过程用到的介电模型为 [32]

$$\varepsilon(\omega) = \varepsilon_\infty - \frac{\omega_\mathrm{p}^2}{\omega^2 - \mathrm{i}\Gamma\omega} + \sum_n \frac{A}{\omega_n^2 - \omega^2 - \mathrm{i}\Gamma_n\omega} \tag{6-32}$$

式 (6-32) 中前两项是 Drude 形式，ω_p 是等离子体频率，Γ 是衰减系数。后面的求和项是叠加在 Drude 色散的 Lorentz 谐振模型，A、ω_n 和 Γ_n 分别为谐振强度、谐振频率与衰减系数。以 ω_p、Γ、A、ω_n 和 Γ_n 为拟合变量通过式 (6-32) 计算 $\varepsilon(\omega)$，并将其代入菲涅耳反射系数公式：

$$r(\omega) = \frac{\sqrt{\varepsilon(\omega)} - 1}{\sqrt{\varepsilon(\omega)} + 1} \tag{6-33}$$

得到色散为 $\varepsilon(\omega)$ 的材料对应的反射谱。利用最小二乘法计算由式 (6-33) 得到的反射率 $R(\omega) = rr^*$ 与实验测试得到的反射率之间的误差，误差达到最小时的 $R(\omega)$ 对应的 $\varepsilon(\omega)$ 即为材料的介电常数。下面分别介绍几种典型的铜基超导单晶材料的介电性能与负折射行为。

1. 钇钡铜氧晶体的非正定介电性质

$YBa_2Cu_3O_{7-x}$ 是著名的高温超导材料，x 在 0.07 附近时，材料可达到最高临界温度 95K。图 6.31 给出了 $YBa_2Cu_3O_{7-x}$ 的单晶照片与晶体结构图，$YBa_2Cu_3O_{7-x}$ 为钙钛矿缺陷型层状结构，由 CuO-CuO_2-CuO_2-CuO 交替的层堆垛构成，CuO_2 层可以有变形和皱褶。Y 原子存在于 CuO_2 和 CuO_2 层中，BaO 层则在 CuO 与 CuO_2 两层之间，晶格常数：a=3.82Å，b=3.88Å，c=11.63Å[33]。

(a)

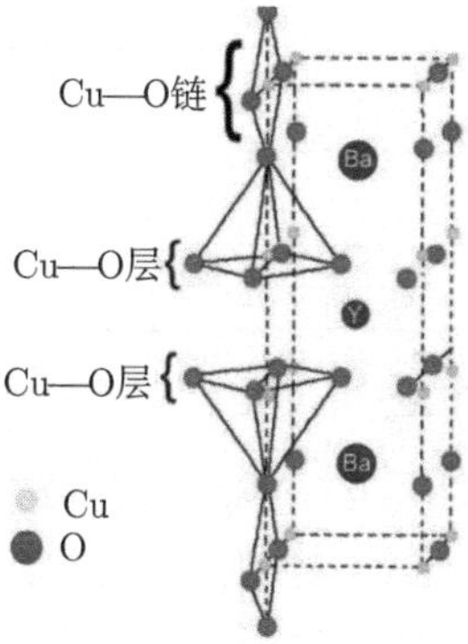

(b)

图 6.31 $YBa_2Cu_3O_{7-x}$ 晶体
(a) $YBa_2Cu_3O_{7-x}$ 单晶; (b) 晶体结构

研究表明 $YBa_2Cu_3O_{7-x}$ 晶体在 a、b、c 三个晶向的介电常数各不相同，a 方向上的介电常数主要由二维 CuO_2 层上的空穴电导决定；b 方向上的介电常数由二维 CuO_2 层及一维 CuO 链上的空穴电导共同决定；c 方向上的介电常数则是由少量的 CuO_2 层间跳跃电荷决定，不表现出自由电荷的性能 [34]。因此，$YBa_2Cu_3O_{7-x}$ 晶体是双轴各向异性晶体。文献 [34]，[35] 中给出了单晶 $YBa_2Cu_3O_{7-x}$ 在 0~3eV (724THz) 频段内 a、b、c 三个方向上的介电常数谱。如图 6.32 所示，a、b 方向的介电常数都满足 Drude 模型，a 方向的等离子体频率在 200THz 附近，b 方向的等离子体频在 348THz。在 c 方向，由于跳跃电导很低，在 0~724THz 的介电常数都是正的。因此，从 a、b 两个方向入射的电磁波均能发生能量负折射，发生负折射的电磁波的入射方向、偏振态以及频率范围如表 6.1 所示。

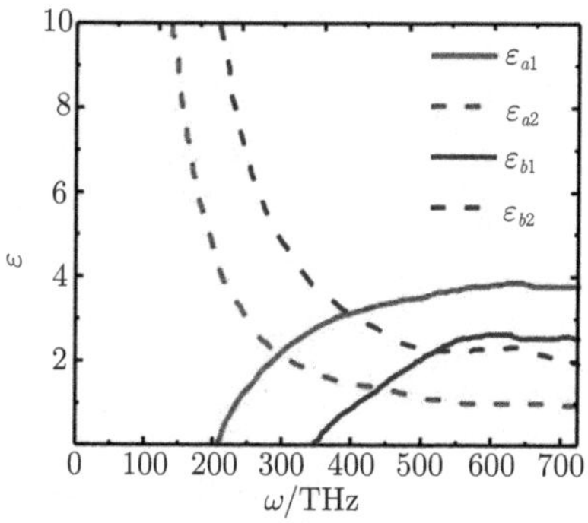

(a)

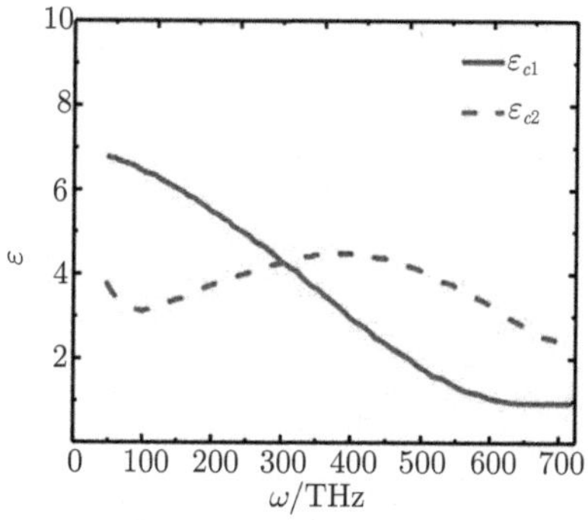

(b)

图 6.32 $YBa_2Cu_3O_{7-x}$ 介电常数 [33]
(a) ab 面方向的介电常数; (b)c 方向的介电常数

表 6.1　$YBa_2Cu_3O_{7-x}$ 单晶中发生负折射的条件

界面法线方向	电矢量偏振面	频率/THz
a	ac	0～207
b	ab	1～348
b	bc	0～348

2. $GdBa_2Cu_3O_{7-x}$ 晶体的非正定介电性质

$GdBa_2Cu_3O_{7-x}$ 晶体为钙钛矿结构，如图 6.33 所示，与 $YBa_2Cu_3O_{7-x}$ 的晶体结构相同，只是 Gd 原子取代了 Y 原子的位置，晶格常数：a=3.895Å，b=3.835Å，c=11.699Å[PDF#41-0173]，因此，两种材料的光学性质也极为相似。

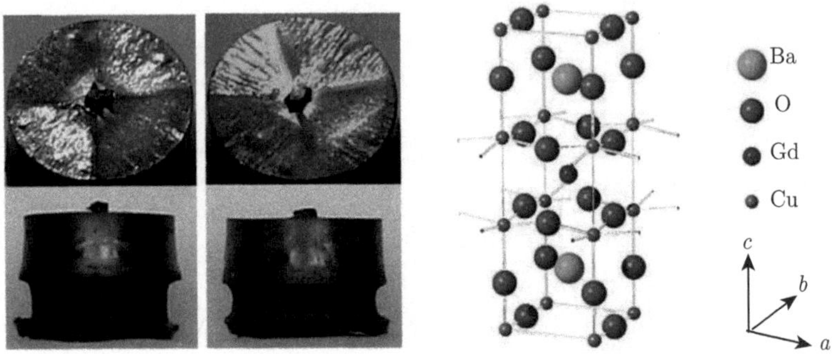

(a)　(b)

图 6.33　$GdBa_2Cu_3O_{7-x}$ 晶体

(a) $GdBa_2Cu_3O_{7-x}$ 单晶照片 [36]；(b) 晶体结构

文献 [36] 给出了利用 Perkin-Elmer 16U 光谱仪在 300 K 的温度下测得的 $GdBa_2Cu_3O_{7-x}$ 晶体在 30～1000THz 频段的反射谱，如图 6.34 中的黑色实线。

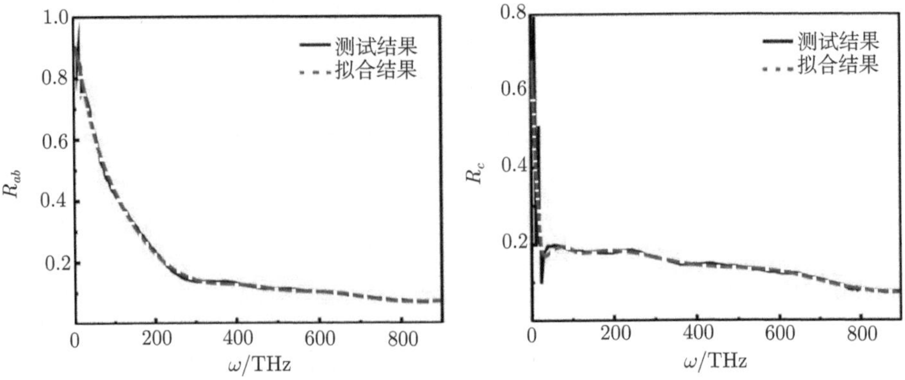

(a)　(b)

图 6.34　文献中报道的 $GdBa_2Cu_3O_{7-x}$ 的反射谱与拟合得到的反射谱

(a) c 方向的反射谱的实验结果与拟合结果；(b) ab 面方向反射谱的实验值与拟合结果

$GdBa_2Cu_3O_{7-x}$ 在 ab 平面表现为金属性，而在 c 方向表现为介质性，在低频区 (<50THz) 伴有多个声子振动模。利用式 (6-32) 通过拟合得到 30~900THz 的反射谱与 (图 6-34 中虚线) 与介电常数谱 (图 6.35)。图 6.34 中的拟合数据与测试数据的曲线几乎重合，说明拟合得到的介电常数是正确的。

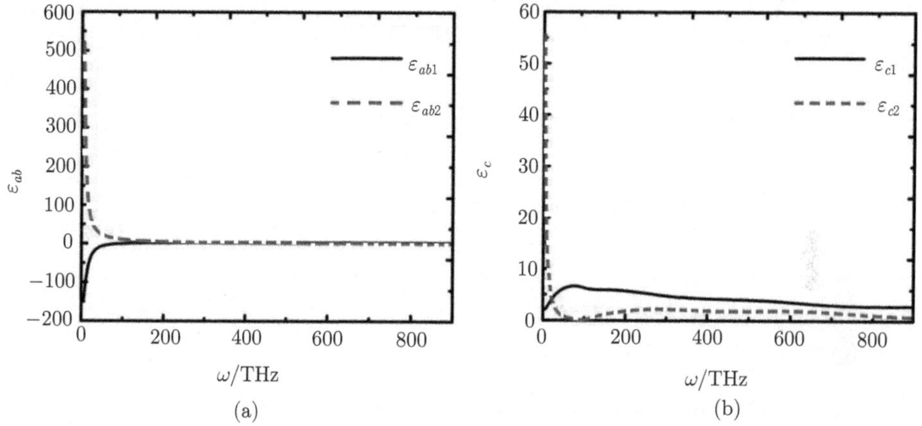

图 6.35 文献中报道的 $GdBa_2Cu_3O_{7-x}$ 的反射谱与拟合得到的介电常数谱

(a) c 方向的反射谱的实验结果与拟合结果；(b) ab 面方向的反射谱的实验值与拟合结果

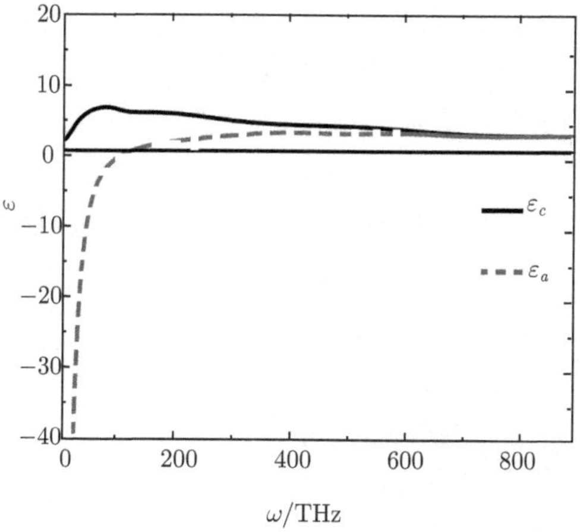

图 6.36 $GdBa_2Cu_3O_{7-x}$ 的非正定介电常数频段

图 6.35 给出了拟合得到的介电常数结果，c 方向的介电常数几乎在全部测试频段都为正值；ab 面的介电常数满足 Drude 模型，等离子体频率出现在 110THz 附近。由于文献 [36] 认为 a、b 两个方向的介电常数的差别十分微小，因此，这里将 $GdBa_2Cu_3O_{7-x}$ 晶体作为单轴各向异性晶体处理，主光轴为 c 轴。将这两个晶向的

介电常数实部在同一频段内进行比较，如图 6.36 所示，可以确定在 30~110THz 频段，$GdBa_2Cu_3O_{7-x}$ 单晶是非正定介质，发生负折射的电磁波的具体条件如表 6.2 所示。

表 6.2　$GdBa_2Cu_3O_{7-x}$ 单晶中发生负折射的条件

界面法线方向	电矢量偏振面	频率/THz
a	ac	30~110
b	bc	30~110

3. $La_{2-x}Sr_xCuO_4$ 晶体的非正定介电性质

在 La_2CuO_4 材料中，以二价元素 Sr 掺杂取代一部分三价的 La 就得到了 $La_{2-x}Sr_xCuO_4$，其单晶照片与晶体结构如图 6.37 所示。晶格常数：$a = b$=3.79Å，c=13.20Å[37]。

虽然母体材料 La_2CuO_4 是反铁磁绝缘体，但由于 Sr^{2+} 的掺杂而产生大量的空穴。对母体化合物掺杂达到一定的空穴浓度下，开始出现超导电性，继而超导临界温度随空穴浓度的增大而上升，达到极大值之后会随着空穴浓度的增加而下降。$La_{2-x}Sr_xCuO_4$ 的起始超导转变温度高达 48.6K。这类材料的一个原胞中只包含有一个 CuO_2 平面，不存在 CuO 链，是典型的空穴掺杂型单层铜氧化物超导材料，理论上可以近似地把铜氧化物高温超导材料当成二维系统来进行研究。文献 [32] 给出了 298K 下通过傅里叶变换光谱仪在 1.2~120THz 频段内 $La_{1.92}Sr_{0.08}CuO_4$ 晶体在不同晶向的反射谱。如图 6.38 所示，在 c 轴方向的反射谱呈 Lorentz 谐振特征，而在 a-b 面方向的反射谱主要呈 Drude 色散特征，同时伴有多个声子谐振。

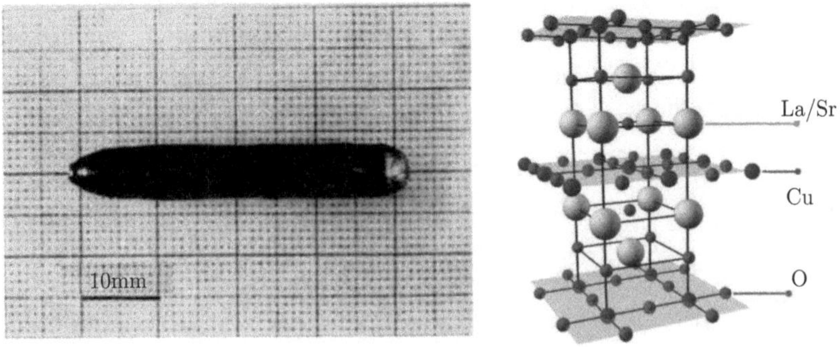

(a)　　(b)

图 6.37　$La_{2-x}Sr_xCuO_4$ 晶体

(a) $La_{2-x}Sr_xCuO_4$ 单晶 [36]；(b) 晶体结构

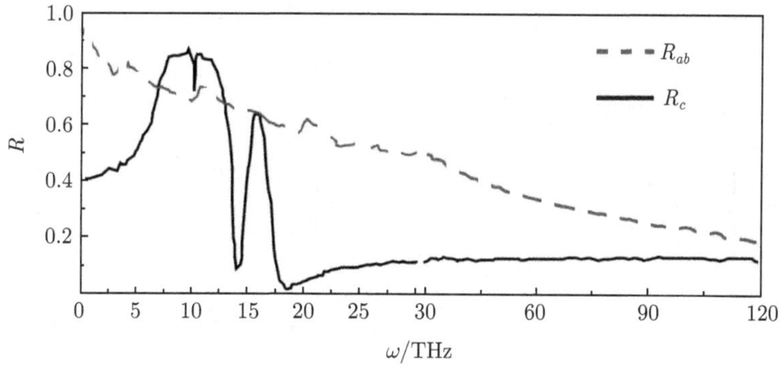

图 6.38 文献中报道的 $La_{1.92}Sr_{0.08}CuO_4$ 晶体在 1.2~120THz 频段的反射谱

由于在高于 30THz 的波段的反射率没有因特殊的谐振机制而出现异常，因此，通过式 (6-32) 在 1.2~24THz 的频段内的反射谱进行拟合即可得到在全部测试波段的介电常数谱，反射谱的拟合结果如图 6.39 所示。

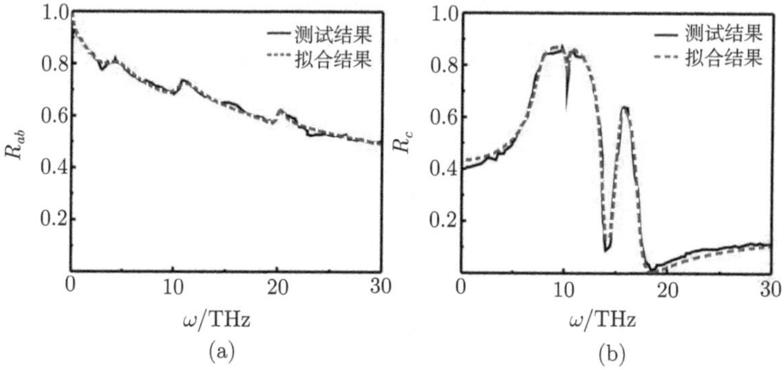

图 6.39 40~1000cm^{-1} 的反射谱拟合情况

(a) c 方向的反射谱；(b) ab 面方向的反射谱

通过拟合得到的介电常数谱如图 6.40(a)、(b) 所示，非正定的介电常数主要出现在低频谐振区。将两个方向的介电常数实部进行对比可见，在 1.2~24THz 的多个频段内，$La_{1.92}Sr_{0.08}CuO_4$ 表现为非正定单轴各向异性晶体，如图 6.40(c) 所示。发生负折射的电磁波的具体条件如表 6.3 所示。

4. BSCCO–2212 晶体的非正定介电性质

铋锶钙铜氧系列超导材料是铜酸盐高温超导材料中重要的一类材料之一，也是人类首次发现的不含稀土元素的高温超导材料，其通式为 $Bi_2Sr_2Ca_{n-1}Cu_nO_{2n+4+x}$，其中 n=1，2，3。以 $Bi_2Sr_2Ca_1Cu_2O_{8+x}$(BSCCO-2212) 研究最为广泛，其单晶照片与晶体结构如图 6.41 所示，由间隔的 Cu—O 和 Bi—O 层堆垛而成，Ca^{2+} 和 Sr^{2+} 存在于相邻的 Cu—O 层之间，晶格常数 a=5.408Å，b=5.413Å，c=30.81Å[37]。与上述几种铜酸盐晶体相似，BSCCO-2212 金属性来源于 Cu—O 层的空穴，但由于不存在 YBCO 中的 CuO 链，在垂直于 Cu—O 层的方向表现为绝缘体性能，因此，BSCCO-2212 是典型的准二维金属。

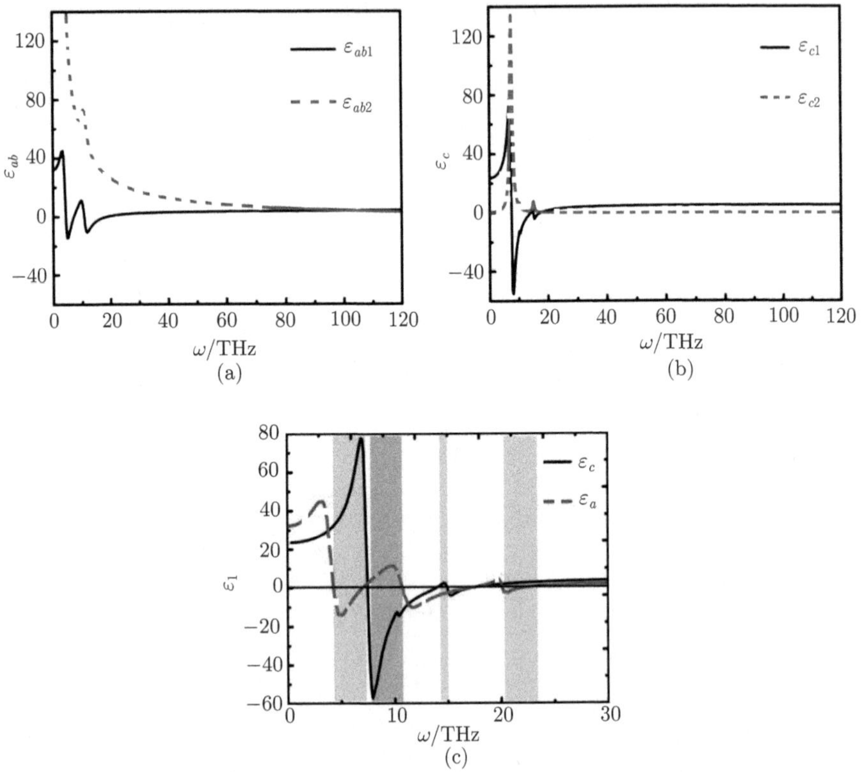

图 6.40　$La_{1.92}Sr_{0.08}CuO_4$ 在 1.2~120THz 频段的介电常数的计算结果与非正定区域

(a) c 方向的介电常数；(b) ab 面方向的介电常数；(c) 非正定介电常数频段

表 6.3　$La_{1.92}Sr_{0.08}CuO_4$ 单晶中发生负折射的条件

界面法线方向	电矢量偏振面	频率/THz
a/b	ac	4.3~7.2, 14.1~14.9, 20.0~22.1
c	ac	7.6~10.8

文献 [37] 给出了 298K 温度下通过傅里叶变换光谱仪在 20~120THz 频段内 $Bi_2Sr_2Ca_1Cu_2O_{8+x}$ 晶体在不同晶向上的反射谱。如图 6.42 所示，$Bi_2Sr_2Ca_1Cu_2O_{8+x}$ 在 ab 平面表现为金属性，而在 c 方向表现为介质性。

通过拟合得到 20~120THz 的介电常数谱，如图 6.43 所示，ab 面的介电常数满足 Drude 模型，在测试频段内的数值小于零。c 方向的介电常数几乎在全部测试频段都为正值；a、b 两个晶向的介电常数都满足 Drude 模型，但有微弱的差别，通过拟合得到的 a、b 方向的等离子体频率在 307THz 附近，这与文献 [38] 中反射谱测试结果是一致的，在大于 307THz 的频段，a、b 反射谱的差别逐渐增大。因此，在低于等离子体频率的频段，可以近似将其看成单轴各向异性晶体。

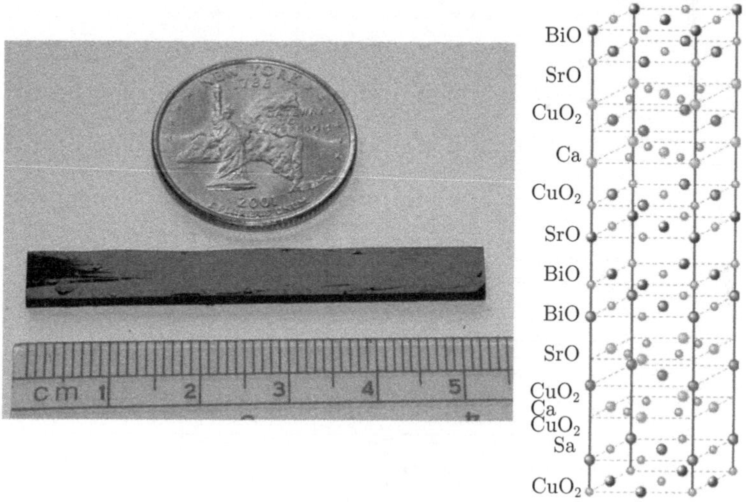

图 6.41 BSCCO-2212 晶体

(a) BSCCO-2212 单晶；(b) 晶体结构

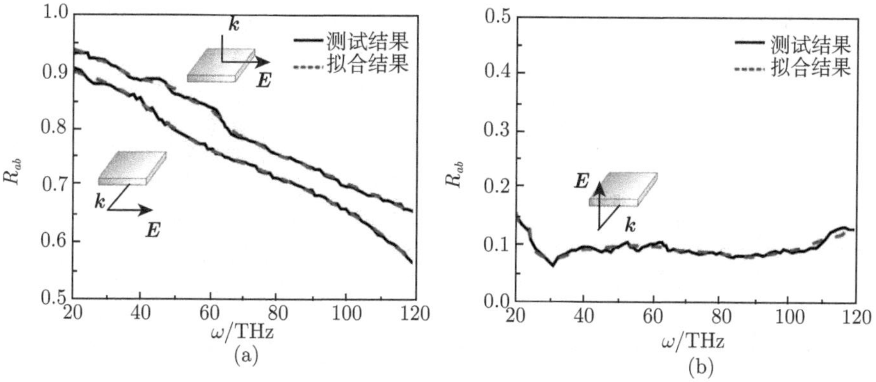

图 6.42 文献中报道的 $Bi_2Sr_2Ca_1Cu_2O_{8+x}$ 的反射谱及拟合结果

(a) 电矢量在 ab 面内偏振的反射谱；(b) 电矢量在 c 方向偏振的反射谱

将两个方向的介电常数进行对比，如图 6.43(c) 所示，在 20~120THz 的频段内，$Bi_2Sr_2Ca_1Cu_2O_{8+x}$ 是非正定介质，发生负折射的电磁波的具体条件如表 6.4 所示。

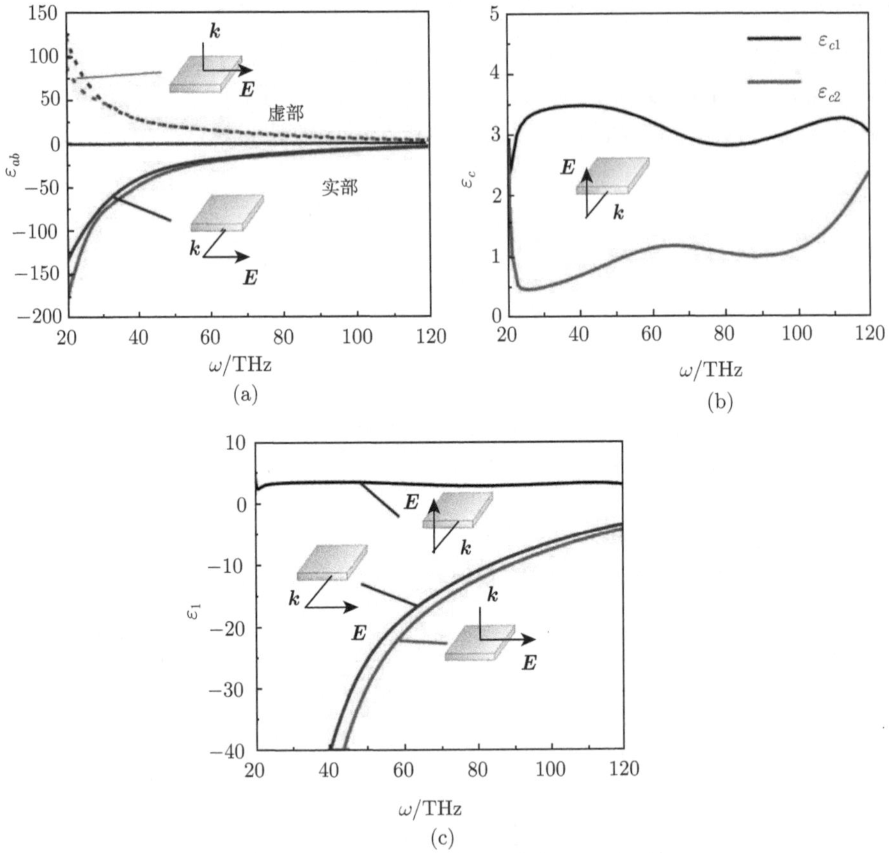

图 6.43　$Bi_2Sr_2Ca_1Cu_2O_{8+x}$ 的介电常数计算结果

(a) *ab* 面的介电常数；(b) *c* 方向的介电常数；(c) 非正定介电常数频段

表 6.4　$Bi_2Sr_2Ca_1Cu_2O_{8+x}$ 单晶中发生负折射的条件

界面法线方向	电矢量偏振面	频率/THz
a	*ac*	20～120
b	*bc*	20～120

6.3.3　锶钌氧 RP 相系列材料的非正定介电性质

1. 锶钌氧 RP 相系列材料的晶体结构

Ruddlesden-Popper(以下简称 RP) 结构是钙钛矿层和岩盐层交替组成的层状结构，化学式为 ($AO)_r$ (ABO_3) $_p$，其中，A 为碱土金属或镧系金属离子，如 Ca、Sr、Ba、La 等，B 为半径较小的高价离子，如 Mn, Ru, Ta, Ti 等 [39,40]。具有

RP 结构的钌酸盐 (Ln, M)$_{n+1}$Ru$_n$O$_{3n+1}$(M 为碱土金属) 中，钌氧八面体 [RuO$_6$] 共顶点相连，在 ab 平面内无限伸展，但在沿 c 轴方向每隔 n 个八面体的厚度就被 1 层 M—O 盐层分开，如此交替堆叠 [41] (图 6.44)，故其通式又可写成 [(Ln, M) RuO$_3$]$_n$(Ln, M)O。

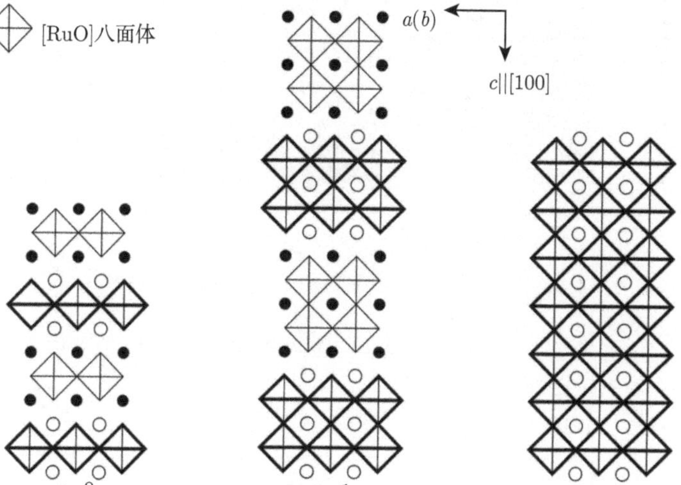

图 6.44 RP 相系列材料的晶体结构规律

锶钌氧 RP 相系列材料的通式为 Sr$_{n+1}$Ru$_n$O$_{3n+1}$，其中 Sr$_2$RuO$_4$ (n=1) 是第一个无 CuO 面的氧化物超导材料 [41]，转变温度为 1K；Sr$_3$Ru$_2$O$_7$ (n=2) 是一种具有临界量子效应的磁性材料；Sr$_2$RuO$_3$ 是一种巡游铁磁体 [42]。文献调研发现，有关前两种材料的单晶反射性能的报道较多，并呈现出各向异性。利用同样的拟合方法，对这两种单晶的介电常数进行计算，可以确定各自的负折射频段。

2. Sr$_3$Ru$_2$O$_7$ 的非正定介电性质

Sr$_3$Ru$_2$O$_7$ 是体心四方结构，$I4/mmm$ 晶系，晶格常数为 a=b=3.8897Å，c=20.7320Å。图 6.45 给出了的 Sr$_3$Ru$_2$O$_7$ 单晶的照片与晶体结构 [42]，由每两层 [RuO$_6$] 八面体与 SrO 层交替堆垛而成。Sr$_3$Ru$_2$O$_7$ 晶体中的载流子是空穴，载流子在 Ru—O 层可自由移动，类似金属性；而在垂直于层方向的电阻则很大，290K 下两个方向的电阻比 r_c/r_a=220。因而，这两个方向的光学性质也完全不同。

文献 [43] 给出了 300K 温度下通过快速扫描干涉仪测试的 Sr$_3$Ru$_2$O$_7$ 在 2.4~900THz 频段 ab 面与 1.8~900THz c 方向的反射谱，如图 6.46 所示，Sr$_3$Ru$_2$O$_7$ 在两个方向的介电常数均表现为金属性。通过式 (6-32) 拟合得到两个晶向的反射谱与介电常数谱，如图 6.46、图 6.47 所示，两个晶向的介电常数均满足 Drude 模型，但 ab 面的等离子体频率 294THz 远高于 c 方向的等离子体频率 20THz。

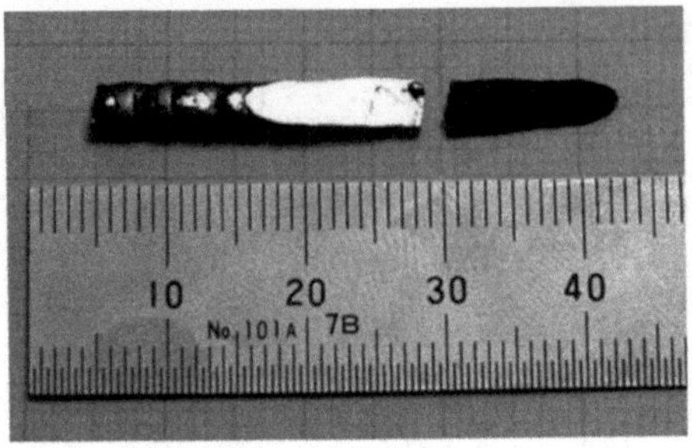

(a)

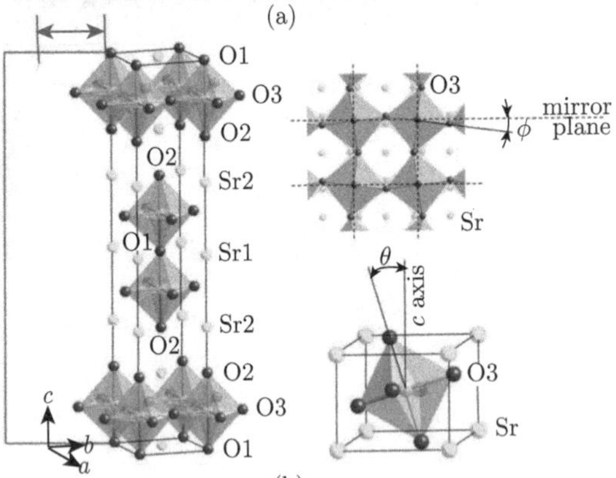

(b)

图 6.45　$Sr_3Ru_2O_7$ 晶体

(a) $Sr_3Ru_2O_7$ 单晶；(b) 晶体结构

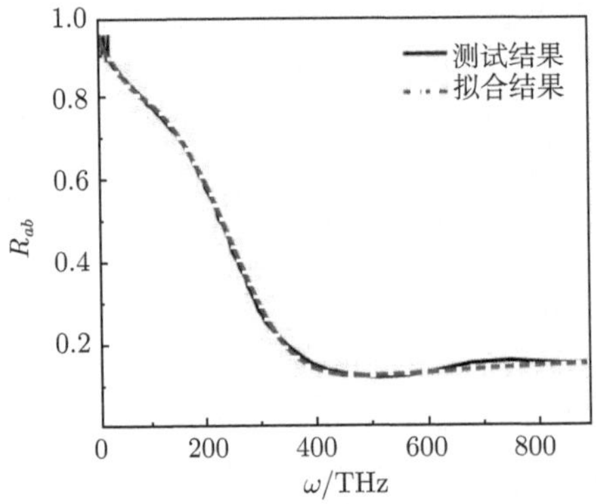

(a)

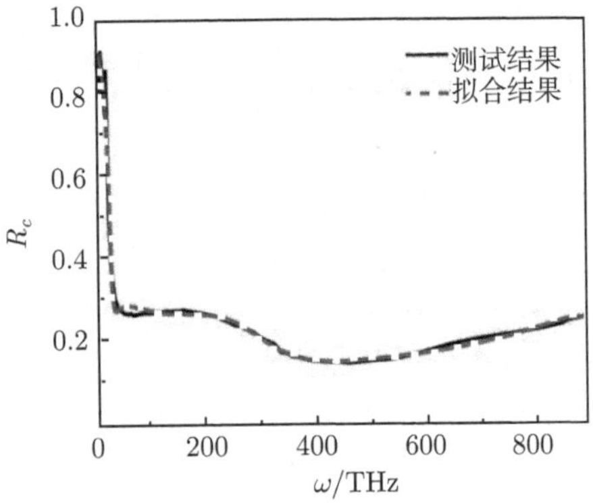

(b)

图 6.46　文献中报道的 $Sr_3Ru_2O_7$ 的反射谱拟合情况

(a) ab 面的反射谱；(b) c 方向的反射谱

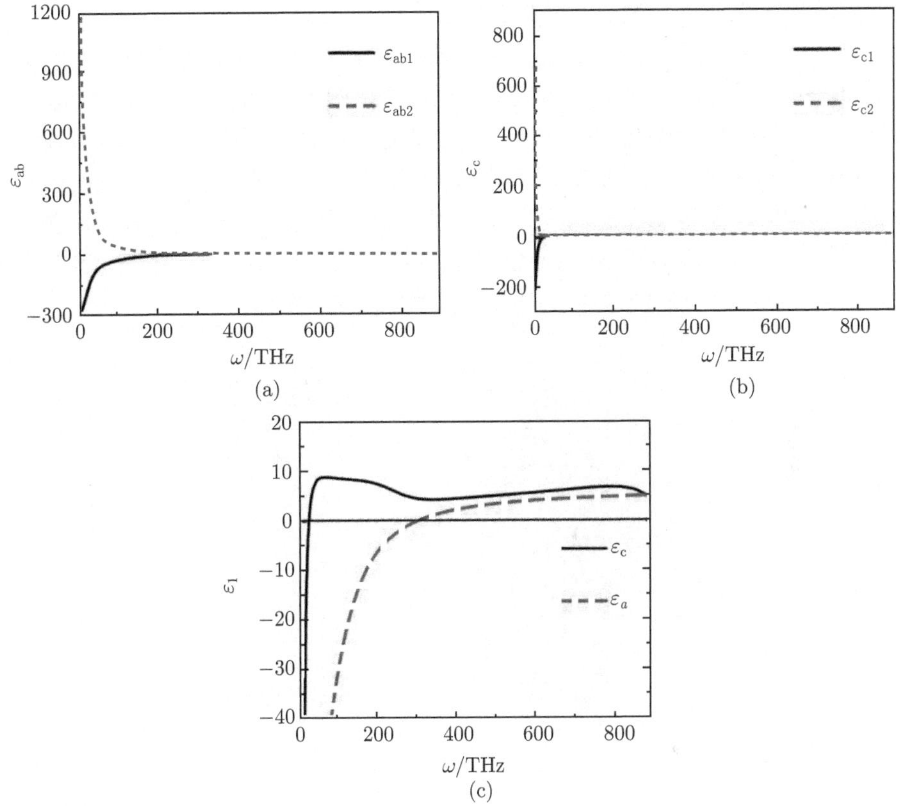

图 6.47 $Sr_3Ru_2O_7$ 的介电常数谱的拟合结果

(a) ab 面的介电常数；(b) c 方向的介电常数；(c) 非正定介电常数频段

将 ε_a、ε_c 进行对比，如图 6.47 所示，在 1.8~900THz 频段内，$Sr_3Ru_2O_7$ 是非正定介质，发生负折射的电磁波的具体条件如表 6.5 所示。

表 6.5 $Sr_3Ru_2O_7$ 单晶中发生负折射的条件

界面法线方向	电矢量偏振面	频率/THz
a	ac	22~294
b	bc	22~294

3. Sr_2RuO_4 的非正定介电性质

Sr_2RuO_4 与前面提到的 La_2CuO_4 晶体结构相同，如图 6.48 所示，晶格常数为 a=b=3.87Å，c=12.74Å，此晶格常数与 YBCO 晶体的晶格常数相近 [44]，因此，常被用来做 YBCO 薄膜生长的基板。Sr_2RuO_4 晶体中一层 [RuO_6] 八面体层与一层 SrO 层交替堆垛。Sr_2RuO_4 晶体中存在电子与空穴两种载流子，层状的晶体结构的各向异性使其光学性质也具有各向异性。

文献 [45] 给出了 298K 温度下通过傅里叶变换光谱仪与光栅光谱仪测试了在 2~1200THz 频段内 ab 面与 c 方向的反射谱，如图 6.49 所示，Sr_2RuO_4 晶体在这两个晶向上的反射性能与 $Sr_3Ru_2O_7$ 对应晶向的反射性能相似，都表现为金属性。通过拟合得到两个晶向的反射谱 (图 6.49) 与介电常数谱 (图 6.50) 表明，两个晶向的介电常数均满足 Drude 模型，ab 面的等离子体频率为 325.8THz，c 方向的等离子体频率 19.4THz。在 1.94~325.8THz 的频段内，Sr_2RuO_4 是非正定介质，如图 6.50 所示，发生负折射的电磁波的具体条件如表 6.6 所示。

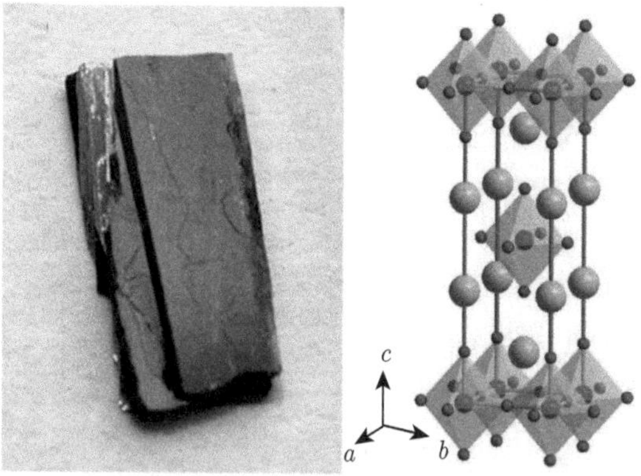

(a)　(b)

图 6.48　Sr_2RuO_4 晶体

(a) Sr_2RuO_4 单晶 [44]；(b) 晶体结构

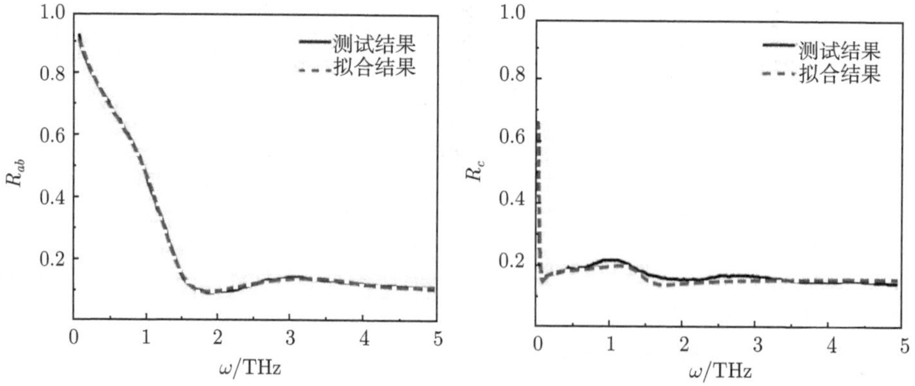

(a)　(b)

图 6.49　文献中报道的 Sr_2RuO_4 的反射谱拟合情况

(a) ab 面的反射谱；(b) c 方向的反射谱

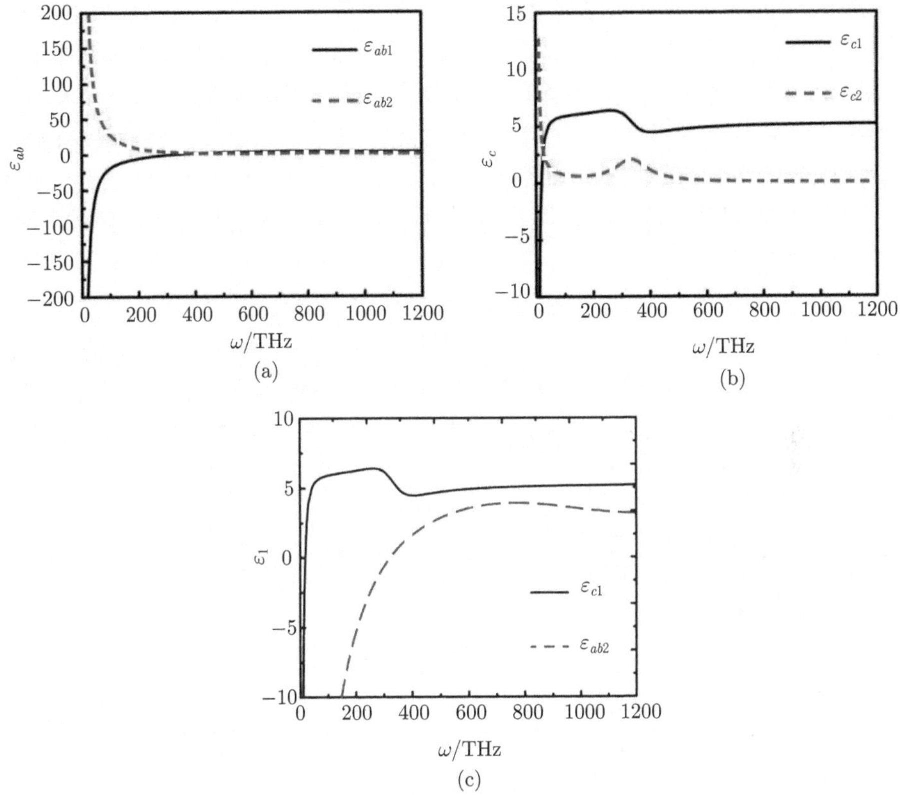

图 6.50 Sr_2RuO_4 的介电常数谱的拟合结果

(a) ab 面的介电常数；(b) c 方向的介电常数；(c) 非正定介电常数频段

表 6.6 Sr_2RuO_4 单晶中发生负折射的条件

界面法线方向	电矢量偏振面	频率/THz
a	ac	1.94~325.8
b	bc	1.94~325.8

6.3.4 本征非正定介质分类

通过第 2 章和本章的研究，按照晶体介电常数各向异性的色散行为对目前发现的本征型非正定介质进行分类，可分为如下三类：

Drude-Drude 型晶体在每个晶向均表现为金属性，但导电能力存在较大差异。晶体不同晶向的介电常数色散可以用 Drude 模型来描述，不同方向上的 Drude 模型的等离子体频率不同，因此，在两个等离子体频率之间的频段，晶体的介电常数具有强各向异性。MgB_2、$Sr_3Ru_2O_7$、Sr_2RuO_4 晶体的 c 晶向与 ab 面的介电常数，YBCO 晶体 a 晶向与 b 晶向的介电常数属于这种类型，如图 6.51(a) 所示。

Drude-Lorentz 型晶体内某个晶面上存在大量自由电子，具有良好的导电性，其介电常数色散可以用 Drude 模型来描述；在垂直于此晶面的方向上几乎不存在自由电子，晶体介电性能表现为介质性，用 Lorentz 模型来描述。由于 Lorentz 谐振的等离子体频率常出现在很低的频率，因此，在低于 Drude 模型等离子体频率很宽的频段内，晶体的介电常数具有强各向异性。GdBCO、BSCCO 晶体中 c 晶面与 ab 面的介电常数，YBCO 晶体 a、b 晶向与 c 晶向的介电常数属于这种类型，如图 6.51(b) 所示。

Lorentz-Lorentz 型晶体在不同晶向存在较多的振动模，使其不同晶向的介电常数分别用一个或几个 Lorentz 模型来描述。当不同晶向的 Lorentz 谐振频谱出现交叠区域时，就有可能出现介电常数异号的情况，晶体为非正定介质 (图 6.51(c))。比如 Al_2O_3[46]、$La_{2-x}Sr_xCuO_4$ 晶体中不同晶向上含有多个声子振动的介电常数。

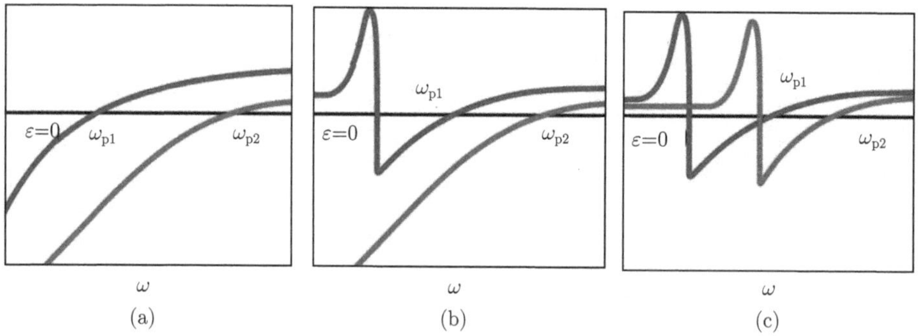

图 6.51　天然非正定介质的分类

(a) Drude-Drude；(b) Drude-Lorentz 型；(c) Lorentz-Lorentz

在频率较高的频段，晶体通常会表现出更多的谐振模式，因此，也就会出现上述几种模型相互叠加的现象。如第 5 章所述，石墨晶体在不同频段的谐振机理不同，在小 0.9eV 低频区，石墨在碳原子层方向表现为金属性，其介电常数满足 Drude 模型，等离子体频率为 0.9eV；而在垂直于碳原子层方向表现为介质性，其介电常数满足 Lorentz 模型。因此，低频区的石墨属于 Drude-Lorentz 型非正定介质。0.9eV 到可见光这一频段，石墨碳原子层方向的介电常数仍满足 Drude 模型，但在高于等离子体频率的区域，因此，两个晶向的介电常数都大于零。而在紫外频段，碳原子层方向由于 σ 电子谐振导致的 Lorentz 谐振使其介电常数出现了一段负值，因此，在这一频段的石墨晶体属于 Drude 复合 Lorentz-Lorentz 型非正定介质。

通过分析不同类型的非正定介质的谐振类型可以发现，在 Lorentz 谐振区的介电常数的虚部很大，由谐振导致的材料损耗也很大。所以，在 Lorentz-Lorentz 型非正定介质中的负折射行为会因为材料的谐振损耗而使透射光强严重削弱。Drude

模型中高于等离子体频率的频段以及远离 Lorentz 谐振的频段的介电常数虚部很小，材料本身的损耗和很低，入射光经介质折射后仍能保持很强的光强。因此，最有可能在 Drude-Drude 型与 Drude-Lorentz 型的非正定介质中得到低损耗的负折射频段，适于实际应用。

6.4 小　结

本章主要研究了若干种基于层状结构的天然非正定介质的介电和光学特性。首次在天然材料中得到的全角负折射行为，并利用椭偏法对其中的典型材料的负折射行为进行验证。

主要结论包括：

(1) 从石墨单晶的晶体结构与电子结构出发，通过分析石墨层状结构与介电常数的色散规律得到石墨在特定波段具有介电强各向异性的初步结论，并通过椭偏仪的对石墨不同晶向的介电常数的测试确定了石墨单晶具有非正定介电张量的波段为 240~280nm。

(2) 通过椭偏仪的变角度测试得到了石墨在不同取向下的等频线，进而根据等频线的性质确定了石墨折射行为：对波长在 240~280nm 之间，电矢量在入射面内偏振的 TM 电磁波，如果沿石墨晶体的 ac 面入射到石墨晶体时，将会发生负折射。

(3) 从 MgB_2 单晶的晶体结构与电子结构出发，通过分析 MgB_2 层状结构与介电常数的色散规律得到 MgB_2 在特定波段具有介电强各向异性的初步结论，进而根据文献中给出的可见光频段 MgB_2 单晶的椭偏仪测试数据，确定 MgB_2 单晶的介电强各向异性频段为 628~900THz，并通过椭偏法得到的等频线验证了 MgB_2 在这一频段的负折射行为。

(4) 通过研究 $YBa_2Cu_3O_{7-x}$、$GdBa_2Cu_3O_{7-x}$、$La_{2-x}Sr_xCuO_4$、$Bi_2Sr_2Ca_{n-1}Cu_nO_{2n+4+x}$ 等铜基高温超导材料的层状晶体结构表明：这些晶体在 CuO_2 方向都具有良好的导电性，介电常数也表现为金属性，而在垂直于 CuO_2 的方向的导电性则低得多，这就为强各向异性的介电常数的出现提供了可能。根据这类晶体的反射谱测试结果计算这些材料在不同晶向的介电常数，进而确定各自的负折射频段。

(5) 通过研究 RP 相系 $Sr_{n+1}Ru_nO_{3n+1}$ 锶钌氧材料的晶体结构与反射谱的表明：Sr_2RuO_4 $(n=1)$ 与 $Sr_3Ru_2O_7(n=2)$ 两种材料的单晶具有强各向异性的介电常数，每个方向的介电常数都可以通过 Drude 模型来描述，但 Ru-O 层方向的等离子体频率在近红外频段、远高于晶轴方向的在 THz 频段的等离子体频率，因此，这两种材料在 THz 到近红外的频段都表现为非正定介质，可以实现负折射现象。

(6) 通过总结目前已发现的强各向异性晶体的介电色散机理，将自然非正定介质分为三种基本类型：Drude-Drude 型、Drude-Lorentz 型和 Lorentz-Lorentz 型。其他复杂的非正定机制可以由这几种基本类型复合得到。

参考文献

[1] Smith D R, Schurig D. Electromagnetic wave propagation in media with indefinite permittivity and permeability tensors. Phys Rev Lett, 2003, 90: 077405-077409.

[2] 波恩, 沃耳夫. 光学原理. 7 版. 杨葭荪, 译. 北京: 电子工业出版社, 2009:661-673.

[3] Fang A, Koschny T, Soukoulis C M, et al. Optical anisotropic metamaterials: Negative refraction and focusing. Phys Rev B, 2009, 79: 245127-245133.

[4] Pendry J B. Negative refraction makes a perfect lens. Phys Rev Lett, 2000, 85: 3966-3969.

[5] Jacob Z, Alekseyev L V, Narimanov E. Optical hyperlens: far-field imaging beyond the diffraction limit. Opt Exp, 2006, 14: 8247-8256.

[6] Rao X S. Subwavelength imaging by a left-handed material superlens. Phys Rev E, 2003, 68: 067601-067603.

[7] Fang N, Lee H, Sun C, et al. Sub-diffraction limited optical imaging with a silver superlens. Science, 2005, 308:534-537.

[8] Aydin K, Bulu I, Ozbay E. Focusing of electromagnetic waves by a left-handed metamaterial flat lens. Opt Express, 2005, 13: 8753-8759.

[9] Shen N H, Foteinopoulou S, Kafesaki M, et al. Compact planar far-field superlens based on anisotropic left-handed metamaterials. Phys Rev B, 2009, 80: 115123-115131.

[10] Zharov A A, Noskov R E. Surface-wave mechanism of subwavelength imaging by a flat left-handed superlens. J Exp Theor Phys Lett, 2009, 109: 734-750.

[11] Lee H, Liu Z W, Xiong Y, et al. Development of optical hyperlens for imaging below the diffraction limit. Opt Express, 2007, 15: 15886-15891.

[12] Liu Z W, Lee H, Xiong Y, et al. Far-field optical hyperlens magnifying sub-diffraction-limited objects. Science, 2007, 315: 1686.

[13] Wood B, Pendry J B, Tsai D P. Directed subwavelength imaging using a layered metal-dielectric system. Phys Rev B, 2006, 74: 115116-115123.

[14] Lu W T, Sridhar S. Superlens imaging theory for anisotropic nanostructured metamaterials with broadband all-angle negative refraction. Phys Rev B, 2008, 77: 233101-233104.

[15] Meng Q, Zhang X, Cheng L, et al. Deep subwavelength focusing of light by a trumpet hyperlens. J Opt, 2011, 13: 075102-075105.

[16] Smith D R, Schurig D, Mock J J, et al. Partial focusing of radiation by a slab of indefinite media. Appl Phys Lett, 2004, 84: 2244-2246.

[17] Zhang Y, Fluegel B, Mascarenhas A, et al. Total negative refraction in real crystals for ballistic electrons and light. Phys Rev Lett, 2003, 91: 157404-157407

[18] Taft E A, Philipp H R. Optical properties of graphite. Phys Rev, 1965, 138: A197-A202.

[19] Philipp H R, Ehrenreich H. Optical properties of semiconductors. Phys Rev, 1963, 129: 1550-1560.

[20] Johnson L G. Optical properties of graphite. Phys Rev B, 1973, 7: 2275-2285.

[21] Djurisic A B, Li E H. Optical properties of graphite. J Appl Phys, 1999, 85: 7404-7410.

[22] Greenaway D L, Harbeke G. Anisotropy of the optical constants and the band structure of graphite. Phys Rev, 1969, 178: 1340-1348.

[23] Palik E D. Handbook of Optical Constants of Solids II. London: Academic Press, 1991.

[24] Azzam R M A, Bashara N M. Ellipsometry and polarized light. Amsterdam: North Holland, 1977.

[25] Jellison Jr G E, Baba J S. Pseudodielectric functions of uniaxial materials in certain symmetry directions. J Opt Soc Am A, 2005, 23: 468-475.

[26] Jones M E, Marsh R E. The preparation and structure of magnesium Boride, MgB_2. J Am Chem Soc, 1954, 76: 1434-1436.

[27] Nagamatsu J, Nakagawa N, Muranaka T, et al. Superconductivity at 39K in magnesium diboride. Nature, 2001, 410: 63-64.

[28] Jorgensen J D, Hinks D G, Short S. Lattice properties of MgB_2 versus temperature and pressure. Phys Rev B, 2001, 63: 224522-224526.

[29] Kortus J, Mazin I I, Belashchenko K D, et al. Superconductivity of Metallic Boron in MgB_2. Phys Rev Lett, 2001, 86: 4656-4659.

[30] Guritanu V, Kuzmenko A B, Marel D V D. Anisotropic optical conductivity and two colors of MgB_2. Phys Rev B, 2006, 73: 104509-104519.

[31] Karpinski J, Angst M, Jun J, et al. MgB_2 single crystals: high pressure growth and physical properties. Supercond Sci Technol, 2003, 16: 221-230.

[32] Collins R T, Schlesinger Z, Chandrashekhar G V, et al. Infrared study of anisotropy in single-crystal $La_{2-x}Sr_xCuO_4$. Phys Rev B, 1989, 39: 2251-2254.

[33] Kunert J, Backer M, Falter M. Comparison of CSD-YBCO growth on different single crystal substrates. J Phys: Conference series, 2008, 97: 012148-012152.

[34] Nee T. Anisotropic optical properties of $YBa_2Cu_3O_{7-x}$. J Appl Phys, 1992, 71: 6002-6007.

[35] Koch B, Geserich H P, Wolf T. Anisotropy of the reflectance spectrum and of the dielectric function of $YBa_2Cu_3O_7$ within the (001) plane. Solid State Commun, 1989, 71: 495-499.

[36] Zelezny V, Tanner D B, Kamaras K, et al. Anisotropic optical properties of single-crystal $GdBa_2Cu_3O_{7-\delta}$. Z Phys B, 1995, 96: 313-318.

[37] Kim J H, Bozovic I, Mitzi D B. Optical anisotropy of $Bi_2Sr_2CaCu_2O_8$. Phys Rev B, 1990, 41: 7251-7253.

[38] Quijada M A, Tanner D B, Kelley R J, et al. $a - b$ plane anisotropy of single-domain crystals of $Bi_2Sr_2CaCu_2O_8$. Z Phys B, 1994, 94:255-259.

[39] Ruddlesden S N, Popper P. The compound $Sr_3Ti_2O_7$ and its structure. Acta Cryst, 1958, 11: 54-55.

[40] 林双妹, 黄侦勇, 孙妍, 等. 具有 RuddlesdenPopper 结构的 $Ca_{1+x}Mn_xO_{1+3x}$(x=1, 2, 3) 的合成及层间 Ca^{2+} 的抽出. 北京师范大学学报: 自然科学版, 2009, 45(4):370-374.

[41] Lichtenberg F. The story of Sr_2RuO_4. Prog Solid State Ch, 2002, 30: 103-131.

[42] Hu B, McCandless G T, Menard M, et al. Surface and bulk structural properties of single-crystalline $Sr_3Ru_2O_7$. Phys Rev B, 2010, 81: 184104-184121.

[43] Mirri C, Baldassarre L, Lupi S, et al. Anisotropic optical conductivity of $Sr_3Ru_2O_7$. Phys Rev B, 2008, 78: 155132-155137.

[44] Maeno Y, Hashimoto H, Yoshida K, et al. Superconductivity in a layered perovskite without copper. Nature, 1994, 372: 532-534.

[45] Katsufuji T, Kasai M, Tokura Y. In-plane and out-of-plane optical spectra of Sr_2RuO_4. Phys Rev Lett, 1996, 76: 126-129.

[46] Wang R, Sun J B, Zhou J. Indefinite permittivity in uniaxial single crystal at infrared frequency. Appl Phys Lett, 2010, 97: 031912-031914.

第7章 思考与展望

本书作为专著《超材料与自然材料的融合》的第一卷，主要介绍了清华大学超材料课题组在非金属基超常电磁介质的初步研究进展。研究结果主要集中在原理的探索和初步的验证阶段，基本思路是将常规的材料 (非金属功能材料) 引入超材料的构筑或用于超常电磁响应的实现。这些工作目前已在国际同行中产生了一定的影响，并导致超材料和超常介质研究领域一个新的研究方向的形成。

与此同时，在十余年开展的超材料与自然材料融合研究中，也形成了既有别于常规材料、又有别于超材料的研究思路、范式和方法论，这种新的研究方法体系或许会对未来的研究有一定的指导意义。

7.1 关于超材料意义的再思考

"Metamaterial" 最早出现于 20 世纪末。拉丁语 "meta-"，可以表达 "超出 ··· 亚 ··· 另类" 等含义。对于 metamaterial 一词，一种未能形成一个严格的、权威的定义，各种不同的文献上给出的定义也各不相同。但一般文献中都认为 metamaterial 是 "具有天然材料所不具备的超常物理性质的人工复合结构或复合材料"。

2006 年，最早的关于 metamaterials 的定义出现在互联网上颇有影响的维基百科 (Wikipedia) 上，其描述为

In electromagnetism (covering areas like optics and photonics), a meta material (or metamaterial) is an object that gains its (electromagnetic) material properties from its structure rather than inheriting them directly from the materials it is composed of. This term is particularly used when the resulting material has properties not found in naturally formed substances.

当时根据这一定义，我们曾归纳了 metamaterial 重要的三个重要特征：

(1) metamaterial 通常是具有新奇人工结构的复合材料；

(2) metamaterial 具有超常的物理性质 (往往是自然界的材料中所不具备的)；

(3) metamaterial 性质往往不主要决定于构成材料的本征性质，而决定于其中的人工结构。

在过去的 10 年中，维基百科中 metamaterials 的定义已被多次更新和修订，目前的定义是这样表述的：

A **metamaterial** (from the Greek word μ ε τ á meta, meaning "beyond") is a material engineered to have a property that is not found in nature.[3] They are made from assemblies of multiple elements fashioned from composite materials such as metals or plastics. The materials are usually arranged in repeating patterns, at scales that are smaller than the wavelengths of the phenomena they influence. Metamaterials derive their properties not from the properties of the base materials, but from their newly designed structures. Their precise shape, geometry, size, orientation and arrangement gives them their smart properties capable of manipulating electromagnetic waves: by blocking, absorbing, enhancing, or bending waves, to achieve benefits that go beyond what is possible with conventional materials.

新的定义讲得更为具体，但其特征依然没有离开 10 年前归纳的三大特征。

然而，作为从材料科学领域进入 metamaterial 研究的研究者，历经十余年的研究探索，我们站在一个新的高度去思考，有一些新的认识 [1]。

1. 将自然材料引入超材料系统

作为最早将 metamaterial 翻译成为中文 “超材料”(这一译法曾备受争议，但目前已被广泛接受) 的研究者之一，我们和当时绝大多数同行一样深为超材料所展现的超凡脱俗的性能所震撼，首先关注的是这些新型材料系统的性质对自然界的超越。但后来的研究发现，其中的一些性质 (如一定频段的超常介电常数、超常磁导率、甚至全角负折射) 并非必须通过人工结构实现，一些自然材料中也会存在，这些发现不仅体现在本书内容中，也打破了超常电磁特性必须通过人工结构实现的流行观念。

其次，非金属材料被引入超常电磁介质，超常电磁特性不再与其构成材料无关，即便是以人工结构为基础的 Mie 谐振介质超材料，其超常的物理性质也部分地决定于材料自身的特性 (构成谐振单元的介质的介电常数和磁导率)。

非金属基超常介质既是将自然材料引入超材料的一个成果，从一定意义上讲也是对 metamaterial 原始定义的一种颠覆。今天，这类不符合 metamaterial 原始定义的新型材料已经被国际同行和科学共同体纳入到超材料的范围。因此，超材料的原始定义需要进一步修正。

但不可否认的是，正是由于 metamaterial 所展现的超常特性的发现，才会激发我们去探索那些传统理论认为自然材料不会出现的新性质。

2. 将超材料的思想引入常规材料的设计

近年来我们从材料科学的角度重新审视超材料，将超材料作为一类特殊的材料 (事实上，科学奖也越来越认同超材料属于材料科学的研究领域，尽管这个领域的研究者多为电磁学或物理学背景)，得到了一些新的认识。

我们认为，从规范的材料分类看，metamaterial 可以只从其材料的构造方式去定义，即通过人工设计的功能单元实现其特性的材料，超材料的另一种译法“超构材料”就反映出这样一种定义。这样的定义在科学上更规范，但这无法反映出 metamaterial 现有定义中“具有自然材料所不具备的超常性质”这一要求。我们认为，这一要求似乎是多余的，甚至可能束缚超材料这一新学科的发展。

近年来，通过与一些同行的交流与互动，我们逐渐发展并一直推动一个理念，这就是：超材料不仅代表了一大类新的材料，更应该成为一种新的方法论，有别于常规材料的材料设计方法论。这种方法论可望使新材料的探索走出“炒菜式”研究制约，进入一个更宽的天地。因此，超材料不应该自我约束在“具有自然材料所不具备的超常性质”这样的小范围。这就是我们开展“超材料与自然材料融合”的第二方面工作 —— 将超材料的设计理念和方法用于常规材料的重构，以期获得具有性能更优异的“常规材料”。

目前这一工作已经有了一些重要进展，对于成果可能会在本书后面的卷目中进行总结。

7.2 非金属基超常介质的应用前景

非金属基超常介质不仅开辟了金属基超材料以外实现超常电磁参数的新路线，可以替代金属超材料，这类新型材料的重要意义还在于可能会突破金属超材料的一些瓶颈，实现金属超材料无法实现的一些目标。

1. 突破频率极限

金属作为一种高损耗材料，不适合用来构造电磁波传输材料。金属材料对电磁波的吸收在很大程度上来源于自由电子在电磁波诱导产生的涡流损耗。这类损耗与频率平方成正比，因此金属超材料随频率的增加吸收急剧增强，在高频下的电磁波传输变得困难，甚至存在频率极限。

非金属基超构材料由于无涡流损耗，可望获得更高的工作频率。目前，国际上已有若干个课题组在本书的基础上开展光频超材料及超常电磁介质的研究，并已取得重要进展。一些研究工作已经将工作频率拓展到光频 [2]。

2. 实现超常电磁响应的各向同性

考虑到损耗的问题，金属基超材料中的结构单元必须在传输方向上的维度做成准零维，这就决定了谐振单元只能具有二维或一维结构，因此金属基超材料一般只能对特定传输方向和特定偏振方向的电磁波产生超常响应，即存在各向异性，从而使得这类超材料的实际应用受到了很大的限制。

非金属基超常电磁介质则能够圆满解决这一问题。因为介质材料本身可以作为导波材料承载电磁波传播，因此非金属超材料的结构单元无须考虑传播方向上的厚度，可以做成各向同性的人工原子，使得超材料的超常电磁响应出现各向同性的性质。事实上，本书第 3 章中所描述的基于 Mie 谐振的介质基超材料就是一个很好的例子。最近我们也发展出了对入射角度不敏感的超材料吸收体 [3]。

3. 赋予超常电磁介质可调性

由于金属材料自身的性质和金属基超材料的结构特征，一般金属基超材料在其超常电磁响应方面不具有可调性。

非金属基超常电磁介质可有效解决这一问题。非金属介质材料具有丰富的功能，特别是一些材料对外部环境和外场具有很高度敏感性，其电磁参数 (介电常数、磁导率等) 可随电场、磁场、温度等变化发生改变。以这些材料构造超材料的人工原子，将获得一系列外场可调的超材料。本课题组已在这方面开展了一系列研究工作 [4−9]，限于篇幅未编入此书。

4. 突破超材料微纳加工技术的极限

金属基超材料中的谐振单元结构一般具有较复杂的几何结构，因此早期开展的原理性研究基本上都是在微波频段下开展实验研究的。然而，随着频率的提高，金属谐振单元的制备难度加大。由于超材料一般要求其结构单元尺寸远小于其工作的波长已满足有效介质近似，因此，对于可见光频段的金属超材料，其人工原子 (谐振单元) 的尺寸应在数十纳米以下。在这样小的尺度内制备具有一定图形结构的谐振单元和由成千上万这样单元构成的阵列结构则已触及到了目前纳米加工技术的极限，且成本极其昂贵，制造大尺寸超常介质几乎不可能。

相比之下，非金属超材料中的人工原子可以是一些较为简单的结构单元 (如 Mie 谐振超材料中的人工原子可以是介质球)，因此可望利用一些自下而上方法进行准备。近年来，我们发展了一些软化学进行介质超材料的制备，例如利用自组装胶体晶体作为模板，通过溶胶凝胶技术和电化学沉积过程，将非金属材料引入胶体空隙，形成具有复合结构的材料系统，实现可见光波段的超常电磁响应 [10,11]；以晶胞较大的胶体晶体作为模板，利用其表面附近介电常数失配造成的电场畸变对悬浮微球的选择性，制备出尺寸较小的介质球阵列，获得了均匀分布的人工原子和三原子人工分子阵列结构 [12]；利用有序多孔阳极氧化铝 (AAO) 模板，通过电化学沉积方法生长的方法，获得了各向异性的光学响应 [13]。

5. 多模态耦合 —— 新功能的生长点

除替代金属超材料的基本功能外，陶瓷超材料还有一个鲜为人关注的特点，决定了其具有比金属基超材料更丰富的功能 —— 与金属超材料中的只有一个电磁谐振维度、承载单一谐振模态的单元结构不同，陶瓷超材料的谐振单元具有三维几何结构，可在不同频率、不同方向上同时承载多个电磁谐振模态，这些模态间的会形成不同形式的耦合，包括：① 被限制在陶瓷单元 (meta-atom) 内部的不同模态之间的强耦合；② meta-atom 之间由于近场相互作用发生的弱耦合，可通过人工分子 (meta-molecule) 的设计调整这些耦合的强度和性质；③ 与结构相关的 Mie 谐振与构成超材料的电磁介质陶瓷中固有的谐振模态 (如铁磁共振、晶格共振等) 的耦合。陶瓷超材料的多模态及其耦合特性决定了这类超材料可能发展出金属超材料所不具备的、极其丰富的潜在新功能。

电磁谐振是产生电磁超材料性质和功能的基本机制，而其模态则是决定超材料性质和功能的关键因素。常规超材料 (如左手材料) 被动地响应电磁波，只需要一个谐振模态。而多模态及其相互耦合的存在则可望赋予陶瓷超材料更为复杂、更为强大的功能，特别是实现主动调控电磁波的功能。在这方面我们已经开展了一些初步的研究工作，取得的初步成果包括：

(1) 无非线性过程参与的全光调制效应：全光信息技术是信息技术发展的重要方向，是突破半导体技术 “摩尔定律” 物理极限的主要途径。全光技术的原理已趋完善，但在实际应用中面临的主要难点是作为逻辑光路核心部件的全光开关器件。根据惠更斯线性叠加原理，两束或多束电磁波在线性介质中传播时将相互穿过，无任何相互扰动，因此只有通过光学非线性材料才能实现光对光的调制。光学非线性过程的本质是通过光改变材料的基本结构 (电子、分子、晶格等)，进而改变材料的光学性质，往往需要较高 (远高于信号) 的驱动光功率，而材料内部结构的改变和弛豫过程需要一定的响应时间。半个多世纪以来，人们对各类非线性全光开关开展了大量的研究，但迄今还没有实用的产品，原因是调控光强和开关速度难以满足应用要求。为解决这一问题，我们最近提出了一个利用陶瓷超材料谐振单元内部模态耦合替代非线性过程实现全光开关的设想。在微波频段的初步研究结果显示，对于以简单的立方介质为谐振单元的陶瓷超材料，通过在不同方向 (如垂直方向上) 施加谐振频率附近的信号和调制电磁波的波场，两束电磁波导致的电磁谐振模态发生相互耦合，在双光束作用下，原有的单光束诱导出的模态将被破坏，形成新的复杂模态，其谐振频率将发生改变，谐振点附近的超材料的透射光谱发生大幅度改变，进而改变信号光的透射强度，实现全光调制 [14]。该过程无须改变材料本身的性质，而只改变超材料的谐振模态性质，因此具有低的开关功率和高的响应速度。其开关功率在信号功率量级，开关时间在电磁波周期量级。粗略估计，这两个关键指标均优于非线性过程数个量级。这一研究可望为解决全光开关的开关阈值和速度问题提供一个突破口。

(2) 微波巨磁介电效应。微波频段下介电常数可调的介质材料是相共振雷达、微波通信等领域急需的一类材料。目前的解决方案主要是利用一些铁电体 (如钛酸锶钡) 在电场作用下极化造成的介电常数变化。该过程的实现往往需要相当高的局域电场，其介电常数的变化率在 50%以下，很难满足应用要求。最近，我们利用具有铁磁共振性质的旋磁铁氧体陶瓷作为基体，通过人工结构产生 Mie 谐振模态与材料中固有的铁磁共振模态的耦合，实现了微波频段的巨磁介电效应，获得了微波介电常数在 0~200 可调的超材料 [15,16]，可望为雷达和通信技术提供关键材料。

(3) 基于 meta-molecule 阵列的可设计 “准固体”。通过 meta-molecule 的设计，陶瓷单元内部模态可通过近场相互作用与相邻单元中的模态实现耦合，从而在原有 meta-atom 内模态耦合的基础上产生更为复杂的耦合行为，获得更丰富的超材料性质和功能。例如，通过不同频率电磁模态间的复杂耦合，实现无非线性过程参与下的光 (电磁波) 谐波产生、合频、差频、参量放大等；通过非对称结构单元之间的耦合，实现的电磁波非互易传输及光 (电磁波) 二极管特性等；利用的 “准固体” 中 “准能级”(即谐振频率) 的设计，实现类似于固体激发态过程 (如能量传递) 的、频率可自由设计的 “准激发态过程”。

可以看出，非金属基超材料中的多模态及其耦合特性为构造新型光电功能材料提供了简单、清晰、高设计自由度的机制，可望成为诸多新型功能材料的生长点，深入研究这类模态特性及其耦合行为具有重要的科学价值和应用意义。目前我们课题组正在国家自然科学基金重点项目的支持下开展这方面工作，新的研究结果将总结到本书后面的卷目中。

参考文献

[1] 田恬. 超材料研究拓展材料科学视野 —— 访清华大学教授周济. 科技导报，2016，34(18)，81-83.

[2] Jahani S, Jacob Z. All-dielectric metamaterials. Nature Nanotechnology, 2016, 11: 23-36.

[3] Liu X, Zhao Q, Lan C, et al. Isotropic Mie resonance-based metamaterial perfect absorber. Appl Phys Lett, 2013, 103(3): 031910.

[4] Zhao Q, Du B, Kang L, et al. Tunable negative permeability in an isotropic dielectric composite. Applied Physics Letters, 2008, 92 (5): 051106.

[5] Zhao H J, Kang L, Zhou J, et al. Experimental demonstration of tunable negative phase velocity and negative refraction in a ferromagnetic/ferroelectric composite metamaterial. Applied Physics Letters, 2008, 93: 201106.

[6] Kang L, Zhao Q, Zhao H J, et al. Ferrite-based magnetically tunable left-handed metamaterial composed of SRRs and wires. Optics Express, 2008, 16: 17269-17275.

[7] Kang L, Zhao Q, Zhao H, et al. Magnetic tuning of electrically resonant metamaterial

with inclusion of ferrite. Applied Physics Letters, 2008, 93: 171909.

[8] Bi K, Dong G Y, Fu X J, et al. Thermo-tunable negative refractive index metamaterials based on ferrite. Applied Physics Letters, 2013, 103: 131915.

[9] Bi K, Zhou J, Zhao H J, et al. Tunable dual-band negative refractive index in ferrite-based metamaterials. Optics Express, 2013, 21: 10746-10752.

[10] Li B, Zhou J, Li L T, et al. Ferroelectric inverse opals with electrically tunable photonic band gap. Applied Physics Letters, 2003, 83: 4704-4706.

[11] Fu M, Zhou J, Xiao Q, et al. ZnO nanosheets with ordered pore periodicity via colloidal crystal template-assisted electrochemical deposition. Advanced Materials, 2006, 18: 1001-1004.

[12] Zong R L, Zhou J, Li B, et al. Optical properties of transparent copper nanorod and nanowire arrays embedded in anodicalumina oxide. Journal of Chemical Physics, 2005, 123: 094710.

[13] Huang X, Zhou J, Fu M, et al. Binary colloidal crystals with a wide range of size ratios via template-assisted electric-field-induced assembly. Langmuir, 2007, 23: 8695-8698.

[14] Liu X, Zhou J, Litchinitser N, et al. Metamaterial all-optical switching based on resonance mode coupling in dielectric meta-atoms. 2014, arXiv:1412.3338.

[15] Bi K, Zhou J, Liu X. Giant magnetodielectric metamaterial. 2014, Xiv:1411.1470.

[16] Bi K, Guo Y, Liu X, et al. Magnetically tunable Mie resonance-based dielectric metamaterials. Scientific Reports, 2014 4: 7001.

彩　图

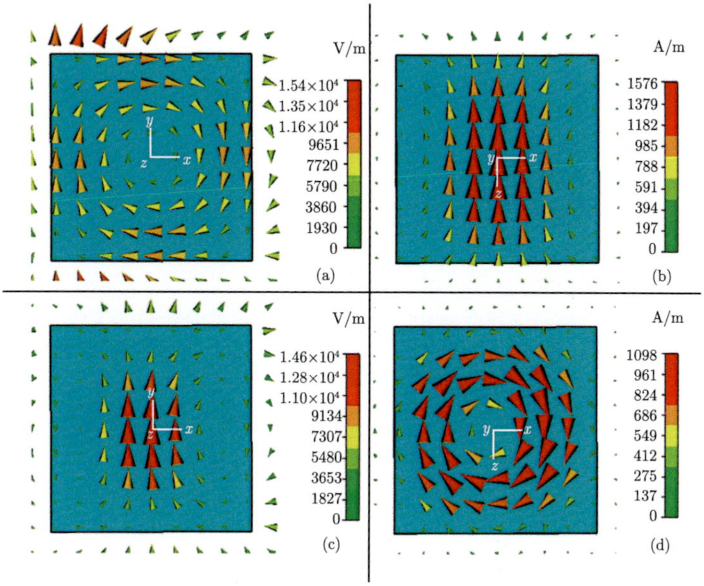

图 2.14　第 1、2 级谐振模频率附近立方块周围的电磁场分布

(a) 第 1 级谐振模的电场分布；(b) 第 1 级谐振模的磁场分布；
(c) 第 2 级谐振模的电场分布；(d) 第 2 级谐振模的磁场分布

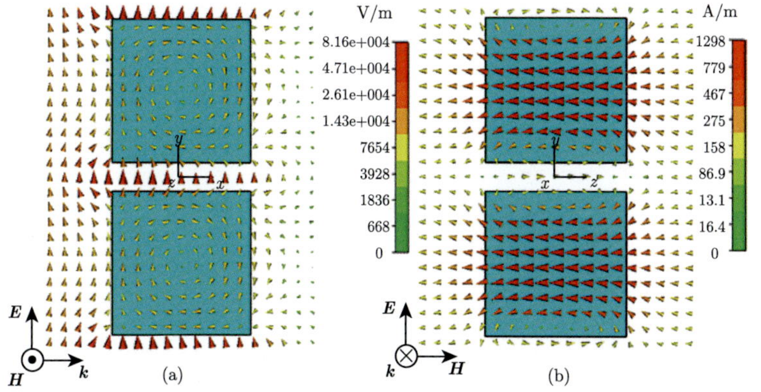

图 2.25　电磁波电场方向相邻颗粒第 1 级 Mie 谐振模附近的电磁场分布

(a) 第 1 级谐振模的电场分布；(b) 第 1 级谐振模的磁场分布

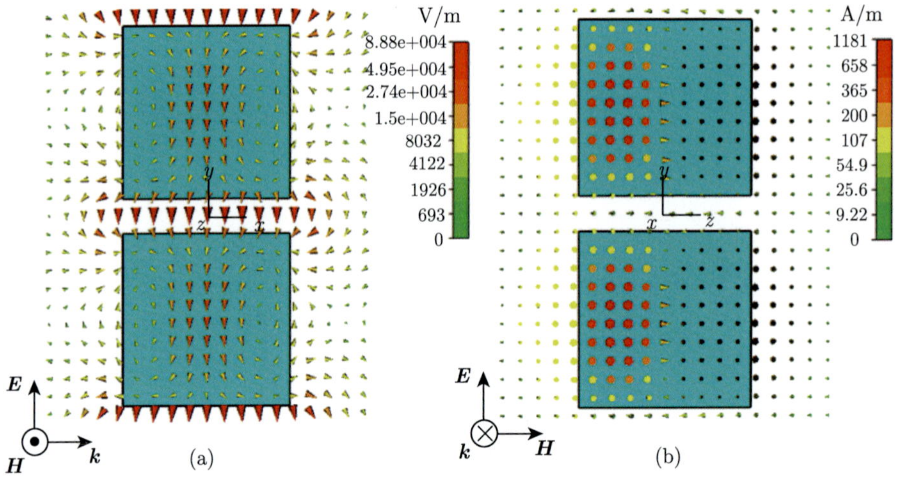

图 2.26　电磁波电场方向相邻颗粒第 2 级 Mie 谐振模附近的电磁场分布

(a) 第 2 级谐振模的电场分布；(b) 第 2 级谐振模的磁场分布

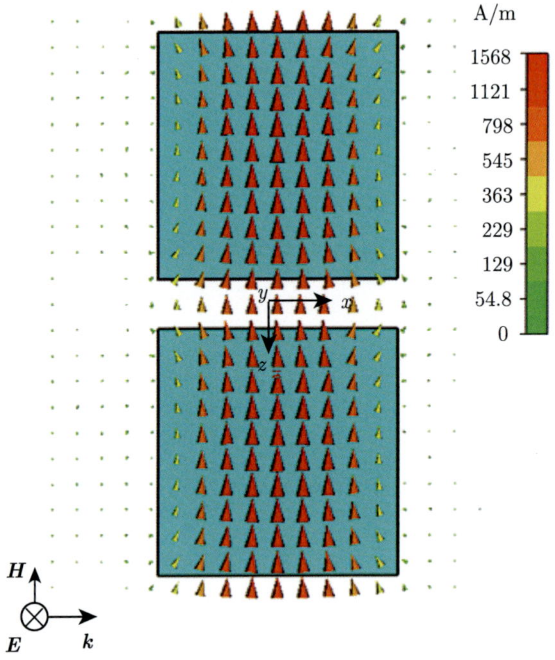

图 2.33　电磁波磁场方向相邻颗粒第 1 级 Mie 谐振模附近的磁场分布

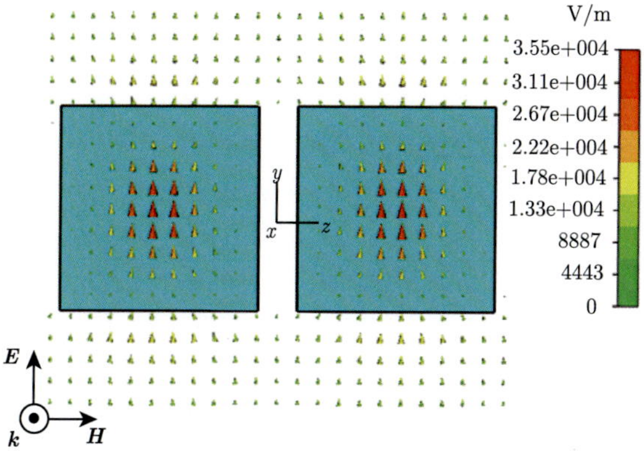

图 2.34　电磁波磁场方向相邻颗粒第 2 级 Mie 谐振模附近的电场分布

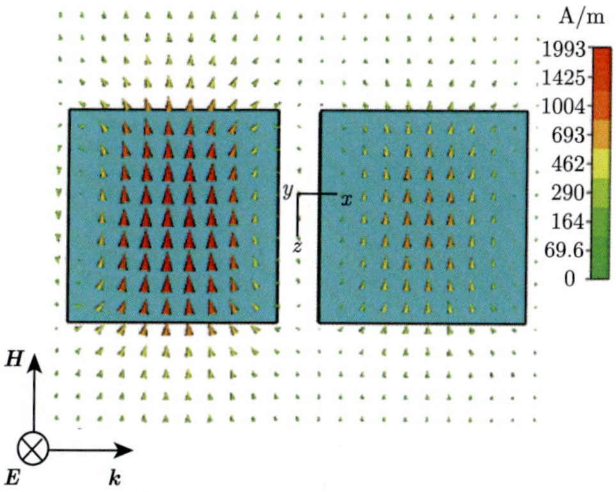

图 2.39　电磁波传播方向相邻颗粒第 1 级 Mie 谐振模附近的磁场分布

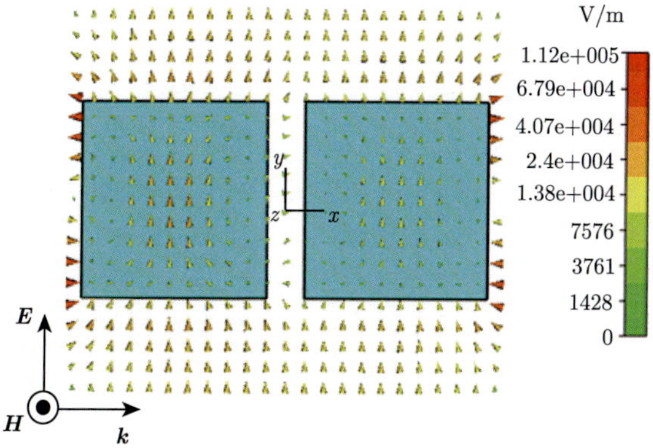

图 2.40　电磁波传播方向相邻颗粒第 2 级 Mie 谐振模附近的电场分布

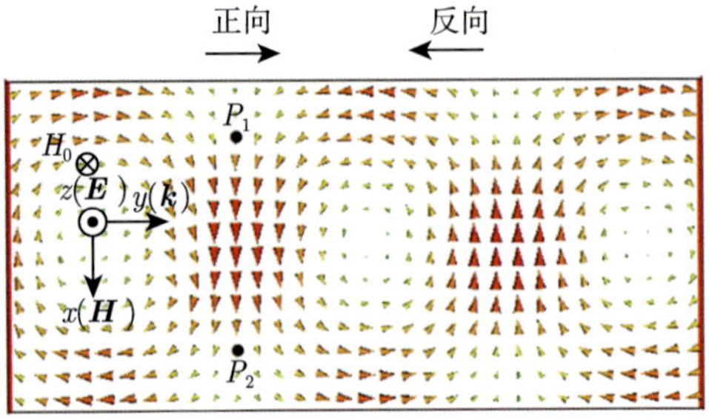

图 3.38　矩形波导中的电磁波磁场分布示意图

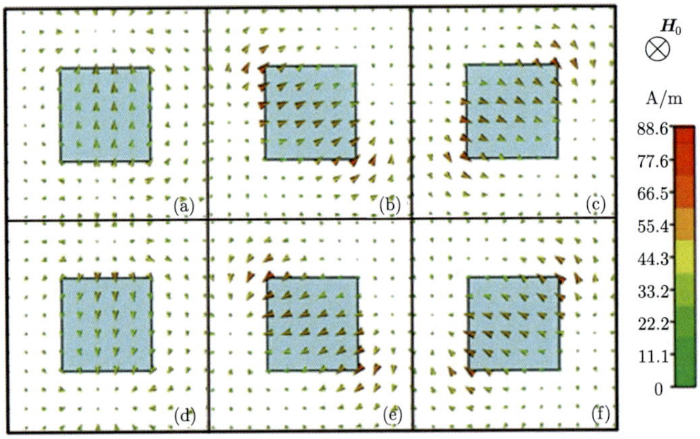

图 3.48　H_0=2000Oe 磁场下 9.59GHz 频率处垂直于 z 轴截面的模拟磁场分布

(a) $\theta=0°$；(b) $\theta=60°$；(c) $\theta=120°$；(d) $\theta=180°$；(e) $\theta=240°$；(f) $\theta=300°$

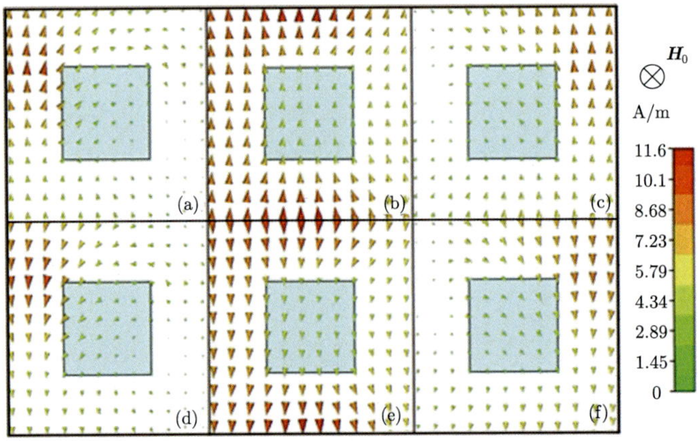

图 3.49　2000Oe 磁场下 9GHz 频率处垂直于 z 轴截面的模拟磁场分布

(a) $\theta=0°$；(b) $\theta=60°$；(c) $\theta=120°$；(d) $\theta=180°$；(e) $\theta=240°$；(f) $\theta=300°$

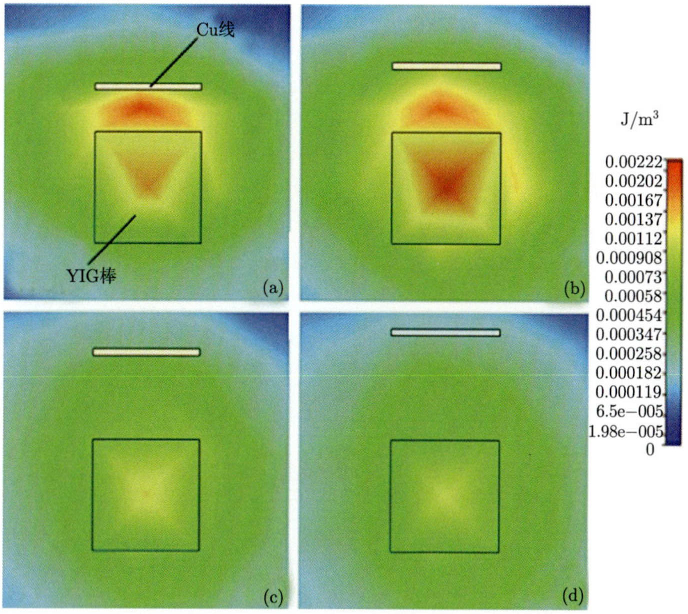

图 3.73 YIG 棒/金属线不同间距复合左手通带峰值处模拟磁场能量密度分布

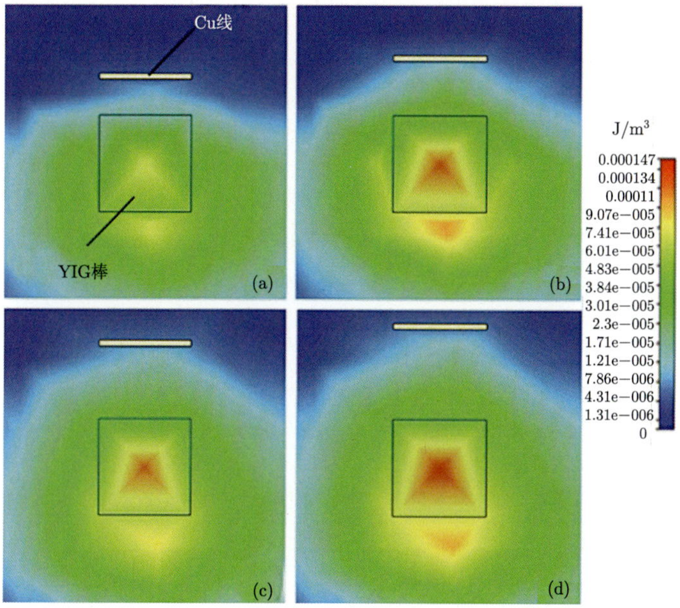

图 3.74 YIG 棒/金属线不同间距复合左手通带峰值处模拟电场能量密度分布

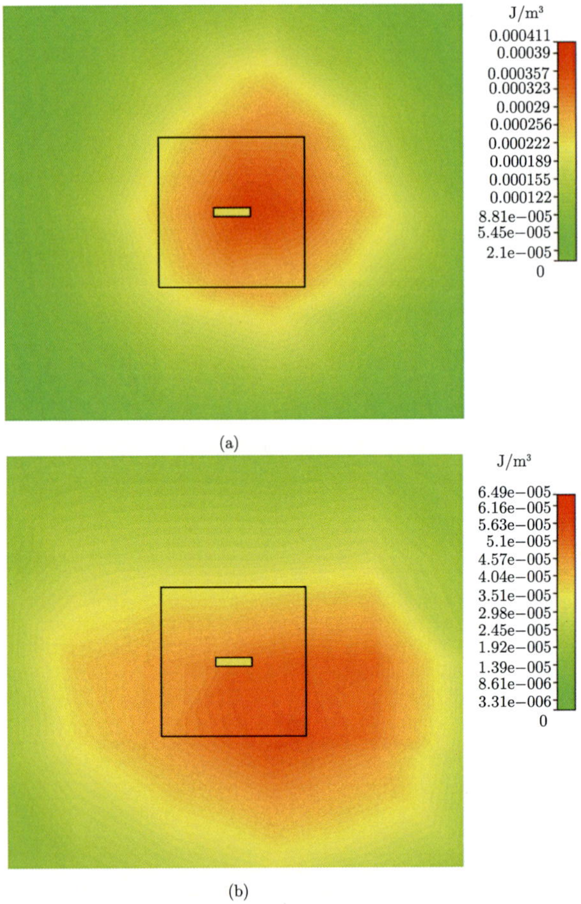

图 3.78 YIG 壳/金属线芯复合左手通带最强频率处 (9.72GHz) 电磁场能量密度分布

(a) 磁场能量密度；(b) 电场能量密度

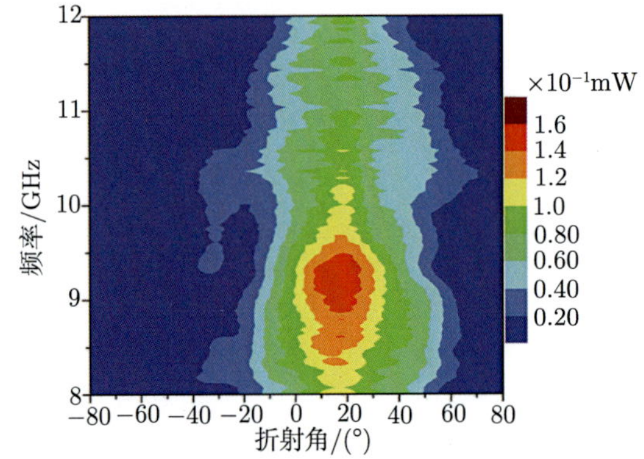

图 3.118 未放置任何样品时微波透射功率随探测角度和频率的强度分布图

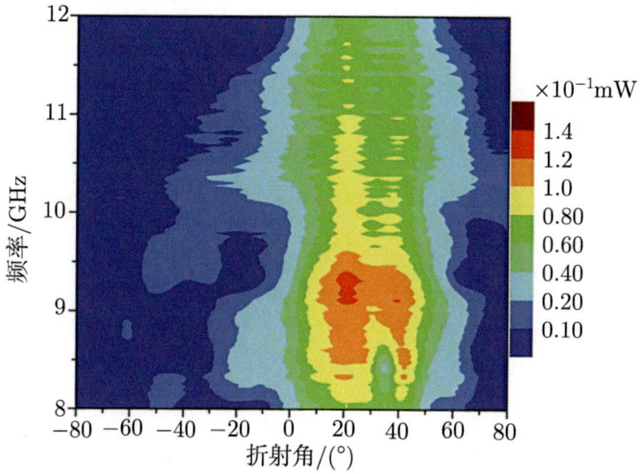

图 3.119　放置 Teflon 棱镜时微波透射功率随探测角度和频率的强度分布图

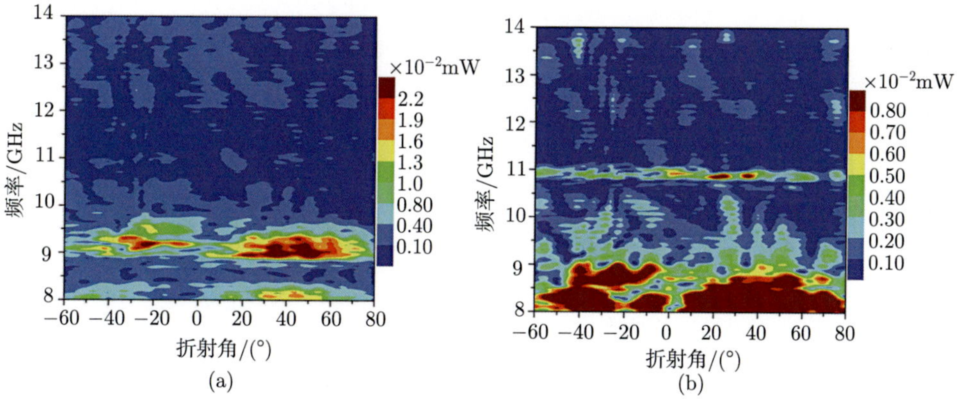

图 3.122　背靠背样品微波透射功率随角度和频率的分布

(a) 2150Oe；(b) 2800Oe

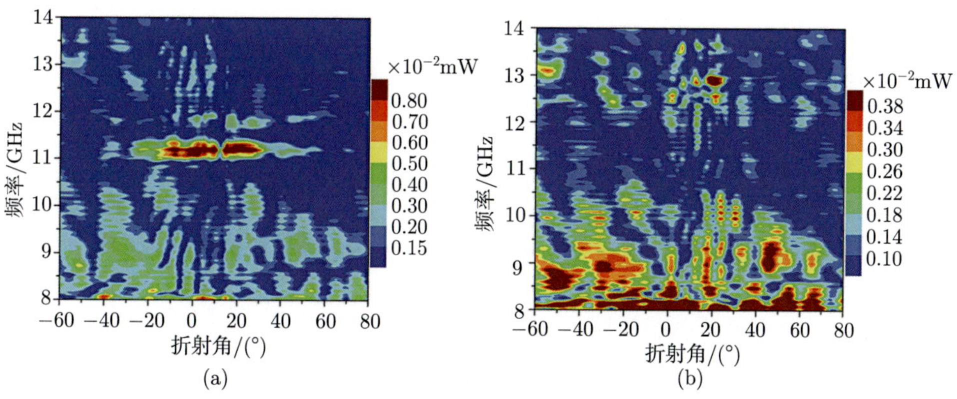

图 3.124　面对面 −10 样品微波透射功率随角度和频率的分布

(a) 3000Oe；(b) 3400Oe

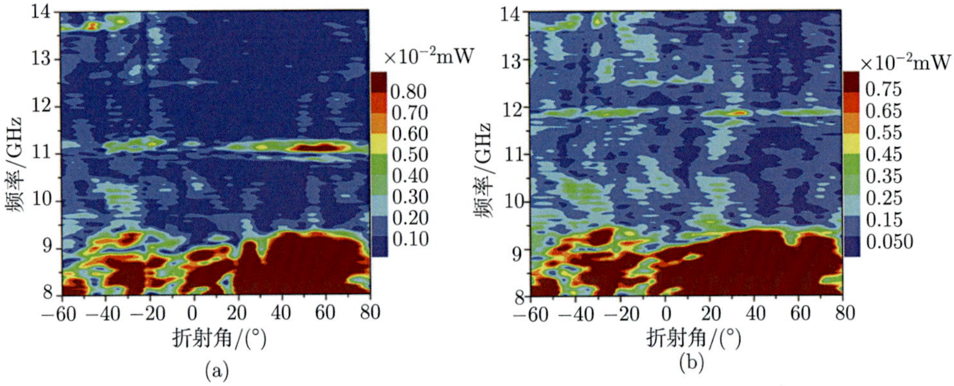

图 3.125　面对面 −11 样品微波透射功率随角度和频率的分布

(a) 2900Oe; (b) 3200Oe

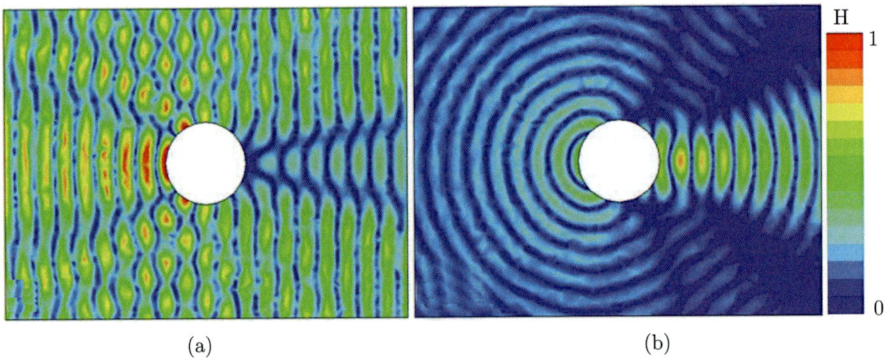

图 4.25　PEC 周围磁场分布

(a) 磁场总场; (b) 磁场散射场

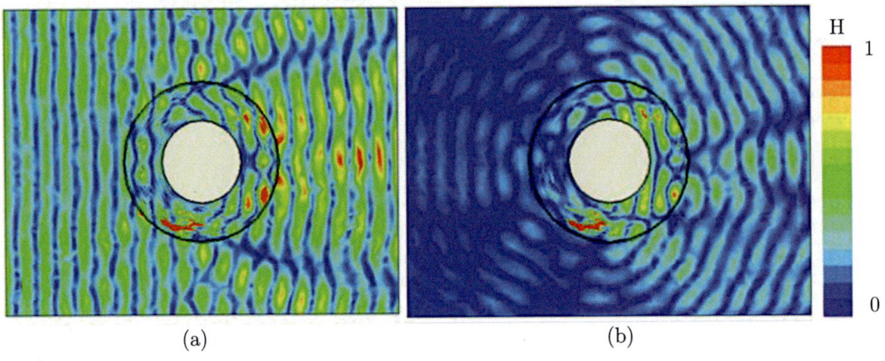

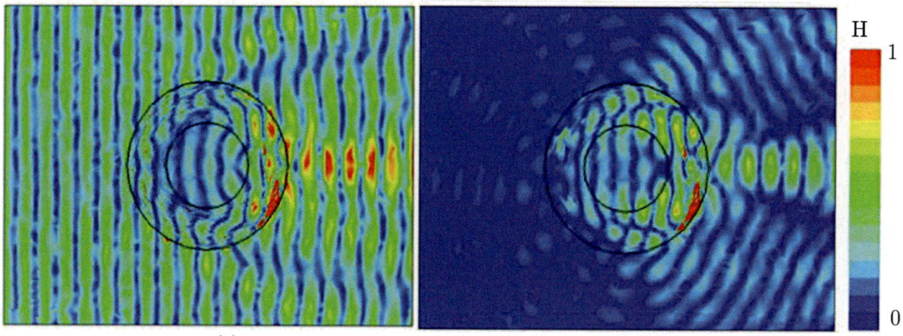

(c) (d)

图 4.26　500cm^{-1} 频率下 cloak 隐身效果磁场总场 (a) 和磁场散射场分布 (b) 以及单独 cloak 壳体周围磁场分布 (c) 和磁场散射场分布 (d)

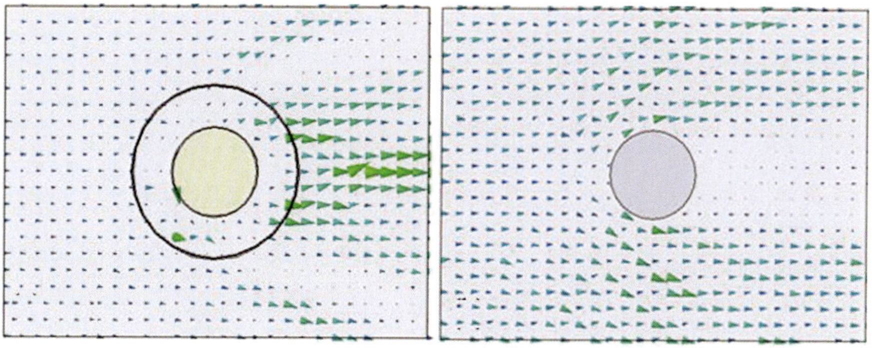

(a) (b)

图 4.27　坡印亭矢量分布图

(a) 覆盖 cloak 情况; (b) 单独 PEC 情况

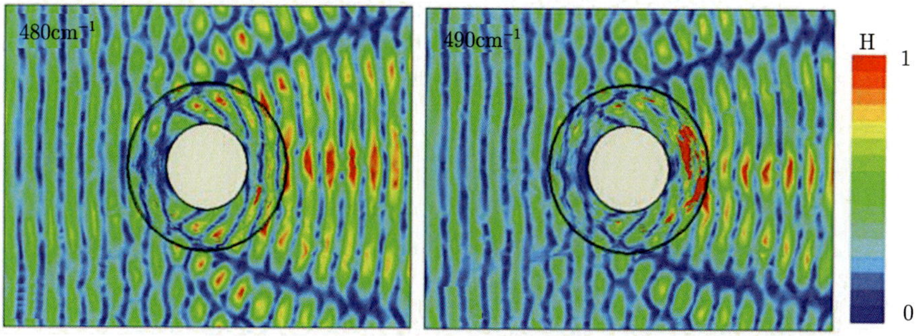

(a) (b)

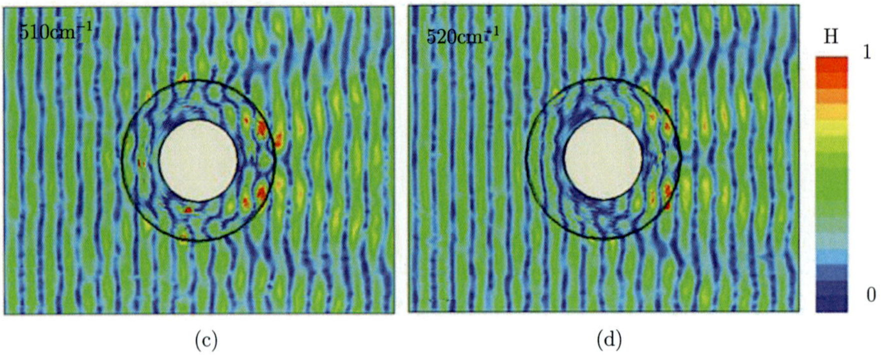

图 4.29　其他频率下 cloak 的隐身效果

(a)480cm^{-1}; (b)490cm^{-1}; (c)510cm^{-1}; (d)520cm^{-1}

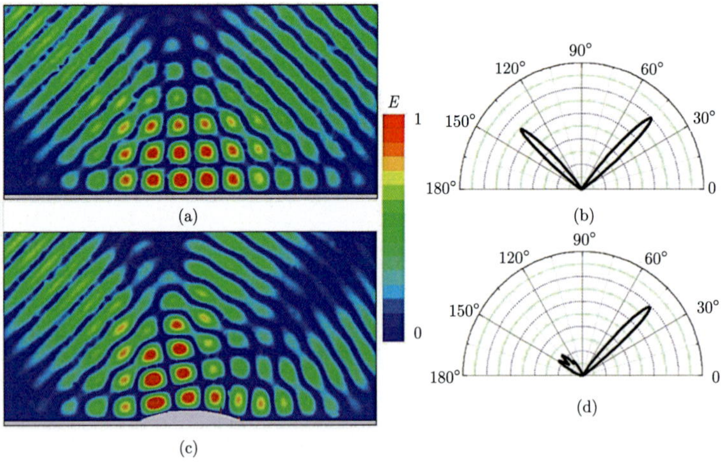

图 4.34　620cm^{-1} 电磁波 45° 入射到 (a)PEC 平面和 (c)PEC 凸起周围电场分布及其对应的电磁波远场方位图 (b) 和 (d)

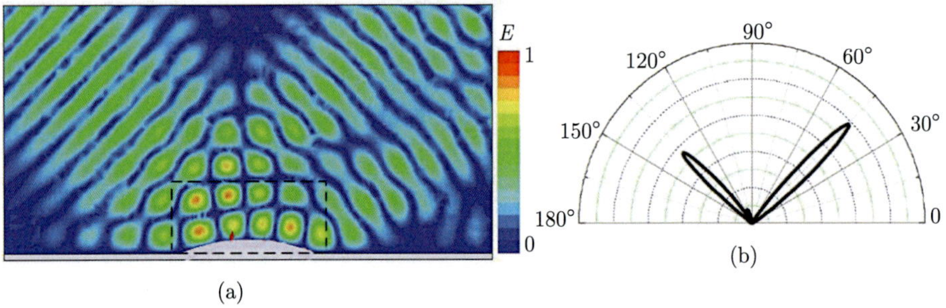

图 4.35　620cm^{-1} 电磁波 45° 入射情况下 cloak 的隐身效果

(a) 电场分布; (b) 电磁波远场方位图

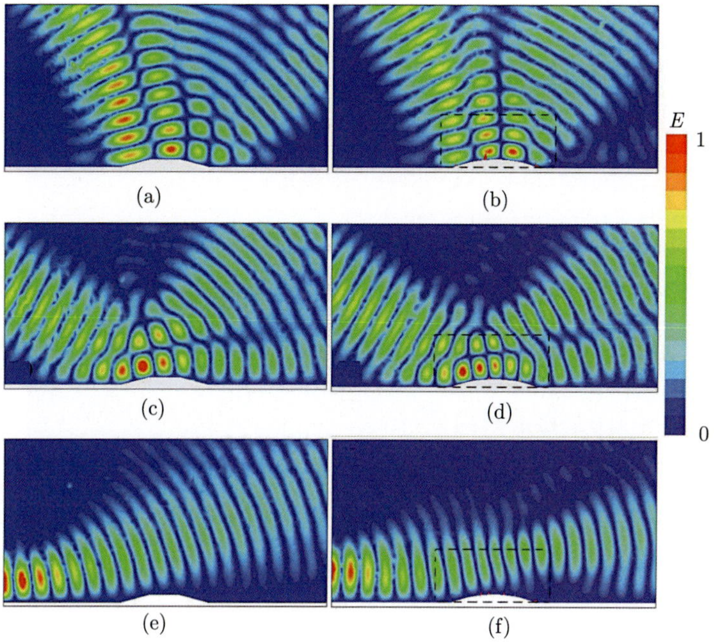

图 4.36　620cm^{-1} 频率，不同入射角条件下电场分布图

物体周围电场分布：(a)30°,(c)60°,(e)90°；覆盖 cloak 后周围电场分布：(b)30°,(d)60°, (f) 90°

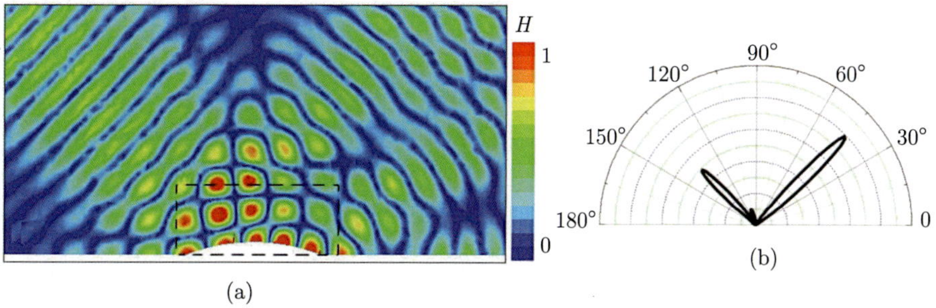

图 4.39　620cm^{-1} 频率下 TM 模式高斯波 45° 入射情况下 cloak 的隐身效果

(a) 磁场分布; (b) 电磁波远场方位图

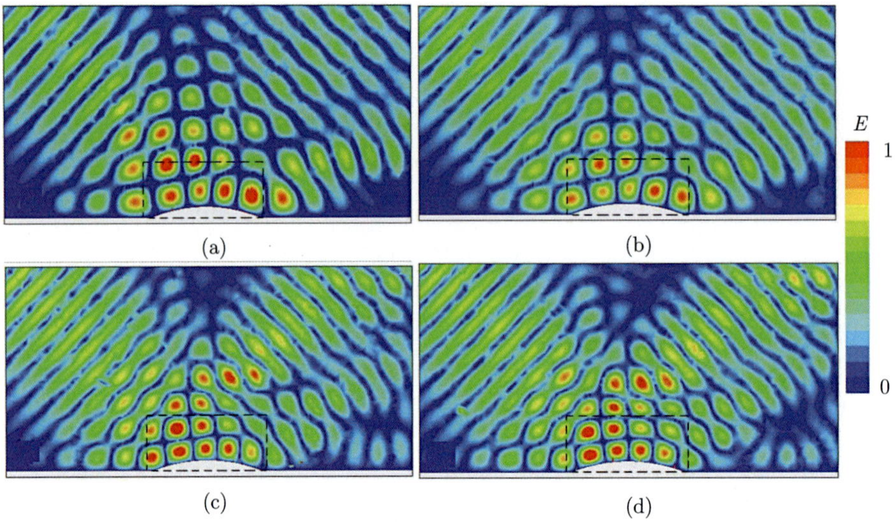

图 4.41　不同频率下 cloak 的周围电场分布

(a)580cm^{-1}; (b)600cm^{-1}; (c)640cm^{-1}; (d)660cm^{-1}

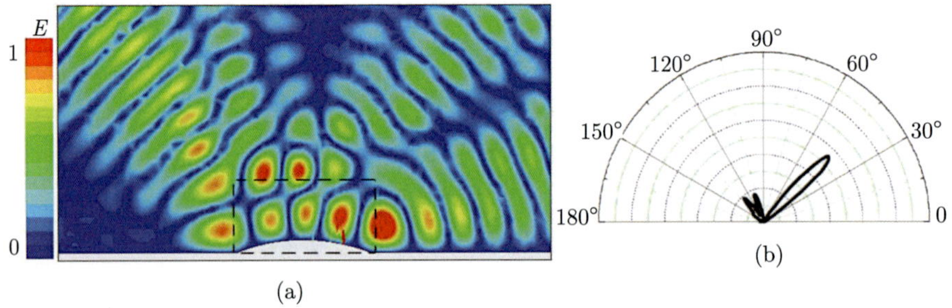

图 4.43　540cm^{-1}TE 模式高斯波 45° 入射时 cloak 周围电场分布

(a) 以及电场远场图 (b)

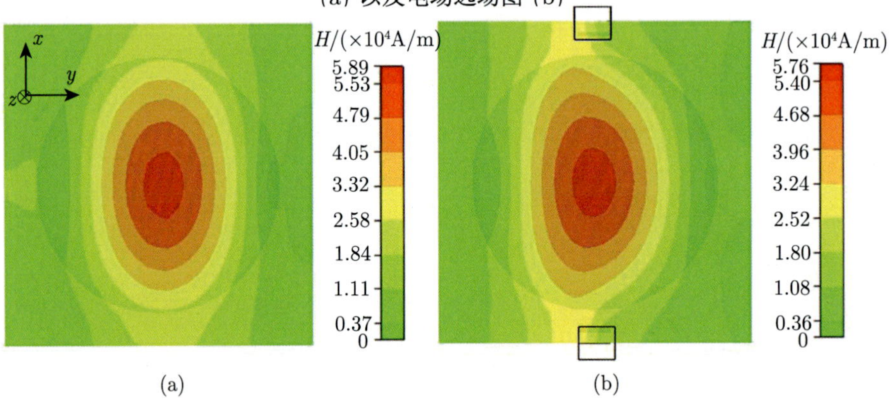

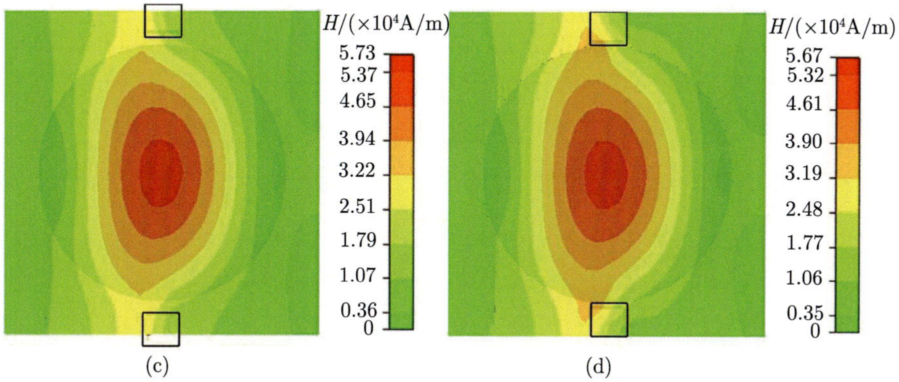

图 4.53　磁谐振频率下，LTO 球周围磁场分布 (a) 以及 LTO 球/CTO 棒之间不同 a 值情况下复合单元内部磁场分布：(b)a=0.5μm, (c)a=0.25μm, (d)a=0μm

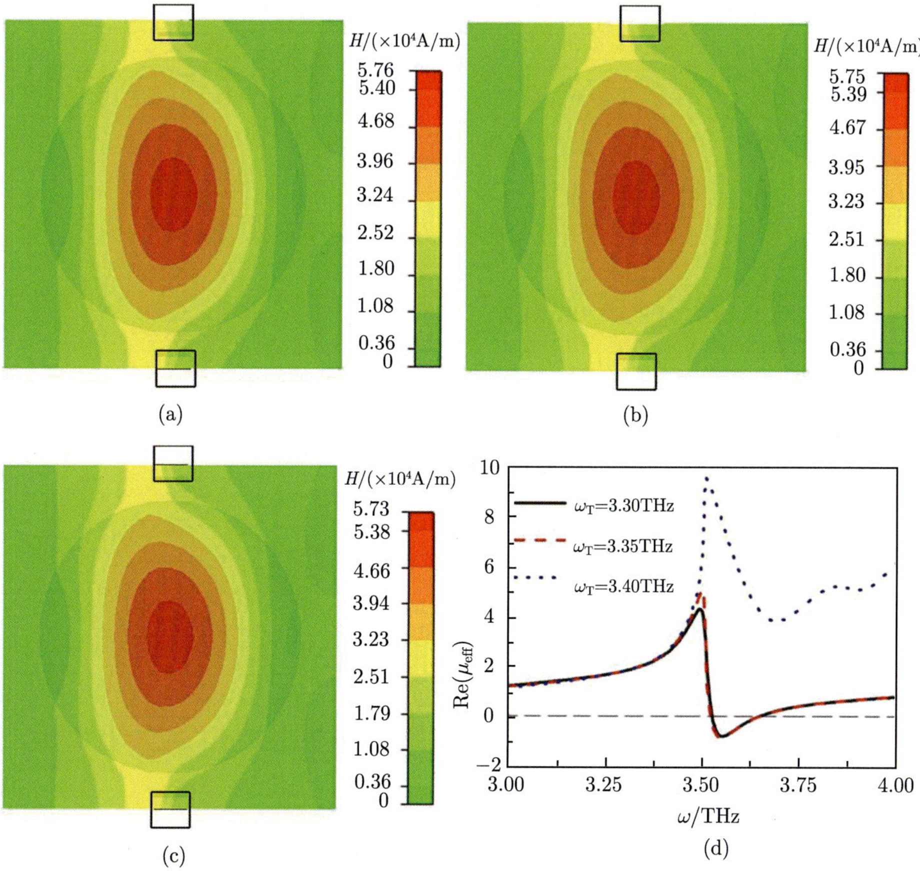

图 4.57　不同介电谐振频率复合单元内磁场分布：(a)ω_{T}=3.30THz, (b) ω_{T}=3.35THz, (c) ω_{T}=3.40THz 及其有效磁导率曲线 (d)

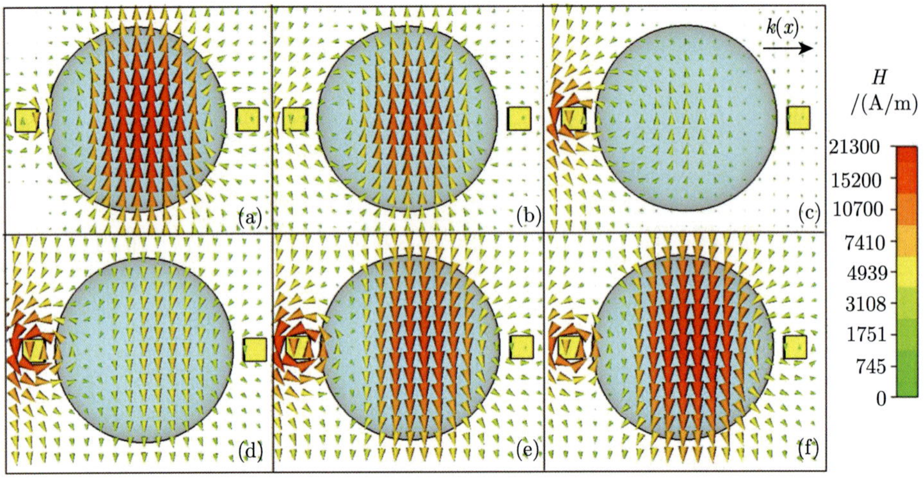

图 4.59　3.53THz 频率电磁波沿 x 方向传播条件下模拟磁场分布

(a)θ=0°; (b)θ=30°; (c)θ=60°; (d)θ=90°; (e)θ=120°; (f)θ=150°

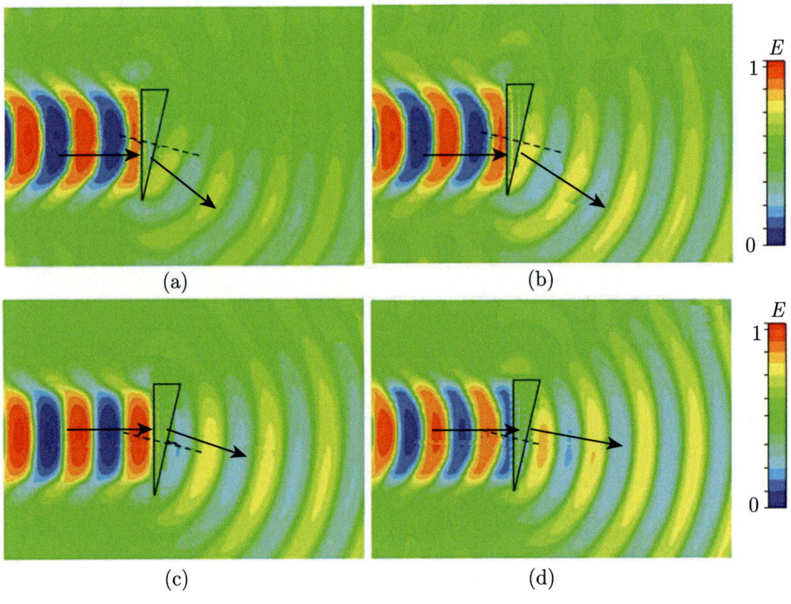

图 4.62　不同频率下 CTO 棒/LTO 球复合材料棱镜折射模拟结果

(a)3.55THz; (b)3.60THz; (c)3.75THz; (d)4.00THz

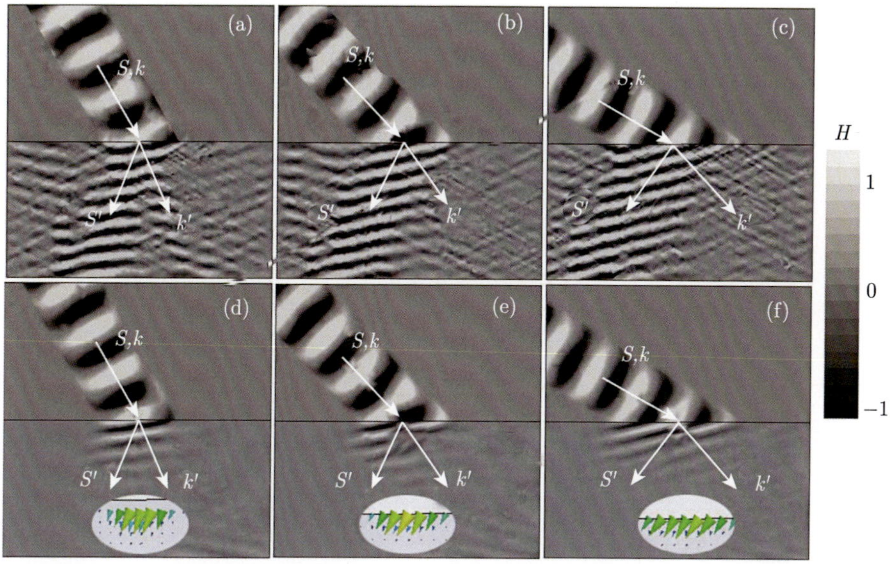

图 4.71　不同角度入射条件下 500cm^{-1} 频率电磁波在单晶界面处折射模拟结果

不考虑介电损耗 (a)30°、(b)45° 和 (c)60° 以及考虑介电损耗 (d) 30°、(e)45° 和 (f)60° 晶体光轴 c 轴垂直于界面

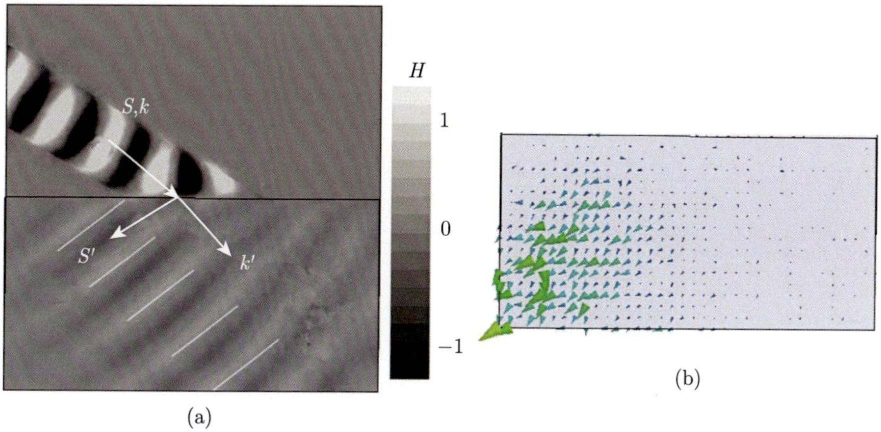

图 4.72　900cm^{-1}- 频率下电磁波 60° 入射情况下，α-Al_2O_3 单晶与真空界面处电磁波折射的模拟结果

(a) 磁场分布; (b)α-Al_2O_3 晶体内坡印亭矢量分布, 晶体的 c 轴平行于界面

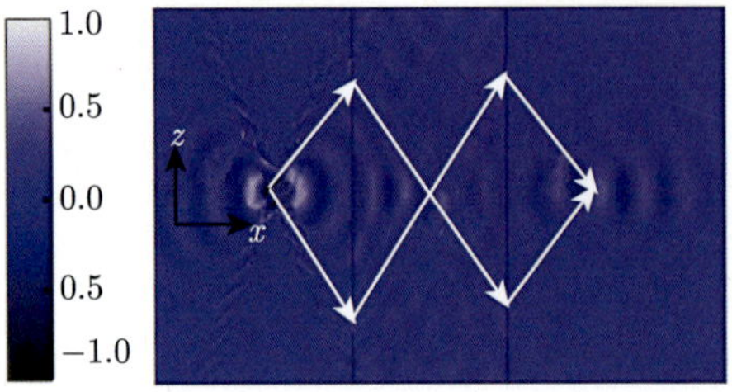

图 6.24　石墨的平板聚焦特性

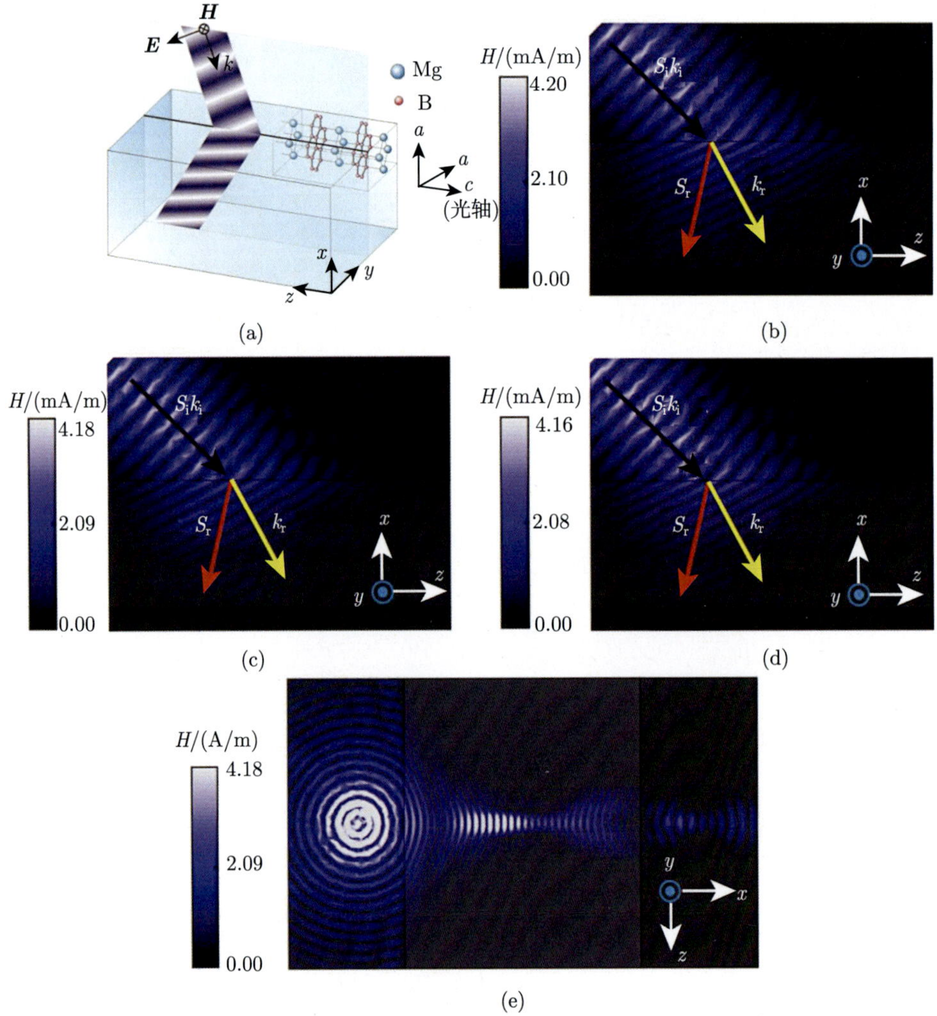

图 6.30　MgB_2 的模拟仿真结果

(a) MgB_2 的取向；(b) 702THz 的负折射模拟结果；(c) 720THz 的负折射模拟结果；(d) 738THz 的负折射模拟结果；(e) MgB_2 平板聚焦特性的模拟结果